普通高等教育数据科学与大数据技术专业教材

Python 语言程序设计

主　编　张双狮

副主编　陈　蕾　刘晓彬　贾　玲　张立红　吴春颖　王　娟

中国水利水电出版社
www.waterpub.com.cn
·北京·

内 容 提 要

本书围绕数据的表示、存取、计算、分析和可视化等内容分两部分详细介绍Python语言程序设计：Python程序设计基础部分（第1章至第6章、第10章）主要介绍Python作为一门高级编程语言所涉及的语法知识、控制结构、函数与模块、类和对象、图形界面设计，并穿插了计数、累加、连乘等数值计算常用算法内容；Python数据管理与分析部分（第7章至第9章、第11章）主要介绍数据文件操作、数据库操作、数据分析和数据可视化等知识。

本书按照首先论道、继而论理、然后操作的顺序，从哲学视角看程序设计，使读者在认识物质世界规律的过程中了解计算机的特点、程序设计的特点和人机交互的规律，在认识世界、解释世界和改造世界的实践中掌握Python编程特点、技术和技巧，学会结构化程序设计、面向对象程序设计、人机交互界面设计和数据分析等方面的编程技术。

本书可供大数据专业学生学习程序设计使用，也可作为高等院校"Python程序设计"课程教材，还可供数据分析人员参考。

图书在版编目（CIP）数据

Python语言程序设计 / 张双狮主编. -- 北京 : 中国水利水电出版社, 2020.11

普通高等教育数据科学与大数据技术专业教材

ISBN 978-7-5170-9203-2

Ⅰ. ①P… Ⅱ. ①张… Ⅲ. ①软件工具－程序设计－高等学校－教材 Ⅳ. ①TP311.56

中国版本图书馆CIP数据核字(2020)第229712号

策划编辑：石永峰　责任编辑：石永峰　加工编辑：王玉梅　封面设计：梁　燕

书　　名	普通高等教育数据科学与大数据技术专业教材 Python语言程序设计 Python YUYAN CHENGXU SHEJI
作　　者	主　编　张双狮 副主编　陈　蕾　刘晓彬　贾　玲　张立红　吴春颖　王　娟
出版发行	中国水利水电出版社 （北京市海淀区玉渊潭南路1号D座　100038） 网址：www.waterpub.com.cn E-mail：mchannel@263.net（万水） sales@waterpub.com.cn 电话：（010）68367658（营销中心）、82562819（万水）
经　　售	全国各地新华书店和相关出版物销售网点
排　　版	北京万水电子信息有限公司
印　　刷	三河市航远印刷有限公司
规　　格	210mm×285mm　16开本　21.75印张　548千字
版　　次	2020年11月第1版　2020年11月第1次印刷
印　　数	0001—3000册
定　　价	56.00元

前　言

随着国家大数据战略的深入实施，各行业智慧化建设急需数据分析人才和智能应用人才。智慧化简单来说是一个以机器替换人力的过程，而机器的“灵魂”是程序。Python 已经成为公认的驱动大数据智能应用的主流编程语言。Python 程序设计的书籍已经琳琅满目，每一本书都凝聚了作者对 Python 的理解和对程序设计的认识，都是作者编程开发和教学经验的总结，都折射出作者的专业背景。由于大数据专业学生对程序设计的要求不是很高，但又需要具备一定的计算思维能力，熟悉用程序进行数据分析的一般流程，因此程序设计教材要言不甚深、文不甚俗，既要覆盖相关技术，又不能面面俱到，注重对问题的分析和解释，用程序表达算法。鉴于此，我们编写了本书。

本书每一章的标题都以 Python 开头，凸显 Python 在各个部分都有其独特的编程理念和方法。与其他高级编程语言如 C、C++ 和 Java 等相比，Python 在数据的表示、处理和可视化方面都有绝对的优势。有编程基础的学习者在学习 Python 时最好能忘掉以往程序设计语言的语法，彻底转变观念，以全新的姿态融入到 Python 的编程特点和规律之中。如变量定义、数据类型、数据结构、控制结构、类和对象、文件访问、数据分析和可视化，每一部分都有其特别之处，都值得我们重新认识，重新使用，重新熟悉。每一章开始的思维导图都是对本章技术脉络的梳理，开门见山地给学习者展示本章的知识和技术体系，以便学习者在学习过程中始终能保持思路清晰和整体把握。每一章开头的本章导读都是编者多年来程序开发与设计教学经验的提炼与升华，都是对程序设计的理解和感悟，值得学习者深入领会。每一章开头的本章要点都是要求学习者深入理解的重要知识和熟练掌握的关键技术。每一章的小结都是对本章要点的具体解释，供学习者复习查询。

本书为河北省高等教育教学改革研究与实践项目“新工科背景下警务大数据应用专业人才培养模式与教学实践研究”（编号：2018GJJG450）的阶段性成果。

下面是本书的体系结构图。

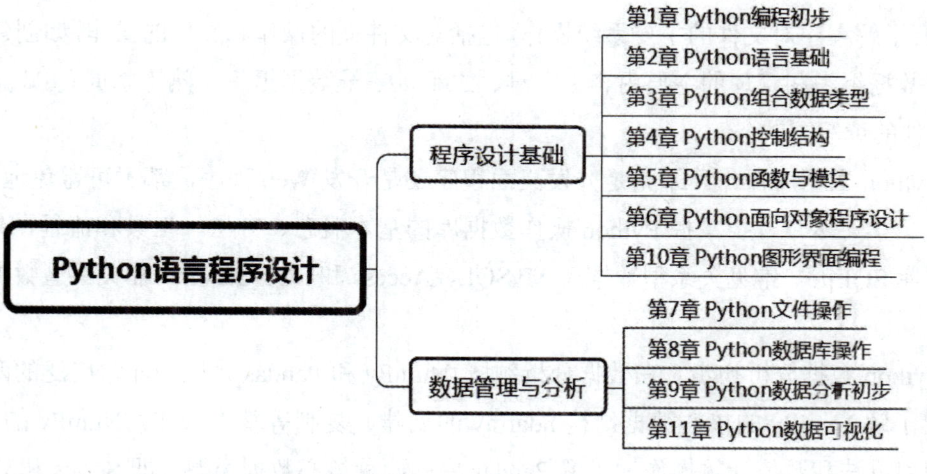

第 1 章 Python 编程初步。学习本章，要了解 Python 作为一种计算机程序设计脚本语言，结合了解释性、编译性和互动性的特点；了解在 Linux 和 Windows 中安装 Python 的方法；了解 IDLE、PyCharm 和 Jupyter 三种常用 Python 程序编辑环境。工欲善其事，必先利其器，通过对本章的学习，学习者可拥

有一个强大的编程工具，从此开启数据分析编程之旅。

第 2 章 Python 语言基础。Python 作为一门与计算机交流的编程语言，有着跟自然语言相似的特点：字、词、句、段落、篇章，以及相应的行文语法规则。学习本章，要理解程序行文的字词句，主要包括基本数据类型、常量和变量、运算符和表达式；理解程序的段落和篇章，主要包括常用内置函数、库函数和系统函数的使用；掌握程序的语法规则，主要包括常用的变量定义和标识符命名规则、语句组织成文编码规则等。这些都是程序设计的基础，学习者只有对此熟练掌握后，才能在后续的学习中得心应手。

第 3 章 Python 组合数据类型。组合数据类型是 Python 语言区别于其他高级编程语言的一大特色，通过组合数据类型，省去了其他语言各种复杂数据结构的设计，给编程人员带来了极大的方便，这也是 Python 流行于数据分析领域的原因之一。学习本章，要熟练掌握 Python 组合数据类型（列表、元组、字符串、字典、集合）的创建、访问和常见基本操作，以及序列解包功能。

第 4 章 Python 控制结构。针对物质随时间由简单向复杂、由低级向高级发展的顺序，Python 语言有相应的顺序结构语句；针对物质运动发展的条件性，Python 语言有相应的选择结构语句；针对物质运动的波浪式前进螺旋式上升规律，Python 语言有相应的循环结构语句。学习本章，要从马克思主义自然哲学视角理解 Python 语言在描述物质运动规律时的表达方式；掌握用 Python 语言描述常用算法，解决一些基本问题的方式。

第 5 章 Python 函数与模块。有些经常用到的能实现特定功能的代码块，我们总是不希望每次用到时都重写一遍，甚至不希望复制一遍，但又想重复使用。Python 里这些经常重用的代码块以函数（Function）的形式被定义，每一次复用被称为函数调用，计算机依然要执行重用的代码。学习本章，要理解函数的概念，掌握定义函数的方法，深刻理解函数调用中参数的传递（值传递、地址传递），理解变量的作用域（变量的作用范围或变量的生命周期），理解函数集合模块、包等概念，掌握模块和包的创建及使用方法。

第 6 章 Python 面向对象程序设计。面向过程的程序设计方法难以保证程序的安全性和代码的可重用性，而面向对象的程序设计方法能够更好地提高大型程序的质量和开发效率，增强程序的安全性和提高代码的可重用性。学习本章，重在理解面向对象程序设计思想、类和对象的概念，了解构造函数、析构函数、类的各种属性和方法，还有面向对象程序设计的三大特性，即封装性、继承性和多态性。

第 7 章 Python 文件操作。当输入输出的数据量较大或需要长期保存时，一般会把数据放到文件中。学习本章，要了解数据在计算机中的表示、文件的组成和分类；熟练掌握程序对不同结构、不同类型文件的读写方法；了解程序对文件的主要系统操作，包括对文件夹的操作和文件的操作，如创建、复制、更名、删除等；了解数据组织和管理的主要内容，一维、二维、三维数据组织；熟练掌握 CSV 文件、Excel 文件和 JSON 文件的读写方法。

第 8 章 Python 数据库操作。不论是开发桌面程序还是开发 Web 程序，都不可避免地要涉及数据库的管理和操作。学习本章，要掌握 Python 操作数据库的基本概念、方法、工具和流程，熟悉 Python 操作嵌入式数据库 SQLite，常见关系型数据库 MySQL、Access 和 SQL Server，非关系型数据库 MengoDB 等的方法。

第 9 章 Python 数据分析初步。在数据分析领域，NumPy 和 Pandas 是应用非常广泛的两个第三方库。学习本章，要了解 NumPy 的核心数据结构 ndarray 的创建、复制等基本操作，NumPy 的内置操作函数的一些简单使用方法和数值计算操作；了解 Pandas 库的两种核心数据类型，即 Series 和 DataFrame，熟悉 DataFrame 的相关操作和 Pandas 对不同格式文件的读写操作，掌握数据分析的基本思路和流程。

第 10 章 Python 图形界面编程。学习本章，要掌握用 Tkinter 进行图形界面程序编写的流程和方法，包括界面布局和控制、界面上图形控件的放置、属性的设置、事件响应的编写；掌握 Tkinter 库及其子库中常用组件和对象的使用。

第 11 章 Python 数据可视化。数据可视化是数据探索性分析和分析结果直观解释的重要手段，是大数据专业的重要课程。学习本章，要掌握用 Matplotlib 进行 Python 数据可视化的基本方法；掌握数据可视化的实现流程、分析过程，以及创建词云和展示词频等实战技术。

本书由张双狮任主编（负责统稿和定稿工作），陈蕾、刘晓彬、贾玲、张立红、吴春颖、王娟任副主编，编写分工如下：刘晓彬编写第 1 章和第 11 章，贾玲编写第 2 章和第 3 章，张双狮编写第 4 章和第 8 章，王娟编写第 5 章，吴春颖编写第 6 章，陈蕾、张双狮共同编写第 7 章和第 10 章，张立红编写第 9 章。

在本书编写过程中，编者得到了大量帮助：中国人民警察大学刘义祥副校长、数据警务技术专业负责人兰月新老师对本书编写提出良好建议；Python 官网、Python 数据分析和可视化库官网、CSDN、菜鸟教程、博客园、C 语言中文网等网站及其社区热心博主们的精彩且超有参考价值的文章；中国水利水电出版社万水分社杨庆川社长对大数据丛书出版的支持、策划和建议，万水分社石永峰副总编辑的耐心指导和细致校对；河北大数据联盟主席安志远教授的热心组织；大数据联盟兄弟院校老师们对本书编写提出宝贵意见和建议。

由于作者水平有限，加之时间仓促，书中不妥之处在所难免，恳请读者批评指正。

编者

2020 年 10 月

目　录

第 1 章　Python 编程初步

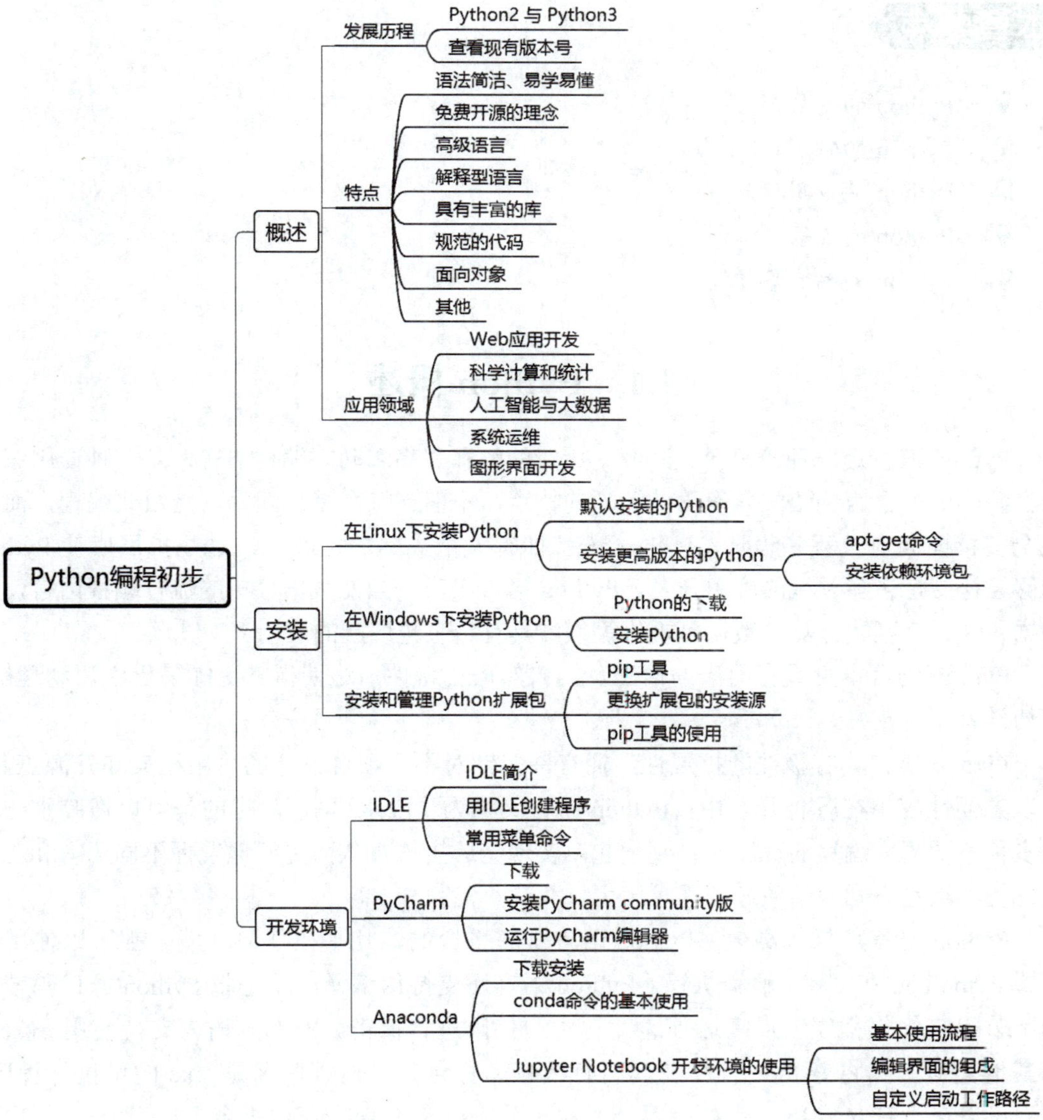

本章导读

作为一种计算机程序设计语言，Python 是一种高层次的结合了解释性、编译性、互动性的脚本语言，是一种面向对象的动态类型语言。本章首先简单介绍什么是 Python 语言，然后介绍 Python 语言的基本发展历程、特点和应用领域，详细讲解在 Linux 和 Windows 中安装 Python 的方法后介绍了 Python 扩展包的安装和管理，最后介绍 Python 的常用开发工具和环境。工欲善其事，必先利其器，通过对本章的学习，我们就可以拥有一个强大的编程就工具，从此开启数据表示、数据存储、数据采集、数据处理、数据分析、数据挖掘和数据可视化的大数据技术生态学习之旅。

本章要点

- Python 的发展历程
- Python 的特点
- Python 的应用领域
- Python 的安装
- Python 的开发环境

Python 概述

1.1 Python 概述

Python 语言是一种跨平台、开源、免费的解释型高级动态编程语言，是一种通用编程语言。Python 语言的语法具有简洁清晰的特点，不但支持命令式编程、函数式编程，而且完全支持面向对象程序设计。Python 语言拥有大量成熟的扩展库，这些扩展库使 Python 能够轻松支持诸多领域的应用开发。Python 语言已成为当前数据分析的流行编程语言，在数据科学、交互式计算、数据可视化等领域具有越来越广泛的应用。

Python 语言本身具有简洁的语法及类自然语言特性，这使得它更加易于学习和理解，对初学者相对友好。

Python 语言具有极佳的扩展性，拥有许多针对不同项目设计的可用框架和开源工具，可以方便地应用在各种开发中。Python 语言又称为“胶水语言”，指的是可以像胶水一样把多种不同语言编写的程序融合到一起，实现无缝拼接，从而更好地发挥不同语言和工具的优势，满足不同应用领域的需求。

Python 语言可靠且高效。Python 语言是跨平台的，几乎在任何环境下都可以使用和部署 Python 应用。除了解释执行，Python 语言还支持伪编译，就是将 Python 源代码转换为字节码来优化程序、提高运行速度和对源代码进行保密。Python 语言支持使用 py2exe 等其他类似工具将 Python 程序及其所有依赖库打包为扩展程序名是 .exe 的可执行程序，从而可以在没有安装 Python 解释器环境和相关依赖库的 Windows 平台上运行。

Python 语言是人工智能领域最流行的数据分析语言之一。随着大数据和云计算的不断融合发展，人工智能技术也在飞速进步。Python 语言在数据获取、数据处理、建模分析和数据可视化方面都提供了丰富的可用工具包，并且在机器学习、神经网络、深度学习等方面也是主流的编程语言，因此在人工智能领域逐渐被普及。

Python 语言崇尚优雅、明确、简单，我们在 Python 命令编程环境中输入“import this”，就会呈现出 Tim Peter 写的“The Zen of Python”——“Python 之禅”，它是 Python

语言编程和设计的指导思想。

The Zen of Python, by Tim Peters
Beautiful is better than ugly.
Explicit is better than implicit.
Simple is better than complex.
Complex is better than complicated.
Flat is better than nested.
Sparse is better than dense.
Readability counts.
Special cases aren't special enough to break the rules.
Although practicality beats purity.
Errors should never pass silently.
Unless explicitly silenced.
In the face of ambiguity, refuse the temptation to guess.
There should be one — and preferably only one — obvious way to do it.
Although that way may not be obvious at first unless you're Dutch.
Now is better than never.
Although never is often better than "right" now.
If the implementation is hard to explain, it's a bad idea.
If the implementation is easy to explain, it may be a good idea.
Namespaces are one honking great idea, let's do more of those!

我们尝试翻译如下：
优美胜于丑陋（Python 以编写优美的代码为目标）
显式胜于隐式（代码应当是清楚明白的）
简洁胜于复合（代码应当是简洁明了的）
复合胜于复杂（复杂代码间关系不要过于难懂）
扁平胜于嵌套（代码不能有太多的嵌套）
稀疏胜于密集（代码应当有适当的间隔）
可读性很重要（代码要有可读性）
哪怕为了实用性，特殊情况也不足以违反规则（这些规则至高无上）
不要无声包容错误，除非你确定需要忽略错误（精准地捕获异常）
面对多种可能时拒绝猜测，最好找到唯一的一种明显的解决方案（如果不确定，就用穷举法）
虽然这并不容易，因为你不是吉多•范罗苏姆
做总比不做好，但有时盲目动手还不如不做（动手之前要细思量）
如果一个实现难以解释，那肯定不是一个好方案
如果这个实现容易解释，那么它或许是个好方案（方案测评标准）
命名空间是一种绝妙的理念，我们应当多加利用

1.1.1　Python 的发展历程

Python 语言是在 20 世纪 80 年代末 90 年代初被开发设计出来的，由荷兰人吉多•范

罗苏姆（Guido van Rossum）设计并领导开发。自诞生至今，它已被逐渐广泛应用于系统管理任务的处理和 Web 编程。Python 本身是由诸多其他语言发展而来的，包括 ABC、C、C++ 等许多其他的脚本语言。Python 语言是开源项目的优秀代表，源代码遵循 GPL（General Public License）协议。现在 Python 由一个核心开发团队在维护。

1991 年，Python 语言发行了第一个公开版本，它的底层是用 C 语言实现的，并且能够调用 C 语言的库文件。从 Python 语言产生开始，它就具有类、函数、异常处理、包含列表和字典等在内的数据类型和以模块为基础的拓展系统。之后，Python 语言在广大程序员的共同努力建设下得到了迅速发展。下面给出 Python 语言主要版本的具体发行时间。

- 1991 年 2 月 Python 代码对外发布，版本为 0.9.0。
- 1994 年 1 月发布了 Python 1.0 版本，逐渐增加了 lambda、map、filter 和 reduce。
- 2000 年 10 月 16 日发布了 Python 2.0 版本，其中加入了内存回收机制，构成了现在所用的 Python 语言框架的基础。
- ……
- 2004 年 11 月 30 日发布了 Python 2.4 版本，同年诞生了 Django——目前最流行的 Web 框架。
- 2006 年 9 月 19 日发布了 Python 2.5 版本。
- 2008 年 10 月 1 日发布了 Python 2.6 版本。
- 2010 年 7 月 3 日发布了 Python 2.7 版本。
- 2008 年 12 月 3 日发布了 Python 3.0 版本。
- ……
- 2016 年 12 月 23 日发布了 Python 3.6 版本。
- 2018 年 6 月 27 日发布了 Python 3.7 版本。
- 2019 年 10 月 14 日发布了 Python 3.8 版本。

自 2004 年以后，Python 语言的使用率飞速上升，增长趋势基本呈线性，可以说 Python 语言已经成为现在最受欢迎的程序设计语言之一。目前，Python 官网同时发行 Python 2.x 和 Python 3.x 两个系列的版本。由于语法层面及解释器内部的诸多改进，为了不带入过多的累赘，Python 3.0 在设计的时候没有考虑向下兼容，所有基于 Python 2.x 系列版本编写的库函数都必须经过修改以后才能被 Python 3.x 系列版本使用。目前 Python 2.x 系列最终稳定版本是 Python 2.7，Python 软件基金会宣布，到 2020 年元旦，将不再为编程语言 Python 2.x 分支提供任何支持。虽然仍有许多 Python 2.x 系列被使用着，但是随着这几年的使用率急剧上升，作为新手可以放心地从 Python 3.x 学起。目前来看，Python 3.x 的设计理念更加人性化，全面普及和应用已经是大势所趋，越来越多的扩展库以最快的速度开发并推出了与最新 Python 版本相适应的版本。本书中如无特殊注明，使用的都是 Python 3.7 版本。

下面列举几点 Python 2.x 版本与 Python 3.x 版本在编码及语法上的区别。

1. 编码方式不同

Python 2.x 版本中使用 ASCII 码作为默认编码方式，导致字符串包含两种类型：str 和 Unicode。Python 3.x 版本中，源码文件默认使用 UTF-8 编码，字符串只包含 Unicode 一种类型，这样可以很好地支持中文和其他非英文字符。例如使用 Python 2.x 版本输入中文字符的字符串，Python 会自动将字符串转换为合适编码的字节字符串。而 Python 3.x 版本中文本字符串和字节字符串是严格区分的，默认为 Unicode 格式的文本字符串。

2. 语句输出不同

Python 2.x 版本中使用 print 语句来输出数据，而 Python 3.x 版本中废弃了 print 语句，使用 print() 函数来输出数据。

3. 除法运算 “/” 不同

Python 2.x 版本中，使用运算符 “/” 进行除法操作，与 C语言的除法运算相似，整数相除的结果为一个整数，浮点数相除的结果为浮点数；而 Python 3.x 版本中除法运算 “/” 的结果都会保留小数部分，即使整数相除的结果也为浮点数形式，要想得到整型结果，应当使用地板除法 “//”。

4. 不等于运算符不同

在 Python 2.x 版本中，不等于运算符可以写成 “<>” 和 “!=”，但是在 Python 3.x 版本中不等于运算符去掉了 “<>”，只保留了 “!=” 一种写法。

5. import 导入模块不同

Python 2.x 版本中，默认按照相对路径导入模块和包，这样会导致标准库导入存在一些困难。例如，在当前文件同一目录下有和标准库同名的文件，就无法同时导入标准库和这个同名文件。但在 Python 3.x 版本中，import 导入模块和包默认按照绝对路径导入，如果只写相对路径，解释器会报错。Python 3.x 版本中，如果还需要导入同一目录中的文件必须使用绝对路径或者使用 “.” 表示被执行的文件所在的当前路径。

此外，在数据类型、面向对象、异常处理等方面，Python 2.x 版本与 Python 3.x 版本也有诸多不同之处。在选择 Python 时，一定要考虑清楚自己学习 Python 的目的是什么、打算做哪方面的开发、有哪些扩展库可用、这些扩展库最高支持哪个版本的 Python，这些问题全部确定以后再做出选择，这样才能事半功倍，而不至于把太多时间浪费在 Python 以及各种扩展库的反复安装和卸载上。

要查看现有 Windows 环境下的 Python 版本号，可以在 Windows 环境中进入命令提示符窗口，在提示符下输入命令 python 启动 Python 解释器，可以直接显示当前安装的 Python 版本号；也可以打开 Python 安装后自带的开发环境 IDLE，在主界面中查看当前的 Python 版本号；还可以导入 Python 的 platform 模块，通过 platform 模块中的许多方法去获取系统信息，包括操作系统、Python 环境、系统的环境变量等详细信息，代码如下：

```
import platform                    #导入Python模块platform
platform.python_version()          #调用模块中的函数
```

或者导入 Python 的 sys 模块，sys 模块提供了一系列有关 Python 运行环境的变量和函数，用来处理 Python 运行时的配置和资源，代码如下：

```
import sys  #导入Python模块sys
sys.version
sys.winver
sys.version_info
```

效果如图 1-1 所示。

图 1-1　查看当前的 Python 版本号

1.1.2 Python 的特点

作为计算机程序设计语言，Python 语言是一种高层次的结合了解释性、编译性、互动性的脚本语言，是一种面向对象的动态类型语言。Python 语言的设计具有很强的可读性，相比于其他语言经常使用英文关键字和标点符号，它具有特色鲜明的语法结构。

1. 语法简洁、易学易懂

Python 语言具有较少的关键字和明确定义且结构简单的语法，学习起来更加简单。Python 语言代码定义清晰简洁，用户在阅读一个良好的 Python 程序时就像在阅读一段语法要求严格的英语段落一样。这使得 Python 程序员在开发过程中关注更多的是问题的解决，而不是语言本身。相对于其他语言，Python 语言的代码行数往往会少很多，有时仅相当于其他语言代码行数的 1/10 ～ 1/5。

2. 免费开源

Python 是 FLOSS（自由 / 开放源码软件）之一，拥有众多的开发群体。用户可以自由地发布这个软件的拷贝，查看它的源代码，研究其代码细节或进行二次开发。用户不需要为使用 Python 支付费用，也不涉及版权问题。由于 Python 倡导开源软件理念，越来越多的优秀程序员加入到 Python 开发中，使得 Python 的功能越来越丰富和完善。Python 语言可以应用在多种开发工作中，具有许多针对不同项目设计的现成框架和开源工具，拥有大量的文档、教程、问答资料等，并且开发者社区也在持续活跃发展。

3. 是一种高级语言

Python 语言是一种高级语言，程序员使用它编写程序时，无须考虑诸如如何管理程序使用的内存一类的底层细节。

计算机的硬件作为一种电路元件，它的输出和输入只能是有电和没电，也就是所说的高电平和低电平，所以计算机传递的数据是由“0”和“1”组成的二进制数，即二进制的语言是计算机语言的本质。

低级语言泛指机器语言和汇编语言，机器语言是计算机最原始的语言，由 0 和 1 的代码构成，计算机在工作的时候只认识机器语言；汇编语言用人类容易记忆的语言和符号来表示一组 0 和 1 的代码，如“AND”表示加法助记符，“MOV”代表数据传递等。相对于高级语言，其优点是执行速度快，但代码编写难度较大，可读性较差，尤其是当需要修改已经完成的程序时不易找到程序的错误。另外，低级语言具有较高的机器相关性，编写的程序只能在一种计算机上运行，想要运行在不同的机器上，必须重写。低级语言是早期的一种计算机编程语言，现在只在很少的特殊场景中使用。

高级语言是我们现在大多数人使用的语言，如 C、C++、Python 等。相对于低级语言，它更接近于人的思维，其最大特点是编写容易，代码可读性好。实现同样的功能，使用高级语言耗时更少，程序代码量更小，更容易阅读。其次，高级语言是可移植的，也就是说，仅需稍作修改甚至不用修改就可将一段代码运行在不同类型的计算机上。其缺点也很明显，使用高级语言编写的程序运行时需要先将其翻译成低级语言，在翻译过程中可能会产生一些多余的部分，运行效率较低。另外，高级语言对硬件的可控性相对于低级语言弱些，目标代码量也较大。

4. 是一种解释型语言

用编译型语言如 C 或 C++ 写的程序，可以从源文件（即 C 或 C++ 语言）转换成机器可以执行或调用的程序。这个过程通过编译器和不同的标记、选项完成。运行程序的时候，

连接 / 转载软件把程序从硬盘复制到内存中并且运行，无须重新编译，所以程序执行效率较高。相对来说，其优点是运行速度快，代码效率高，编译后程序不可以修改，且看不到源码，保密性较好；缺点是代码需要经过编译方可运行，可移植性差，只能在兼容的操作系统上运行。由于其执行速度较快，同等条件下对系统的要求较低，因此常用于操作系统和大型应用程序开发、图像处理、数据库开发等场合。

Python 语言是一种解释型语言，用 Python 语言写的程序不需要编译成二进制代码，可以直接从源代码运行程序。在计算机内部，Python 解释器把源代码转换成字节码的中间形式，再把它翻译成计算机使用的机器语言并运行。使用 Python 语言更加简单，不用担心如何编译程序、如何确保连接转载正确的库等。Python 程序可以在任何安装了解释器的操作系统环境中执行，只要把 Python 程序复制到另一台计算机上，它就可以直接工作，这也使得 Python 程序更加易于移植。

由于 Python 语言的用户可以在交互方式下直接将代码行测试执行，因此 Python 语言的学习更加简单。每一条语句都是在执行的时候才把源代码翻译成计算机使用的机器语言并运行，所以这类程序每执行一次就要翻译一次，运行速度较慢。相对来说，其优点是可移植性好，只要有解释器环境程序就可以在不同的操作系统上运行；缺点是代码需要有专门的解释器，在程序运行时，除了要给用户程序本身分配内存空间，还要分配系统资源给解释器，所以其运行速度较慢。解释型语言常用于两种场合：一是对运行速度要求不高（如一些网页脚本、服务器脚本、接口辅助开发等）的场合；二是对跨平台（操作系统的兼容性）有要求的场合。

5. 具有丰富的库

Python 语言的最大优势之一是具有一个广泛的标准库，它可以帮助用户处理各种工作，包括正则表达式、文档生成、单元测试、线程、数据库、网页浏览器、CGI、FTP、电子邮件、XML、XML-RPC、HTML、WAV 文件、密码系统、GUI（图形用户界面）、Tk 和其他与系统有关的操作。这被称为 Python 语言的“功能齐全”理念，即只要安装了 Python，这些功能都是可用的。除了标准库以外，还有许多其他高质量的第三方库，如 wxPython、Twisted 和 Python 图像库等。

6. 具有规范的代码

Python 语言把缩进提升到了一个语法的高度。Python 语言采用强制缩进的方式，使得代码具有较好的可读性（通过强制缩进来体现语句间的逻辑关系）。在其他语言（如 C 语言）进行程序编写时，针对代码模块，为体现语句之间的逻辑关系，一般使用大括号或 end 之类的符号来作为代码模块的标记，在这一过程中适当的缩进更多地属于个人书写代码的风格，对于代码的编写完成并不是必须的。但是在 Python 语言中，复合语句不是用大括号之类的符号表示，而是由每行的首字符在这一行的位置来决定的。Python 语言采用的强制缩进方式，要求程序如果违反了缩进规则就不能通过编译，这样能够降低编程过程中的个人自由度，有利于风格统一，使得代码能够被轻松阅读。

7. 面向对象

Python 语言既支持面向过程的编程，也支持面向对象的编程。

在面向过程的语言中，程序是由过程或仅仅是可重用代码的函数构建起来的，是过程和数据的集合，以过程为中心。面向过程编程的软件是功能的集合，是通过模块以及模块和模块之间的分层调用关系来实现的。在面向对象的语言中，程序是由数据和功能组合而成的对象构建起来的。与其他语言相比，Python 语言以一种非常强大又简单的方式实现面向对象编程，为大型程序的开发提供了方便。

在面向对象的语言中，以对象为中心，实现了数据和相应操作的封装。面向对象编程的软件是事物对象的集合，是通过对象以及对象和对象之间的通信联系来实现的。面向对象的程序设计从所处理的数据入手，以数据为中心而不是以服务（功能）为中心来描述系统。它把编程问题视为一个数据集合，数据相对于功能而言具有更强的稳定性。面向对象的语言强调从现实世界中客观存在的事物出发，尽可能运用人类自然的思维方式去构造软件系统，也就是直接以客观世界的事物为中心来思考问题、认识问题、分析问题和解决问题；将事物的本质特征经抽象后表示为软件系统的对象，以此作为系统构造的基本单位，使软件系统能直接映射问题，并保持问题中事物及其相互关系的本来面貌；强调按照人类思维方法中的抽象、分类、继承、组合、封装等原则去解决问题，这样软件开发人员便能更有效地思考问题，从而更容易与客户沟通。

此外，Python 语言还具有可移植性、可扩展性、可嵌入性等诸多优点。基于其开放源代码的特性，Python 语言已经能够在包括 Linux、Windows、UNIX、Mac OS 和 Android 等许多平台上工作，Python 发行时自带的标准库和模块在实现上也都尽可能地考虑到了跨平台的可移植性。如果需要一段运行很快的关键代码或者是想要编写一些不愿开放的算法，我们可以使用 C 或 C++ 完成那部分程序，然后从自己的 Python 程序中调用。还可以将 Python 嵌入到 C/C++ 程序中，让程序用户获得“脚本化”的能力。

1.1.3 Python 的应用领域

Python 语言是一种解释型脚本语言，最初被设计用于编写自动化脚本（shell），随着版本的不断更新和语言新功能的添加，越来越多被用于独立的大型项目的开发，覆盖了 Web 应用开发、科学计算和统计、人工智能与大数据、系统运维、图形界面开发等诸多领域。

1. Web 应用开发

Python 包含了标准的 Internet 模块，可用于实现网络通信及应用。例如通过 mod_wsgi 模块，Apache 可以运行用 Python 语言编写的 Web 程序。Python 定义了 WSGI 标准应用接口来协调 HTTP 服务器与基于 Python 的 Web 程序之间的通信。Python 的第三方框架，如 Django、TurboGears、web2py、Zope、Flask 让程序员可以使用 Python 语言快速实现一个网站或 Web 服务，轻松地开发和管理复杂的 Web 程序。目前许多大型网站均是用 Python 开发的，如 Google 爬虫、豆瓣、视频网站 Youtube、网络文件同步工具 Dropbox 等。

2. 科学计算和统计

Python 语言的简洁性、易读性和可扩展性使它被广泛应用于科学计算和统计领域。专用的科学计算扩展库包括 NumPy、SciPy、Matplotlib 等，它们分别为 Python 提供了快速数组处理、数值运算和绘图功能。因此，Python 语言及其众多的扩展库所构成的开发环境十分适合工程技术、科研人员处理实验数据、制作图表、绘制高质量的 2D 和 3D 图像，甚至开发科学计算应用程序。众多开源的科学计算软件包都提供了 Python 的调用接口，例如著名的计算机视觉库 OpenCV、三维可视化库 VTK、医学图像处理库 ITK 等。

3. 人工智能与大数据

在大量数据的基础上，结合科学计算、机器学习等技术，对数据进行清洗、去重、规格化和针对性的分析是大数据行业的基石。随着人工智能、大数据的发展，Python 语言的地位正在逐步提高，其相对简单的代码编写促使越来越多的人来选择学习，目前 Python 语言已成为数据分析的主流语言之一。

Python 语言在人工智能大范畴领域内的机器学习、神经网络、深度学习等方面都是主流的编程语言，得到广泛的支持和应用。基于大数据分析和深度学习而发展出来的人工智能本质上已经无法离开 Python 语言的支持，目前世界优秀的人工智能学习框架如 Google 的 TensorFlow、FaceBook 的 PyTorch 和开源社区的神经网络库 Karas 等都是用 Python 语言实现的。微软的 CNTK（认知工具包）也完全支持 Python 语言，而且微软的 Vscode 已经把 Python 语言作为第一级语言进行支持。

4. 系统运维

Python 语言是运维工程师首选的编程语言，Python 标准库包含多个调用操作系统功能的库。通过 pywin32 这个第三方软件包，Python 能够访问 Windows 的 COM 服务及其他 Windows API。使用 IronPython，Python 程序能够直接调用 NetFramework。一般来说，Python 语言编写的系统管理脚本在可读性、性能、代码重用度、扩展性几方面都优于普通的 shell 脚本。在很多操作系统里，Python 是标准的系统组件。大多数 Linux 发行版以及 NetBSD、OpenBSD 和 MacOSX 都集成了 Python，可以在终端下直接运行 Python。作为运维工程师首选的编程语言，Python 语言在自动化运维方面已经获得了广泛的应用，比如 Saltstack 和 Ansible 都是大名鼎鼎的自动化平台。

目前在几乎所有互联网公司，自动化运维的标准配置就是 Python+Django/Flask。另外，在虚拟化管理方面已经是事实标准的 openstack 也是由 Python 实现的，所以可以说 Python 语言是所有运维人员的必学语言。

5. 图形界面开发

从 Python 语言诞生之日起，就有许多优秀的 GUI 工具集整合到 Python 当中。使用 Tkinter、wxPython、PyQt 库等可以开发跨平台的桌面软件。这些优秀的 GUI 工具集使得 Python 也可以在图形界面编程领域大展身手。由于 Python 语言的流行，许多应用程序都是由 Python 结合那些优秀的 GUI 工具集编写的。

1.2 Python 的安装

1.2.1 在 Linux 下安装 Python

Linux 是一种免费使用和自由传播的类 UNIX 操作系统。Linux 存在着许多不同的发行版本，但它们都使用了 Linux 内核，包括 Centos、Ubuntu、Debian 等。不同的发行版本在使用上存在诸多差异。本节以 Ubuntu 16.04 版为例，讲解如何在 Linux 操作系统中安装 Python 软件开发环境。

在 Ubuntu 操作系统中安装软件有以下几种常用方法：

- 使用 apt-get 从软件库中下载安装。
- 使用 dpkg 命令安装 deb 程序包。
- 下载程序源文件并手动编译安装。

使用 apt-get 来安装应用程序算是最常见的一种安装方法，本节将讲解如何使用 apt-get 命令安装 Python 依赖环境，然后下载 Python 源码并编译安装它。

1. Ubuntu 中默认安装的 Python

在 Ubuntu 16.04 中已经默认安装了 Python 2.7。换句话说，当我们的计算机中安装了 Ubuntu 时，Python 2.7 就可以直接使用了。

在 Ubuntu 命令提示符下直接输入 python 命令，会得到如图 1-2 所示的输出，可见在系统中已经可以使用 Python 2.7 了。

图 1-2　Ubuntu 中默认安装了 Python

测试完成之后可以输入 exit() 命令返回到操作系统提示符。

2. 在 Ubuntu 中安装更高版本的 Python

在 Ubuntu 系统中可以使用 apt-get 命令来下载和安装软件包。Advanced Package Tool，又名 apt-get，是一款适用于 UNIX 和 Linux 系统的应用程序管理器，主要用于自动从互联网的软件仓库中搜索、安装、升级和卸载软件。

apt-get 最常用的 3 个命令如下：

- apt-get update：在修改 /etc/apt/sources.list 或 /etc/apt/preferences 之后运行该命令，此外我们需要定期运行这一命令以确保我们的软件包列表是最新的。
- apt-get install 软件包名称：用于安装一个新软件包。
- apt-get remove 软件包名称：用于卸载一个已安装的软件包。

使用 apt-get 安装 Python 3.7 依赖环境包的流程如下：

（1）更新软件包列表，执行 sudo apt-get update。执行成功后如图 1-3 所示。

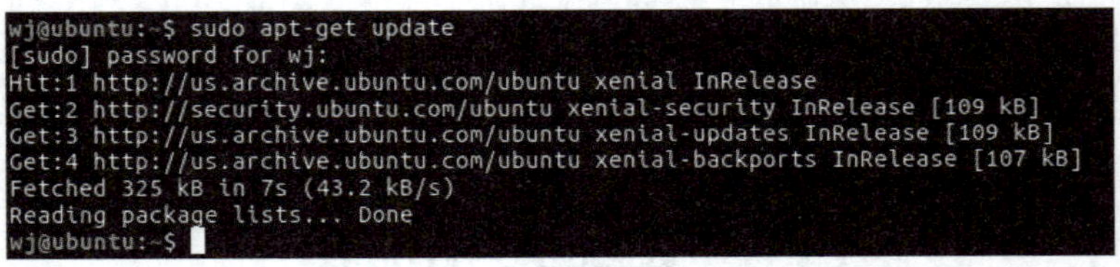

图 1-3　更新软件包列表

（2）安装依赖环境。由于 Python 3.7 的安装需要一些先决软件，包括 build-essential、checkinstall、Python-dev、Python-setuptools、Python-pip 等。在安装之前需要将这些先决条件安装到系统中（由于软件包过多，这里使用两条 apt-get 命令完成安装工作）。

```
sudo apt-get install build-essential checkinstall python-dev python-setuptools python-pip python-smbus
sudo apt-get install libreadline-gplv2-dev libncursesw5-dev libssl-dev libsqlite3-dev tk-dev libgdbm-dev libc6-dev libbz2-dev libffi-dev
```

由于不同的网络速度，上面两个命令可能需要执行几分钟到十几分钟。如果网络速度过慢，可以修改 apt 源为国内的镜像网站。

（3）下载 Python 3.7.0 源码文件。第一步，创建用户保存源码文件的目录。

```
cd ~
mkdir src
cd ~/src
```

第二步，使用 wget 下载 Python 3.7.0 源文件压缩包到新建的文件目录并完成解压缩。

```
sudo wget https://www.python.org/ftp/python/3.7.0/Python-3.7.0.tgz
```

```
sudo tar xzf Python-3.7.0.tgz
```

这两条命令中，第一条用于下载文件，第二条用于解压缩下载的文件。执行完毕后在 src 目录下执行 ls 命令就可以看到该目录下有一个 Python-3.7.0 子目录。

（4）编译安装。

```
cd Python-3.7.0
sudo ./configure --prefix=/usr/bin/Python3.7
sudo make && sudo make install
```

执行完上述 3 条命令之后，将在 /usr/bin 目录中创建一个新目录 Python3.7，并将 Python 3.7.0 安装到这个目录里。

（5）检测程序是否安装成功。

```
cd /usr/bin/Python3.7/bin
./python3.7
```

如果看到如图 1-4 所示的内容，则表示 Python 3.7.0 安装成功。

```
wj@ubuntu:/usr/bin/Python3.7/bin$ cd /usr/bin/Python3.7/bin
wj@ubuntu:/usr/bin/Python3.7/bin$ ./python3.7
Python 3.7.0 (default, Jul 23 2019, 05:37:40)
[GCC 5.4.0 20160609] on linux
Type "help", "copyright", "credits" or "license" for more information.
>>>
```

图 1-4　Python 3.7.0 安装成功

（6）使 Python 3.7.0 成为 Ubuntu 默认的 Python 解释器。我们注意到了，安装了 Python 3.7 之后，在 Ubuntu 系统命令提示符下执行 python 命令进入的仍然是 Python 2.7 的环境。要运行 Python 3.7 就必须进入 /usr/bin/Python3.7/bin 目录运行 Python3.7 命令。这样的使用方式显然比较麻烦。通过下面的操作可以在系统提示符下运行 python 命令直接进入 Python 3.7.0 环境中。

先执行以下两条命令：

```
sudo update-alternatives --install /usr/bin/python python /usr/bin/python2 100
sudo update-alternatives --install /usr/bin/python python /usr/bin/Python3.7/bin/python3.7 200
```

执行完毕后再运行 python 命令，将直接进入 Python 3.7.0 环境。

效果如图 1-5 所示。

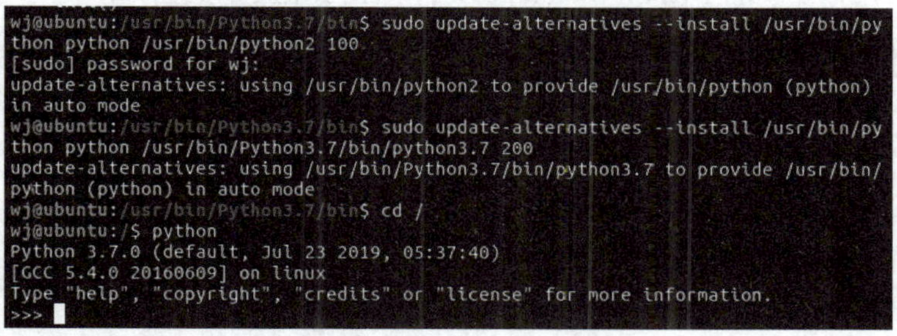

```
wj@ubuntu:/usr/bin/Python3.7/bin$ sudo update-alternatives --install /usr/bin/py
thon python /usr/bin/python2 100
[sudo] password for wj:
update-alternatives: using /usr/bin/python2 to provide /usr/bin/python (python)
in auto mode
wj@ubuntu:/usr/bin/Python3.7/bin$ sudo update-alternatives --install /usr/bin/py
thon python /usr/bin/Python3.7/bin/python3.7 200
update-alternatives: using /usr/bin/Python3.7/bin/python3.7 to provide /usr/bin/
python (python) in auto mode
wj@ubuntu:/usr/bin/Python3.7/bin$ cd /
wj@ubuntu:/$ python
Python 3.7.0 (default, Jul 23 2019, 05:37:40)
[GCC 5.4.0 20160609] on linux
Type "help", "copyright", "credits" or "license" for more information.
>>>
```

图 1-5　进入 Python 3.7.0 环境

此时如果想要修改默认执行的 Python 版本可以随时使用下面的命令来完成。

```
sudo update-alternatives --config python
```

1.2.2　在 Windows 下安装 Python

1.　下载 Python

在 Windows 操作系统中安装 Python 语言首先需要下载 Python 语言安装包。下载首选

Python 官网，下载地址为 https://www.python.org/downloads/。在页面中找到所需版本文件的下载链接（图 1-6），在点击链接后进入的页面中选择与本机系统对应的 64 位安装程序或 32 位安装程序进行下载。

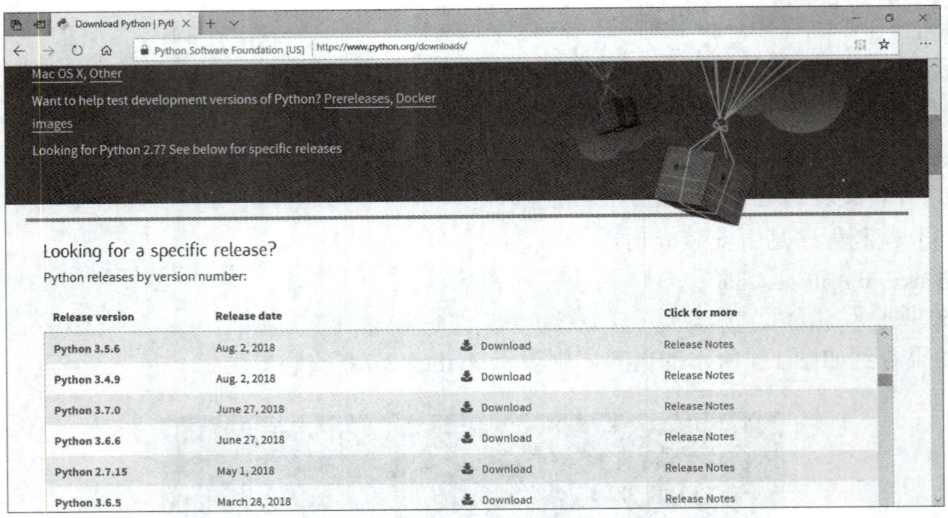

图 1-6 Python 3.7.0 下载页面

在 Windows 下安装 Python 及简单使用

下载完毕后会得到安装文件，图标如图 1-7 所示。

图 1-7 下载后的 Python 安装文件图标

2. 安装 Python

如果使用的操作系统是 Windows 7，安装 Python 3.7.0 之前需要确保已经安装了 Windows 7 Services Pack 1 补丁包。

（1）双击刚刚下载的 Python 3.7.0.exe 文件，在弹出的对话框中单击“运行”按钮开始安装过程，如图 1-8 所示。

（2）安装过程设置。安装过程中首先弹出如图 1-9 所示的对话框，安装开始之前需要对安装过程进行如下两项设置：

- 安装的 Python 是否对所有用户可用。
- 是否将 Python 安装目录添加到环境变量 PATH 中。

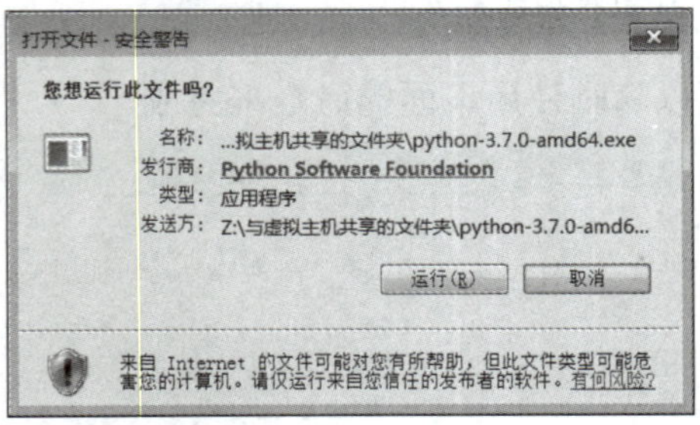

图 1-8 开始安装 Python

图 1-9 Python 安装选项

对于初学者而言，为了避免不必要的麻烦建议将两个选项全部选中。因为如果环境变量没有配置好，后续使用 pip 等工具时可能会出现麻烦。关于环境变量的内容配置不在本书讨论范围之内，感兴趣的读者可参阅有关 Windows 操作系统的其他书籍。

选中对话框底部的两个复选项之后单击 Install Now 按钮即可开始安装。安装过程中会显示安装进度，如图 1-10 所示。

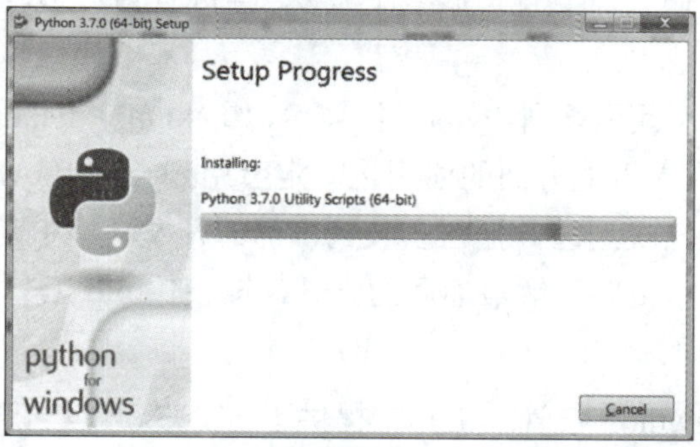

图 1-10 安装进度

（3）安装完成。当出现 Setup was successful 对话框时，表示安装已完成，单击 Close 按钮即可。安装结束后在系统的“开始”菜单中会看到新增了一个 Python 3.7 文件夹，文件夹中包含 4 个程序项目：IDLE、Python 3.7、Python 3.7 Manuals 和 Python 3.7 Module Docs，如图 1-11 所示。

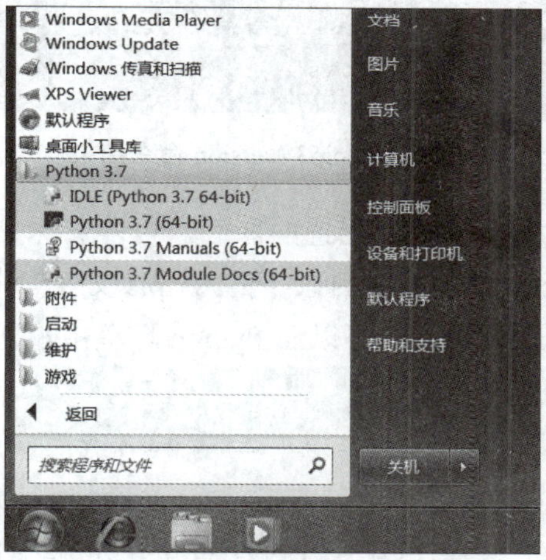

图 1-11 安装完成之后的“开始”菜单

（4）测试安装结果。在“开始”菜单中找到 Python 3.7(64-bit) 程序启动图标并单击。如果出现如图 1-12 所示的界面，则表示安装的 Python 可以正常运行了。

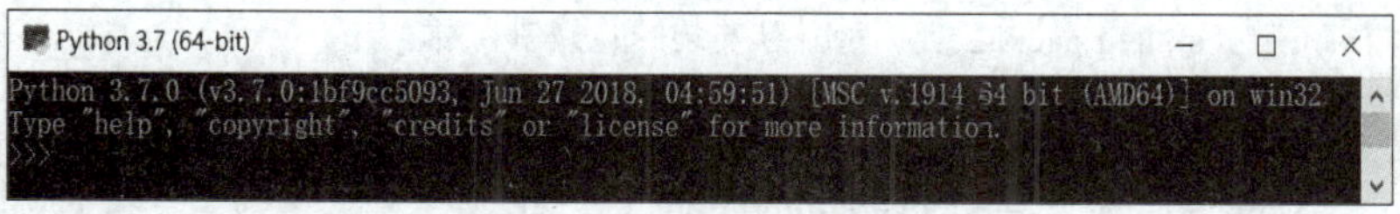

图 1-12 Windows 7 中 Python 3.7 的运行界面

1.2.3 安装和管理 Python 扩展包

Python 扩展包是指由第三方软件开发者开发的用于扩展 Python 标准功能的程序包。

尽管 Python 标准库已经提供了非常丰富的功能，但是不同的开发者在开发不同用途的程序时总会用到各种非标准功能，Python 标准库不可能面面俱到地提供所有这些功能的程序包或者模块。互联网上的开发者们出于自身的专业需要或者爱好开发出了成千上万的 Python 扩展包，这些包被放到互联网上以供其他开发者使用。当我们开发的项目需要某项功能时，我们不用急着自己去编写代码，而应该先去找一找有没有能够满足需要的扩展包。如果存在这样的包，我们只需要将扩展包下载安装到 Python 环境中，然后使用它们即可。这样就大大提高了开发效率。

本书后面的章节就会用到多种 Python 扩展包，如 NumPy、Pandas、Matplotlib 等。另外，目前热门的机器学习、人工智能方面的应用也一定会用到 tensorflow、Scikit-Learn 等扩展包。

要使用一个扩展包，找到它并把它安装到自己的开发环境中是必不可少的一步。安装扩展包的方式很多，这里主要讲解最通用的方式，即使用 pip 工具安装扩展包。

1. pip 工具

pip 是一个通用的 Python 包管理工具，提供了对 Python 包的查找、下载、安装和卸载功能。在 Python 3.7 安装时会自动安装好 pip 工具，因此我们不再需要另行下载安装 pip。在 Windows 环境中，首先进入命令提示符窗口。在提示符下输入如下命令：

```
pip3 --version
```

就会看到如图 1-13 所示的信息，这就表示 pip 工具可以使用了。

图 1-13 pip3 -version 命令结果

有时候因为安装过程中环境变量配置的原因，可能会无法直接在命令提示符下使用 pip 工具，此时可以切换至 Python 安装目录下的 scripts 文件夹中来使用 pip 命令。

若需要查找 Python 的安装目录，可以在 Python 环境中输入以下命令实现：

```
import sys      #导入Python模块sys
sys.path        #Python搜索模块的路径集
```

2. pip 工具的使用

pip 工具的使用也很简单，直接在命令提示符窗口中输入 pip3，会显示出 pip 能使用的所有命令，输出结果如下（括号内为中文备注）：

```
install       Install packages. （安装扩展包）
download      Download packages. （下载扩展包）
uninstall     Uninstall packages. （卸载扩展包）
freeze        Output installed packages in requirements format.（按一定格式导出安装包列表）
list          List installed packages.（列出已安装的包及其版本）
show          Show information about installed packages.（详细显示安装包信息）
check         Verify installed packages have compatible dependencies.（检查已安装包的相互依赖性）
config        Manage local and global configuration.（管理配置）
search        Search PyPI for packages.（查询扩展包的镜像依赖）
wheel         Build wheels from your requirements.（按要求建立wheels）
hash          Compute hashes of package archives.（计算扩展包哈希值）
completion    A helper command used for command completion.（用于补全命令的助手命令）
debug         Show information useful for debugging.（显示调试信息）
help          Show help for commands.（显示命令帮助）
```

其中常用的命令有：

- pip3 install 扩展包名称及版本：安装一个扩展包。
- pip3 uninstall r 扩展包名称及版本：卸载一个扩展包。
- pip3 list 或 pip3 freeze：查看已安装的扩展包及版本信息。

注意：

① pip 工具会不断更新，可以定期在提示符下运行 “python -m pip install --upgrade pip” 命令来更新 pip。

② 由于 pip、setuptools 等 Python 自带的扩展包无法（un）install，一般 pip freeze 显示的扩展包会比 pip list 显示的扩展包少几个。如果一定要用 pip freeze 来显示所有包，可以加上参数 -all，即 pip freeze -all。

③ 当一台计算机同时有多个版本的 Python 时，pip 和 pip3 是有区别的。使用命令 pip install，新安装的扩展包会放在 python2.7/site-packages 目录下面；使用命令 pip3 install，新安装的扩展包会放在 python3.7/site-packages 目录下面，Python 3 执行程序不能调用 python2.7/site-packages 中的扩展包。

3. pip 工具使用实例

（1）安装 numpy 扩展包。

```
pip3  install numpy
```

运行命令，图 1-14 所示即表示 numpy 扩展包安装完成。

图 1-14　安装 numpy 扩展包

（2）卸载 numpy 扩展包。

```
pip3 uninstall numpy
```

运行命令，numpy 扩展包卸载完成后如图 1-15 所示。

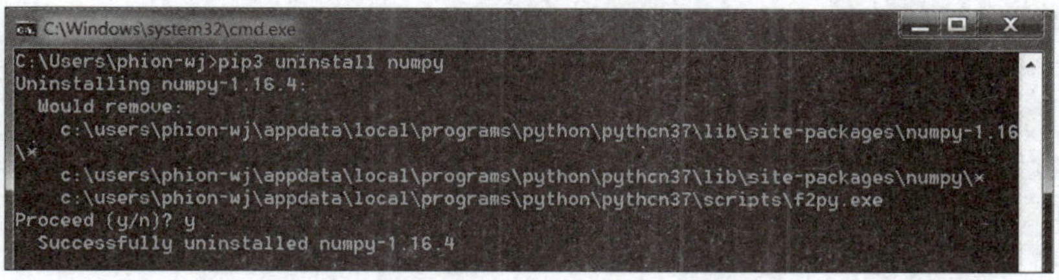

图 1-15　卸载 numpy 扩展包

1.3　Python 的开发环境

本节以 Windows 系统为例讲解 Python 语言的开发环境。

在 Windows 的“开始”菜单中单击 Python 3.7 选项即可运行 Python。此时会打开一个 Python Shell 窗口，其中的提示符会转变为“>>>”形式，这个符号称为 Python Shell 提示符。在 Python Shell 提示符后面可以输入 Python 程序，并可以立刻看到每一条程序语句的输出结果。

例如输入一个简单的程序，计算数字 1 到 100 的和，程序如下：

```
#计算数字1到100的和
i = 1
n = 0
while i <= 100:
  n = n + i
  i = i + 1
print('1到100的和为：',n)
```

运行过程如图 1-16 所示。

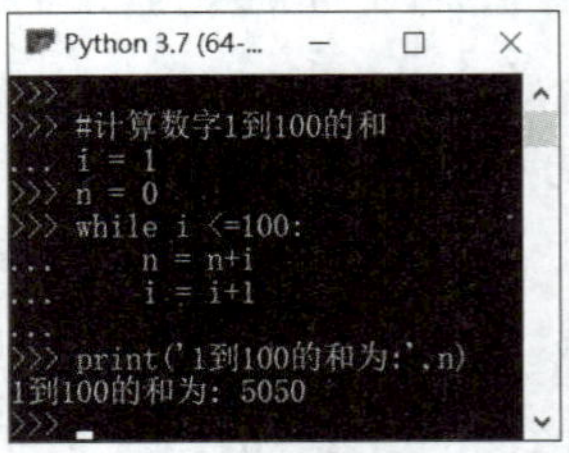

图 1-16 Python shell 窗口运行程序

Python Shell 中输入的程序虽然可以运行也可以看到运行结果，但是这种编写程序的方式效率低下，编写的程序也不能保存为程序文件以便再次使用。为了提高编程效率和方便重复使用，还必须使用程序集成开发环境（IDE）。

1.3.1 IDLE

1. IDLE 简介

IDLE 是开发 Python 程序的基本 IDE（集成开发环境），具备基本的 IDE 功能，是非商业 Python 开发的不错选择。当安装好 Python 后，IDLE 就自动安装好了，不需要另外去找。

Python 3.7 默认安装后，会在“开始”菜单中增加一个 IDLE 选项。打开 IDLE 后出现一个增强的 Python Shell 窗口（具有比基本 Python Shell 更好的剪切、粘贴、回行等功能）。除此之外，IDLE 还带有一个编辑器（用来编辑 Python 程序或脚本）、一个交互式解释器（用来解释执行 Python 语句），一个调试器（用来调试 Python 脚本）。

IDLE 的基本功能包括程序语法加亮、段落缩进、基本文本编辑、Table 键控制和调试程序等，如图 1-17 所示。

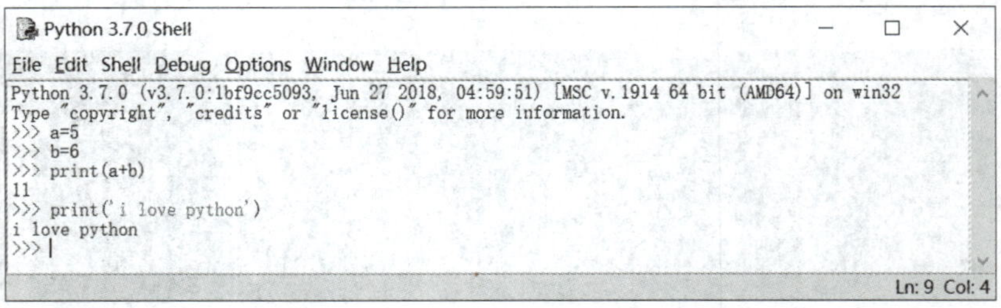

图 1-17 IDLE 操作窗口

2. 利用 IDLE 创建 Python 程序

（1）新建 Python 程序文件。在 IDLE 的 Python Shell 窗口中，单击 File 菜单中的 New File 选项会打开一个程序编辑窗口，如图 1-18 所示。

在这个窗口中就可以根据 Python 的语法规则编写 Python 程序，编辑器会自动实现代码的缩进、语法高亮显示等功能。

（2）在程序文件中输入程序语句。IDLE 编辑窗口的使用和 Windows 的记事本非常相似，只是输入的程序代码被自动进行了语法高亮和缩进等。在 IDLE 中输入前面我们在 Python Shell 窗口中运行的程序，如图 1-19 所示。

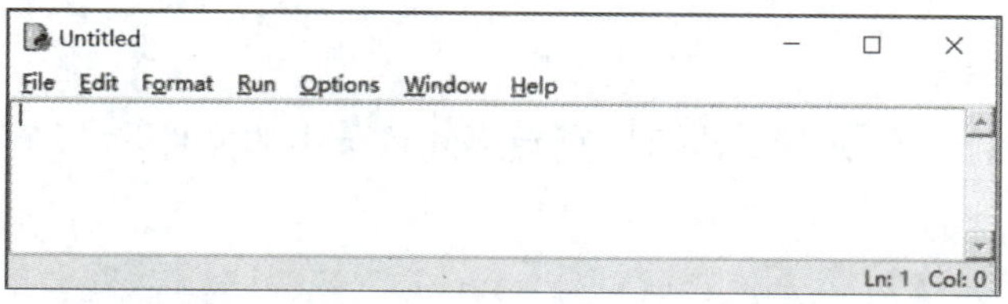

图 1-18　新建 IDLE 编辑窗口

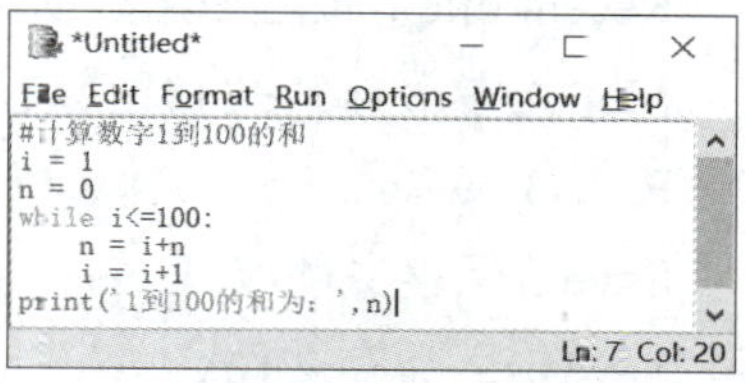

图 1-19　在 IDLE 编辑窗口中输入代码

使用 IDLE 创建 Python 程序

所谓语法高亮显示，就是对代码的不同元素使用不同的颜色进行显示，关于这一点，我们从图 1-19 中已经看到了。默认时，关键字显示为橘红色，注释显示为红色，字符串为绿色，内置函数为紫色，定义和解释器的输出显示为蓝色，控制台输出显示为棕色。在键入代码时，会自动应用这些颜色突出显示。语法高亮显示的好处是，可以更容易区分不同的语法元素，从而提高可读性；与此同时，语法高亮显示降低了出错的可能性。比如，如果输入的变量名显示为橘红色，那么就需要注意，这说明该名称与预留的关键字冲突，所以必须给变量更换名称。

IDLE 提供了自动缩进功能，它能将光标定位到下一行的指定空距处。当键入与控制结构对应的关键字，如 if、while 等，或者输入如 def 等与函数定义对应的关键字时，在关键字所在行最后要输入一个冒号“:”，按回车键后 IDLE 就会启动自动缩进功能。一般情况下，IDLE 将代码缩进一级，即 4 个空格。如果想改变这个默认的缩进量，可以从 Format 菜单中选择 New indent width 选项来进行修改。

但是需要注意的是，输入时如果手动添加缩进，虽然 Python 语法允许代码块随意缩进几个空格，但是位于同一个代码块中的所有语句必须保持相同的缩进。另外，由于 Tab 键在不同的环境下展开后的空格数目不一样，而空格却永远都是一样的，因此我们优先选择手动输入 4 个空格来添加缩进，否则容易导致重构代码时粘贴过去的代码必须重新检查缩进是否正确。

（3）保存程序文件。在编辑窗口中使用 File 菜单中的 Save as（初次保存）或 Save 命令即可将输入的程序代码保存到磁盘的某个程序文件中，如图 1-20 所示。

（4）运行程序。程序保存之后，可以按 F5 键或者使用 Run 菜单中的 Run Module 命令运行程序，程序运行后会自动打开 IDLE 的 Python shell 窗口来完成程序的输入和输出操作，如图 1-21 所示。

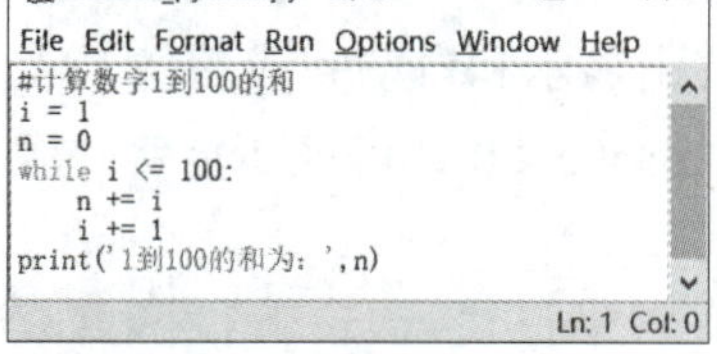

图 1-20　保存程序文件

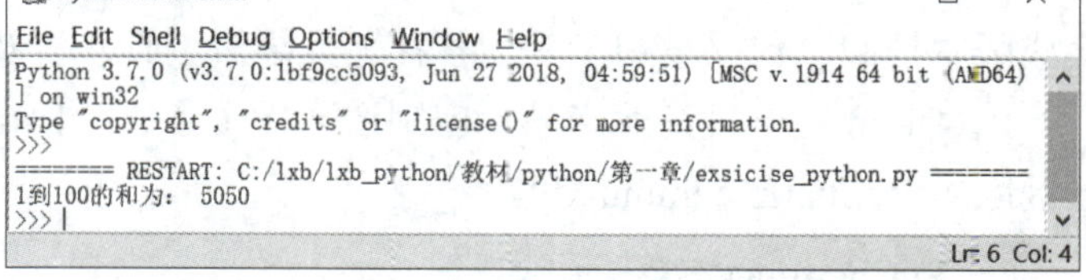

图 1-21　IDLE 运行程序结果

（5）退出 IDLE 环境。在编辑窗口中，输入 exit() 或 quit() 命令即可退出 IDLE 环境。

3. IDLE 编辑窗口的常用菜单命令简介

（1）File 菜单。

New File：新建程序文件。

Open：打开一个程序文件。

Open Module：打开一个模块。

Recent File：最近使用过的文件。

Module Browser：打开模块浏览器。

Path Browser：一个类似 Windows 文件夹窗口，可以查看不同目录中的文件。

Save：保存文件。

Save as：另存文件。

（2）Edit 菜单。

Undo：撤消上一次的修改。

Redo：重复上一次的修改。

Cut：将所选文本剪切至剪贴板。

Copy：将所选文本复制到剪贴板。

Paste：将剪贴板的文本粘贴到光标所在位置。

Find：在窗口中查找单词或模式。

Find in files：在指定的文件中查找单词或模式。

Replace：替换单词或模式。

Go to line：将光标定位到指定行首。

（3）Format 菜单。

Indent region：使所选内容右移一级，即增加缩进量。

Dedent region：使所选内容左移一级，即减少缩进量。

Comment out region：将所选内容变成注释。

Uncomment region：去除所选内容每行前面的注释符。

New indent width：重新设定制表位缩进宽度，范围为 2 ～ 16，宽度为 2 相当于一个空格。

Expand word：单词自动完成。

Toggle tabs：打开或关闭制表位。

1.3.2 PyCharm

IDLE 作为一款具有基本功能的 Python 编辑器，是初学者和非商业开发者的一种不错的选择。在商业开发中，为了提高开发效率就需要 IDE 具有更优秀的功能，PyCharm 就是众多优秀 IDE 中的一个佼佼者。

PyCharm 几乎可以在 IDE 中提供一切可能希望的功能：集成单元测试、代码检测、集成版本控制、代码重构工具、各种工具导航工具，以及突出显示和自动完成功能。

PyCharm 是一种商业产品，但制造商提供了一个根据 Apache 2.0 许可证而免费开源的社区版本 PyCharm community。

1. PyCharm 的下载

可以从 http://www.jetbrains.com/pycharm/download/#section=windows 下载 Windows 平台下的 PyCharm 工具，页面中提供 professional 和 community 两个版本的下载链接，professional 版本为付费版本，community 版本为免费版本，如图 1-22 所示。本书以 community 版本为例讲解 PyCharm 的下载和安装。

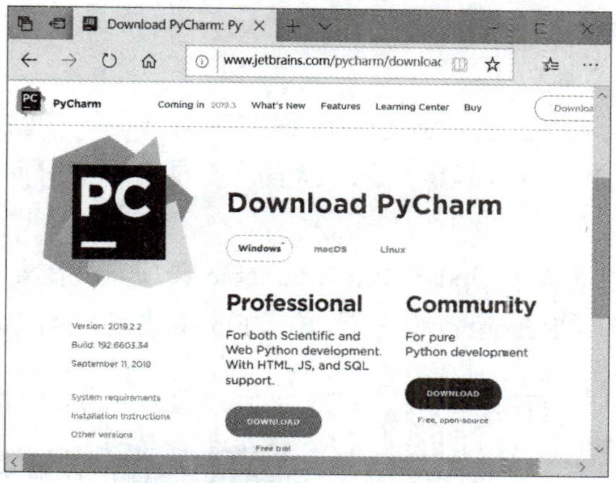

图 1-22　PyCharm 下载页面

2. 安装 PyCharm 的 community 版本

下载安装 PyCharm 之前，先要保证已经正确安装了 Python 解释程序。

双击下载好的 PyCharm 安装程序即可启动 PyCharm 编辑器。

（1）欢迎界面。本界面显示一些欢迎信息和安装的注意事项，在这个窗口中直接单击 Next 按钮继续安装即可。

（2）选择安装路径。在这一步中用户可以选择将 PyCharm 安装在哪个文件夹中，如果没有特殊需求建议采用默认安装路径来完成安装。设置完安装路径后单击 Next 按钮继续安装。

（3）安装选项。如图 1-23 所示，选择 PyCharm 安装选项，建议初学者勾选窗口中的全部选项。

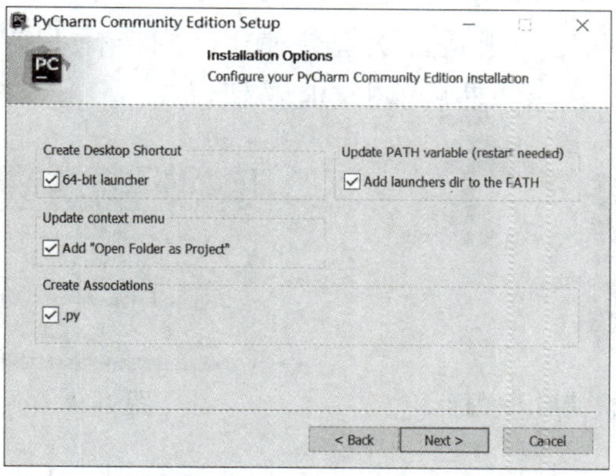

图 1-23　选择 PyCharm 安装选项

- Create Desktop Shortcut：表示要创建桌面快捷启动图标，根据当前系统是否为 64 位进行选择。
- Update PATH variable：表示更新系统变量 PATH（如果需要在命令行操作 PyCharm，可以选中此项。如果选中这个选项，安装完毕需要重启系统）。
- Update context menu：表示在目录右键菜单中增加 PyCharm 功能，可以通过使用鼠标右键菜单打开项目的方式打开文件夹（如果需要经常下载代码进行查看，可以选中此项）。
- Create Associations：表示将以 py 为扩展名的文件关联到 PyCharm 编辑器，即通过双击打开文件时默认使用 PyCharm 打开。

设置完成后单击 Next 按钮继续安装。

（4）设置“开始”菜单文件夹。

此处接受默认设置即可，表示 PyCharm 程序启动项在“开始”菜单中的保存位置。单击 Install 按钮开始安装，如图 1-24 所示。大约 1 ～ 2 分钟的时间即可安装完毕。

（5）重新启动系统。

由于在步骤（3）中选择了 Update PATH variable 选项，故在安装结束时会提示重新启动系统以使安装生效。选中 Reboot now 之后，单击 Finish 按钮结束安装过程，如图 1-25 所示。

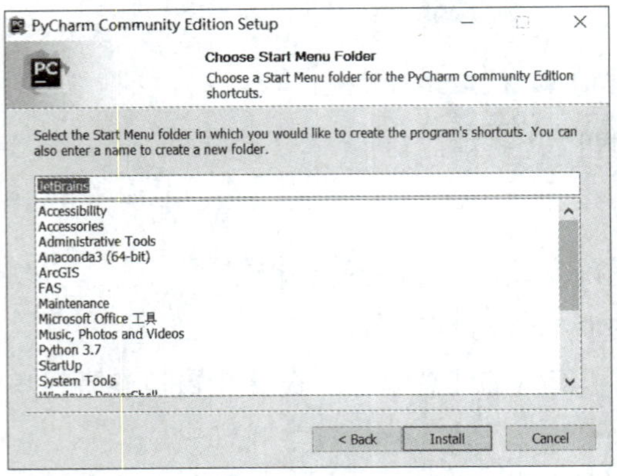

图 1-24　设置 PyCharm“开始”菜单文件夹

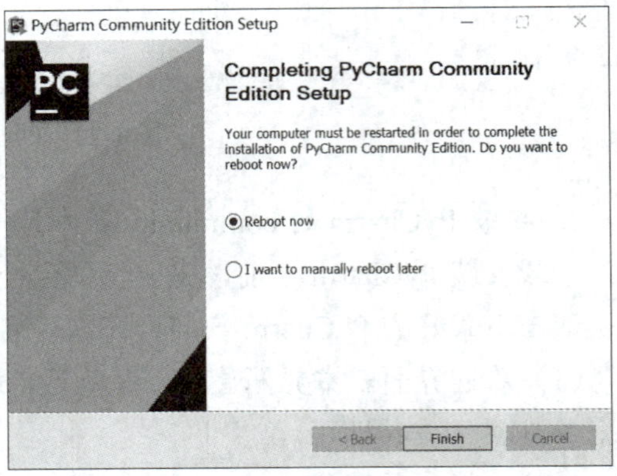

图 1-25　PyCharm 安装完成

3. 运行 PyCharm 编辑器编辑 Python 程序

PyCharm 安装完毕后，会在桌面上创建快捷启动图标，如图 1-26 所示，双击该图标可以启动 PyCharm 程序。

第一次运行 PyCharm 程序时会有一系列的设置步骤，如下：

（1）导入配置项。此处如果是首次安装使用，则选择不导入配置信息，即 Do not import settings，如图 1-27 所示，然后单击 OK 按钮。

图 1-26　PyCharm 快捷启动图标

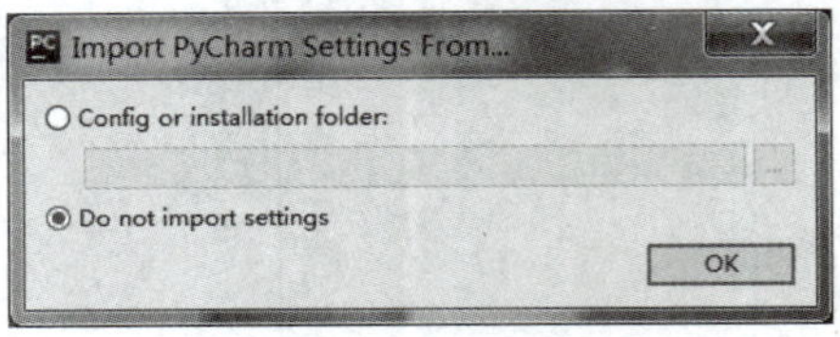

图 1-27　不导入配置信息

（2）软件许可协议。此处选中 I confirm that I have read and accept the terms of this User Agreement，然后单击 Continue 按钮，如图 1-28 所示。

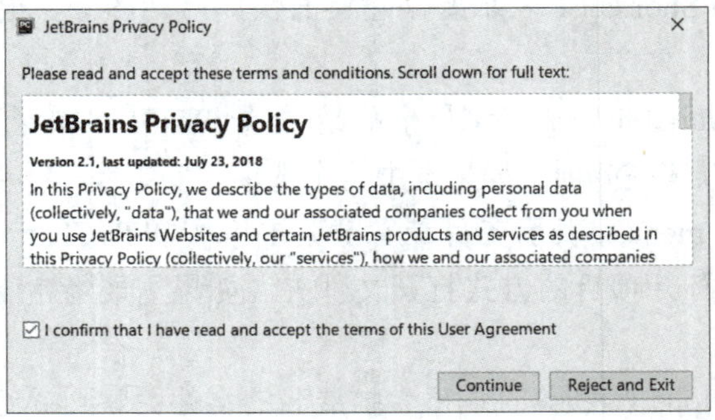

图 1-28　软件许可协议

（3）选择是否与其他 PyCharm 用户共享数据。单击 Don't send 按钮，如图 1-29 所示。

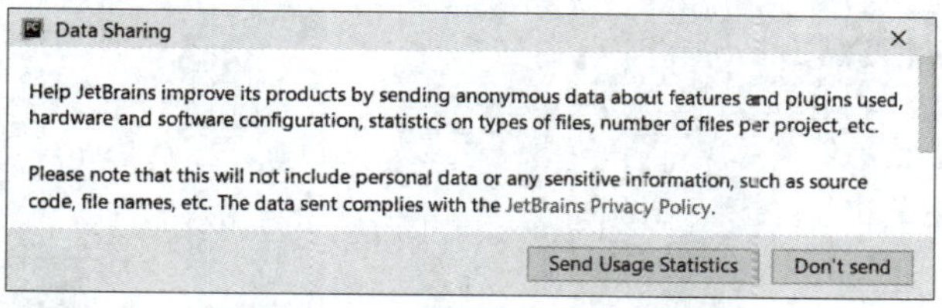

图 1-29 是否共享数据

（4）设置程序主题。通常选择 Darcula 主题，该主题为黑色背景，可以在长时间编写代码的过程中使眼睛更轻松（为印刷效果清晰，这里选择 IntelliJ）。然后单击 Skip remaining and set defaults。当然如果是高级使用者也可以单击 Next featured plugins 按钮进行更多设置。

（5）创建一个新项目。经过前面 4 个步骤，PyCharm 的配置就基本完成了，现在即可开始正式的工作过程。首先选择是新建一个项目还是打开一个已有项目。由于我们是第一次使用 PyCharm，因此选择新建项目（Create New Project），如图 1-30 所示。

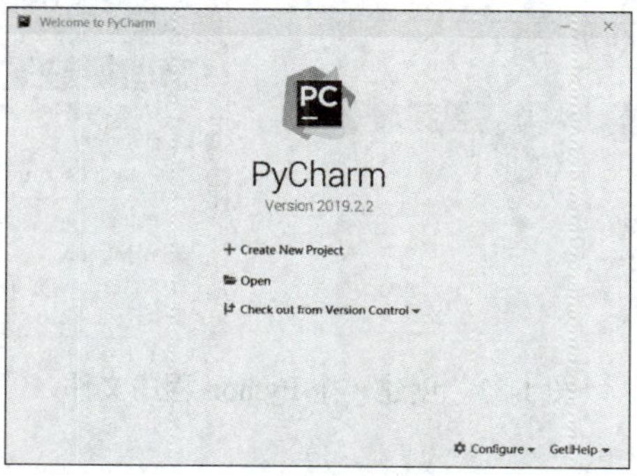

图 1-30 创建新项目

（6）输入新建项目的名称以及项目保存的路径。这些内容可以根据用户自己的需要任意设置。此处我们选择将项目保存在 C:\lxb\lxb_python\ 目录中并命名为“我的第一个项目”，如图 1-31 所示。

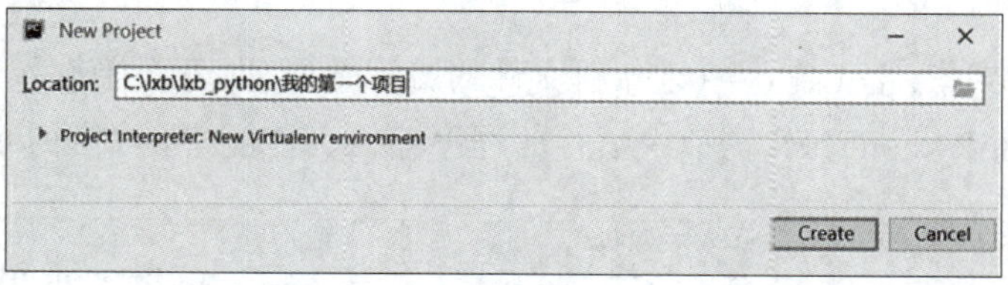

图 1-31 创建新项目名称和路径

（7）自动打开 tip of day 窗口，这个窗口在 PyCharm 每次启动时会弹出，用来显示一些 PyCharm 编辑器的使用技巧。单击 Close 按钮关闭它即可。

（8）创建新的 Python 程序文件。创建完项目之后将打开 PyCharm 编辑器窗口，如图 1-32 所示，左侧显示项目的文件夹，右侧为主工作区。一个 Python 项目是由一个或多个 Python 程序文件构成的。使用 File → New → File（或者 File → New → Python File）菜单即可打开新建文件窗口来创建一个 Python 程序文件，如图 1-33 所示。注意，Python 程序文件必须以 py 为扩展名，如图 1-34 所示。

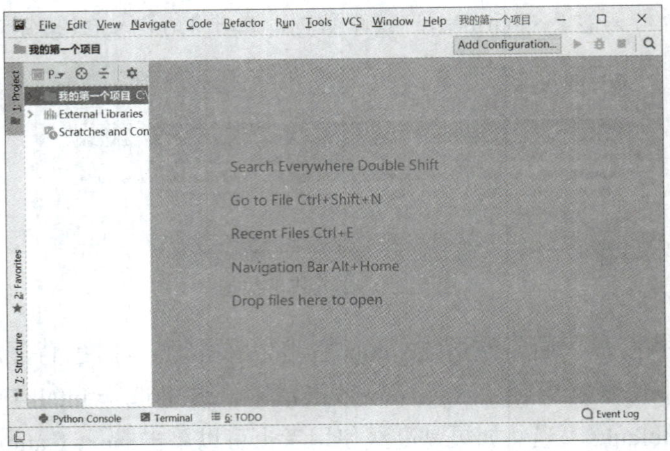

图 1-32　PyCharm 编辑器窗口

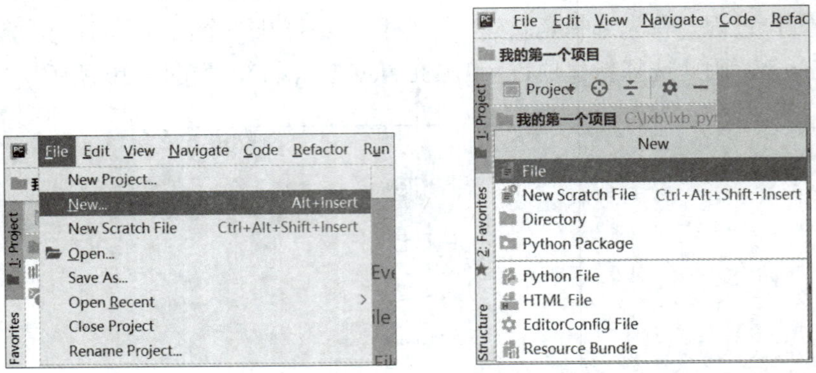

图 1-33　创建一个 Python 程序文件

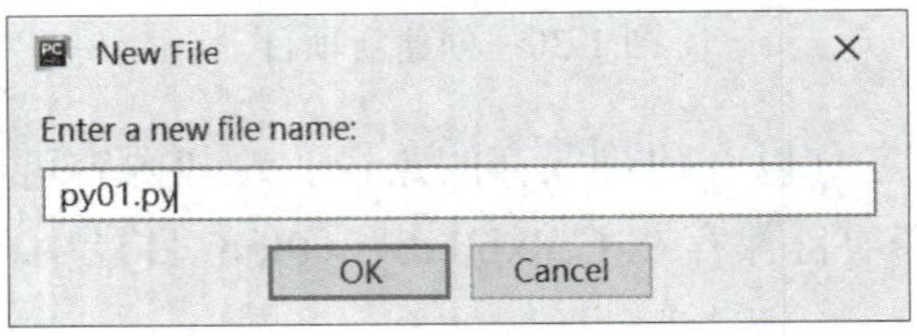

图 1-34　输入文件名

（9）文件创建完毕，主工作区中显示新文件的编辑窗口，即可开始输入 Python 程序代码，例如将前面我们在 Python shell 窗口中运行的程序输入工作区中，如图 1-35 所示。

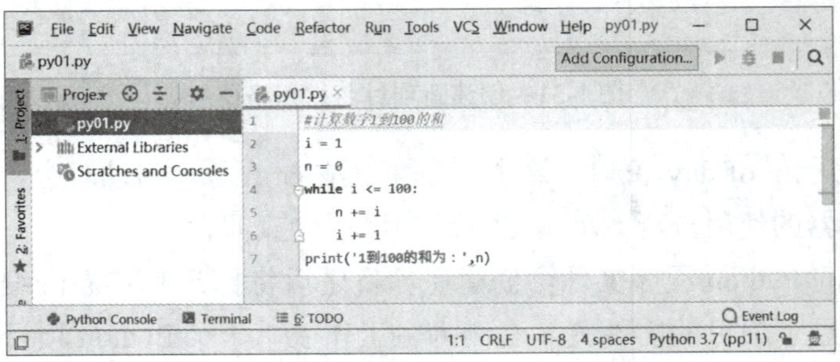

图 1-35　在编辑窗口中输入代码

（10）运行编辑好的程序文件。使用 Run → Run 命令来运行刚刚编辑的 Python 程序，如图 1-36 所示。在主工作区下方会出现 Run 窗口来显示程序的运行结果，如图 1-37 所示。

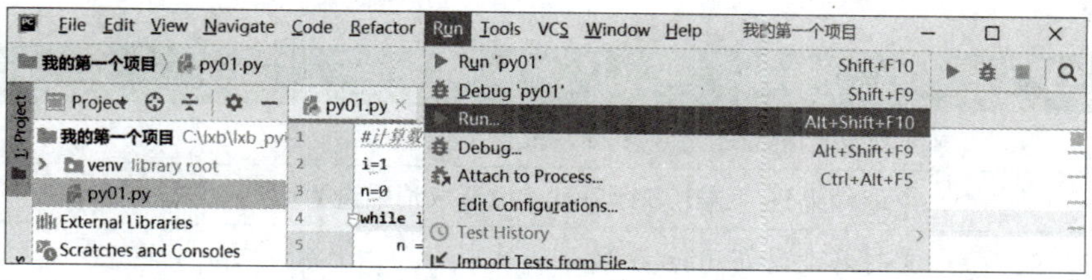

图 1-36 运行编辑好的程序文件

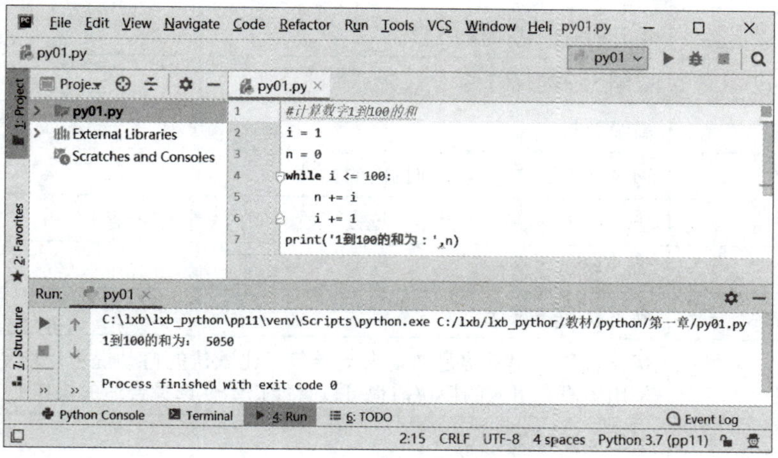

图 1-37 运行结果

4. PyCharm 常用快捷键

PyCharm 有一些常用快捷键，如果使用得当，可以极大地提高编程效率。使用者可以通过 settings 中的 Keymap 查看默认设置的快捷键，表 1-1 列举了一些 PyCharm 常用的默认快捷键。

表 1-1 PyCharm 常用的默认快捷键

快捷键	功能
Ctrl + A	全选
Ctrl + B	查看类、方法、变量的层级结构
Ctrl + C	复制
Ctrl + D	向下复制当前行
Ctrl + E	删除当前行
Ctrl + F	查找
Ctrl + H	替换
Ctrl + N	查找所有类的名称
Ctrl + Q	查看帮助文档
Ctrl + V	粘贴
Ctrl + Z	回退
Shift + Enter	在下方新建行并移到新行行首（无须把光标移到末尾）
Ctrl + Enter	在下方新建行但不移动光标
Ctrl + /	快速注释（快速在本行行首插入“#”，对单行或选中的多行进行注释；行尾注释不能采用此快捷键组合；注释后可取消注释）

续表

快捷键	功能
Tab	缩进当前行（选中多行后批量缩进）
Shift + Tab	取消缩进（选中多行后可以批量取消缩进）
Ctrl + Alt+S	打开设置 settings 界面
Ctrl + Alt + L	格式化代码（与 QQ 锁定热键冲突，关闭 QQ 的热键）
Ctrl + Alt + I	自动缩进行
Ctrl + Shift + +	展开所有的代码块
Ctrl + Shift + -	收缩所有的代码块
Ctrl + Shift + F	高级查找
Ctrl + Shift +N	通过文件名快速查找项目内的文件
Ctrl + Shift +V	访问历史粘贴板（缓存了过去一段时间内复制的内容）
Shift + Alt + ↑	向上移动任意行
Shift + Alt + ↓	向下移动任意行
Alt + Enter	优化代码，提示信息实现自动导包（比默认的自动提示功能更智能，即使要使用还没有引入的模块，也可以智能提示你选择合适的操作）
Alt +4	关闭运行结果
双按 Shift	弹出全局搜索框（可以搜索文件名、类名、方法名、目录名，但不能搜索代码中的任一单词）

1.3.3 Anaconda

Anaconda 是一个方便的 Python 包管理和环境管理软件，其包含了 conda、Python 等 180 多个科学包及其依赖项，在开发科学计算类和数据分析类项目时使用最多。

Anaconda 又是一个 Python 虚拟环境管理器，可以用于在同一个机器上安装不同版本的软件包及其依赖项，并能在不同的环境之间切换。

1. 在 Windows 环境下下载安装 Anaconda

Anaconda 的官方下载地址为 https://www.anaconda.com/distribution/，包含 Windows、mac OS 和 Linux 三个平台的版本，读者可以选择一个适合自己平台的版本来下载安装。这里以 Windows 平台下的 Python 3.7 版本的 Anaconda 为例进行讲解。

（1）下载。打开下载界面，如图 1-38 所示。选择 Windows 平台 64 位版本的 Python 3.7 进行下载。

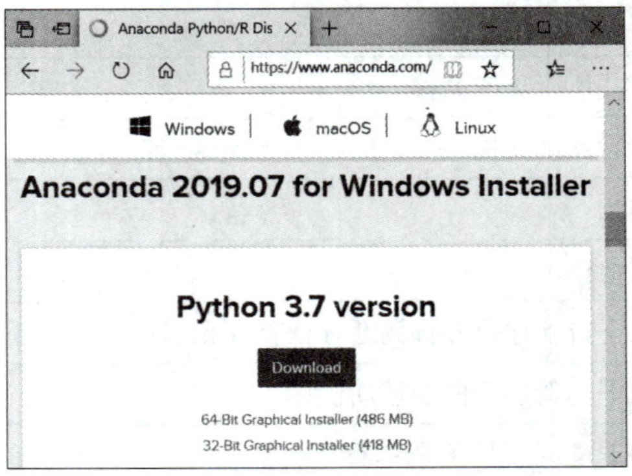

图 1-38 Anaconda 下载界面

（2）下载好安装程序，然后双击进行安装，在欢迎界面中单击 Next 按钮。

（3）在用户协议界面中选择 I Agree 复选项。

（4）在安装类型窗口中选择 All Users 单选项，如图 1-39 所示（如果是个人使用的计算机则可以选择 Just Me 单选项）。

（5）安装选项窗口。勾选所有选项，如图 1-40 所示。第一个是将 Anaconda 添加到环境变量中，第二个选项是将 Anaconda 中的 Python 3.7 作为系统默认的 Python 版本。然后单击 Install 按钮，稍等片刻即可完成安装。

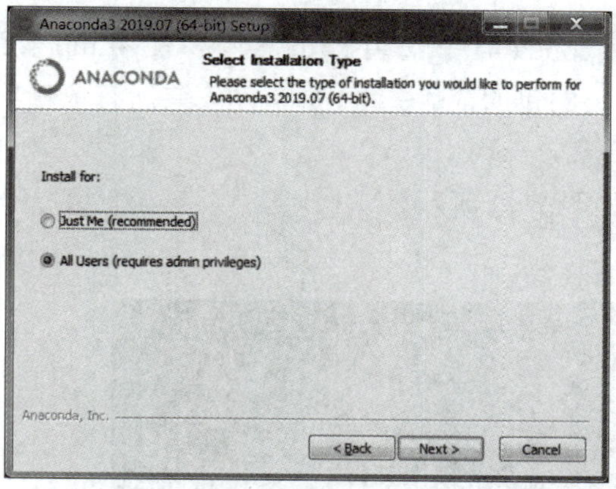

图 1-39　Anaconda 安装类型窗口

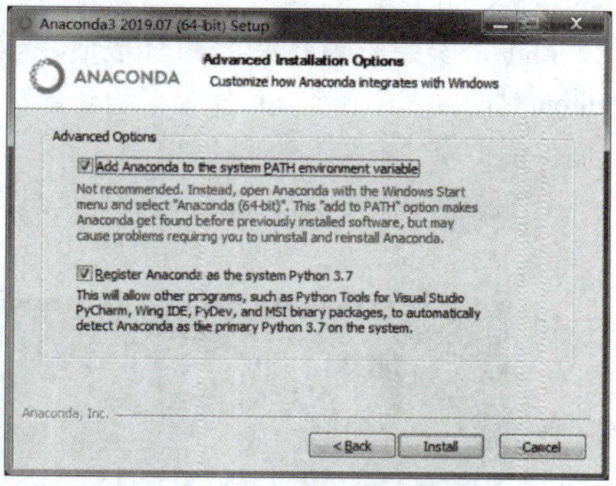

图 1-40　Anaconda 安装选项窗口

Anaconda 安装完毕后会在“开始”菜单中创建 Anaconda 程序目录，并在其中创建 Anaconda Prompt、Jupyter Notebook 等程序项，如图 1-41 所示。

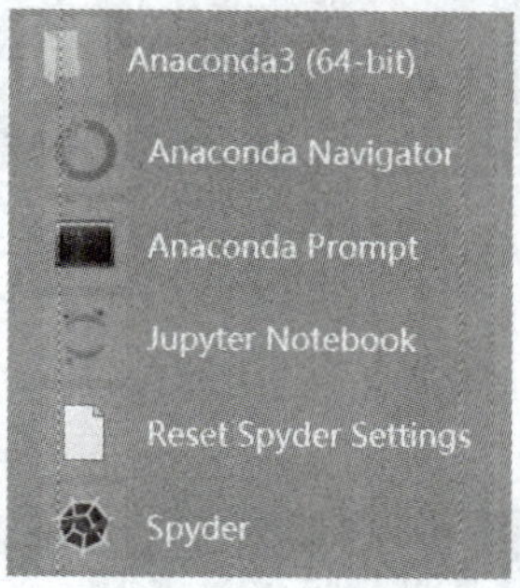

图 1-41　Anaconda 菜单

2. conda 命令的基本使用

Anaconda 安装完毕后，会在“开始”菜单中添加一个 Anaconda Prompt 程序项。该程序运行时，表现为一个 Windows 提示符命令窗口，可以在这个提示符下运行 conda 命令。

例如“conda -V”命令，可以查看 conda 命令的版本。

conda 命令主要用于 Python 虚拟环境和扩展包的管理，常用的 conda 命令见表 1-2。

表 1-2　常用的 conda 命令

命令形式	功能
conda info	显示 Anaconda 信息
conda list	查看已经安装的扩展包
conda install 扩展包	安装一个扩展包

续表

命令形式	功能
conda remove 扩展包	删除一个扩展包
conda update 扩展包	更新扩展包
conda create	创建一个虚拟环境
conda activate	激活一个虚拟环境
conda deactivate	关闭当前虚拟环境，返回默认环境

其中，安装扩展包到当前环境时，使用 conda 命令安装 Python 包和使用 pip 安装 Python 包的区别就在于 conda 会自动检查要安装的包的依赖关系，并自动安装所有依赖项，从而保证扩展包安装后的可用性。

命令实例：查看 Anaconda 的软件信息，如图 1-42 所示。

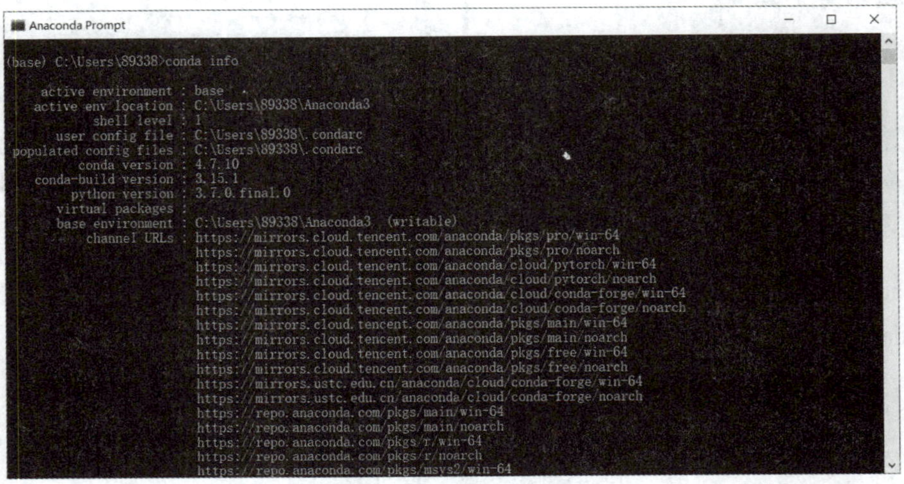

图 1-42 查看 Anaconda 的软件信息

查看 Anaconda 已安装的库，如图 1-43 所示。

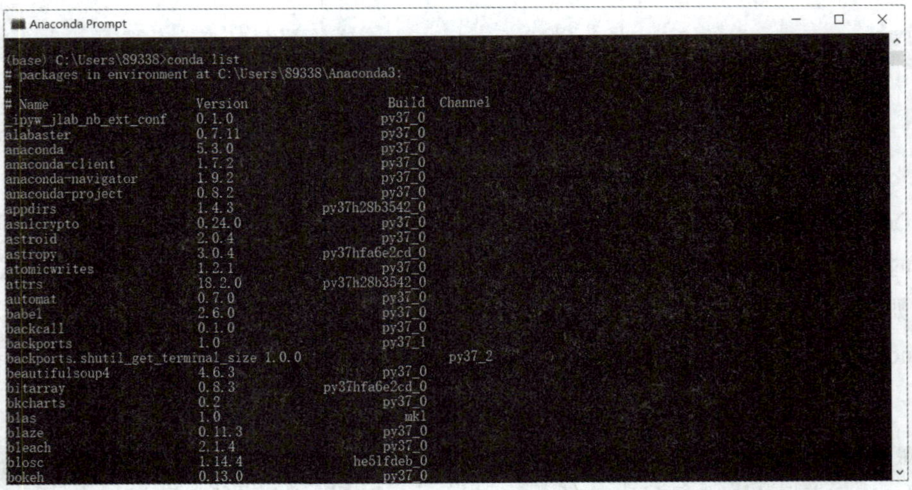

图 1-43 查看 Anaconda 已安装的库

3. Jupyter Notebook 开发环境的使用

Jupyter Notebook 是随 Anaconda 一起安装的 Python 开发环境，是一个基于 Web 交互

式开发 Python 程序的 IDE。在 Jupyter Notebook 中可以输入 python 命令并立即查看运行结果，运行结果会通过 html、LaTex、Png、SVG 等形式展现，也可以通过 Jupyter Notebook 轻松编写程序文档、数学公式等。

Anaconda 安装成功后，会在“开始”菜单中同时安装一个 Jupyter Notebook 程序项。单击这个程序项即可自动启动浏览器窗口打开 Jupyter Notebook 工具，如图 1-44 所示。

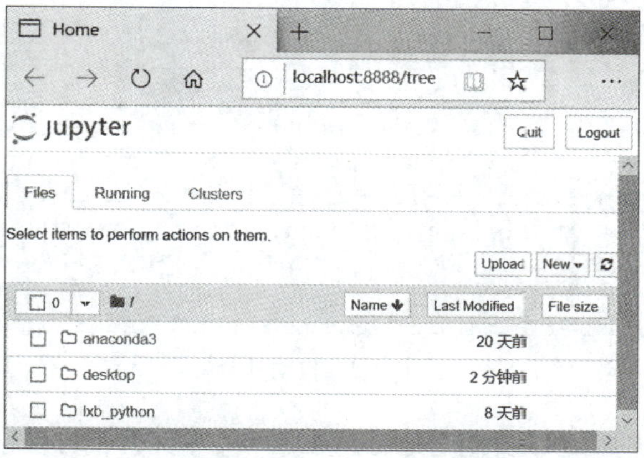

图 1-44 Jupyter Notebook 窗口

Jupyter Notebook 开发环境的使用

（1）基本使用流程。

1）新建程序。在 Jupyter Notebook 窗口中，右上方有一个 New 下拉按钮，单击该按钮并在下拉列表中选择 Python 3 即可创建一个 Python 3 新程序。

如图 1-45 所示，程序界面中有一个绿色矩形框。左侧有 In 字样，表示此处用于输入程序代码。

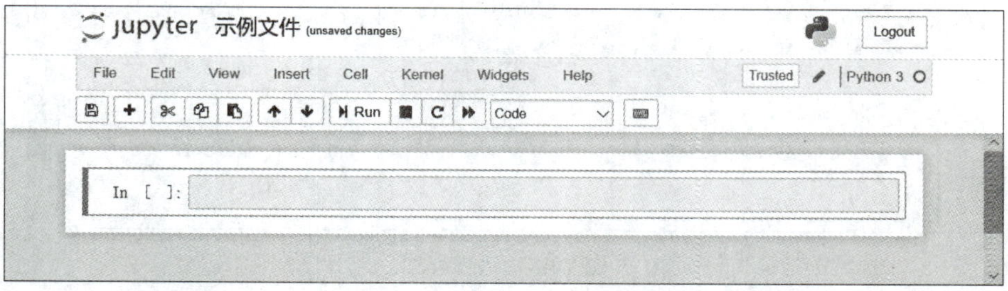

图 1-45 Jupyter Notebook shell

2）输入程序块。在 In 右侧是一个空的方括号，这里主要用于显示输入的程序块的编号（因为还没有程序输入，所以这里暂时空白）。再右侧是一个单元格，在这里可以输入 Python 程序语句。和其他编辑器一样，在这里输入的语句也会有语法高亮、自动缩进等特性。例如我们在单元格中输入“print('hello python')”，可以看到如图 1-46 所示的效果。

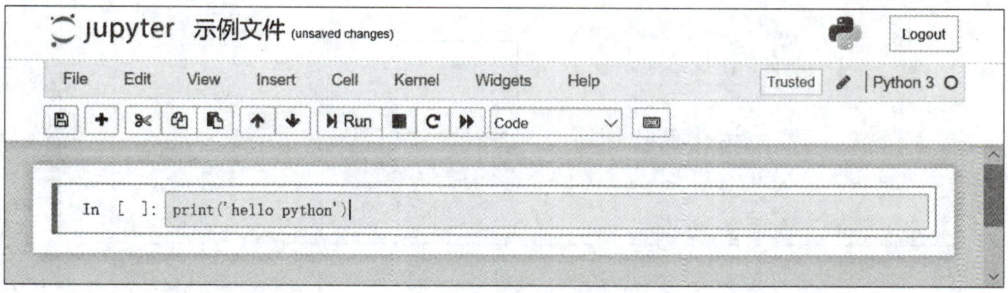

图 1-46 输入命令 print('hello python')

有时候我们只记住了函数的前几个字母，这时怎么办呢？ Jupyter Notebook 具有自动提示功能。当用户输入单词的一部分，如输入“pr”，然后按 Tab 键，即会弹出如图 1-47 所示的几个可选项，按向下箭头键至“print”再按 Enter 键即可输入“print”。如果可选项是唯一的，按 Tab 键后就会自动补全输入。

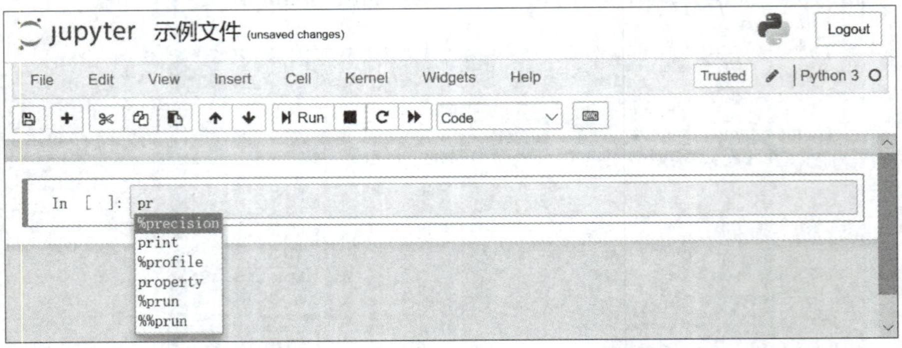

图 1-47　自动补全

3）运行刚刚输入的程序块并查看运行结果。一个单元格中可以输入一条 Python 语句，也可以输入多条 Python 语句。输入完毕后按 Alt+Enter 键即可执行这些语句。语句的执行结果会在语句后面显示出来，并在下方创建一个新单元格，光标会被移动到这个新的单元格中，如图 1-48 所示。如果输入完毕后按 Shift+Enter 键，也可以执行这些语句，光标会被移动到下一个单元格中，如果不存在下一个单元格，则创建一个新单元格。如果输入完毕后按 Ctrl+Enter 键，也可以执行这些语句，但光标不会被移动到下一个单元格。

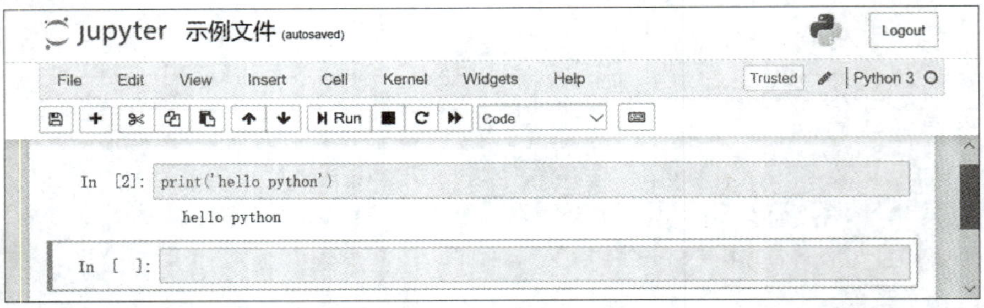

图 1-48　运行程序

4）编写注释、程序块标题等。In 右侧的单元格中不仅可以输入程序代码，也可以输入备注、文档标题等。

先将插入点定位到输入单元格中，单击 Jupyter 编辑器顶部工具栏右侧的下拉列表，将选中项由 Code 修改为 Markdown（或者其他选项），如图 1-49 所示。

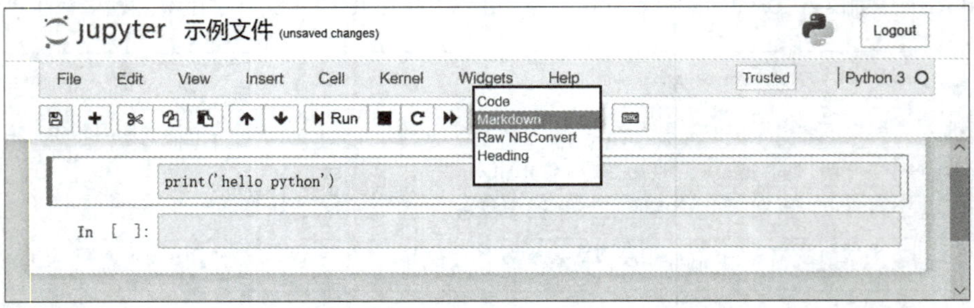

图 1-49　修改单元格功能

再输入文本内容，输入的内容就会转化为文本样式。当按下 Shift+Enter 键之后，就会转化为文本显示，如图 1-50 所示。

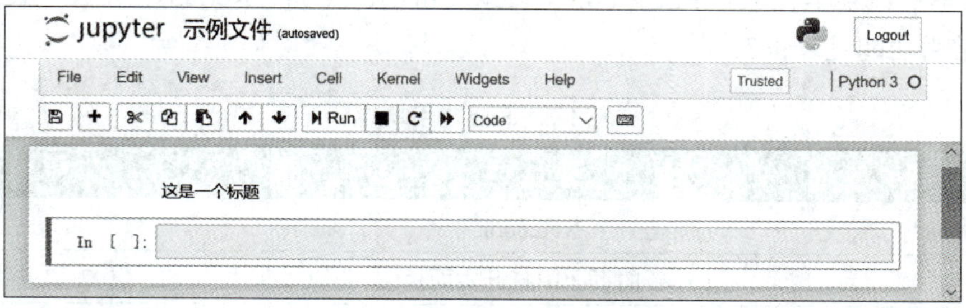

图 1-50　修改单元格功能结果

单元格功能有 4 个选项，可在工具栏中自由选择，如下：

- Code：单元格为代码区块，可在此区域中编写代码并输出运行结果。
- Markdown：单元格为文本区块，支持 Markdown 写作，支持 LaTeX 语法。
- Raw NBConvert：单元格为原始区块，输入内容即为输出内容。
- Heading：单元格为标题注释结构。

5）保存程序。虽然 Jupyter Notebook 会自动保存文档，但我们在操作完成后还是需要单击文件保存以防止意外。保存后，可以在默认目录下看到后缀为 .ipynb 的文件。

如前面我们在 Python shell 窗口中运行的程序，在 Jupyter Notebook 中输入如图 1-51 所示。

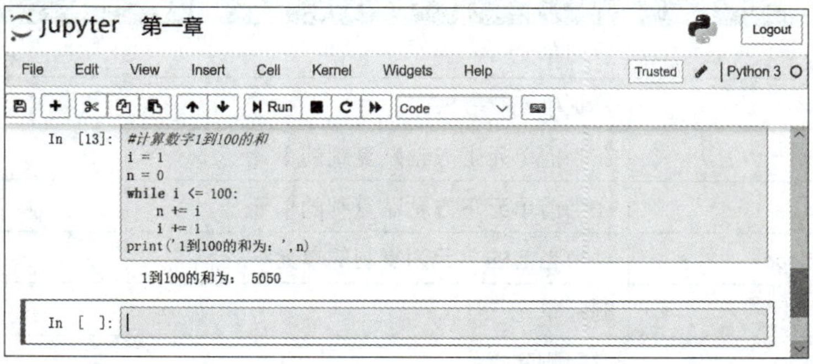

图 1-51　程序运行演示

（2）编辑界面的组成。Jupyter Notebook 的编辑界面主要由 4 部分组成：名称、菜单栏、工具栏和单元格，如图 1-52 所示。

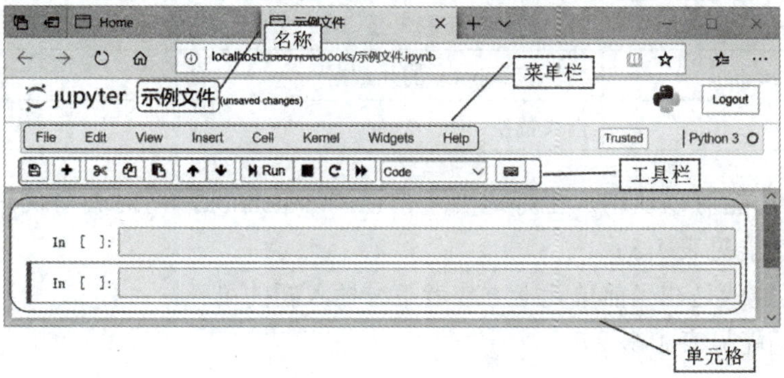

图 1-52　Jupyter Notebook 编辑界面

1）名称。我们可以修改 Notebook 的名称，直接单击当前名称，在弹出的对话框中进行修改，修改完成后单击 Rename 即可。也可以在 File 菜单中选择 Rename 选项进行修改。

2）菜单栏。菜单栏中有 File、Edit、View、Insert、Cell、Kernel、Help 等菜单项。

File 常用功能见表 1-3。

表 1-3 File 常用功能

选项	功能
New Notebook	新建一个 Notebook
Open	在新的页面中打开主面板
Make a Copy	复制当前 Notebook 生成一个新的 Notebook
Rename	Notebook 重命名
Save and Checkpoint	将当前 Notebook 存为一个 Checkpoint
Revert to Checkpoint	恢复到此前存过的 Checkpoint
Print Preview	打印预览
Download as	下载 Notebook 存为某种类型的文件
Close and Halt	停止运行并退出该 Notebook

Edit 常用功能见表 1-4。

表 1-4 Edit 常用功能

选项	功能
Cut Cells	剪切单元
Copy Cells	复制单元
Paste Cells Above	在当前单元上方粘贴复制的单元
Paste Cells Below	在当前单元下方粘贴复制的单元
Paste Cells & Replace	替换当前的单元为复制的单元
Delete Cells	删除单元
Undo Delete Cells	撤回删除操作
Split Cell	从鼠标位置处拆分当前单元为两个单元
Merge Cell Above	将当前单元和上方单元合并
Merge Cell Below	将当前单元和下方单元合并
Move Cell Up	将当前单元上移一层
Move Cell Down	将当前单元下移一层
Edit Notebook Metadata	编辑 Notebook 的元数据
Find and Replace	查找替换

View 中的功能可以让用户更好地展示自己的 Notebook，但对编写代码、实现功能没有影响，常用功能见表 1-5。

Insert 的功能就是在当前单元上方或者下方插入新的单元。

Cell 常用功能见表 1-6。

表 1-5 View 常用功能

选项	功能
Toggle Header	隐藏 / 显示 Jupyter Notebook 的 Logo 和名称
Toggle Toolbar	隐藏 / 显示 Jupyter Notebook 的工具栏
Cell Toolbar	更改单元展示式样

表 1-6 Cell 常用功能

选项	功能
Run Cells	运行单元内的代码
Run Cells and Select Below	运行单元内的代码并将光标移动到下一个单元
Run Cells and Insert Below	运行单元内的代码并在下方新建一个单元
Run All	运行所有单元内的代码
Run All Above	运行该单元上方所有单元内的代码
Run All Below	运行该单元及下方所有单元内的代码
Cell Type	选择单元内容的性质
Current Outputs	对当前单元的输出结果进行隐藏 / 显示 / 滚动 / 清除
All Output	对所有单元的输出结果进行隐藏 / 显示 / 滚动 / 清除

Kernel 主要涉及内核操作，常用功能见表 1-7。

表 1-7 Kernel 常用功能

选项	功能
Interrupt	中断与内核连接（等同于 Ctrl+C）
Restart	重启内核
Restart & Clear Output	重启内核并清空现有输出结果
Restart & Run All	重启内核并重新运行 Notebook 中的所有代码
Reconnect	重新连接到内核
Change Kernel	切换内核

如果想要详细了解有关 Notebook 或其他库的具体问题，可以使用菜单栏右侧的帮助菜单。

3）工具栏。工具栏中的功能基本上在菜单中都可以实现，这里是为了能实现更快捷的操作，将一些常用按钮释放了出来。

4）单元格。对于 Notebook 中的单元格，有两种模式：编辑模式（Edit Mode）和命令模式（Command Mode），在不同模式下我们可以进行不同的操作。

在编辑模式（Edit Mode）下，右上角出现一支铅笔的图标，单元格左侧边框线呈现绿色，按 Esc 键或运行单元格（按 Ctrl+Enter 键）切换回命令模式，如图 1-53 所示。

在编辑模式下，常用快捷键及功能见表 1-8。

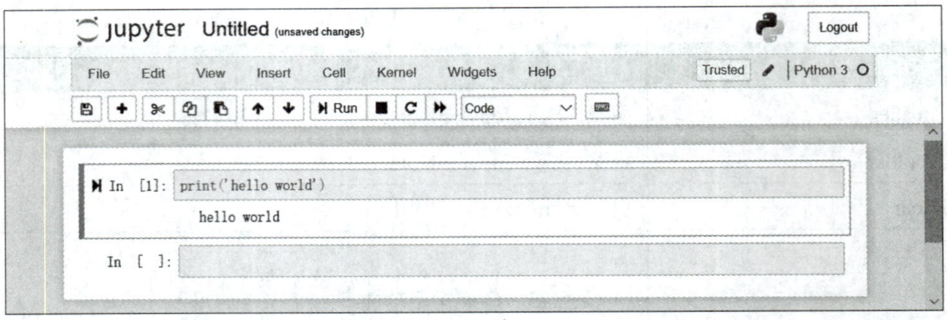

图 1-53 单元格编辑模式

表 1-8 编辑模式常用快捷键及功能

快捷键	作用
Tab	代码补全或缩进
Shift+Tab	提示
Ctrl+]	缩进
Ctrl+[	解除缩进
Ctrl+Y	再做
Ctrl+A	全选
Ctrl+Z	复原
Ctrl+Up/Home	跳到单元开头
Ctrl+ End/Down	跳到单元末尾
Esc	进入命令模式
Shift+Enter	运行本单元，选中下一个单元
Ctrl+Enter	运行本单元
Alt+Enter	运行本单元，在下面插入一个单元
Ctrl+Shift+-/Subtract	分割单元
Shift	忽略

在命令模式（Command Mode）下，铅笔图标消失，单元格左侧边框线呈现蓝色，按 Enter 键或者双击 Cell 变为编辑状态，如图 1-54 所示。

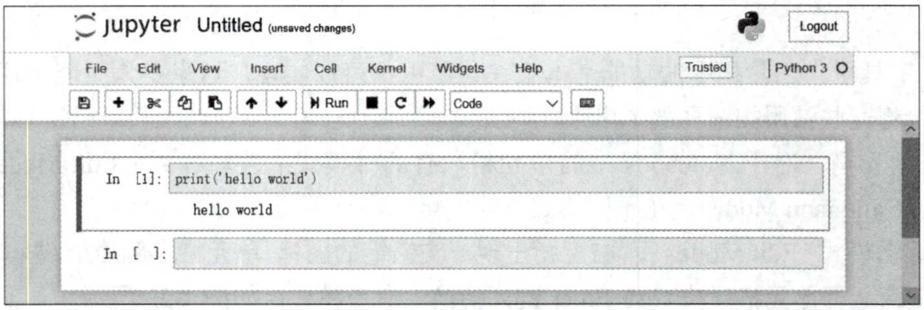

图 1-54 单元格命令模式

在命令模式下，常用快捷键及功能见表 1-9。

表 1-9 命令模式常用快捷键及功能

快捷键	功能
Enter	转入编辑模式
Shift+Enter	运行本单元，选中下一个单元
Ctrl+Enter	运行本单元
Alt+Enter	运行本单元，在其下插入新单元
Y	单元转入代码状态
M	单元转入 Markdown 状态
R	单元转入 raw 状态
1/2/3/4/5/6	设定 1/2/3/4/5/6 级标题
A	在上方插入新单元
B	在下方插入新单元
X	剪切选中的单元
C	复制选中的单元
Shift+V	粘贴到上方单元
V	粘贴到下方单元
Z	恢复删除的最后一个单元
Shift+M	合并选中的单元
S/Ctrl+S	文件存盘
H	显示快捷键帮助

（3）自定义 Jupyter Notebook 启动工作路径。在 Anaconda 中，一般直接单击 Jupyter Notebook 程序项即可自动启动浏览器窗口打开 Jupyter Notebook 工具。Windows 下 Jupyter Notebook 默认的启动路径就是当前 cmd 启动 Jupyter Notebook 的路径，即此时进入的目录是默认目录，一般为 C:\Users\ 用户名。如果需要进入指定的目录或者指定的文件夹，则可以进行如下操作：

1）从指定目录启动 Jupyter Notebook。先在 Anaconda 程序目录中单击 Anaconda Prompt 程序项，进入 Anaconda Prompt 中，输入以下代码：

```
cd 指定路径
```

按 Enter 键后，再输入：

```
jupyter notebook
```

即可从指定目录下启动 Jupyter Notebook，在 Jupyter Notebook 中写的代码等也都会保存在指定目录中。

2）修改 Jupyter Notebook 启动工作路径。进入 Anaconda Prompt，输入以下代码：

```
jupyter notebook --generate-config
```

会得到如下显示：

```
Writing default config to: C:\Users\用户名\.jupyter\jupyter_notebook_config.py
```

打开 jupyter_notebook_config.py 文件，找到并修改如下配置项：

```
#c.NotebookApp.notebook_dir=''
```

将要设置的目录路径填入其中的 '' 中即可（例如 c:\lxb），同时注意将前面 #c 中的 # 删去，然后保存关闭。当然，指定路径中文件夹必须要事先创建好，否则会导致程序启动时发生闪退现象。

在 Windows 的“开始”菜单中找到 Jupyter Notebook 快捷图标，右击并选择“属性”，然后选择“快捷方式”，找到“目标”中的路径，删除最后的“%USERPROFILE%/”，然后单击“确定”按钮，如图 1-55 所示。

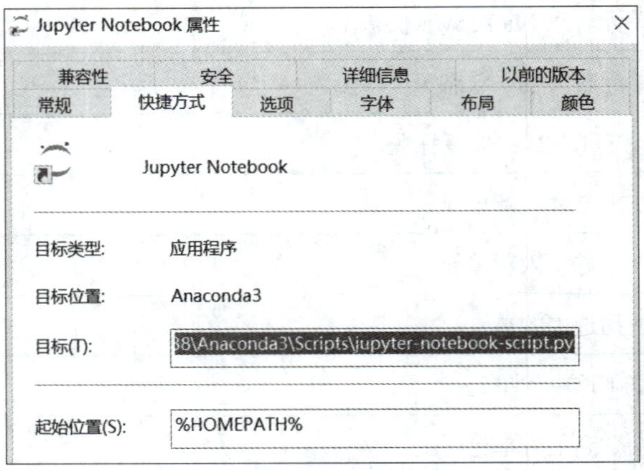

图 1-55 修改 Jupyter Notebook 属性

配置文件和 Jupyter Notebook 属性都修改完成后，再次单击 Windows“开始”菜单中的 Jupyter Notebook 快捷图标，将会在目标目录中启动 Jupyter Notebook，当然以后在 Jupyter Notebook 中写的代码等都会保存在指定的目录中。

本章小结

本章主要讲解了以下几个知识点：

（1）Python 是一种跨平台、开源、免费的解释型高级动态编程语言，语法简洁清晰，支持命令式编程、函数式编程，完全支持面向对象程序设计，支持使用工具将程序及其所有依赖库打包为可执行程序，从而在无相关环境的 Windows 平台上运行。

（2）目前，Python 具有 Python 2 和 Python 3 两个不兼容的版本系列，本书中使用的是 Python 3.7 版本。

（3）Python 具有易学易懂、规范的代码、丰富的库、面向对象、可移植、可扩展、可嵌入等特点，覆盖了 Web 应用开发、科学计算和统计、人工智能与大数据、系统运维、图形界面开发等诸多领域。

（4）Python 的下载与安装及 Python 扩展包的安装与管理。

（5）Python 语言开发环境 IDLE、PyCharm、Anaconda 和 Jupyter Notebook 的安装与使用方法。

习题 1

一、选择题

1．以下选项中，不是 Python 语言特点的是（ ）。

A．Python 语言能够集成 C、C++ 等语言编写的代码

B．Python 语言通过强制缩进来体现语句间的逻辑关系

C．Python 程序可以在任何安装了解释器的操作系统环境中执行

D．Python 语言只支持面向对象的编程

2．以下（ ）不是 Python 语言的特点。

A．语法简洁　　B．依赖平台

C．支持中文　　D．类库丰富

3．Python 解释器在语法上不支持（ ）编程方式。

A．面向过程　　B．面向对象

C．语句　　D．自然语言

4．Python 是一种（ ）类型的编程语言。

A．机器语言　　B．解释

C．编译　　D．汇编语言

5．关于 Python 语言的特点，以下选项中描述错误的是（ ）。

A．Python 语言是多模型语言　　B．Python 语言是脚本语言

C．Python 语言是跨平台语言　　D．Python 语言是非开源语言

6．关于 Python 语言的注释，以下选项中描述错误的是（ ）。

A．Python 语言的多行注释以 '''（三个单引号）开头和结尾

B．Python 语言有两种注释方式：单行注释和多行注释

C．Python 语言的单行注释以单引号（'）开头

D．Python 语言的单行注释以 # 开头

7．关于 Python 语言，以下说法中（ ）是不正确的。

A．Python 语言由 Guido van Rossum 设计并领导开发

B．Python 语言由 PSF 组织所有，这是一个商业组织

C．Python 语言提倡开放开源理念

D．Python 语言的使用不需要付费，不存在商业风险

8．以下关于 Python 版本的说法中，（ ）是正确的。

A．Python 3.x 是 Python 2.x 的扩充，语法层无明显改进

B．Python 3.x 代码无法向下兼容 Python 2.x 的既有语法

C．Python 2.x 和 Python 3.x 一样，依旧不断发展和完善

D．以上说法都正确

9．Python 语言通过（ ）来体现语句之间的逻辑关系。

A．{ }　　B．( )

C．缩进　　D．自动识别

10．采用 IDLE 进行交互式编程，其中“>>>”符号是（ ）。

A．运算操作符　　B．程序控制符

C．命令提示符　　D．文件输入符

11．IDLE 环境的退出命令是（ ）。

A．Enter 键　　B．exit()　　C．close()　　D．esc()

12．要查看当前所用 Python 的版本号，我们导入 Python 模块 sys 后，下列（ ）命令不对。

A．sys.version　　B．sys.dir

C．sys.winver　　D．sys.version_info

13．在 Jupyter Notebook 中要完成输入完毕后运行本单元，并必须在下方创建一个新单元格，应当采取的操作为（ ）。

A．按 Enter 键　　B．按 Ctrl+Enter 键

C．按 Shift+Enter 键　　D．按 Alt+Enter 键

二、操作题

1．练习在 Windows 下安装 Python 3.7。

2．请通过 import this 导入“Python 之禅”。

3．练习使用 pip 工具安装 numpy 扩展包，并查看已安装的扩展包。

4．练习使用 pip 工具卸载 numpy 扩展包，并查看已安装的扩展包。

5．请用两种方法尝试查看当前所用 Python 的版本号。

6．在 Windows 的“开始”菜单中直接运行 Python，输入以下语句并观察程序语句的输出结果：

```
'hello world'
print('hello world')
print(3+5)
print('3+5')
print(3/5)
print(3**2)
str1='abc'
print(str1)
str1
str1='a\nb\nc\n'
print(str1)
```

7．使用 IDLE 输入以下程序并保存为文件名为 exercises 的文件，练习程序运行方法：

```
x = 6
y = 4
print(x+y)
```

8．使用 Jupyter Notebook 输入以下程序，练习程序运行方法：

```
name = input()
print('加油!!加油!!%s学习Python是最棒的'%name)
```

9．使用 Jupyter Notebook 输入以下程序，练习程序运行方法：

```
x = int(input('x='))
y = int(input('y='))
if x*y==0:
  print('error')
else:
  print((x+y)**2/(x*y))
```

10．使用 Jupyter Notebook 输入以下程序，练习程序运行方法：

```
for i in range(3):
    a = int(input('the number is:'))
    if a>7:
        print('please small')
    elif a<7:
        print('please big')
    else:
        print('''right
        --
            --
              right''')
```

11．在 D: 盘新建一个目录，在其中新建一个 Jupyter Notebook 文件并保存，文件名为 exercises，文件的第一行输入“我爱 Python”，改为文本显示；将第 10 题的程序移植到这个文件中并运行及保存。

12．自行使用 Jupyter Notebook 编写一个简单的 Python 程序，实现输出结果为计算式 $\frac{(6+4)^2}{(6+4)\times(6-4)}$ 与 $\frac{(6+4)\times(6-4)}{4}$ 的差值。

第 2 章　Python 语言基础

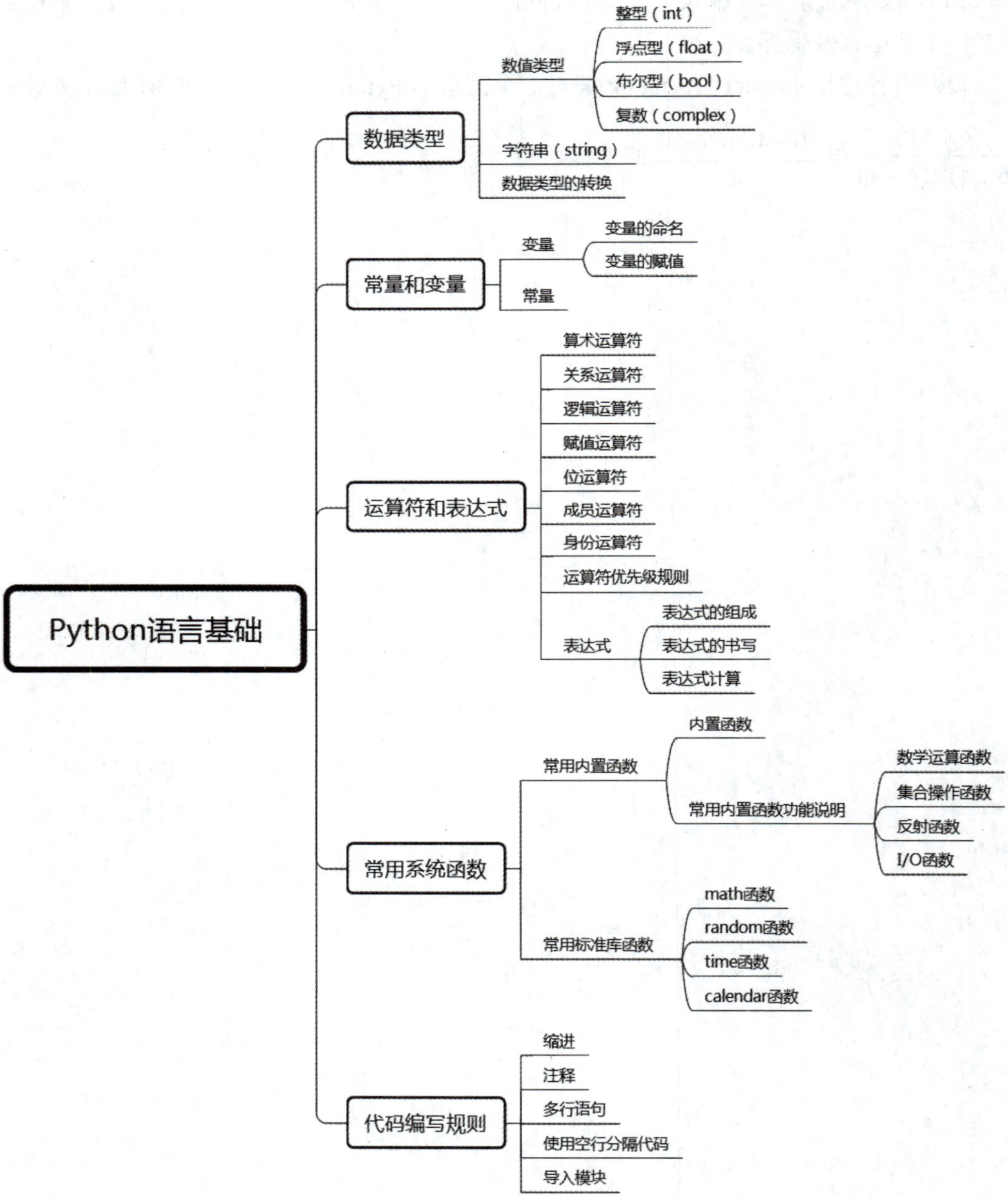

本章导读

Python 作为一种编程语言，它与计算机交流，有着跟自然语言相似的特点，如字、词、句、段落、篇章，以及相应的行文语法规则。本章介绍 Python 语言基础，首先是行文的字词句，主要包括基本数据类型、常量和变量、运算符和表达式；然后是段落和篇章，主要包括常用内置函数、库函数和系统函数；最后是语法规则，主要包括变量定义和标识符命名规则、语句组织成文编码规则等。这些都是程序设计的基础，程序设计语言几近相同，读者只有对此熟练掌握后，才能在后续的学习中得心应手。

本章要点

- Python 数据类型
- 常量和变量的概念及赋值方法
- 运算符和表达式的用法
- 常用内置函数和库函数的使用方法
- 代码编写规则

2.1 数据类型

计算机程序是事先写好的让计算机进行计算和操作的指令集合。当前绝大多数计算机都是冯•诺依曼结构，即由运算器、控制器、存储器（内存）、输入设备和输出设备组成，而计算机的所有计算都需要 CPU 频繁与存储器交互，CPU 从存储器中取指令、取操作数，将计算的中间结果和最终结果写入存储器中。所以编写程序的第一步是规划内存，分配内存空间，每一条指令、每一个数据占用多大存储空间必须预先有所设计，这就会涉及数据类型。

数据类型是程序设计的基础，针对计算机程序处理的各种数据，需要指定其数据类型，才能确定它的存储及操作方式。Python 语言的数据类型有基本数据类型和组合数据类型两种，其中基本数据类型包括数值类型、字符串类型和布尔型，组合数据类型包括列表、元组、字典和集合。本节介绍基本数据类型，组合数据类型将在第 3 章学习。

2.1.1 数值类型

数值类型是数值数据的类型，明确数值数据在内存中的存储空间，以便进行数值存储和数值运算。Python 语言支持的数值类型有整型、浮点型、布尔型和复数。

1. 整型（int）

整型是带正负号的整数数据。在 Python 3.x 中，没有整型和长整型之分，对整型没有长度限制，只要内存许可，其取值范围几乎包括了全部整数，为数据计算带来了极大便利。

整型数据有以下 4 种表示形式：

- 十进制整数：由数字 0 ～ 9 组成，如 211、-6、10875 等。
- 二进制整数：由数字 0 和 1 组成，以 0b 开头，如 0b1101（十进制为 13）。
- 八进制整数：由数字 0 ～ 7 组成，以 0o 开头，如 0o25（十进制为 21）。
- 十六进制整数：由数字 0 ～ 9 以及 A ～ F（或 a ～ f）组成，以 0x 开头，如 0x3A（十进制为 58)。

【例 2-1】整型数据示例。

```
>>> -3
-3
>>> type(-3)            #用type函数显示-3的类型为int
<class 'int'>
>>> 0x1c                #十六进制整数
28
>>> 0o72                #八进制整数
58
```

2. 浮点型(float)

浮点型数据用来表示实数，由整数部分和小数部分组成。浮点型数据有以下两种表示形式：

- 十进制小数形式：由数字和小数点组成，如 9.8、20.0、0.0 等。需要注意的是浮点数必须有小数点，否则作为整型处理。
- 科学记数形式：科学记数法最适宜表示很大或很小的数，以字母 e(或 E)表示以 10 为底的指数，如 3.14e10 表示 3.14×10^{10}，2.134e-6 表示 2.134×10^{-6}。

【例 2-2】浮点型数据示例。

```
>>> 0.0
0.0
>>> type(0.0)
<class 'float'>
>>> 3.14e8
314000000.0
```

浮点数参与运算时，如果数值超出其表示范围，将会产生“溢出”错误。浮点数的表示范围可以用如下语句查看：

```
>>> import sys                  #导入sys模块
>>> sys.float_info.max
1.7976931348623157e+308         #浮点数所能表示的最大值
>>> sys.float_info.min
2.2250738585072014e-308         #浮点数所能表示的最小值
```

3. 布尔型(bool)

布尔型数据用来描述逻辑运算的结果，True 表示真，False 表示假。布尔型数据在数值计算中相当于整型，用 1 代表 True(真)，用 0 代表 False(假)。在 Python 中任何为 0 或空的数据，如数字 0、0.0、None、空字符串、空元组、空序列等，其布尔值均为 False，其他的布尔值为 True。

【例 2-3】布尔型数据示例。

```
>>> "a">"b"
False
>>> 3<6
True
>>> True-3              #True相当于整型1
-2
>>> bool( None)         #用bool()函数将None转换为布尔型
False
```

注意：True、False 和 None 都是系统关键字，在代码中首字母必须大写，否则系统会报错。

4. 复数(complex)

复数型数据用来表示数学中的复数，由实数部分和虚数部分两部分组成，可以用 a+bj

或 complex(a,b) 表示。a、b 称为复数的实部和虚部，均为浮点数，j 为虚数单位（j2=-1）。对于复数 x，可以用 x.real 和 x.imag 分别获取其实部和虚部。

【例 2-4】复数型数据示例。

```
>>> x=5-6j
>>> x
(5-6j)
>>> x.real
5.0   #获取复数的实部，结果为浮点型数据
>>> x.imag
-6.0   #获取复数的虚部，结果为浮点型数据
```

2.1.2　字符串（string）

字符串类型指用引号引起来的一个或多个字符。单行字符串用单引号（'）或双引号（"）引起来，多行字符串用三引号（'''）引起来。例如：

```
>>> 'learning'
>>> "Python is my favorate language!"
>>> '''This is a long string,
... spanning multiple lines'''
```

字符串用单引号还是双引号引起来没有任何区别。如果字符串本身包含双引号，可以用单引号将字符串引起来；如果字符串本身包含单引号，可以用双引号引起来，这样引用字符串更便捷。例如：

```
>>> "I'm learning Python."
"I'm learning Python."
>>> '"Python3.7" is a string.'
'"Python3.7" is a string.'
```

实际上，还可以使用转义字符来解决以上问题。所谓转义，就是在指定字符前添加反斜杠（\）来暂时取消该字符的本来含义。例如：

```
>>> 'I\'m learning Python."Python 3.7" is a string.'
'I\'m learning Python."Python 3.7" is a string.'
>>> print('I\'m learning Python."Python 3.7" is a string.')      #print()是输出函数
I'm learning Python."Python 3.7" is a string.
```

注意：输出包含转义字符的字符串时，必须使用 print() 函数才能正确输出转义后的结果，用 python 命令行只能输出原始字符串。

在字符串中使用特殊字符时，需要用反斜杠（\）转义字符，见表 2-1。

字符串类型及转义字符

表 2-1　常用转义字符

转义字符	描述	转义字符	描述
\（在行尾时）	续行符	\v	纵向制表符
\\	反斜杠符号	\t	横向制表符
\'	单引号	\r	回车
\"	双引号	\f	换页
\a	响铃	\o	八进制数代表的字符
\b	退格（Backspace）	\x	十六进制数代表的字符
\n	换行	\000	终止符，\000 后的字符全部忽略

【例 2-5】转义字符用法示例。

```
>>> print("\tI'm a Chinese.I love you China!")
I'm a Chinese.I love you China!
>>>print("I'm a Chinese.\nI love you China!")        #在字符串前插入一个制表符，使字符串从
                                                      #第9列开始输出
I'm a Chinese.
I love you China!
```

有时我们要打印输出 windows 的路径。

```
>>> print("c:\windows\number")
c:\windows
number
```

这并不是我们想要的结果，这种情况下可以对“\”继续转义，可以输出我们想要的结果。

```
>>> print("c:\windows\\number")
c:\windows\number
```

但如果路径比较长则会使用大量的“\”，导致代码很烦琐，此时使用原始字符串能很好地解决这个问题。原始字符串用前缀 r 表示，引号里面的任何字符都表示该字符的原始含义。

```
>>> print(r"c:\windows\number\two\use")
c:\windows\number\two\use
```

数据类型的转换

2.1.3 数据类型的转换

如例 2-6 所示，需要把数字转换为字符串类型后，才能正确实现字符串和数字的连接。这是编程时经常用到的操作，常用类型转换函数见表 2-2。

表 2-2 常用数据类型转换函数

函数	作用
int(x)	将 x 转换成整数类型
float(x)	将 x 转换成浮点数类型
bool(x)	将 x 转换为布尔型
str(x)	将 x 转换为字符串
eval(str)	计算在字符串中的有效 Python 表达式并返回一个对象
chr(x)	将整数 x 转换为一个字符
ord(x)	将一个字符 x 转换为它对应的整数值
bin(x)	将整数 x 转换为二进制字符串
hex(x)	将整数 x 转换为十六进制字符串
oct(x)	将整数 x 转换为八进制字符串

【例 2-6】类型转换函数的应用。

```
>>> int(23.4)          #int()函数将浮点数转换为整数时，小数部分丢弃
23
>>> int('123')         #将数字字符串转换为整数
123
>>> float(1)           #将整数转换为浮点数
1.0
>>> float('3.14')      #将数字字符串转换为浮点数
3.14
>>> str(12)            #将数字转换为字符串
```

```
'12'
>>> bool(0)          #将数字转换为布尔值，非0为True，0为False
False
>>> bool(3)
True
>>> bool('xyz')      #将字符串转换为布尔值，非空字符串为True，空字符串为False
True
>>> bool('')
False
>>> x=5
>>> eval('x+3')      #计算字符串的值
8
>>> eval('8')        #将数字字符串转换为数字
8
>>> chr(65)          #返回数字65对应的ASCII字符
'A'
>>> ord('A')         #返回字符A对应的ASCII码值
65
>>> ord(chr(65))     #ord()和chr()是一对反函数
65
>>> oct(10)          #将十进制数10转换为八进制数
'0o12'
>>> ord(68)          #ord()函数的参数必须是一个字符
Traceback (most recent call last):
  File "<stdin>", line 1, in <module>
TypeError: ord() expected string of length 1, but int found
```

注意：使用类型转换函数时，其参数必须是合法的，否则系统会报错。

说明：① int() 和 float() 的参数可以是整数、浮点数、分数或数字字符串；② ord() 和 chr() 互为反函数，ord() 用来返回单个字符的 ASCII 码值，chr() 用来返回数值对应的 ASCII 字符；③ bin()、oct() 和 hex() 三个进制转换函数的参数必须为整数。

2.2 变量和常量

2.2.1 变量

计算机在处理数据时，必须将其装入内存。计算机内存是以字节为单位的存储区域，每个内存单元都有自己的编号，称为内存地址。内存地址烦琐不易记忆，因此在高级语言中采用变量来描述该内存单元及其存储的数据。变量名对应该内存单元的地址编号，变量的值对应该内存单元中存储的数据，通过变量名访问变量。在程序运行过程中，变量的值是可变的。变量 a、b 在内存中的存储示例如图 2-1 所示。

变量的赋值

内存用户数据区

	…	
2000	100	a
2002	3.14	b
	…	

图 2-1 变量在内存中的存储

1. 变量的命名

给 Python 中的变量命名时需要遵循一些规则和惯例，以保证程序的正确性和易读性。

（1）变量必须以字母或下划线开头，后面跟任意数目的字母、数字或下划线。例如变量名 jd_1 是合法的，而 1_jd 是非法的。

（2）除了下划线外，变量名中不能有其他符号。例如变量名 Python_int 是合法的，而 Python int、Python~int 都是非法的。

（3）不能使用系统关键字或内置函数名作为变量名。将关键字作变量名会引发错误，将内置函数名作变量名，不会导致错误，但会覆盖这些函数的行为。Python 的版本不同关键字会略有变化，Python 3.7 中的关键字如下：

```
>>>import keyword   #导入keyword模块
>>>keyword.kwlist
[ 'False', 'None', 'True', 'and', 'assert', 'async', 'await', 'break', 'class', 'continue', 'def', 'del', 'elif', 'else', 'except',
'finally', 'for', 'from', 'global', 'if', 'import', 'in', 'is', 'lambda', 'nonlocal', 'not', 'or', 'pass', 'raise', 'return', 'try',
'while', 'with', 'yield' ]
```

（4）变量名区分大小写。例如 NUM 和 num 是不同的变量名。

（5）变量名应尽量用有意义的单词。例如 score 比 s 更易读。

（6）慎用小写字母 l 和大写字母 O，这两个字母很容易被错看成数字 1 和 0。

注意：Python 中，以下划线开始或结束的变量名是系统定义的变量名，对解释器有特殊的意义。① _x：以一个下划线开头的变量是一个受保护的变量，只有类对象和子类对象可以访问这些成员，不能用 from module import * 语句导入；② __x__：前后为双下划线的变量是系统定义的特殊成员；③ __x：以双下划线开头的变量是私有类型的变量，只允许类本身进行访问，子类也不可以访问。

2. 变量的赋值

Python 中的变量不需要事先声明变量名和类型，直接赋值就能创建各种类型的变量，并且变量的类型可以随时改变。变量的赋值方式主要有普通赋值、链式赋值、增强赋值和多元赋值。

（1）普通赋值。普通赋值的语句形式如下：

```
<变量名>=<表达式>
```

该赋值语句的作用是先计算右边表达式的值，然后将左边的变量指向该值。

【例 2-7】创建变量。

```
>>> a=5        #创建整型变量a
>>> type(a)   #内置函数type()用来返回变量类型
<class 'int'>
>>> a='hello' #创建字符串变量a
>>> type(a)
<class 'str'>
>>> c          #没有赋值直接使用c
Traceback (most recent call last):   #错误信息
  File "<pyshell#22>", line 1, in <module>
    c
NameError: name 'c' is not defined
```

该代码首先创建了整型变量 a，然后又创建了字符串变量 a，改变了 a 的类型。当创建了字符串变量 a 后，之前创建的整型变量 a 自动失效。如果一个变量没有赋值就直接使用，将会出现错误，如代码中的变量 c。

```
>>> b=a      #创建变量b，a、b指向同一个值
>>> id(a)    #内置函数id()用来返回变量所指值的内存地址
32221920
>>> id(b)
32221920
```

Python 采用基于值的内存管理方式，如果为不同的变量赋相同的值，这个值在内存中只有一个地址，多个变量指向同一个内存地址。上面的代码中内置函数 id() 返回了相同的内存地址，说明变量 a、b 指向同一个地址、同一个值，如图 2-2 所示。

图 2-2 a、b 变量指向 Hello

当一个变量不再使用时，Python 会自动回收其占用的内存空间，也可以使用 del 语句删除一个或多个变量。

【例 2-8】删除变量。

```
>>> a=5
>>> b='hello'
>>> c='book'
>>> a
5
>>> del a              #使用del删除变量a
>>> del b,c            #使用del删除多个变量，变量间使用逗号分隔
>>> a
Traceback (most recent call last):
  File "<pyshell#20>", line 1, in <module>
    a
NameError: name 'a' is not defined
```

（2）链式赋值。链式赋值的语句形式如下：

```
<变量1>=<变量2>=...=<变量n>=<表达式>
```

链式赋值用于为多个变量赋同一个值，该语句的作用是先计算右侧表达式的值，然后将左边的变量全部指向该值。例如：

```
a=b=c=6
```

3 个变量指向同一个数据对象 6，3 个变量的值均为 6。

（3）增强赋值。Python 提供了增强赋值方式，赋值语句 x+=5 等价于 x=x+5。

【例 2-9】变量增强赋值。

```
>>> x=10
>>> x-=1  #相当于x=x-1
>>>print(x)
9
>>> x*=5  #相当于x=x*5
>>>print(x)
45
```

增强赋值的优点是书写更简洁，执行得更快。如 x+=5 比 x=x+5 执行得快，因为后者右边还要拷贝一个 x。

（4）多元赋值。多元赋值的语句形式如下：

```
<变量1>,<变量2>,...,<变量n>=<表达式1>,<表达式2>,...,<表达式n>
```

赋值号两边的变量和表达式数量要一致，多元赋值首先计算赋值号右边各表达式的值，

然后依次赋值给左边的变量。

【例 2-10】变量多元赋值。

```
>>> x,y=1,2
>>> print(x)
1
>>> print(y)
2
>>> x,y=y,x
>>> print(x)
2
>>> print(y)
1
```

因为Python变量引用的是数据，所以用一条赋值语句就可以实现两个变量的数据交换，其他高级语言通常要用 3 条语句实现，这充分体现了 Python 语言的简洁高效。

2.2.2 常量

常量就是在程序运行过程中不发生改变的量。在基本数据类型中，常量按其值的类型可分为整型、浮点型、字符串型、布尔型和复数型。例如 9、-12 是整型常量，3.14 是浮点型常量，'work hard' 是字符串型常量。

2.3 运算符和表达式

Python 语言支持的运算符有算术运算符、关系运算符、逻辑运算符、赋值运算符、位运算符和成员运算符。

2.3.1 算术运算符

算术运算符

算术运算符用来实现数学运算。Python 支持的算术运算符见表 2-3。

表 2-3 算术运算符

运算符	描述	实例
+	加法	6.8+2 结果为 8.2
-	减法	25-7 结果为 18
*	乘法	5*6.0 结果为 30.0
/	除法	10/4 结果为 2.5
%	模运算符或取余运算符，返回余数	10%3 结果为 1，10%-3 结果为 -2
**	幂运算符	2**10 结果为 1024
//	整除，返回商的整数部分	10//3 结果为 3

注意：① "+" 除了用于算术加法外，还可用于字符串、列表、元组的合并和拼接；② "-" 除了作为减法运算符外，还可以进行取反运算，如 5 取反为 -5；③ "*" 除了用于算术乘法外，还可用于字符串、序列元素的重复；④除数不能为 0；⑤ "%" 运算符用于整数或实数的取余运算，如果除数是负数，那么取得的结果也一定是负数；⑥ "//" 是整除运算符，运算结果只保留整数部分，小数部分将被舍弃。

【例 2-11】算术运算符计算示例。

```
>>> 19/4
4.75
>>> 4/2
2.0    #除法运算的结果为浮点数
>>> 10//3
3
>>> 13%3
1
>>> 7.5%-3.3
-2.3999999999999995
```

上例中 7.5%-3.3 预期的结果是 -2.4，而实际是 -2.3999999999999995。这是由浮点数的存储机制导致的，浮点数在 Python 中可能产生精度丢失的问题。一般情况下，只要将实际运算结果四舍五入就会得到满意的结果。

2.3.2 关系运算符

关系运算符又叫比较运算符，用于比较关系运算符两边的值，运算结果为 True 或 False。Python 中的关系运算符见表 2-4。

表 2-4 关系运算符

运算符	描述	实例
==	等于，如果两个操作数相等，结果为 True，否则为 False	"b"=="B" 结果为 False
!=	不等于，如果两个操作数不相等，结果为 True，否则为 False	5!=5.0 结果为 False
>	大于，如果左边的操作数大于右边的操作数，结果为 True，否则为 False	13>2 结果为 True
<	小于，如果左边的操作数小于右边的操作数，结果为 True，否则为 False	"18"<"2" 结果为 True
>=	大于等于，如果左边的操作数大于或等于右边的操作数，结果为 True，否则为 False	"abc">="ABC" 结果为 True
<=	小于等于，如果左边的操作数小于或等于右边的操作数，结果为 True，否则为 False	-3.6<=-4.1 结果为 False

注意：①使用关系运算符的前提是操作数之间是可以比较大小的；②如果两个操作数均为数值型，则按其实际大小进行比较；③如果两个操作数均为字符型，则按字符的 ASCII 码值从左到右依次比较。

Python 中的关系运算符最大的特点是可以连用，其意义和我们日常的理解相同。

【例 2-12】关系运算符示例。

```
>>> 5<8>2.5  #相当于8>5 and 8>2.5
True
>>> "d">"9"
True
>>> "t">3  #字符串和数字不可比较大小
Traceback (most recent call last):
 File "<stdin>", line 1, in <module>
TypeError: '>' not supported between instances of 'str' and 'int'
```

2.3.3 逻辑运算符

逻辑运算符是对关系表达式或逻辑值进行运算，运算结果为 True 和 False。Python 中的逻辑运算符见表 2-5。

表 2-5 逻辑运算符

运算符	描述（a=True，b=False）	实例
and	与，当两个操作数均为 True 时，结果为 True，否则为 False	a and b 结果为 False
or	或，当两个操作数之一为 True 时，结果为 True，否则为 False	a or b 结果为 True
not	非，当操作数为 True 时，结果为 False；当操作数为 False 时，结果为 True	not a 结果为 False not b 结果为 True

【例 2-13】逻辑运算符示例。

```
>>> 1<2 and 'ac'<='ad'
True
>>> not 6==6.0 or 9<7
False
```

逻辑运算符的优先级顺序由高到低是 not、and、or。

2.3.4 赋值运算符

Python 中的赋值运算符用来给变量赋值，赋值方式已经在 2.2 节详细介绍过，这里不再赘述。赋值运算符见表 2-6。

表 2-6 赋值运算符

运算符	描述	实例
=	直接赋值	a=8.5
+=	加法赋值	a+=10 相当于 a=a+10
-=	减法赋值	a-=10 相当于 a=a-10
*=	乘法赋值	a*=10 相当于 a=a*10
/=	除法赋值	a/=10 相当于 a=a/10
%=	取模赋值	a%=10 相当于 a=a%10
**=	幂赋值	a**=10 相当于 a=a**10
//=	整除赋值	a//=10 相当于 a=a//10

注意：①不要混淆赋值号“=”和等号“==”，两者意义完全不同；②编程时，为了优化代码，获得更高的运行效率，推荐使用增强赋值方式。

2.3.5 位运算符

位（bit）是计算机表示信息的最小单位。位运算的规则是先把数字转换成二进制数，再进行运算，然后再将运算结果转换为原来的进制。位运算符见表 2-7。

表 2-7 位运算符

<table>
<tr><th>运算符</th><th>描述</th><th>实例（a=36，b=13）</th></tr>
<tr><td>&</td><td>按位与，按位将两个操作数对应的二进制数一一对应，只有对应两个数位都为 1，该位的结果才为 1，否则为 0</td><td>a&b 结果为 4（二进制 0000 0100）</td></tr>
<tr><td>|</td><td>按位或，按位将两个操作数对应的二进制数一一对应，只要对应两个数位有一个为 1，该位的结果就为 1</td><td>a|b 结果为 45（二进制 0010 1101）</td></tr>
<tr><td>^</td><td>按位异或，当两个对应的二进制位相异时，结果为 1</td><td>a^b 结果为 41（二进制 0010 1001）</td></tr>
<tr><td>~</td><td>按位取反，将数据的每个二进制位取反，把 1 变为 0，把 0 变为 1</td><td>~a 结果为 -37（二进制 1101 1011）</td></tr>
<tr><td><<</td><td>左移，将数据的二进制位依次全部左移若干位，由 << 符号右边的数指定移动的位数，高位丢弃，低位补 0</td><td>a<<3 结果为 32（二进制 0010 0000）</td></tr>
<tr><td>>></td><td>右移，将数据的二进制位依次全部右移若干位，由 >> 符号右边的数指定移动的位数，高位补 0</td><td>a>>3 结果为 4（二进制 0000 0100）</td></tr>
</table>

【例 2-14】位运算的原理，假设 a=36，b=13。

```
a=0010 0100
b=0000 1101
a&b=0000 0100
a|b=0010 1101
a^b=0010 1001
~a =1101 1011（二进制补码为1011 1101）
```

代码演示结果如下：

```
>>> a=36
>>> b=13
>>> a&b
4
>>> a|b
45
>>> a^b
41
>>> ~a
-37
>>> a<<3
288
>>> a>>3
4
```

注意：计算机以补码的形式保存和处理数据，这里参与运算的二进制数均为其补码形式。

2.3.6 成员运算符

成员运算符用于判断一个元素是否在一个序列中，序列可以是字符串、列表、元组、集合和字典等。成员运算符见表 2-8。

表 2-8 成员运算符

运算符	描述	实例
in	用于在指定的序列中查找某个值是否存在，存在返回 True，否则返回 False	a' in 'abcd' 结果为 True
not in	用于在指定的序列中查找某个值是否不存在，不存在返回 True，否则返回 False	5 not in [7,2,5,9] 结果为 False

2.3.7 身份运算符

身份运算符用于测试两个变量是否为同一个对象，如果是同一个对象，则两者具有相同的内存地址。身份运算符见表 2-9。

表 2-9 身份运算符

运算符	描述	实例
is	如果运算符两侧的变量指向相同的对象，返回 True，否则返回 False	x is y
is not	如果运算符两侧的变量指向相同的对象，返回 False，否则返回 True	x is not y

【例 2-15】身份运算符示例。

```
>>> x=y=10.5
>>> x is y
True
>>> x is not y
False
>>> id(x)
36096000
>>> id(y)
36096000
```

变量 x、y 指向同一个内存地址、同一个值（10.5）。

2.3.8 运算符优先级规则

若一个表达式中有多个运算符，先执行优先级高的运算符，后执行优先级低的运算符，同一优先级的运算符要按照从左到右的顺序执行。运算符的优先级顺序见表 2-10。

表 2-10 运算符的优先级顺序

优先级	运算符	描述
1	**	幂
2	~、+、-	按位取反、一元加号、一元减号
3	*、/、%、//	乘、除、取模、整除
4	+、-	加法、减法
5	<<、>>	左移、右移
6	&	按位与
7	^、|	按位异或、按位或
8	<=、<、>、>=	关系运算符
9	==、!=	关系运算符
10	=、%=、/=、//=、-=、+=、*=、**=	赋值运算符
11	is、is not	身份运算符
12	in、not in	成员运算符
13	not、and、or	逻辑运算符

2.3.9 表达式

1. 表达式的组成

表达式由变量、常量、运算符、函数和圆括号按一定的规则组成。表达式的运算要遵循运算符的优先级规则，运算后得到一个确定的值。

2. 表达式的书写

（1）表达式中的“*”不能省略。例如 b^2-4ac 写成 Python 表达式为 b*b-4*a*c。

（2）表达式只能使用圆括号改变运算的优先级顺序，圆括号要成对出现。

在实际应用中，经常需要使用多种运算符来描述复杂的逻辑关系。

【例 2-16】假设需要购买一本名为《Python 程序设计》的书，要求是由“中国水利水电出版社”出版或价格不超过 70 元。

表达式为：bname='Python 程序设计 ' and (pubname=' 中国水利水电出版社 ' or price<=70)

上述表达式如果不加圆括号，会先计算 and，再计算 or，导致运算结果与逻辑需求不一致，所以恰当地使用圆括号来改变优先级顺序很重要。

【例 2-17】将数学表达式 $\dfrac{(2+xyz)^3}{\dfrac{1}{x}+\dfrac{1}{y}}$ 写成 Python 表达式。

Python 表达式为：(2+x*y*z)**3/(1/x+1/y)

3. 表达式计算

【例 2-18】计算表达式的值。

（1）8%-3*3**2+23//5-True

=8%-3*9+23//5-True

=-1*9+4-1

=-6

（2）len('beijing'+'shanghai')/2+ord('c')%4

=len('beijingshanghai')/2+99%4

=7.5+3

=10.5

2.4 常用系统函数

Python 提供了丰富的函数，分为内置函数、标准库函数和第三方库函数。利用函数可以快捷高效地求解问题。下面详细介绍常用内置函数和常用标准库函数。

2.4.1 常用内置函数

1. 内置函数

Python 提供了一些内置函数，这类函数不需要导入任何模块即可直接使用，主要完成一些运算符无法实现的运算功能。Python 内置函数见表 2-11。

在命令行输入 dir(__builtins__) 语句即可查看所有内置函数和内置对象，使用 help(函数名) 即可查看某个函数的用法。

表 2-11 内置函数

序号	函数	序号	函数	序号	函数
1	abs()	delattr()	hash()	memoryview()	set()
2	all()	dict()	help()	min()	setattr()
3	any()	dir()	hex()	next()	slicea()
4	ascii()	divmod()	id()	object()	sorted()
5	bin()	enumerate()	input()	oct()	staticmethod()
6	bool()	eval()	int()	open()	str()
7	breakpoint()	exec()	isinstance()	ord()	sum()
8	bytearray()	filter()	issubclass()	pow()	super()
9	bytes()	float()	iter()	print()	tuple()
10	callable()	format()	len()	property()	type()
11	chr()	frozenset()	list()	range()	vars()
12	classmethod()	getattr()	locals()	repr()	zip()
13	compile()	globals()	map()	reversed()	__import__()
14	complex()	hasattr()	max()	round()	

2. 常用内置函数功能说明

Python 的内置函数众多，本节先介绍一些常用内置函数，后续章节会逐步介绍其他函数。Python 常用的内置函数有数学运算函数、类型转换函数（参见 2.1 节）、集合操作函数、反射函数和 I/O 函数等。

数学运算函数

（1）数学运算函数。数学运算函数和功能说明见表 2-12，其中方括号内的参数可以省略。

表 2-12 数学运算函数和功能说明

函数	功能说明
abs(x)	求绝对值，返回数字 x 的绝对值或复数 x 的模
complex([real[,imag]])	创建一个复数
divmod(a,b)	分别取 a/b 的商和余数构成一个元组
pow(x,y)	返回 x 的 y 次幂
round(x[,n])	对 x 进行四舍五入，保留 n 位小数

【例 2-19】数学运算函数示例。

```
>>> abs(-10)            #返回-10的绝对值
10
>>> complex(5,9)        #指定实部和虚部，创建一个复数
(5+9j)
>>> divmod(12,5)        #将12除5的商2和余数2生成一个元组
(2, 2)
>>> divmod(25.5,2)      #将25.5除2的商12.0和余数1.5生成一个元组
(12.0, 1.5)
>>> print(pow(3,4))     #计算3的4次幂的值
81
>>> round(12.345,2)     #将12.345四舍五入保留2位小数
12.35
```

（2）集合操作函数。集合操作函数和功能说明见表 2-13。

集合操作函数

表 2-13　集合操作函数和功能说明

函数	功能说明
all(iterable)	元素都为真时，函数值为 True；元素为空时，函数返回 False
any(iterable)	元素有一个为真时，函数值为 True；元素为空时，函数返回 False
max(x)	返回序列 x 中的最大值
min(x)	返回序列 x 中的最小值
sum(x)	返回序列 x 中所有元素之和，所有元素必须为数字
range([start,]end[,step])	产生一个 [start,end) 区间内以 step 为步长的整数序列，默认从 0 开始
list(iterable)	产生一个列表
tuple(iterable)	产生一个元组
dict()	创建数据字典
set(iterable)	创建集合
frozenset([iterable])	产生一个不可变的集合
sorted(iterable[,cmp[,key[, reverse]]])	对列表、元组、字典、集合或其他可迭代的对象进行排序并返回新列表

【例 2-20】集合操作函数示例。

```
>>> all([3,4,5])          #列表中的元素3、4、5均为True，结果为True
True
>>> all([0,1,2])          #列表中的元素0为False，结果为Flase
False
>>> any([1,0,0])          #列表中的元素有一个为True，结果为Flase
True
>>> any([0,0,0])          #列表中的元素均为False，结果为Flase
False
>>> any([])               #列表中的元素为空，结果为Flase
False
>>> range(10)             #产生一个从0开始的整数序列
range(0, 10)
>>> list(range(10))       #list()函数结合range()快速生成列表
[0, 1, 2, 3, 4, 5, 6, 7, 8, 9]
>>> list(range(2,10,2))   #生成一个[2,10)区间内步长为2的列表，注意不包含10
[2, 4, 6, 8]
>>> a=list(range(2,10,2))
>>> max(a)  #求列表元素的最大值
8
>>> min(a)  #求列表元素的最小值
2
>>> sum(a)  #对列表元素求和
20
>>> b=[6,2,0,25,3]
>>> sorted(b)             #对列表进行升序排序
[0, 2, 3, 6, 25]
>>> sorted(b,reverse=True)        #将reverse参数设为True，实现降序排序
[25, 6, 3, 2, 0]
```

说明：① range 是很常用的一个内置函数，其语法格式为 range([start,]end[,step])，其中参数 start 默认为 0，step 默认为 1，该函数返回 [start,end) 左闭右开区间内以 step 为步

长的整数；② sorted() 函数默认对序列实现升序排序，将 reverse 参数设置为 True 可以实现降序排序。

（3）反射函数。反射函数主要用于获取类型、对象的标识、基类等操作，见表 2-14。

表 2-14 反射函数和功能说明

函数	功能说明
getattr(object,name[,defalut])	获取一个类的属性
globals()	返回一个描述当前全局符号表的字典
hasattr(object,name)	判断对象 object 是否包含名为 name 的特性
hash(object)	如果对象 object 为哈希表类型，则返回对象 object 的哈希值
id(object)	返回对象的唯一标识
isinstance(object,classinfo)	判断 object 是否是 class 的实例
issubclass(class,classinfo)	判断是否是子类
locals()	返回当前的变量列表
map(function,iterable, ...)	遍历每个元素，执行 function 操作
memoryview(obj)	返回一个内存镜像类型的对象
next(iterator[,default])	类似于 iterator.next()
object()	基类
property([fget[,fset[,fdel[,doc]]]])	属性访问的包装类，设置后可以通过 c.x=value 等来访问 setter 和 getter
reload(module)	重新加载模块
setattr(object,name,value)	设置属性值
repr(object)	将一个对象变幻为可打印的格式
staticmethod	声明静态方法，是个注解
super(type[,object-or-type])	引用父类
type(object)	返回该 object 的类型
vars([object])	返回对象的变量，若无参数与 dict() 方法类似

I/O 函数

（4）I/O 函数。I/O 函数和功能说明见表 2-15。

表 2-15 I/O 函数和功能说明

函数	功能说明
input([prompt])	获取用户输入，输入内容作为字符串处理
print()	打印函数
open(name[,mode[,buffering]])	打开文件

【例 2-21】I/O 函数示例。

```
>>> a=input('请输入学号：')    #读取用户输入的数据，返回一个字符串
请输入学号：202001
>>> a
'202001'
>>> type(a)
<class 'str'>
```

```
>>> a=int(input('input a:'))          #用int()函数将字符串转换为数值
input a:3
>>> b=int(input('input b:'))
input b:4
>>> a+b
7
>>> x,y=eval(input('input x,y:'))  #同时输入多个值
input x,y:3,4
>>> x+y
7
>>> print(1,2)                        #输入项之间默认以空格分隔
1 2
>>> print(1,2,sep=',')                #设置sep参数修改默认分隔符
1,2
>>> for i in range(4):
...     print(i)
...
0
1
2
3
>>> for i in range(4):
...     print(i,end='')      #设置end参数使每个输出项之后不换行
...
0123
```

说明：① input() 函数接收用户输入的数据，返回一个字符串，如果要输入数值，可以使用转换函数将字符串转换为数值；② print() 函数格式为 print(value1,value2,…,sep=' ',end='\n ')，其中 value 为要输出的内容，无参数时将输出一个空行，sep 用来设置各输出项之间的分隔符，默认为空格，end 用来设置结尾字符，默认是换行符 \n，也可以设置为其他字符。

math 模块

2.4.2　常用标准库函数

Python 的标准库包含许多模块，每个模块中定义了很多实用的函数。常用的标准库有数学库模块（math）、随机数模块（random）、时间模块（time）和日历模块（calendar）。Python 程序若要使用这些标准库函数，必须先使用 import 命令将模块导入。

1.　math 模块

math 模块提供了许多数学函数，其中常用的见表 2-16。

表 2-16　math 模块的常用数学函数

函数	功能说明
math.e	数字常量，自然常数 e
math.pi	数字常量，圆周率 π
math.ceil(x)	向上取整，返回大于或等于 x 的最小整数
math.floor(x)	向下取整，返回小于或等于 x 的最大整数
math.trunc(x)	返回 x 的整数部分
math.fabs(x)	返回 x 的绝对值
math.fmod(x)	返回 x%y（取余）

续表

函数	功能说明
math.factorial(x)	返回 x 的阶乘
math.gcd(x,y)	返回 x、y 的最大公约数
math.exp(x)	返回 e 的 x 次幂
math.log(x[,base])	返回 x 的以 base 为底的对数
math.log10(x)	返回 x 的以 10 为底的对数
math.pow(x,y)	返回 x 的 y 次方
math.sqrt(x)	返回 x 的平方根
math.degrees(x)	把 x 从弧度转换为角度
math.radians(x)	把 x 从角度转换为弧度
math.sin(x)	返回 x（弧度）的三角正弦值
math.cos(x)	返回 x（弧度）的三角余弦值
math.tan(x)	返回 x（弧度）的三角正切值

【例 2-22】math 模块中的数学函数示例。

```
>>>import math  #用import命令导入math模块，调用函数时模块名不能省略
>>>math.ceil(3.02)
4
>>>math.floor(-4.99)
-5
>>>math.fmod(20,7)
6.0
>>>math.log(100,10)
2.0
>>>math.sqrt(16)
4.0
```

2. random 模块

random 模块

随机数可以用于数学、游戏及安全领域，还经常被嵌入到算法中以提高算法的效率和安全性。随机函数在 random 模块中，常用的随机函数见表 2-17。

表 2-17　random 模块的常用随机函数

函数	功能说明
random.choice(seq)	从序列的元素中随机挑选一个元素，如 random.choice(5)，从 0 到 4 中随机挑选一个整数
random.randrange([start,] stop[,step])	在指定范围内，从按指定 step 递增的集合中获取一个随机数，step 默认值为 1，如 random.randrange(3)，从 0 到 2 中随机挑选一个整数
random.random()	返回一个 [0,1) 范围内的实数
random.seed([x])	改变随机数生成器的种子 seed，默认以系统时间为种子
random.shuffle(list)	将序列的所有元素随机排序
random.uniform(x,y)	随机生成一个 [x,y] 范围内的实数
random.randint(x,y)	随机生成一个 [x,y] 范围内的整数

3. time 模块

Python 中通常有以下两种表示时间的方式：

- 时间戳：是从 1970 年 1 月 1 日 00:00:00 开始到现在的秒数。
- 时间元组 struct_time：共有 9 个元素，分别是 tm_year（年）、tm_mon（月，1 ～ 12）、tm_mday（日，1 ～ 31）、tm_hour（时，0 ～ 23）、tm_min（分，0 ～ 59）、tm_sec（秒，0 ～ 59）、tm_wday（星期几，0 ～ 6，0 表示周日）、tm_yday（一年中的第几天，1 ～ 366）、tm_isdst（是否是夏令时，默认为 1 夏令时）。

常用的时间函数见表 2-18。

表 2-18　time 模块的常用时间函数

函数	功能说明
time.asctime([tupletime])	将时间元组转换为时间字符串，若时间元组省略，则返回当前系统时间
time.ctime([secs])	将以秒数表示的时间转换为时间字符串
time.gmtime([secs])	接收时间戳并返回时间元组
time.localtime([secs])	接收时间戳并返回当前时间的时间元组
time.strftime(format[, t])	将时间元组格式化为指定格式的时间字符串
time.time()	返回当前时间的时间戳（1970 纪元后经过的浮点秒数）

【例 2-23】time 模块中的时间函数示例。

```
>>>import time
>>>time.localtime()  #将当前时间转换为struct_time时间元组
time.struct_time(tm_year=2019, tm_mon=11, tm_mday=25, tm_hour=22, tm_min=45, tm_sec=36
tm_wday=0, tm_yday=329, tm_isdst=0)
>>> time.time()
1574729077.4216695  #返回当前时间的时间戳
```

4. calendar 模块

此模块的函数都是与日历相关的，例如打印某月的月历。calendar 模块的常用函数见表 2-19。

表 2-19　calender 模块的常用函数

函数	功能说明
calendar.calendar(year,w=2,l=1,c=6)	返回一个多行字符串格式的 year 年的年历，3 个月一行，间隔距离为 c，每日宽度间隔为 w 字符，每行长度为 21×w+18+2×c，l 是每星期行数
calendar.firstweekday()	返回当前每周起始日期的设置，默认返回 0，即星期一
calendar.isleap(year)	是闰年返回 True，否则为 False
calendar.leapdays(y1,y2)	返回在 y1 和 y2 两年之间的闰年总数
calendar.month(year,month,w=2,l=1)	返回指定年月的日历。两行标题，一周一行，每日宽度间隔为 w 字符，每行的长度为 7×w+6，l 是每星期的行数
calendar.monthcalendar(year,month)	返回一个整数列表，每个子列表代表一个星期
calendar.monthrange(year,month)	返回两个整数，第一个是该月的星期几的日期码，第二个是该月的日期码，日从 0（星期一）到 6（星期日），月从 1 到 12
calendar.weekday(year,month,day)	返回给定日期的日期码

【例 2-24】打印当月日历示例，结果如图 2-3 所示。

```
>>>import calendar
>>>print(calendar.month(2019,11,w=2,l=1))
```

```
    November 2019
Mo Tu We Th Fr Sa Su
             1  2  3
 4  5  6  7  8  9 10
11 12 13 14 15 16 17
18 19 20 21 22 23 24
25 26 27 28 29 30
```

图 2-3 例 2-24 的结果

代码编写规则

2.5 代码编写规则

在编写 Python 代码的时候要遵循 Python 编码规范，这样既能减少代码错误又能提高程序的可读性。

1. 缩进

Python 程序通过代码块的缩进区分代码的层次，缩进结束标志着一个代码块的结束。缩进的空格数是可变的，通常以 4 个空格为基本缩进单位，不要使用 Tab。同一级别代码块的缩进量必须相同。

【例 2-25】代码缩进示例。

```
mark=80
if mark>=60:
   print("考试通过")
else:
   print("请继续努力！")
```

2. 注释

编程时一定要养成良好的注释习惯，注释可以提高程序的可读性，也便于后期进行代码维护。Python 中用 # 号表示单行注释，多行注释可以用三引号（'''）引起来。

3. 多行语句

如果一行语句过长，可以使用反斜杠“\”将一行语句分成多行显示。如果语句中包含 []、{} 或 () 则不需要使用反斜杠换行。例如：

```
num =int_one+int_two+ int_three\
+int_four+int_five
```

或：

```
num =(int_one+int_two+ int_three
+int_four+int_five)
```

4. 使用空行分隔代码

类的方法之间或函数之间用空行分隔，类和函数入口之间通常也用一个空行分隔，以突出函数的入口，提高程序的可读性。

5. 导入模块

import 语句应该放在文件头部，每个 import 语句只导入一个模块。模块导入的顺序是内置模块、第三方模块、自定义模块。例如：

```
>>>import calendar
>>>import math
```

import calendar,math 的写法没有语法错误，但不提倡。

本章小结

本章主要讲解了以下知识点：

（1）整型、浮点型、布尔型、复数的表示及特点、字符串类型的表示、转义字符的用法、字符串的基本操作、常用的类型转换函数及其作用。

（2）变量的概念、命名规则及 4 种赋值方式，变量不需要事先指明变量名及类型，直接赋值即可创建任意类型的变量；常量的概念及表示。

（3）算术运算符、关系运算符、逻辑运算符、赋值运算符、位运算符、成员运算符和身份运算符的功能、实例及优先级规则；表达式的组成、书写及计算。

（4）内置函数、标准库函数的功能及实例。

（5）缩进、注释、多行语句、空行的使用及导入模块语句的书写。

习题 2

一、选择题

1．Python 语言不支持的数据类型有（ ）。

A．char　　B．int

C．float　　D．list

2．字符串 s='a\nb\tc'，则 len(s) 的值是（ ）。

A．7　　B．6

C．5　　D．4

3．Python 表达式中，可以使用（ ）控制运算的优先顺序。

A．小括号 ()　　B．大括号 {}

C．中括号 []　　D．尖括号 <>

4．下列变量名正确的是（ ）。

A．name_1　　B．1_name

C．1 name　　D．name 1

5．变量名中不能出现的符号是（ ）。

A．英文字母　　B．数字

C．下划线　　D．*

6．表达式 13%5+3**2 的计算结果是（ ）。

A．11　　B．12　　C．11.6　　D．12.0

7．Python 中，一般推荐的缩进量是（ ）。

A．1 个空格　　B．2 个空格

C．3 个空格　　D．4 个空格

8．若 x=5，y=3，则表达式 x<y and y==3 的值为（ ）。

A．True　　B．False

C．1　　D．0

9. 将任意一个两位数 x 的个位数与十位数对换，如 56 转换为 65，正确的表达式为（ ）。

A. (x%10)*10+x//10　　　　B. (x/10)%10+x//10

C. (x%10)//10+x//10　　　　D. (x%10)*10+x%10

10. 以下关于 Python 语句的叙述中，正确的是（ ）。

A. 同一层次的 Python 语句必须对齐

B. Python 语句可以从一行的任意一列开始

C. 在执行 Python 语句时，可发现注释中的拼写错误

D. Python 程序的每行只能写一条语句

二、编程题

1. 任意一个数，先对其取绝对值，然后计算其平方、平方根、立方和立方根并输出结果。

2. 输入一个小写英文字母字符串，将其全部转换为大写字母并求其长度，输出原始字符串、转换后的字符串和字符串长度。

3. 输入例 2-25 的代码，注意代码缩进，为代码添加注释，观察输出结果。

4. 输入一个三位自然数，计算并输出其百位、十位和个位上的数字，用两种方法实现。

5. 输入圆的半径，计算圆的周长和面积，结果保留两位小数。

第 3 章　Python 组合数据类型

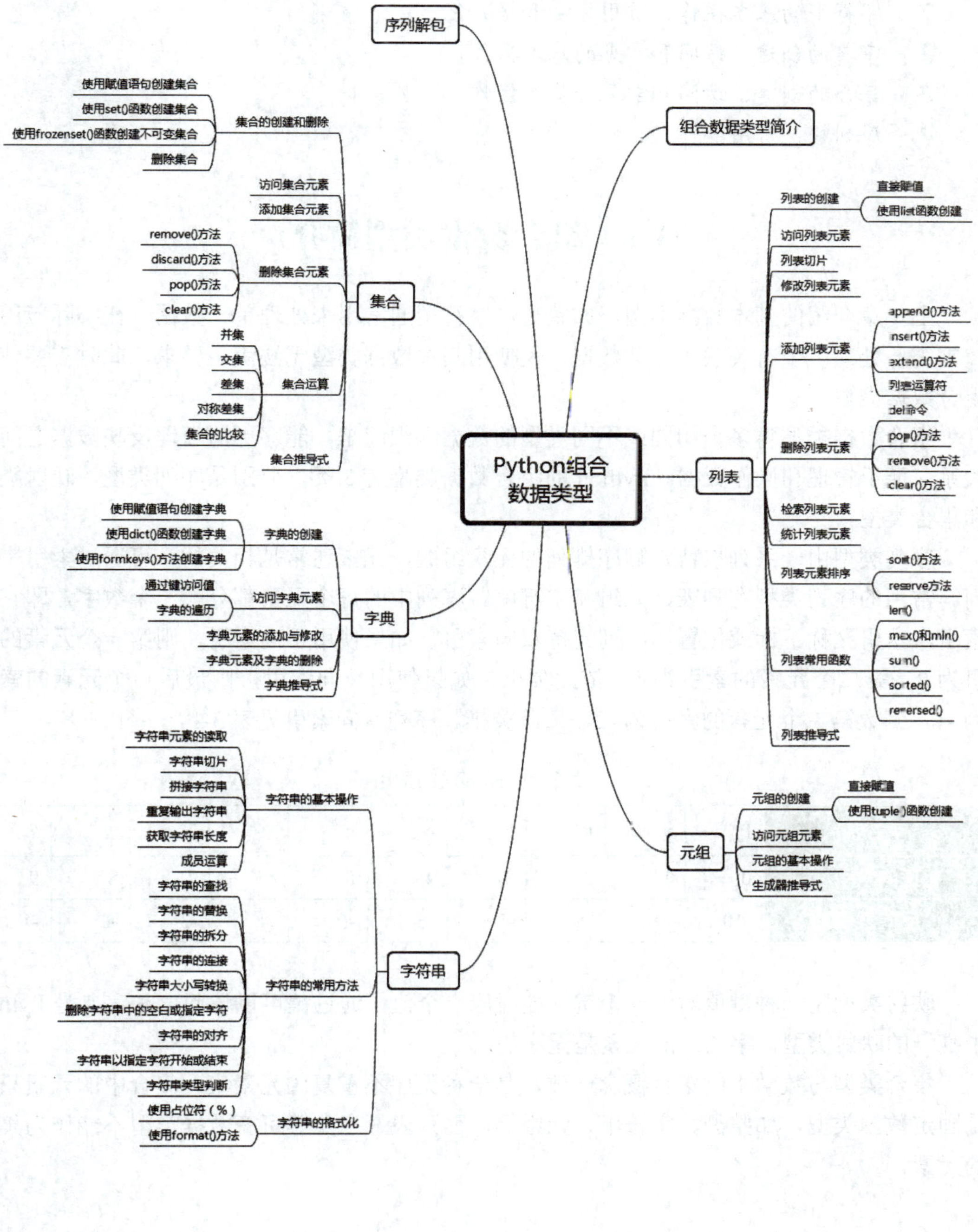

本章导读

组合数据类型是 Python 语言区别于其他高级编程语言的一大特色，编程人员通过组合数据类型省去了其他语言各种复杂数据结构的设计，极其方便，这也是 Python 流行于数据分析领域的原因之一。本章详细阐述 Python 组合数据类型：列表、元组、字符串、字典、集合的创建、访问和常见的基本操作，以及序列解包功能。

本章要点

- 列表的创建、访问和常见的基本操作
- 元组的创建、访问和常见的基本操作
- 字符串的基本操作、常用方法和格式化
- 字典的创建、访问和常见的基本操作
- 集合的创建、访问和常见的基本操作
- 序列解包常用操作

3.1 组合数据类型简介

上一章介绍的基本数据类型，如整型、字符型通常用来处理单一数据。在实际应用中经常需要处理多个有关联的复杂数据，仅使用基本数据类型无法满足要求，此时需要使用组合数据类型。

组合数据类型将多个相同或不同类型的数据组织起来，能够更清晰地反映数据之间的关系，便于管理和操作数据。Python 的组合数据类型有 3 类，分别是序列类型、映射类型和集合类型。

序列类型由一系列按特定顺序排列的元素组成，元素通常是相关的，可通过索引来访问。常用的序列类型有列表、元组和字符串。序列中的每个元素都分配一个数字，即它的索引，索引又称下标或位置。序列支持双向索引，如果使用正向索引，则第一个元素的索引为 0，第二个元素的索引为 1，依此类推；如果使用负向索引，则最后一个元素的索引为 -1，倒数第二个元素的索引为 -2，依此类推。序列双向索引见表 3-1。

表 3-1　序列双向索引

序列	P	y	t	h	o	n		3	.	7
正向索引	0	1	2	3	4	5	6	7	8	9
反向索引	-10	-9	-8	-7	-6	-5	-4	-3	-2	-1

映射类型是一种键值对，一个键只能对应一个值，通过键可以访问值。字典是 Python 中唯一的映射类型，字典中的元素是无序的。

集合类型与数学中的集合概念一致，是一种无序不重复的元素集。集合中的元素只能是固定数据类型，如整型、字符串、元组等，而列表、字典等可变数据类型不能作为集合的元素。

3.2 列表

列表（List）是一个有序、可变序列。列表元素的数据类型可以不同，可以是基本类型、组合数据类型或自定义数据类型。列表的所有元素放在一对方括号“[ ]”中，相邻元素之间用逗号分隔。下面的列表都是合法的。

```
[78,83,67,89,75]
['Python',3.7, '高级语言',2018]
[ ['001','李明','男',2000],['002','王伟','男',2001] ]
```

3.2.1 列表的创建

列表的创建

1. 直接赋值

使用等号直接将一个列表赋值给变量即可创建一个列表。例如：

```
>>> scores=[78,83,67,89,75]        #创建一个列表
>>> scores
[78, 83, 67, 89, 75]
>>> empty=[]            #创建一个空列表
>>> empty
[]
```

2. 使用 list 函数创建

使用 list 函数可以将字符串、元组、字典、集合等数据类型的数据转换成列表。例如：

```
>>> summer=list('summer')
>>> summer
['s', 'u', 'm', 'm', 'e', 'r']            #将字符串转换为列表
>>> list1=list(range(2,10,2))     #将range函数产生的序列转换为列表
>>> list1
[2, 4, 6, 8]
>>> empty =list()                 #创建一个空列表
>>> empty
[]
```

3.2.2 访问列表元素

访问列表元素

使用索引可以直接访问列表元素，格式：列表名 [索引]。如果指定的索引不存在，将出现下标越界错误。例如：

```
>>> scores=[78,83,67,89,75]
>>> scores[2]           #注意正向索引从0开始
67
>>> scores[5]           #索引5越界，抛出异常
Traceback (most recent call last):
  File "<stdin>", line 1, in <module>
IndexError: list index out of range
```

如果一个列表中的元素也是列表，那就构成了嵌套列表，也叫多维列表。嵌套列表元素也是通过索引来访问的，格式如下：

```
列表名[索引1][索引2]...[索引n]
```

例如：

```
>>> students=[ ['001','李明','男',2000],['002','王伟','男',2001] ]
>>> students[0][1]      #用两个索引访问二维列表的元素
'李明'
>>> students[1][3]
2001
```

Python 对嵌套列表的层数没有限制，但最好不要超过 3 层，否则会增加处理的复杂度。

列表切片

3.2.3 列表切片

切片的功能非常强大，是 Python 序列的重要操作之一。列表切片操作可以截取列表中的任意部分，得到一个新列表。切片操作的语法格式如下：

```
列表名[开始索引:结束索引:步长]
```

其功能是获取从开始索引开始到结束索引（但不包含）为止的所有元素组成的子列表。如果省略开始索引，则默认从 0 开始；如果省略结束索引，则截取到列表最后；如果省略步长，则步长为 1。例如：

```
>>> numbers=[1,2,3,4,5,6,7,8]
>>> numbers[2:6:2]      #步长为2
[3, 5]
>>> numbers[2:6]        #步长为1，结果不包含索引为6的元素
[3, 4, 5, 6]
>>> numbers[:6]
[1, 2, 3, 4, 5, 6]
>>> numbers[2:]
[3, 4, 5, 6, 7, 8]
>>> numbers[:]
[1, 2, 3, 4, 5, 6, 7, 8]
>>> numbers[-5:-2]
[4, 5, 6]
>>> numbers[-3:-4]      #步长为正数，开始索引大于结束索引，结果为空列表
[]
>>> numbers[6:1:-2]     #步长为负数
[7, 5, 3]
>>> numbers[::-1]       #将列表反序
[8, 7, 6, 5, 4, 3, 2, 1]
>>> numbers=[1,2,3,4,5,6,7,8]
>>> numbers[20:]        #开始索引大于列表长度，返回空列表
[]
>>> numbers[:20]        #结束索引大于列表长度，提取所有列表元素
[1, 2, 3, 4, 5, 6, 7, 8]
>>> numbers[20]         #索引越界，抛出异常
Traceback (most recent call last):
  File "<stdin>", line 1, in <module>
IndexError: list index out of range
```

注意：①切片开始点的元素包含在结果之中，而结束点的元素不在切片之内。当步长为正时，开始索引应小于结束索引，从左到右提取列表元素，当步长为负时，开始索引应大于结束索引，从右到左提取列表元素；②与访问列表元素不同，切片操作不会因为索引越界而抛出异常，而是提取所有列表元素或返回一个空列表。

此外，还可以通过给切片赋值的方式添加、删除和修改列表元素。例如：

```
>>> numbers=[1,5]
>>> numbers[1:1]
```

```
[]
>>> numbers[1:1]=[2,3,4]        #在列表中插入元素
>>> numbers
[1, 2, 3, 4, 5]
>>> numbers[5:]=[6]             #在列表尾部添加元素
>>> numbers
[1, 2, 3, 4, 5, 6]
>>> numbers[1:5]=[]             #删除列表元素
>>> numbers
[1, 6]
>>> fruit=list('pear')
>>> fruit
['p', 'e', 'a', 'r']
>>> fruit[3:]=list('ch')        #修改列表元素
>>> fruit
['p', 'e', 'a', 'c', 'h']
```

3.2.4 修改列表元素

列表可以通过指定索引对相应元素进行赋值修改。例如：

```
>>> language=['Python','C','Visual Basic','Java']
>>> language[2]='Visual Basic.NET'     #修改列表中索引为3的元素
>>> language
['Python', 'C', 'Visual Basic.NET', 'Java']
```

3.2.5 添加列表元素

添加列表元素是很常用的操作，可以使用 append()、extend() 和 insert() 方法实现。

添加列表元素

1. append() 方法

append() 方法用于在列表末尾追加一个元素，调用格式如下：

```
对象名.方法名(参数列表)
```

例如：

```
>>>language=['Python', 'C', 'Visual Basic.NET', 'Java']
>>>language.append('C++')
>>>language
['Python', 'C', 'Visual Basic.NET', 'Java', 'C++']      #在列表末尾追加一个元素
```

2. insert() 方法

insert() 方法用于在列表任意指定位置插入一个元素，例如：

```
>>> language= ['Python', 'C', 'Visual Basic.NET', 'Java', 'C++']
>>> language.insert(2,'C#')      #在索引为2的位置插入一个元素
>>> language
['Python', 'C', 'C#', 'Visual Basic.NET', 'Java', 'C++']
```

3. extend() 方法

extend() 方法用于将另一个列表中的所有元素追加到当前列表的末尾。例如：

```
>>>language= ['Python', 'C', 'Visual Basic.NET']
>>>language.extend([ 'Java', 'C++'])
['Python', 'C', 'Visual Basic.NET', 'Java', 'C++']
```

注意：*append()、extend() 和 insert() 方法是原地修改列表，也就是直接修改原列表，不生成新列表。*

4. 列表运算符

列表运算符“+”和“*”也可以实现增加列表元素的目的，这两个运算符不属于原地操作，而是返回新列表。“+”用于组合列表，“*”用于重复列表。例如：

```
>>> numbers=[1,2,3]
>>> id(numbers)
1656232
>>> numbers=numbers+[4,5]      #连接两个列表
>>> numbers
[1, 2, 3, 4, 5]
>>> id(numbers)
2340464    #列表的内存地址发生改变
>>> numbers=numbers*2          #列表元素重复两次
>>> numbers
[1, 2, 3, 4, 5, 1, 2, 3, 4, 5]
>>> id(numbers)
1657392
```

3.2.6 删除列表元素

删除列表元素

删除列表元素可以使用 del 命令，也可以使用 pop()、remove() 和 clear() 方法。

1. del 命令

del 命令可以删除列表中指定位置的元素或整个列表。例如：

```
>>>numbers=[1,2,3,4,5]
>>>del numbers[2]      #删除索引为2的列表元素
>>>numbers
[1,2,4,5]
>>>del numbers         #删除整个列表
>>>numbers             #列表删除后无法再访问，抛出异常
Traceback (most recent call last):
  File "<stdin>", line 1, in <module>
NameError: name 'numbers' is not defined
```

2. pop() 方法

pop() 方法用于删除列表指定位置的一个元素（默认为最后一个）并返回该元素。例如：

```
>>> numbers=[1,2,3,4,5]
>>> numbers.pop()      #默认删除列表最后一个元素
5
>>> numbers.pop(0)     #默认删除索引为0的列表元素
1
>>> numbers
[2, 3, 4]
```

注意：pop() 方法是唯一一个既修改列表又返回一个非空值的列表方法。

3. remove() 方法

remove() 方法用于删除列表中第一个与指定值相等的元素。如果列表中有多个与指定值相等的元素，要多次使用 remove() 方法删除。例如：

```
>>> numbers=[1,2,3,4,5,3]
>>> numbers.remove(3)          #删除第一个值为3的列表元素
>>> numbers
[1, 2, 4, 5, 3]
>>> numbers.remove(0)          #数字0不是列表元素，抛出异常
Traceback (most recent call last):
```

```
  File "<stdin>", line 1, in <module>
ValueError: list.remove(x): x not in list
```

使用 remove() 方法时应注意，如果要删除的元素不在列表中，则抛出异常。为了避免这个错误，最好提前判断要删除的元素是否在列表中。例如：

```
>>> numbers=[1,2,3,4,5]
>>> 6 in numbers        #使用成员运算符in判断6不是列表元素
False
>>> 2 in numbers        #2是列表元素
True
>>> numbers.remove(2)
>>> numbers
[1, 3, 4, 5]
```

4. clear() 方法

clear() 方法用于清空列表。例如：

```
>>> numbers=[1,2,3,4,5]
>>> numbers.clear()      #删除列表所有元素
>>> numbers
[]
```

注意：① clear() 方法是清空列表元素，剩下空列表，而 del 命令会将列表变量删除，不能再访问；②在列表的中间位置插入或删除列表元素时会影响该位置后面所有元素的索引，应尽量避免此类操作。

3.2.7 检索列表元素

index() 方法用于返回指定元素在列表中首次出现的索引，若该元素不在列表中则抛出异常。例如：

```
>>> numbers=[1,2,3,4,5,1,2,3]
>>> numbers.index(3)  #返回列表元素3首次出现的索引
2
>>> numbers.index(8)  #数字8不是列表元素，抛出异常
Traceback (most recent call last):
  File "<stdin>", line 1, in <module>
ValueError: 8 is not in list
```

3.2.8 统计列表元素

count() 方法用于计算指定元素在列表中出现的次数。例如：

```
>>> numbers=[1,2,3,4,5,1,2,3]
>>> numbers.count(1)  #统计数字1在列表中出现的次数
2
>>> numbers.count(6)  #数字6不在列表中，为0次
0
```

3.2.9 列表元素排序

列表元素的排序

列表虽然是有序的，但在实际应用中常常根据应用需要重新排序，排序是很常用的操作。Python 提供了 sort() 和 reverse() 方法对列表进行排序。

1. sort() 方法

sort() 方法用于按照指定的规则对列表元素进行排序，默认的规则是比较元素的大小，按升序排序。sort() 方法有两个可选参数：key 和 reverse。通过设置参数 key 的值可以实现

以字符串大小、长度等关键字进行排序，通过设置参数 reverse 的值为 True 可以实现降序排序。例如：

```
>>> numbers=[1,4,3,6,2,5]
>>> numbers.sort()  #默认情况下，按升序排序
>>> numbers
[1, 2, 3, 4, 5, 6]
>>> numbers.sort(reverse=True)  #设置reverse参数的值为True
>>> numbers
[6, 5, 4, 3, 2, 1]
>>> numbers=[1,2,3,4,5,6,7,8,9,10,21]
>>> numbers.sort(key=str)  #将数字转换为字符串，按字符串的大小排序
>>> numbers
[1, 10, 2, 21, 3, 4, 5, 6, 7, 8, 9]
>>> numbers.sort(key=str,reverse=True)  #按字符串降序排序
>>> numbers
[9, 8, 7, 6, 5, 4, 3, 21, 2, 10, 1]
>>> language=['Python', 'C', 'C#', 'Java', 'PHP','C++']
>>> language.sort(key=len)  #按字符串的长度升序排序
>>> language
['C', 'C#', 'PHP', 'C++', 'Java', 'Python']
```

2. reverse() 方法

reverse() 方法用于将列表所有元素逆序排列。例如：

```
>>> numbers=[1,2,3,4,5]
>>> numbers.reverse()
>>> numbers
[5, 4, 3, 2, 1]
```

注意：sort() 和 reverse() 方法都是原地对列表进行排序，不生成新列表。如果不希望修改原列表，而是生成一个排序后的新列表，可以使用 sorted() 和 reversed() 函数实现。

3.2.10 列表常用函数

列表常用函数

列表常用的函数有 len()、max()、min()、sorted() 和 reversed()，函数的引用格式为：

```
函数名(列表名)
```

1. len() 函数

len() 函数用于返回列表中元素的个数。例如：

```
>>> numbers=[1,2,3,4,5,6]
>>> len(numbers)
6
```

2. max() 和 min() 函数

max() 和 min() 函数用于返回列表中所有元素的最大值或最小值。要求所有元素之间能够进行大小比较。列表元素全部为数值类型时，直接根据数值的大小比较；列表元素全部为字符串类型时，按字符的 ASCII 码依次进行比较；如果列表元素既有数字类型又有字符串类型，则无法比较，抛出异常。例如：

```
>>> numbers=[1,2,3,4,5,6]
>>> max(numbers)  #返回所有数值元素的最大值
6
>>> min(numbers)  #返回所有数值元素的最小值
1
>>> language=['Python', 'C', 'C#', 'Java', 'PHP','C++']
```

```
>>> max(language)  #返回所有字符串元素的最大值
'Python'
>>> min(language)  #返回所有字符串元素的最小值
'C'
>>> lst=[2,9.5,'Python','Java']  #无法比较，抛出异常
>>> max(lst)
Traceback (most recent call last):
  File "<stdin>", line 1, in <module>
TypeError: '>' not supported between instances of 'str' and 'float'
```

3. sum() 函数

sum() 函数用于对数值型列表元素进行求和，如果存在非数值型元素，则抛出异常。例如：

```
>>> numbers=[1,2,3,4,5,6]
>>> sum(numbers)
21
```

4. sorted() 函数

sorted() 函数用于对列表元素进行排序，默认按升序排序，返回一个新列表。通过设置参数 reverse 的值为 True 可以实现降序排序。例如：

```
>>> numbers=[1,4,3,6,2,5]
>>> sorted(numbers)
[1, 2, 3, 4, 5, 6]
>>> sorted(numbers,reverse=True)
[6, 5, 4, 3, 2, 1]
```

5. reversed() 函数

reversed() 函数用于将列表元素逆序排列，不排序。该方法不修改原列表，返回一个迭代对象，可以使用 list() 函数将其转换为列表。例如：

```
>>> numbers=[1,4,3,6,2,5]
>>> a=reversed(numbers)
>>> a
<list_reverseiterator object at 0x00A6F7F0>  #返回一个迭代对象，不能直观地看到里面的内容
>>> list(a)  #使用list()函数将其转换为列表
[5, 2, 6, 3, 4, 1]
```

3.2.11 列表推导式

列表推导式

列表推导式也称列表解析式，其代码简洁，可读性更强，且运行速度快。利用列表推导式可以简单高效地处理一个可迭代对象，生成满足特定需求的列表。列表推导式的语法格式如下：

```
[表达式 for 变量 in 序列 [if 条件表达式]]
```

其中表达式可以是任何运算表达式，变量是序列中遍历的元素值，if 条件表达式可以省略。该语句的功能是计算每个变量对应的表达式的值，生成一个新列表。列表推导式在逻辑上相当于一个循环，只是形式更加简洁。例如：

```
>>> list1=[i**2 for i in range(1,5)]
>>> list1
[1, 4, 9, 16]
```

相当于（循环可参照 4.3 节）：

```
>>> list1=[]
>>> for i in range(1,5):
```

```
...     a.append(i**2)
...
>>> list1
[1, 4, 9, 16]
```

列表推导式的常用功能有：

（1）实现嵌套列表的平铺。

```
>>> list1=[[1,2,3],[4,5,6],[7,8,9]]
>>> [i for a in list1 for i in a]
[1, 2, 3, 4, 5, 6, 7, 8, 9]
```

这个列表推导式相当于两重循环，第一个 for 语句是外循环，第二个 for 语句是内循环，相当于：

```
>>> list1=[[1,2,3],[4,5,6],[7,8,9]]
>>> list2=[]
>>> for a in list1:
...     for i in a:
...         list2.append(i)
...
>>> list2
[1, 2, 3, 4, 5, 6, 7, 8, 9]
```

（2）过滤不符合条件的元素。在列表推导式中，可以使用 if 条件表达式进行筛选，只在结果列表中保留符合条件的元素。例如：

```
>>> list1=[3,-6.7,9,10,-21,-5,3.14,0,0.0]
>>> [i for i in list1 if i<=0]  #筛选出小于等于0的元素
[-6.7, -21, -5, 0, 0.0]
>>> [i for i in range(20) if i%2==0]  #筛选出列表中的偶数
[0, 2, 4, 6, 8, 10, 12, 14, 16, 18]
```

（3）同时遍历多个序列。

```
>>> [(x,y) for x in [2,3,4] for y in [3,4,5] if x!=y]
[(2, 3), (2, 4), (2, 5), (3, 4), (3, 5), (4, 3), (4, 5)]
>>> [(x,y,x*y) for x in [2,3,4] for y in [3,4,5] if x<y]
[(2, 3, 6), (2, 4, 8), (2, 5, 10), (3, 4, 12), (3, 5, 15), (4, 5, 20)]
```

【例 3-1】已知存放于列表中的 n 个学生成绩，输出最高分、最低分、总分和平均分，将成绩降序排列，分别输出原始成绩和排序后的成绩。

分析：利用列表的 max()、min() 和 sum() 函数分别求得最高分、最低分和总分；利用 len() 函数求得学生总数，再用总分除以人数求得平均分；利用 sorted() 进行排序。

程序代码：

```
scores=[78,65,90,45,81,67,57,88,98,75,73,66,53,85,50]
scores_max=max(scores)
scores_min=min(scores)
scores_sum=sum(scores)
n=len(scores)
scores_ever=scores_sum/n
scores_sort=sorted(scores,reverse=True)
print('原始成绩：',scores)
print('最高分：',scores_max)
print('最低分：',scores_min)
print('总分：',scores_sum)
print('平均分：',scores_ever)
print('排序后成绩：',scores_sort)
```

程序输出结果：

```
原始成绩：[78, 65, 90, 45, 81, 67, 57, 88, 98, 75, 73, 66, 53, 85, 50]
最高分：98
最低分：45
总分：1071
平均分：71.4
排序后成绩：[98, 90, 88, 85, 81, 78, 75, 73, 67, 66, 65, 57, 53, 50, 45]
```

【例3-2】输入一个月份，判断该月份属于哪个季节并输出。

分析：创建四季的列表（春季——3、4、5月，夏季——6、7、8月，秋季——9、10、11月，冬季——12、1、2月），利用input()输入月份，采用多分支结构实现，多分支结构请参照4.2节。

程序如下：

```
spring=[3,4,5]
summer=[6,7,8]
autumn=[9,10,11]
winter=[12,1,2]
month=int(input('input month:'))
if month in spring:
    print(month,'月是春季')
elif month in summer:
    print(month,'月是夏季')
elif month in autumn:
    print(month,'月是秋季')
elif month in winter:
    print(month,'月是冬季')
else:
    print('请输入正确的月份')
```

程序输出结果：

```
input month:6
6 月是夏季
```

3.3 元组

元组（Tuple）与列表类似，也是一个有序序列。区别是元组是一个不可变序列，不能修改，也不能添加或删除元素。元组的所有元素放在一对圆括号“()”中，相邻元素之间用逗号分隔。下面的元组都是合法的。

```
(1,2,3,4,5,6)
('apple', 'orange', 'banana', 'pear')
('Python', 1994,1.0, [1,2])
```

3.3.1 元组的创建

1. 直接赋值

使用等号直接将一个元组赋值给变量即可创建一个元组。例如：

```
>>> numbers=(1,2,3,4,5)  #创建一个元组
>>> numbers
(1, 2, 3, 4, 5)
>>> empty=()  #创建一个空元组
>>> empty
()
```

如果要创建只有一个元素的元组，必须在元素后面加一个逗号“,”。因为小括号既可以表示元组，又可以表示表达式中的小括号，会产生歧义。例如：

```
>>> one=(5)  #元素后不加逗号，不会创建一个元素的元组
>>> one
5
>>> one=(5,)                    #创建只有一个元素的元组
>>> one
(5,)
>>> numbers=3*(5+3)             #进行数值运算
>>> numbers
24
>>> numbers=3*(5+3,)            #创建元组
>>> numbers
(8, 8, 8)
```

2. 使用 tuple() 函数创建

使用 tuple() 函数可以将字符串、列表、字典、集合等数据类型的数据转换成元组。例如：

```
>>> summer=tuple('summer')
>>> summer
('s', 'u', 'm', 'm', 'e', 'r')              #将字符串转换为元组
>>> numbers=tuple([1,2,3,4,5])  #将列表转换为元组
>>> numbers
(1, 2, 3, 4, 5)
>>> tuple1=tuple(range(6,20,3))  #将range()函数产生的序列转换为元组
>>> tuple1
(6, 9, 12, 15, 18)
>>> empty=tuple()               #创建一个空元组
>>> empty
()
```

3.3.2 访问元组元素

与列表相同，使用索引可以直接访问元组元素，如果指定的索引不存在，将出现下标越界错误。例如：

```
>>> fruit=('apple','banana','orange','pear',[1,2,3,4])
>>> fruit[-1]  #注意负向索引从-1开始
[1, 2, 3, 4]
>>> fruit[2]
'orange'
>>> fruit[6]  #索引越界，抛出异常
Traceback (most recent call last):
  File "<stdin>", line 1, in <module>
IndexError: tuple index out of range
```

如果一个元组中的元素也是元组或列表，其访问方法与列表相同。例如：

```
>>> food=(('apple','banana'),('bread','milk'))
>>> food[1][1]
'milk'
>>> fruit=('apple','banana','orange','pear',[1,2,3,4])
>>> fruit[4][1]
2
```

元组的基本操作

3.3.3 元组的基本操作

元组不能被修改，因此没有 append()、extend()、insert()、remove() 和 pop() 等能够修

改序列元素的方法。除此之外，列表的运算符、函数和方法对元组同样适用。

【例 3-3】元组的基本操作示例。

```
>>> numbers=(1,2,3)
>>> numbers=numbers+(4,5)       #元组的连接运算
>>> numbers
(1, 2, 3, 4, 5)
>>> numbers*=2                  #元组的重复运算
>>> numbers
(1, 2, 3, 4, 5, 1, 2, 3, 4, 5)
>>> numbers[:9]                 #元组的切片操作
 (1, 2, 3, 4, 5, 1, 2, 3, 4)
>>> numbers.index(3)            #检索元组元素
2
>>> numbers.count (4)           #统计元素4在元组中出现的次数
2
>>> len(numbers)                #统计元组的元素个数
9
>>> max(numbers)                #求元组最大元素
5
>>> min(numbers)                #求元组最小元素
1
>>> sum(numbers)                #求元组所有元素之和
25
>>> sorted(numbers)             #使用sorted()函数排序后元组转换为列表
[1, 1, 2, 2, 3, 3, 4, 4, 5]
```

3.3.4 生成器推导式

生成器推导式

生成器推导式与列表推导式形式上类似，只是生成器推导式使用圆括号，而列表推导式使用方括号。与列表推导式不同的是，生成器推导式的结果是一个生成器对象，而不是一个元组。使用生成器对象的元素时，可以将其转换为列表或元组，也可以使用生成器对象的 __next__() 方法或内置函数 next() 进行遍历，或者使用 for 循环遍历其中的元素。

【例 3-4】生成器推导式操作示例。

```
>>> tup=(x+3 for x in range(6))  #创建生成器对象
>>> tup
<generator object <genexpr> at 0x005628F0>
>>> tuple(tup)                   #将生成器对象转换为元组
(3, 4, 5, 6, 7, 8)
>>> tup=(x+3 for x in range(6))
>>> tup.__next__()       #使用__next__()方法获取生成器对象中的元素
3
>>> tup.__next__()
4
>>> next(tup)                    #使用next()函数获取生成器对象中的元素
5
>>> next(tup)
6
>>> tup=(x for x in range(10))   #使用for循环遍历生成器对象中的元素
>>> for x in tup:
...     print(x,end='')
...
0123456789
```

介绍了列表和元组之后，也许读者会认为元组和列表类似，但列表更灵活，是不是只

用列表就可以了呢？

一般认为：

- 元组比列表访问速度快。如果定义了一系列常量值，主要用途是对它们进行遍历，而不需要修改元素，建议使用元组。可以认为元组对不需要修改的数据进行了“写保护”，从而使得数据更安全。
- 元组作为不可变序列，与整数、字符串一样，可以作为字典的键，也可以作为集合的元素。而列表既不能作为字典的键，也不能作为集合的元素，因为列表是可变的。

3.4 字符串

字符串是一种非常重要的数据类型，字符串中的字符是按照一定顺序排列的，它是一个不可变的有序序列，支持双向索引。

3.4.1 字符串的基本操作

字符串的基本操作

1. 字符串元素的读取

字符串的索引与列表相同，使用索引可以访问字符串的元素。例如：

```
>>> s1='Python'
>>> s1[0]
'P'
>>> s1[5]
'n'
```

2. 字符串切片

字符串切片操作可以截取字符串的任意部分，得到一个新的字符串，切片操作也与列表相同。例如：

```
>>> s1[:5]          #步长为1，结果不包含索引为5的元素
'Pytho'
>>> s1[1:]          #从第2个元素取到最后
'ython'
>>> s1[::2]         #步长为2
'Pto'
>>> s1[-1::-1]      #将字符串反序
'nohtyP'
>>> s1[10:]         #开始索引大于字符串长度，返回空字符串
''
>>> s1[:10]         #结束索引大于字符串长度，提取所有元素
'Python'
```

3. 拼接字符串

“+”能将字符串拼接起来，形成新的字符串。而对于数字，“+”将做加法运算。

```
>>> "Hello"+"John"
'HelloJohn'
>>>4+5
9
>>> 'your score is'+80
Traceback (most recent call last):
  File "<stdin>", line 1, in <module>
```

```
TypeError: can only concatenate str (not "int") to str
```

注意："+" 连接的对象必须类型相同，否则报错。

如果必须要实现字符串和数字的连接，可以用 str() 函数将数字转化为字符串类型后再连接。

```
>>> 'your score is'+' '+str(80)  #str()函数将数字转化为字符串类型
'your score is 80'
```

4. 重复输出字符串

在数值运算中"*"表示乘法，而对于字符串，"*"表示重复输出。

```
>>> 'Hello'*2
'HelloHello'
>>> '#'*10
'##########'
```

5. 获取字符串长度

len() 是 Python 的常用内置函数，用来获取字符串的长度。

```
>>> len('学习Python3.7')
11
```

上述字符串的长度为 11，数字、英文、汉字和字符均为一个字符长度。

6. 成员运算

使用 in 或 not in 运算符判断一个字符串是否属于另一个字符串。

```
>>> 'abc' in 'abcdef'      #使用成员运算符in判断'abc'属于'abcdef'
True
>>> '12' not in '12345'   #使用成员运算符not in判断'12'属于'12345'
False
>>> 'g' not in 'abcdef'    #使用成员运算符not in判断'g'不属于'abcdef'
True
```

3.4.2 字符串的常用方法

Python 提供了大量方法用于字符串查找、替换、分离、连接等操作，这里只介绍一些最常用的方法。

1. 字符串的查找

find() 和 rfind() 方法用于查找并返回一个字符串在另一个字符串指定范围（默认为整个字符串）首次和最后一次出现的位置，找不到则返回 -1。

字符串的查找

```
>>> season='spring,summer,autumn,winter,spring,summer'
>>> season.find('spring')          #返回第一次出现的位置
0
>>> season.rfind('spring')         #返回最后一次出现的位置
28
>>> season.find('spring',6)        #从指定位置开始查找
28
>>> season.find('sprint',6,18)     #按指定范围查找，没找到返回-1
-1
```

index() 和 rindex() 方法用于返回一个字符串在另一个字符串指定范围（默认为整个字符串）首次和最后一次出现的位置，找不到则抛出异常。

```
>>> season.index('e')   #返回子字符串首次出现的位置
11
>>> season.index('s')   #返回子字符串首次出现的位置
```

```
0
>>> season.rindex('s')  #返回子字符串最后一次出现的位置
35
>>> season.index('sss')            #查找的子字符串不存在时抛出异常
Traceback (most recent call last):
  File "<stdin>", line 1, in <module>
ValueError: substring not found
```

count() 方法用于统计一个字符串在另一个字符串中出现的次数，若该字符串不存在则返回 0。

```
>>> season.count('summer')                #统计子字符串出现的次数
2
>>> season.count('fall')                  #若子字符串不存在，返回0
0
```

字符串的替换

2. 字符串的替换

replace() 用来替换指定字符或字符串的所有重复出现，每次只能替换一个字符或字符串，类似于 Word 文本编辑器的查找和替换功能。该方法将返回一个被替换后的新字符串。

```
>>> season.replace('summer','夏天')  #将字符串中所有的summer替换为夏天
'spring,夏天,autumn,winter,spring,夏天'
>>> season.replace('spring','Spring')  #将字符串中所有的spring替换为Spring
'Spring,summer,autumn,winter,Spring,summer'
```

replace() 方法无法同时替换多个不同的字符，此功能可以用 maketrans() 和 tranlate() 方法组合实现。maketrans() 方法用来生成字符映射表，tranlate() 方法按照映射表的对应关系转换并替换其中的字符。maketrans() 有两个等长的字符串参数，表示第一个字符串的每个字符都用第二个字符串的对应字符替换。

```
>>> code=str.maketrans('abcdef','defghi')  #创建字符映射表
>>> s='defaabbcc'
>>> s.translate(code)  #按映射表进行替换
'ghiddeeff'
```

字符串的拆分

3. 字符串的拆分

split() 方法按指定字符从左侧分隔字符串，rsplit() 方法按指定字符从右侧分隔字符串，返回包含分隔结果的列表。

```
>>> season='spring,summer,autumn,winter,spring,summer'
>>> season.split(',')  #用逗号分隔字符串
['spring', 'summer', 'autumn', 'winter', 'spring', 'summer']
>>> date='2020/5/1'
>>> date.rsplit('/')  #用“/”分隔字符串
['2020', '5', '1']
```

使用 split() 和 rsplit() 方法时，如果不指定分隔符，则字符串中的任何空白符号（空格、换行符、制表符等）都被认为是分隔符，返回包含最终分隔结果的列表。另外，还可以指定最大分隔次数。

```
>>> season='spring\nsummer\n\nautumn\twinter\t\t\tspring,summer'
>>> season.split()
['spring', 'summer', 'autumn', 'winter', 'spring,summer']
>>> season.split(None,2)            #指定最大分隔次数为2
['spring', 'summer', 'autumn\twinter\t\t\tspring,summer']
>>> season.rsplit(None,1)           #指定最大分隔次数为1
['spring\nsummer\n\nautumn\twinter', 'spring,summer']
```

partition() 方法按指定分隔符从左侧将原字符串拆分为三部分：分隔符前的字符串、

分隔符和分隔符后的字符串，rpartition() 方法从右侧开始拆分。

```
>>> season='spring,summer,autumn,winter,spring,summer'
>>> season.partition(',')          #从左侧使用逗号拆分
('spring', ',', 'summer,autumn,winter,spring,summer')
>>> season.rpartition(',')         #从右侧使用逗号拆分
('spring,summer,autumn,winter,spring', ',', 'summer')
>>> season.partition('w')          #从左侧使用字符串拆分
('spring,summer,autumn,', 'w', 'inter,spring,summer')
```

4. 字符串的连接

在很多情况下都需要合并字符串，如姓和名存储在不同的变量中，要显示姓名时就必须合并这两个字符串变量。join() 方法用来将列表中的多个字符串进行连接生成一个新的字符串，并在相邻两个字符串之间插入指定的字符。

```
>>> season=['spring', 'summer', 'autumn', 'winter', 'spring', 'summer']
>>> sep=','
>>> sep.join(season)   #使用逗号作为分隔符连接字符串
'spring,summer,autumn,winter,spring,summer'
>>> sep=' '
>>> sep.join(season)   #使用空格作为分隔符连接字符串
'spring summer autumn winter spring summer'
```

注意：前面介绍过用“+”也可以连接字符串，但该运算需要复制大量数据，效率很低，不适合大量长字符串的连接。

5. 字符串大小写转换

lower() 方法将字符串转换为小写，upper() 方法将字符串转换为大写，swapcase() 方法实现大小写互换，capitalize() 将字符串的首字母转换为大写，其余小写，title() 将每个单词的首字母转换为大写，均生成新的字符串。

```
>>> s='This is a book'
>>> s.lower()          #转换为小写
'this is a book'
>>> s.upper()          #转换为大写
'THIS IS A BOOK'
>>> s.capitalize()     #首字母转换为大写，其余小写
'This is a book'
>>> s.title()          #每个单词首字母转换为大写
'This Is A Book'
>>> s.swapcase()       #大小写互换
'tHIS IS A BOOK'
```

6. 删除字符串中的空白或指定字符

strip()、lstrip() 和 rstrip() 方法分别用来删除字符串两端、左端和右端的空白字符或连续的指定字符。

```
>>> s=' name '
>>> s.lstrip()         #删除左端空白字符
'name '
>>> s.rstrip()         #删除右端空白字符
' name'
>>> s.strip()          #删除两端空白字符
'name'
>>> s='\t\nmy name\n\n'
>>> s.strip()          #删除两端空白字符
'my name'
>>> s='mmnamemm'
```

```
>>> s.strip('m')          #删除两端指定字符
'name'
>>> s.strip('mn')
'ame'
>>> s.lstrip('m')
'namemm'
>>> s.rstrip('m')
'mmname'
```

7. 字符串的对齐

center()、ljust() 和 rjust() 方法通过在两端、左端和右端添加填充字符（默认为空格）的方式实现字符串居中对齐、左对齐和右对齐，zfill() 方法通过在左侧添加 0 的方式实现字符串右对齐。

```
>>> s="I'm a Chinese!"
>>> s.center(10)          #居中对齐，若指定大小小于字符串长度，按实际字符串显示
"I'm a Chinese!"
>>> s.center(20)          #居中对齐，以空格进行填充
"   I'm a Chinese!   "
>>> s.ljust(20,'*')       #左对齐，以字符*进行填充
"I'm a Chinese!******"
>>> s.rjust(30,'-')       #右对齐，以字符-进行填充
"----------------I'm a Chinese!"
>>> s.zfill(30)           #在左侧填充0
"0000000000000000I'm a Chinese!"
```

8. 字符串以指定字符开始或结束

startswith() 和 endswith() 方法分别用来判断字符串是否以指定字符开始和结束，通过设置参数可以限定字符串的检测范围。

```
>>> s="I'm a Chinese!"
>>> s.startswith('I')             #判断字符串以I开始
True
>>> s.endswith('se')
False
>>> s.endswith('se!')
True
>>> s.startswith('I',2)           #指定检测的起始位置
False
>>> s.startswith('I',0,10)        #指定检测范围
True
```

9. 字符串类型判断

isalnum()、isalpha()、isdigit()、isnumeric()、isdecimal()、isspace()、isupper() 和 islower() 方法分别用于判断字符串是否全为字母或数字、是否全为字母、是否全为数字（0～9）、是否全为数字（支持罗马数字）、是否全为十进制数字、是否为空白字符、是否全为大写和是否全为小写。

```
>>> '12cd'.isalnum()              #判断字母或数字
True
>>> '12cd'.isalpha()              #判断全为字母
False
>>> '1234'.isdigit()              #判断全为0～9的数字
True
>>> '123四'.isnumeric()           #支持汉字数字
True
```

```
>>> 'ⅡⅢⅣ'.isnumeric()          #支持罗马数字
True
>>> 'ⅡⅢⅣ'.isdigit()
False
>>> 'abC'.upper()
'ABC'
```

3.4.3　字符串的格式化

字符串的格式化

字符串的格式化通常结合 print() 函数使用，以输出指定格式的字符。字符串的格式化有两种方式：占位符（%）和 format() 方法，占位符方式在 Python 2.x 中使用广泛，Python 3.x 中 format() 方法使用更广泛。

1. 使用占位符（%）

格式字符串和格式字符构成一个格式字符串，% 之前为格式字符串，之后为需要格式化的内容。格式字符串的形式如下：

```
<格式字符串>%(<值1>,<值2>,..., <值n>,)
```

常用的格式字符见表 3-2。

表 3-2　常用的格式字符

格式字符	说明
%c	字符及其 ASCII 码
%s	字符串
%%	百分号标记
%d	十进制整数
%o	八进制整数
%x	十六进制整数（用小写字母）
%X	十六进制整数（用大写字母）
%e	指数（以 e 为底）
%E	指数（以 E 为底）
%f、%F	浮点数
%g	指数（e）或浮点数（根据显示长度）
%G	指数（E）或浮点数（根据显示长度）

使用占位符进行格式化时，被格式化的内容和格式字符之间必须一一对应。

```
>>> n=23
>>> print('%o'%n)      #以八进制数形式输出
27
>>> print('%x'%n)      #以十六进制数形式输出
17
>>> print('%e'%n)      #以以e为底的指数形式输出
2.300000e+01
>>> print('%d,%c'%(68,67))  #使用元组对字符串格式化，按位置一一对应
68,C2
>>> age=18
>>> name='Aly'
>>> print('my name is %s.my age is %d.'%(name,age))
```

```
my name is Aly.my age is 18.
```

2. 使用 format() 方法

与占位符（%）相比，format() 方法拥有更多的功能，操作起来更加灵活方便，可读性更强。该方法将字符串看成一个模板，通过传入的参数进行格式化，使用大括号 {} 作为特殊字符代替 %。

```
>>> print('{} {}'.format('Hello','world'))            #不指定位置，按默认顺序格式化
Hello world
>>> print('{0} {1}'.format('Hello','world'))           #设置位置参数
Hello world
>>> print('{0} {1} {0}'.format('Hello','world'))       #单个参数多次输出
Hello world Hello
>>>print('my name is {name}.my age is {age}.'.format(name='Aly',age='18'))
my name is Aly.my age is 18.    #指定参数名称
>>> print('{0:.2f}'.format(2/7))    #保留2位小数
0.29
>>> print('{0:%}'.format(0.56))    #格式化为百分数
56.000000%
>>> print('{0:#o}'.format(20))     #以八进制数形式输出
0o24
>>> print('{0:#X}'.format(100))    #以十六进制数形式输出
0X64
>>> print('{num:10}'.format(num=5))   #指定输出的宽度为10
         5
>>> print('{0:<10.2f}\n{0:^10.2f}\n{0:>10.2f}'.format(2/7))
0.29          #设置左对齐用<
   0.29       #设置居中对齐用^
      0.29    #设置右对齐用>
```

【例 3-5】给定一段英文，输入要查找的单词，统计其在文本中出现的次数并输出；再输入要替换的单词，将查找的单词全部替换，并输出替换后的结果。

txt1='Hold fast to dream, For if dream die, Life is a broken-winged bird, That can never fly. Hold fast to dream, For when dream go, Life is a barren field, Frozen only with snow.'

```
word1=input('input the word to find: ')
n=txt1.count(word1)  #利用count()方法统计word出现的次数
print('%s 出现的次数：%s'%(word1,n))  #输出word出现的次数
word2=input('input the word to replace: ')
txt2=txt1.replace(word1,word2)  #利用replace()实现单词替换
print('替换后的文本：',txt2)
```

程序运行结果：

```
input the word to find: dream
dream 出现的次数：4
input the word to replace: dreams
```

替换后的文本：

Hold fast to dreams, For if dreams die, Life is a broken-winged bird, That can never fly. Hold fast to dreams, For when dreams go, Life is a barren field ,Frozen only with snow.

3.5 字典

字典（Dict）是 Python 中唯一的映射类型，是无序可变序列。字典中的每个元素是一个键值对，包含键（Key）和值（Value）两部分，键和值是相对应的，表示一种映射关系。

定义字典时，每个元素的键和值用冒号分隔，相邻元素之间用逗号分隔，所有元素放在一对大括号“{}”中。字典中元素的键可以是任意不可变类型，如整数、实数、复数、字符串和元组等，不能使用列表、集合、字典等可变类型。字典的键是唯一的，而值可以不唯一。也就是说一个键只能对应一个值，多个键可以对应相同的值。这就像在一个学校里，一个学生只能有唯一的学号，但是多个不同学号的学生姓名可能会相同。

下列字典都是合法的：

```
{'语文':89.5, '数学':95, '英语':90, '物理':79, '化学': 78}
{('1001',1): '赵婷',('1002',1): '王佳',('1003',0): '李伟',( '1004',0): '张军'}
{'010': '北京', '021': '上海', '022': '天津', '023': '重庆'}
```

3.5.1 字典的创建

字典的创建

1. 使用赋值语句创建字典

使用赋值运算符“=”将一个字典赋值给一个变量即可创建一个字典变量。例如：

```
>>> scores={'语文':89.5, '数学':95, '英语':90, '物理':79}
>>> scores
{'语文': 89.5, '数学': 95, '英语': 90, '物理': 79}
>>> empty_dict={}  #创建一个空字典
>>> empty_dict
{}
```

2. 使用 dict() 函数创建字典

使用 dict() 函数可以将键值对形式的列表或元组创建为字典。因为每个列表或元组将被当成键值对处理，所以这些列表或元组都只能包含两个元素。

（1）将键值对形式的列表创建为字典。例如：

```
>>> scores=dict([['语文',89.5],['数学',95],['英语',90],['物理',79]])
>>> scores
{'语文': 89.5, '数学': 95, '英语': 90, '物理': 79}
>>> scores=dict([('语文',89.5),('数学',95),('英语',90),('物理',79)])
>>> scores
{'语文': 89.5, '数学': 95, '英语': 90, '物理': 79}
>>> empty_dict=dict()  #创建一个空字典
>>> empty_dict
{}
```

（2）将键值对形式的元组创建为字典。例如：

```
>>> scores=dict((('语文',89.5),('数学',95),('英语',90),('物理',79)))
>>> scores
{'语文': 89.5, '数学': 95, '英语': 90, '物理': 79}
```

（3）通过指定关键字参数创建字典。例如：

```
>>> scores=dict(语文=89.5,数学=95,英语=90,物理=79)
>>> scores
{'语文': 89.5, '数学': 95, '英语': 90, '物理': 79}
>>> numbers=dict(one=1,two=2,three=3)
>>> numbers
{'one': 1, 'two': 2, 'three': 3}
```

（4）将多个序列生成字典。

使用 zip() 函数可以将多个序列作为参数，返回由元组构成的列表。例如：

```
>>> keys=['数学','语文','英语', '物理']
>>> values=[89.5,95,90,79]
>>> kv=zip(keys,values)
```

```
>>> kv
<zip object at 0x005BE558>  #zip()函数返回一个对象
>>> list(kv)  #使用list()查看对象的值
[('数学', 89.5), ('语文', 95), ('英语', 90), ('物理', 79)]  #将两个列表生成由元组构成的列表
>>> scores=dict(zip(keys,values))  #使用dict函数生成字典
>>> scores
{'数学': 89.5, '语文': 95, '英语': 90,'物理': 79}
```

3. 使用 formkeys() 方法创建字典

fromkeys() 方法用于创建一个新字典，语法格式为：

```
dict.fromkeys(seq[,value])
```

其中，参数 seq 表示字典的键值序列，参数 value 为可选项，是字典所有键对应的初始值（如果指定值，则所有键具有这个相同的值；如果不指定值，则所有键为空值 None）。例如：

```
>>> scores={}
>>> scores.fromkeys(['数学','语文','英语', '物理'],0)  #创建值为0的字典
{'数学': 0, '语文': 0, '英语': 0, '物理': 0}
>>> scores.fromkeys(['数学','语文','英语', '物理'])     #创建值为None的字典
{'数学': None, '语文': None, '英语': None, '物理': None}
```

注意：创建字典时，如果一个键出现两次，后一个值会覆盖前面的值。

3.5.2 访问字典元素

1. 通过键访问值

字典的键值对是一种映射关系，通过键就可以访问值。字典元素的访问与列表类似，只不过在中括号“[]”里添加的是键而不是索引，如果键不存在会抛出异常。例如：

```
>>> scores={'语文': 89.5, '数学': 95, '英语': 90, '物理': 79}
>>> scores['数学']  #指定的键存在，返回对应的值
95
>>> scores['高等数学']  #指定的键不存在，抛出异常
Traceback (most recent call last):
  File "<stdin>", line 1, in <module>
KeyError: '高等数学'
```

为了避免这个错误，最好使用 in 或 not in 提前判断要访问的键是否在字典中。例如：

```
>>> '高等数学' not in scores  #使用not in判断键是否在字典中
True
>>> if '语文' in scores:  #结合if语句使用
...     print(scores['语文'])
...
89.5
```

字典对象还提供了一个 get() 方法用来返回指定键对应的值。如果键存在，返回该键对应的值；如果键不存在也不会出错，而是返回特定的值。例如：

```
>>> scores.get('数学')  #指定的键存在，返回对应的值
95
>>> scores.get('高等数学','键不存在')  #指定的键不存在，返回指定的值
'键不存在'
```

字典的遍历

2. 字典的遍历

（1）遍历字典的键。

结合 for 循环语句对字典对象进行遍历时，默认遍历字典的键。例如：

```
>>> scores={'语文': 89.5, '数学': 95, '英语': 90, '物理': 79}
```

```
>>> for item in scores:
...     print(item,end=' ')
...
语文 数学 英语 物理
```

字典对象也提供了遍历键的 keys() 方法。例如：

```
>>> scores.keys()
dict_keys(['语文', '数学', '英语', '物理'])
```

（2）遍历字典的值。

使用字典对象的 values() 方法可以遍历字典元素的值。例如：

```
>>> scores.values()
dict_values([89.5, 95, 90, 79])
```

（3）遍历字典元素。

使用字典对象的 items() 方法可以遍历字典元素。例如：

```
>>> scores.items()
dict_items([('语文', 89.5), ('数学', 95), ('英语', 90), ('物理', 79)])
```

3.5.3 字典元素的添加与修改

字典创建以后，如果要添加或修改字典元素，可以通过赋值语句实现。形式如下：

```
dict[key]=value
```

与字典的访问不同，如果指定的键存在，则修改该键对应的值；如果指定的键不存在，则添加一个新的数组元素。例如：

```
>>> scores={'语文': 89.5, '数学': 95, '英语': 90, '物理': 79}
>>> scores['语文']=85
>>> scores
{'语文': 85, '数学': 95, '英语': 90, '物理': 79}
>>> scores['化学']=68
>>> scores
{'语文': 85, '数学': 95, '英语': 90, '物理': 79, '化学': 68}
```

字典对象的 setdefault() 方法用于返回指定键对应的值，如果字典中不存在该键，就添加一个新元素并设置该键对应的值（默认为 None）。例如：

```
>>> scores.setdefault('语文')  #返回指定的键对应的值
85
>>> scores.setdefault('生物',80)  #指定的键不存在，添加一个字典元素
80
>>> scores
{'语文': 85, '数学': 95, '英语': 90, '物理': 79, '化学': 68, '生物': 80}
```

上述方法可以很方便地添加或修改某一个字典元素，如果要批量修改或添加字典元素，显然效率太低。字典对象还提供了 update() 方法，可以将另一个字典的元素一次性全部添加到当前字典中。如果两个字典中存在相同的键，则以另一个字典中的值为准对当前字典进行更新。例如：

```
>>> scores.update({'语文':89.5,'历史':92})  #修改语文的值，添加字典元素'历史':92
>>> scores
{'语文': 89.5, '数学': 95, '英语': 90, '物理': 79, '化学': 68, '生物': 80, '历史': 92}
```

3.5.4 字典元素及字典的删除

使用 del 命令可以删除字典中的一个元素，也可以删除整个字典。例如：

```
>>> scores={'语文': 89.5, '数学': 95, '英语': 90, '物理': 79}
>>> del scores['英语']  #删除指定的一个字典元素
>>> scores
{'语文': 89.5, '数学': 95, '物理': 79}
>>> del scores          #删除整个字典
>>> scores    #删除后，字典不存在
Traceback (most recent call last):
  File "<stdin>", line 1, in <module>
NameError: name 'scores' is not defined
```

字典对象的 pop() 方法用于弹出指定的键对应的值并删除这个字典元素，如果字典为空，则抛出异常；popitem() 方法用于弹出字典的一个元素并将其删除；clear() 方法用于清空字典中的所有元素。例如：

```
>>> scores={'语文': 89.5, '数学': 95, '英语': 90, '物理': 79}
>>> scores.pop('语文')            #弹出指定键对应的值，并删除该元素
89.5
>>> scores.popitem()              #弹出并删除一个字典元素
('物理', 79)
>>> scores
{'数学': 95, '英语': 90}
>>> scores.clear()                #删除字典的所有元素
>>> scores
{}
```

除了上述操作外，max()、min()、sum() 和 len() 等函数也同样适用于字典，与列表的用法类似，这里不再赘述。

3.5.5 字典推导式

从形式上看，字典推导式与列表推导式类似，只是把中括号“[]”改为大括号“{}”。因为字典的一个元素包含 key 和 value 两部分，所以表达式也是由两部分组成的，形式如下：

```
[表达式1:表达式2 for 变量 in 序列 [if 条件表达式]]
```

其中，表达式 1 和表达式 2 分别表示 key 和 value。例如：

```
>>> fruit=['apple','banana','orange','pear','strawberry']
>>> fruit_dict={k:len(k) for k in fruit}  #利用字典推导式生成新字典
>>> fruit_dict
{'apple': 5, 'banana': 6, 'orange': 6, 'pear': 4, 'strawberry': 10}
```

字典推导式的另一个非常实用的功能是互换 key 和 value 的值。例如：

```
>>> fruit_exchange={v:k for k,v in fruit_dict.items()}  #互换key和value的值
>>> fruit_exchange
{5: 'apple', 6: 'orange', 4: 'pear', 10: 'strawberry'}
```

【例 3-6】输入一串字符，统计每个字符出现的次数。

分析：定义一个空字典对象，存放字符和出现次数键值对。遍历字符串中的每一个字符，如果首次出现，则添加到字典中，将出现次数置为 1；否则该字符的出现次数加 1。

程序代码：

```
text=input('请输入字符')
ch_count={}
for i in text:
    if i in ch_count:
        ch_count[i]+=1
    else:
        ch_count[i]=1
```

```
print('统计结果：',ch_count)
```

程序输出结果：

```
请输入字符fhdfkfjk
统计结果：{'f': 3, 'h': 1, 'd': 1, 'k': 2, 'j': 1}
```

对于上述频次统计问题，更加简洁高效的实现方法是使用 collection 模块的 Counter 类。

程序代码：

```
from collections import Counter
text=input('请输入字符')
count_dict=Counter(text)
print('统计结果：',count_dict)
```

程序输出结果：

```
请输入字符asdfgfddsss
统计结果：Counter({'s': 4, 'd': 3, 'f': 2, 'a': 1, 'g': 1})
```

【例 3-7】用户输入一个人的姓名后输出其电话号码，如果输入的姓名不在字典中，则输出字符串“Not Found!”。

分析：定义一个字典存储人名及其电话号码，通过 input() 函数输入要查找的人名，使用双分支结构判断，如果人名在字典中则输出相应电话号码，否则输出“Not Found!”。

程序代码：

```
users={'Alice': '13234','John': '13312','Peter': '13931','Amy': '18632','Marry': '19803'}
name=input('请输入要查找的人名')
if name in users:
    print(users[name])
else:
    print('Not Found!')
```

程序运行结果：

```
请输入要查找的人名Amy
'18632'
```

3.6 集合

集合（set）类型与数学中集合的概念是一致的，也具有“无序性”“互异性”和“确定性”3 个特征。集合是一个无序可变序列，其元素放在一对大括号“{}”中，元素之间用逗号分隔。同一个集合中的元素都是唯一的，不允许重复。集合元素类型只能是数字、字符串、元组等不可变类型，不能是列表、字典、集合等可变类型。集合的基本功能是进行成员测试和删除重复元素。

下列集合都是合法的：

```
{1, 98, 4, 3.8,120}
{('apple', 5), ('orange', 4.3), ('banana', 4, 5)}
```

3.6.1 集合的创建和删除

1. 使用赋值语句创建集合

使用赋值运算符“=”将一个集合赋值给一个变量即可创建一个集合变量。例如：

```
>>> scores={89.5, 95, 90, 79}  #创建一个集合对象
>>> scores
```

集合的创建和删除

```
{89.5, 90, 79, 95}
>>> type(scores)  #查看对象类型
<class 'set'>
```

2. 使用 set() 函数创建集合

使用 set() 函数可以将字符串、列表、元组、range 对象等可迭代对象转换成集合。如果原来的数据存在重复元素，则在转换为集合后只保留一个。例如：

```
>>> set1=set('college')          #利用字符串创建一个集合
>>> set1
{'e', 'c', 'l', 'o', 'g'}         #自动去掉重复元素
>>> set2=set(range(8))
>>> set2
{0, 1, 2, 3, 4, 5, 6, 7}
>>> set3=set([1,2,3,4,5,2,1])     #利用列表创建集合
>>> set3
{1, 2, 3, 4, 5}
>>> set4=set({'语文': 89.5, '数学': 95, '英语': 90, '物理': 79})
>>> set4
{'英语', '物理', '语文', '数学'}   #利用字典创建集合，集合的元素是字典的键
>>> empty_set=set()  #创建一个空集合
>>> empty_set
set()
```

注意：创建一个空集合必须用 set() 而不是 {}，因为 {} 用来创建一个空字典。

3. 使用 frozenset() 函数创建不可变集合

使用 set() 函数创建的集合是可变的，可以添加或删除元素；使用 frozenset() 函数创建的集合是不可变的，不能进行添加或删除元素的操作。frozenset() 函数创建的集合可以作为字典的键，也可以作为其他集合的元素，而 set() 函数创建的集合不可以。例如：

```
>>> numbers_set=frozenset('one')  #创建一个不可变集合
>>> numbers_set
frozenset({'o', 'e', 'n'})
>>> numbers_dict={numbers_set:1,'two':2,'three':3}  #可以作为字典的键
>>> numbers_dict
{frozenset({'o', 'e', 'n'}): 1, 'two': 2, 'three': 3}
```

4. 删除集合

当不再使用某个集合时，可以使用 del 命令将其删除。例如：

```
>>> del numbers_dict
>>> numbers_dict
Traceback (most recent call last):
  File "<stdin>", line 1, in <module>
NameError: name 'numbers_dict' is not defined
```

3.6.2 访问集合元素

由于集合本身是无序的，也没有任何的键与集合元素对应，因此无法取指定的某个元素，只能使用 in、not in 或循环遍历来访问或判断集合元素。例如：

```
>>> set4={'语文', '数学', '英语', '物理'}
>>> '语文' in set4  #使用成员运算符in判断语文是集合元素
True
>>> '大学物理' in set4
False
>>> for i in set4:  #使用for循环遍历集合元素
```

```
...     print(i,end=' ')
...
英语 物理 语文 数学
```

3.6.3 添加集合元素

添加集合元素

使用集合对象的 add() 方法可以向集合中添加一个元素，如果该元素已存在则忽略该操作；使用 update() 方法可以向集合中添加另外一个集合中的多个元素并自动去除重复元素。例如：

```
>>> set4={'语文', '数学', '英语', '物理'}
>>> set4.add('化学')  #使用add()方法添加一个元素
>>> set4.add('英语')  #元素存在忽略该操作，不会抛出异常
>>> set4
{'数学', '语文', '英语', '化学', '物理'}
>>> set4.update({'政治','数学'})  #更新当前集合，自动去除重复元素
>>> set4
{'数学', '语文', '政治', '英语', '化学', '物理'}
```

3.6.4 删除集合元素

使用集合对象的 remove()、discard()、pop() 和 clear() 方法可以删除集合元素。

1. remove() 方法

使用 remove() 方法删除元素时，如果元素不存在，会抛出异常。例如：

```
>>> set4={'语文', '数学', '英语', '物理'}
>>> set4.remove('物理')  #删除元素物理
>>> set4
{'英语', '语文', '数学'}
>>> set4.remove('化学')  #元素不存在，抛出异常
Traceback (most recent call last):
  File "<stdin>", line 1, in <module>
KeyError: '化学'
```

2. discard() 方法

使用集合对象的 discard() 方法删除集合元素，如果元素不存在则忽略此操作，不会抛出异常。例如：

```
>>> set4={'语文', '数学', '英语', '物理'}
>>> set4.discard('物理')  #删除元素物理
>>> set4
{'英语', '语文', '数学'}
>>> set4.discard('化学')  #元素不存在，不抛出异常
>>> set4
{'英语', '语文', '数学'}
```

3. pop() 方法

使用集合对象的 pop() 方法随机删除集合中的任意一个元素并返回该元素。例如：

```
>>> set4={'语文', '数学', '英语', '物理'}
>>> set4.pop()  #随机删除并返回一个元素
'英语'
>>> set4.pop()
'物理'
```

4. clear() 方法

使用集合对象的 clear() 方法删除集合的所有元素。例如：

```
>>> set4.clear()
>>> set4
set()  #空集合
```

集合运算

3.6.5 集合运算

内置函数 max()、min()、sum() 和 len() 等也同样适用于集合，与列表的用法类似，这里不再赘述。此外，集合还支持典型的数学集合运算并、交、差等，可用相应的操作符和方法实现。

1. 并集

两个集合 A、B 的并集是 A、B 集合的所有元素构成的集合。使用操作符“ |”执行并集操作，也可使用 union() 方法实现。例如：

```
>>> a_set=set([1,2,3,4,5])
>>> b_set=set([3,4,5,6,7])
>>> a_set|b_set  #使用运算符“|”实现并集操作
{1, 2, 3, 4, 5, 6, 7}
>>> a_set.union(b_set)  #使用union()方法实现并集操作
{1, 2, 3, 4, 5, 6, 7}
```

2. 交集

两个集合 A、B 的交集是含有所有既属于 A 又属于 B 的元素的集合。使用“&”操作符执行交集操作，也可使用 intersection() 方法实现。例如：

```
>>> a_set&b_set  #使用运算符“&”实现交集操作
{3, 4, 5}
>>> a_set.intersection(b_set)  #使用intersection()方法实现交集操作
{3, 4, 5}
```

3. 差集

集合 A 与 B 的差集是所有属于 A 且不属于 B 的元素构成的集合。使用操作符“-”执行差集操作，也可使用 difference() 方法实现。例如：

```
>>> a_set-b_set         #使用运算符“-”实现差集操作
{1, 2}
>>> b_set.difference(a_set)  #使用difference()方法实现差集操作
{6, 7}
>>> b_set.difference(b_set)  #一个集合和本身的差集为空集
set()
```

4. 对称差集

两个集合的对称差集是只属于其中一个集合而不属于另一个集合的元素，即两个集合的相异元素构成的集合。使用“^”操作符执行对称差集操作，也可使用 symmetric_difference() 方法实现。例如：

```
>>> a_set^b_set  #使用运算符“^”实现对称差集操作
{1, 2, 6, 7}
>>> b_set.symmetric_difference(a_set)  #使用symmetric_difference()方法实现
{1, 2, 6, 7}
```

5. 集合的比较

（1）判断集合相等与不相等。如果集合 A、B 具有相同的元素，则两个集合相等，返回 True，否则返回 False。例如：

```
>>> a_set={1,2,3,4,5}
```

```
>>> b_set={2,3,5,1,4}
>>> a_set==b_set        #使用关系运算符判断是否相等
True
```

如果集合A、B具有不同的元素，则两个集合不相等，返回True，否则返回False。例如：

```
>>> a_set!=b_set  #使用关系运算符判断是否不相等
False
```

（2）判断子集与真子集。如果集合A中的元素都是集合B的元素，且A不等于B，则A是B的真子集。例如：

```
>>> a_set={1,2,3,4,5}
>>> b_set={1,2,3,4,5,6,7}
>>> a_set<b_set  #判断真子集
True
```

如果集合A中的元素都是集合B的元素，则A是B的子集。例如：

```
>>> c_set=a_set
>>> a_set<=c_set  #判断子集
True
>>> a_set<c_set
False
>>> a_set<=b_set
True
>>> a_set.issubset(b_set)  #使用issubset()方法判断子集
True
```

（3）判断超集与真超集。如果集合B中的元素都是集合A的元素，且A不等于B，则A是B的真超集。例如：

```
>>> b_set>a_set  #判断真超集
True
>>> a_set>c_set
False
```

如果集合B中的元素都是集合A的元素，则A是B的超集。例如：

```
>>> b_set>=a_set         #判断超集
True
>>> a_set>=c_set
True
```

注意：关系运算符“==”只需要判断两个集合中的元素是否一致，与顺序无关。关系运算符>、>=、<、<=作用于集合时，表示集合之间的包含关系，而不是比较集合中元素的大小关系。

3.6.6 集合推导式

集合推导式与列表推导式类似，唯一的区别是它使用大括号“{}”。使用集合推导式可以快速创建特定集合。例如：

```
>>> squared_set={x**2 for x in[1,2,3,4]}  #利用集合推导式创建特定集合
>>> squared_set
{16, 1, 4, 9}
```

【例3-8】编程统计商品的销售情况：①有人购买的商品；②无人购买的商品；③每个人都购买的商品，输出统计后的商品列表。

分析：定义一个字典，存放商品编号和商品名称的键值对。用列表定义3个用户购买商品的清单，按要求进行统计并输出统计结果。

程序代码：

```
goods={'01':'牛奶','02':'橙汁','03':'酸奶','04':'啤酒','05':'牙膏','06':'牙刷','07':'洗发水'}
set1={'01','02','05','06','07'}
set2={'01','05','07'}
set3={'01','02','05','06'}
set4=set()
for item in goods:  #遍历字典，生成包含所有键的集合
    set4.add(item)
allbuy=set1 & set2 & set3  #求3个集合的交集
somebodybuy=set1 | set2 | set3  #求3个集合的并集
nobodybuy=set4-somebodybuy  #求集合的差集
print('所有人都购买的商品：',end='')
for item in allbuy:  #遍历集合
    print(goods.get(item),end=' ')  #输出键对应的值，即商品名称
print()  #换行输出
print('无人购买的商品：',end='')
for item in nobodybuy:
    print(goods.get(item),end=' ')
print()
print('有人购买的商品：',end='')
for item in somebodybuy:
    print(goods.get(item),end=' ')
```

程序运行结果：

```
所有人都购买的商品：牛奶 牙膏
无人购买的商品：酸奶 啤酒
有人购买的商品：牙膏 洗发水 牛奶 橙汁 牙刷
```

【例 3-9】小明想在学校中做一项问卷调查，为了实验的客观性，他先用计算机生成了 N 个 1～1000 之间的随机整数，对于其中重复的数字只保留一个，不同的数对应着不同学生的学号，然后再把这些数从小到大排序，按照排好的顺序去找同学做调查，请编程完成去重和排序工作。

分析：采用集合存储随机数自动去重，利用循环结构，每生成一个随机数就添加到集合中即可，然后用集合的 sorted() 函数对集合进行升序排序。

程序代码：

```
import random  #导入随机数模块
N=int(input('请输入随机数的个数'))
numbers=set()  #创建空集合
for i in range(N):
    num = random.randint(1,1000)  #产生随机数num
    numbers.add(num)  #将随机数添加到集合中
print(numbers)
print(sorted(numbers))  #使用sorted()函数对集合排序
```

程序运行结果：

```
请输入随机数的个数10
{770, 998, 971, 555, 79, 754, 185, 347, 763, 319}
[79, 185, 319, 347, 555, 754, 763, 770, 971, 998]
```

3.7 序列解包

序列解包

Python 序列解包是将一个序列（或任何可迭代的对象）解包，并将得到的值存储在一系列变量中。简单地说，就是一次给多个变量赋值。序列解包是 Python 中非常重要和常

用的一个功能，在赋值时更方便、更简洁，能有效地优化程序。例如：

```
>>> a,b,c=1,2,3  #给多个变量赋值
>>> print(a,b,c)
1 2 3
>>> a,b=b,a  #交换两个变量的值
>>> print(a,b)
2 1
>>> a,b,c=1,2  #序列元素个数与变量个数不等，抛出异常
Traceback (most recent call last):
  File "<stdin>", line 1, in <module>
ValueError: not enough values to unpack (expected 3, got 2)
```

注意：赋值运算符左边的变量个数必须与序列中的元素个数相等才会成功解包，否则会抛出异常。

另外，可以使用“*”来收集多余的值，这样无须确保左边的变量与序列的元素个数相同。例如：

```
>>> a,b,*c=[1,2,3,4,5]  #列表序列解包，获取剩余部分
>>> c
[3, 4, 5]
>>> a,*b,c='abcdef'  #字符串序列解包，获取中间部分
>>> b
['b', 'c', 'd', 'e']
>>> *a,b,c=1,2,3
>>> a
[1]
>>> a,b,*c=1,2  #元素个数少于变量，返回空列表
>>> c
[]
```

带“*”的变量可以在任何位置，但带“*”的变量总是返回一个列表，元素个数小于或等于变量的个数时也是如此。

本章小结

本章主要讲解了以下知识点：

（1）组合数据类型：组合数据类型有 3 种，分别是序列类型（列表、元组、字符串）、映射类型（字典）、集合类型（集合）。Python 组合数据类型分类示意图如图 3-1 所示。

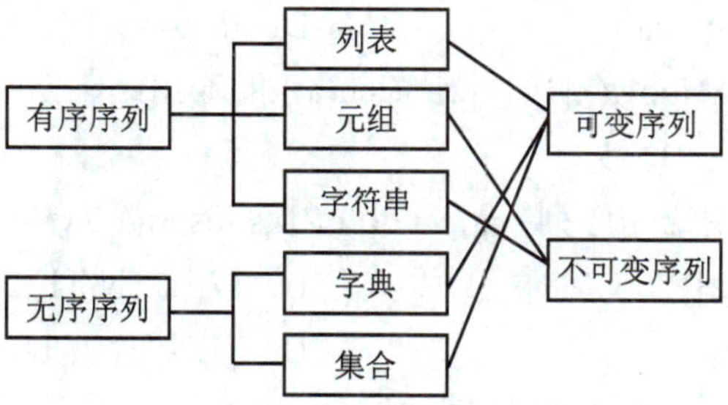

图 3-1 Python 组合数据类型分类示意图

（2）列表：列表是一个有序可变序列，支持双向索引。通过索引可以访问列表元素；要访问列表的一部分，可以使用切片操作；要修改列表，可以给列表元素赋值，也可以给切片赋值。此外，可以使用列表对象的大量方法和函数实现列表元素的修改、检索、统计、

排序等常用操作。利用列表推导式可以使用简洁的形式快速创建满足要求的列表。

（3）元组：元组是一个不可变序列，这是和列表最本质的区别。元组不能被修改，除了修改列表的方法和函数外，其他列表的方法和函数都适用于元组。元组访问速度更快、数据更安全。

（4）字符串：字符串是一个有序不可变序列，修改其内容时将返回一个新的字符串；字符串支持双向索引，支持切片操作，利用字符串的方法可以完成字符串查找、替换、连接、拆分、大小写转换、删除指定字符和对齐等基本操作；利用占位符（%）或 format() 方法可实现字符串的格式化。

（5）字典：字典是 Python 中唯一的映射类型，是无序可变序列，不支持索引。可以通过指定特定键对字典元素进行添加、修改或删除操作，也可以利用字典的方法实现以上功能；利用字典推导式可以快速地生成满足特定要求的字典。当需要处理那些不方便用索引访问，而又有明显映射关系的数据集时，应该使用字典。

（6）集合：集合是一个无序可变序列，其元素不允许重复。集合的基本功能是进行成员测试和删除重复元素。无法取指定的某个集合元素，只能使用 in、not in 或循环遍历来访问或判断集合元素；集合支持关系运算，也支持并、交、差等集合运算。对于那些不需要访问某一元素，而又需要进行一些并、交、差等数学运算的数据集，应该使用集合。

（7）序列解包：序列解包是将一个序列（或任何可迭代的对象）解包，并将得到的值存储在一系列变量中。可以给多个变量赋值和使用“*”收集多余的值。

习题 3

一、选择题

1．语句 print(type(['a',2,5,6])) 的输出结果是（ ）。

A．<class 'list'>　　B．<class 'dict'>

C．<class 'tuple'>　　D．<class 'set'>

2．s= 'abceefg'，则 s[3:6] 的值是（ ）。

A．'ceef'　　B．'eefg'　　C．'eef'　　D．'cee'

3．以下不能创建一个字典的语句是（ ）。

A．dict1={}　　B．dict2={3:5}

C．dict3={[1,2,3]: 'sea'}　　D．dict4={(1,2,3): 'sea'}

4．设 a=[12,2.6, 'yes',None,(),[]];，print(len(a)) 的输出结果是（ ）。

A．4　　B．5　　C．6　　D．7

5．设有 s=['a','b']，则语句序列 s.append([1,2]);s.insert(1,7); 执行后，s 的值为（ ）。

A．['a', 7, 'b', [1, 2]]　　B．[7, 'a', 'b', [1, 2]]

C．['a', 7, 'b', 1, 2]　　D．[1, 2,'a', 7, 'b']

6．语句 print(tuple(range(4))) 的运行结果是（ ）。

A．[0, 1, 2, 3]　　B．(1, 2, 3,4)

C．(0, 1, 2, 3)　　D．[1, 2, 3,4]

7．一个通讯录，需要通过人名查找电话号码，使用（ ）数据类型更合理。

A．集合　　B．字典　　C．元组　　D．列表

8. 下列代码中可以创建一个空集合的是（ ）。

A. set1={} B. set1=({}) C. set1=set() D. set1={()}

9. 已知字典 a={1,2,3,4} 和 b={3,4,5,6}，执行 a^b 得到的结果是（ ）。

A. {3,4} B. {1,2,5,6} C. {5,6} D. {1,2,3,4,5,6}

10. 设字典 dict1={1: 'a',2: 'b',3: 'c',4: 'd'}，执行下列语句不会产生错误的是（ ）。

A. dict1[4] B. dict1.get[4] C. del dict1[5] D. dict[2]

二、编程题

1. 随机生成 50 个介于 [1,20] 之间的整数，然后统计每个整数的出现频率并输出。

2. 编写程序，删除列表 ['a', 'c', 'e', 'd', 'a', 'c', 'f'] 中的重复元素并输出结果。

3. 编写程序，将列表 [1,2,3,4,5,6,7,8] 中的偶数变成它的平方，奇数变成它的立方，输出改变前后的结果。

4. 使用字典定义一个电话簿 phonebook={'Alice': '13234','John': '13312','Peter': '13931'}，将 'Alice' 的电话号码修改为 '13634'，添加元素“'Adam','18787'”，删除元素“'John': '13312'”，完成操作并输出结果。

5. 将字典 {'语文': 85, '数学': 95, '英语': 90, '物理': 79, '化学': 68} 的键与值互换并输出。

6. 查看本书各章的页数，编写程序，找出页数最多的章，输出该章的名称和页数。

第 4 章 Python 控制结构

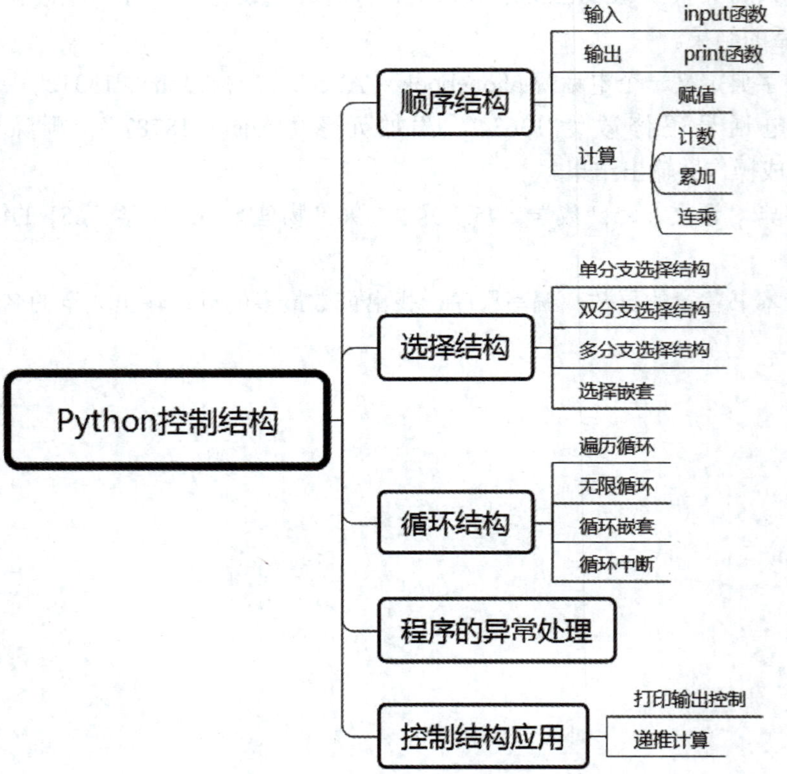

本章导读

本章从马克思主义自然哲学视角介绍了 Python 语言在描述物质运动规律时的表达方式。物质随时间由简单向复杂、由低级向高级顺序发展，Python 语言有相应的顺序结构语句；物质运动发展的条件性，Python 语言有相应的选择结构语句；物质运动的波浪式前进螺旋式上升规律，Python 语言有相应的循环结构语句描述。最后举例说明了用 Python 语言描述常用算法，解决一些基本问题的方式。

本章要点

- Python 顺序结构
- Python 选择结构
- Python 循环结构
- Python 常用算法描述

计算机程序类似于以任何自然语言写的文章，是对事物运动状态及其规律的描述，只不过计算机程序是写给计算机来阅读并严格遵照执行的任务书。马克思主义认为世界是发展的，事物会不断地随时间由简单向复杂、由低级向高级发展，发展是有条件的，道路是不平坦的，不同的条件会有不同的结果。而且，在一定条件下会出现反复，即历史事件的重现，但这不是简单的重复，而是意味着新事物的产生和旧事物的灭亡。物质世界发展规律反映在程序设计中正是程序的 3 种基本控制结构，即顺序结构、选择结构和循环结构。到目前为止，这 3 种简单的控制结构解决了绝大多数问题。程序设计中 3 种控制结构的有机组合逐步描绘出绚丽多彩的物质世界的运动、变化和发展。程序是人们写给计算机的任务书，与自然语言写的文章不同的是，程序没有描写和修饰，是人们事先编制好的动作语句序列，计算机按照事先设定的逻辑顺序执行这些语句，逐步完成整个工作。为了描述语句的执行过程，每一种编程语言都会提供一套描述机制，这种机制一般称为“控制结构”，它们的作用是控制语句的执行过程。

Python 提供的控制结构有以下 3 种：

- 顺序结构。
- 选择结构（也称为“分支结构”）。
- 循环结构。

“顺序结构”是最基本的、默认的程序执行流程，如图 4-1（a）所示，在一个事件过程中，如果没有其他控制结构，则程序会从事件过程的第一条语句依次执行到最后一条语句。顺序结构虽然比较好理解，但是不能处理复杂的问题。

“选择结构”可将程序的执行流程分为多条“路径”，根据设置的条件决定在实际运行时按哪条“路径”执行，可以是单分支（单路，决定走或不走）选择，也可以是两分支（双路，决定走哪条）选择，还可以是多分支（多路，决定走哪条）选择。图 4-1（b）显示的是有两个分支的分支结构。程序执行的条件性反映了事物发展的条件性，选择结构的嵌套反映了事物发展条件的复杂性。

“循环结构”可以在满足给定条件时反复执行某项任务、某个操作，如图 4-1（c）所示，正是因为有了循环结构，计算机才能不知疲倦地、自动地、快速地执行计算任务。程序的反复执行不是简单的重复，每次的循环主体变量要发生一定的变化，然后判断主体变量是否满足循环的条件，如果满足，继续循环，不满足则跳出循环。

如图 4-1 所示，一个控制结构在宏观上是一个整体，可以被当作一个完整操作，在程序中是一个具有独立逻辑结构的语句块，用虚线框表示。

程序控制结构概述

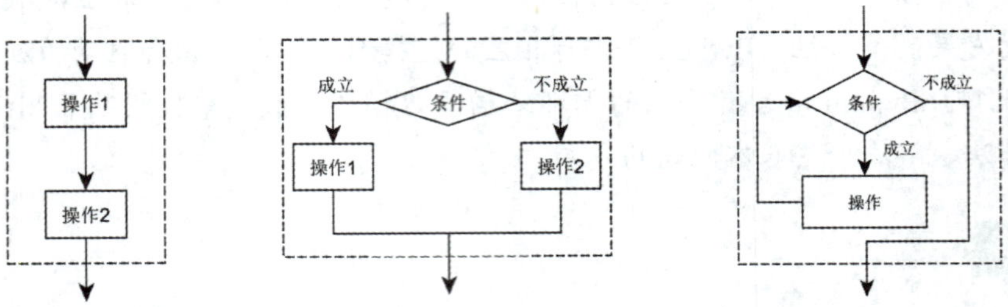

（a）顺序结构　（b）选择结构　（c）循环结构

图 4-1　Python 的 3 种典型控制结构流程

4.1　顺序结构

顺序结构是构成程序的主要结构，任何一段程序都有一个从开始到结束的过程，指令的执行总体上也总是有一定的时间顺序。Python 中描述顺序结构的语句主要有 3 种：输入语句、输出语句和计算语句。

程序设计的框架

4.1.1　输入

向计算机输入数据是人机交互最基本的操作，有多种方式，如鼠标、键盘、扫描仪、话筒、数据文件等。这里主要介绍如何通过键盘向计算机输入数据。Python 中有一个内置函数 input()，该函数接收一个标准输入数据，返回为 string 类型，用法如下：

```
str=input([prompt])↲
```

调用 input() 函数，程序会立即暂停，等待用户输入，待用户输入并按 Enter 键后获取用户的输入，返回输入的内容。其中 prompt 是提示信息，可以省略，返回值是一个字符串，不论输入什么内容，本函数全部看作字符类型数据。输入字符类型数据时不需要加引号，否则加的引号也会被看作字符。

【例 4-1】各种类型数据的输入。

```
>>>str=input("请输入：")↲
  请输入：string↲
```

输出为：string

```
>>>str=input()↲
  "string"↲
```

输出为："string"

如果使输入的数值直接参与运算，则会报错，查看其数据类型为字符型，显示其值，也确实是数字字符，结果如：

```
>>>str=input()↲
10↲
>>>num=str+10↲
```

则会报错：

```
TypeError: can only concatenate str (not "int") to str
>>> type(str) ↲
```

```
<type 'str'>
>>> str ↵
'10'
```

这里输入的虽然是数字，但是 input() 函数的输出结果是字符型，即数字字符“10”，因此在参加计算之前需要采用类型转换将其转换成数值型，可以用类型函数 int 或 float 进行转换，如：

```
>>>str=input()↵
10↵
>>>num=int(str)+10↵
>>>num↵
```

输出结果为：20

```
>>> type(num)↵
<type 'int'>
>>>str=input()↵
10↵
>>>num=float(str)+10↵
>>>num↵
```

输出结果为：20.0

```
>>> type(num)
<type 'float'>
```

如果想输入多个数字，可以用 split() 函数对字符串进行拆分，如：

```
>>>a,b = input().split()↵
20 30↵
>>>a+b↵
```

输出结果为：‘2030’

可以看出，虽然拆分成了两个数字，但其类型是字符型，做 a+b 运算后进行的是字符串的连接，不是数值计算，要想做数值计算，可以用 map() 函数进行类型转换，如：

```
>>>a,b =map(int,input().split())↵
20 30↵
>>>a+b↵
```

输出结果为：50

4.1.2 输出

输出数据也是人机交互最基本的操作，计算机算法可以没有输入，但至少得有一个输出。计算机将计算结果呈现给用户的方法有多种，如控制台显示器、投影仪、打印机、扬声器、数据文件等。这里主要介绍如何将系列数据输出到控制台和文件，Python 控制台输出可使用内置函数 print()，其函数结构如下：

```
print(value, ..., sep=' ', end='\n', file=sys.stdout, flush=False)
```

功能：将系列值输出到控制台（默认）或者文件。

可选参数说明：

value：可以是多个用逗号隔开的数据元素（常量、列表、元组、集合、字典等），即 print 支持不定参数。

sep：在各个元素之间插入的字符串，默认为一个空格。

end：在最后一个元素后边添加的字符串，默认为一个换行符。

file：输出到类文件对象，如流，默认为控制台。

flush：是否清除缓冲区，默认不清除。

【例 4-2】各种类型数据的输出。

输出数据列表和单个元素：

```
>>>list1=[12,13,14,15] ↵
>>>print(1,3,5,list1) ↵
1 3 5 [12, 13, 14, 15]
```

输出数据元组和单个元素：

```
>>>tuple1=(12,13,14,15) ↵
>>>print(1,3,5,tuple1) ↵
1 3 5 (12, 13, 14, 15)
```

输出字典和单个元素：

```
>>>dict1={'name':"wanglin","age":39}↵
>>>print(1,3,5,dict1) ↵
1 3 5 {'name': 'wanglin', 'age': 39}
```

输出集合和单个元素：

```
>>>set1={'name',"wanglin","age",395}↵
>>>print(1,3,5,set1) ↵
1 3 5 {'age', 395, 'wanglin', 'name'}
```

较为完整的：

```
>>>print("I","love","Python")↵
I love Python
>>>print("I","love","Python",sep='s',end="Good")↵
IslovesPythonGood
```

输出到文件：

```
>>>f1=open("fi.txt","a")↵
>>>print(list1,file=f1) ↵
>>>print(tuple1,file=f1)↵
>>>print(dict1,file=f1)↵
>>>print(set1,file=f1)↵
>>>f1.close()↵
```

例 4-2 的结果如图 4-2 所示。

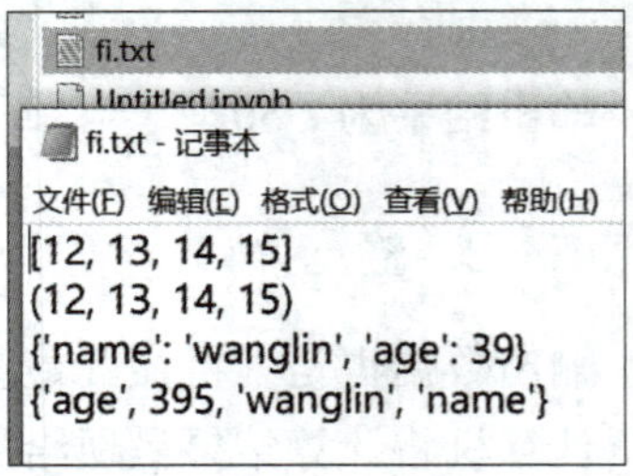

图 4-2 将数据输出到文件

格式化输出：

（1）% 字符：格式转换说明的开始。

（2）转换标志：- 表示左对齐；+ 表示在转换值之前要加上正负号；“ ␣ ”（空白字符）表示正数之前保留空格；0 表示转换值若位数不够则用 0 填充。

（3）最小字段宽度：转换后的字符串至少应该具有该值指定的宽度。如果是 *，则宽度会从后边元组中读出。

（4）点（.）后是精度值：如果转换的是实数，精度值就表示出现在小数点后的位数，如果是 *，那么精度将从后边元组中读出。如果转换的是字符串，那么该数字就表示最大字符宽度。

（5）字符串格式化转换类型的含义：

d、i：带符号的十进制整数。

e：科学记数法表示的浮点数（小写）。

E：科学记数法表示的浮点数（大写）。

f、F：十进制浮点数。

C：单字符（接受整数或者单字符字符串）。

r：字符串（使用 repr 转换任意 Python 对象）。

s：字符串（使用 str 转换任意 Python 对象）。

举例：

```
e=2.718281828459
print("%5.8f" %(e))       #左对齐，字符宽度为3，当前字符宽度超过限定宽度按实际输出，保证精度为8
print("%15.8f" %(e))      #左对齐，字符宽度为15，不够的位数左边补空白，精度为8，小数点后8位
print("%015.8f" %(e))     #左对齐，字符宽度为15，不够的位数左边补0，精度为8，小数点后8位
print("%*.*f" %(10,3,e))            #*.*表示从后面的元组中读取字符宽度和精度
print("%-15.8f" %(e))               #字符宽度为15，精度为8，右对齐，对象宽度不够采用空白填充
print("%+15.8f" %(e))               #“+”表示显示正负号
```

输出结果：

```
2.71828183
    2.71828183
000002.71828183
     2.718
2.71828183
   +2.71828183
```

4.1.3　计算

对计算机来说，不论是数值计算还是信息处理，归根结底都是在计算，因此计算操作语句是整个程序的主体，计算主要有算术运算和逻辑运算，都可归结为赋值语句，都是顺序结构程序。其中计数、累加、连乘更加突显出计算机计算的特点。

赋值语句的一般形式为：

```
变量名=表达式(常数、变量、函数、对象等)
```

赋值语句的主要作用是将表达式的值赋值给变量名，一般用于给变量赋值、复制对象或获取对象的地址引用。

【例 4-3】变量赋值。

```
var=1.58              #给单变量赋值
L1=[1,2,3,4,5]        #给列表对象赋值
L2=L1                 #复制对象
```

在赋值时，Python 进行动态类型转换，变量的数据类型按照赋值的类型动态变化，如：

```
>>>v1="3.6"↵
>>>print(v1) ↵
3.6
>>>type(v1) ↵
str
>>>v2=8↵
>>>v1=v2↵
>>>print(v1) ↵
8
>>>type(v1)↵
int
>>>v3=1.58↵
>>>v1=v3↵
>>>print(v1) ↵
1.58
>>>type(v1)↵
float
>>>v4=[1,5,8] ↵
>>>v1=v4↵
>>>print(v1)↵
[1,5,8]
>>>type(v1) ↵
List
```

Python 的数据类型丰富，除了普通变量赋值外（第 2 章里已经有详细介绍），还有多元变量赋值、列表赋值、通用序列赋值和链式变量赋值，见表 4-1。

表 4-1　Python 常用变量直接赋值

多元变量赋值	列表赋值	通用序列赋值	链式变量赋值
>>>x,y=10,20↵ >>>print(x,y) ↵ 10 20 >>>(x,y)=(10,20)↵ >>>print(x,y) ↵ 10 20 >>>x,y=[10,20] ↵ >>>z=(x,y) ↵ >>>print(z) ↵ (10, 20) >>>type(z) ↵ tuple	>>>[x,y]=[10,20] ↵ >>>print([x,y]) ↵ [10, 20] >>>[x,y]=10,20↵ >>>print(x,y) ↵ 10 20 >>>z=[x,y] ↵ >>>type(z) ↵ list	>>>x,y='pi'↵ >>>print([x,y]) ↵ ['p', 'i'] >>>print(x,y)↵ p i >>>z=x,y↵ >>>print(z)↵ ('p', 'i') >>>type(z)↵ tuple	>>>x=y=z=10↵ >>>print(x,y,z) ↵ 10 10 10 扩展序列解包 >>>x,*y = 'Python'↵ >>>print(x,y) ↵ P ['y', 't', 'h', 'o', 'n']

注意：

（1）赋值号 “=” 不是等号，关系等是 “==”。

（2）左边只能是变量，不能是常量、常数符号或表达式，例如：

x*y=10

这是不对的、非法的，会报错：

SyntaxError: can't assign to operator

计算机里的赋值跟数学中的等号有完全不同的含义，赋值意味着往内存里放数，或者叫写内存。

（3）不能在一行赋值语句中同时给多个变量赋值。例如：对 x、y 两变量赋初值 10 和 12：

x=10,y=12

这是不对的、非法的，会报错：

SyntaxError: can't assign to literal

可以写成：

x=10;y=12

这是合法的，Python 以分号为一句话的结束，上边一行赋值语句实际上是两句话。

（4）可以在一条赋值语句中同时给多个变量赋值。例如：对 x、y、z 三个变量赋初值 10：

x=y=z=10

（5）表 4-2 所列的赋值语句形式很常用。

计算机计算的魅力

表 4-2　Python 常用计算赋值语句

赋值语句	计算机操作名称	计算机操作	数学方程
n=n+1	计数赋值	Read:n;Compute:n+1;Write:n	无解
sn=sn+an	累加赋值	Read:sn,an;Compute:sn+an;Write:sn	an=0
pn=pn*an	连乘赋值	Read:pn,an;Compute:pn*an;Write:pn	an=1
x=sin(x)	函数赋值	Read:x;Compute:sin(x);Write:x	0

要反复练习体会计算机计算的规律，与数学计算表达式、数学方程的含义严格区分，计算机赋值表达式是一系列操作，驱动内部逻辑电路工作。以自加为例：

```
n=n+1
```

这个式子在数学方程里是无解的，但在计算机里却是计算的核心，它是由 3 个操作组成的：第一步，从内存 n 里读取数值；第二步，计算 n+1 的和；第三步，将计算结果写回到内存 n。因此，它是“读 à 计算 à 写”的操作组合。

【例 4-4】求 1 ～ 100 的自然数之和。计算机用以下语句完成：

```
sn=0
for an in range(1,101):
    sn=sn+an
print(sn)
```

结果输出为：5050

可以看出，本程序共进行了 100 次累加，进行了 100 次“读 à 计算 à 写”的操作，但只用了一个式子 sn=sn+an。也就是说，计算机程序只是一个操作的模式，不断地重复计算是计算机擅长的事情。

【例 4-5】求 10 的阶乘。计算机用以下语句完成：

```
pn=1
for an in range(1,11):
    pn=pn*an
print(pn)
```

结果输出为：3628800

可以看出，本程序共进行了 10 次连乘，进行了 10 次“读 à 计算 à 写”的操作，阶乘对于手工计算来说工作量并不少，哪怕只是 10 的阶乘。但计算机只用了一个式子 pn=pn*an 就可以计算出。再次体现了计算机程序的特点和魅力。

【例 4-6】如果 x=p/6，则求 sin(x)。计算机用以下语句完成：

```
import math
x=3.14*30/180
x=math.sin(x)
print(x)
```

结果输出为：0.4997701026431024

可以看出，计算机进行了一次函数调用，宏观上进行了一次“读 à 计算 à 写”的操作，实际上如果采用级数计算 sin(x)，工作量也并不少，远远不止一次“读 à 计算 à 写”的操作。

4.2 选择结构

Python 中 if 语句用来实现选择结构，又称为“条件语句”，它有以下 5 种形式：

- if 单分支选择结构语句。
- if...else 双分支选择结构语句。
- if...elif...else 三分支选择结构语句。
- if...elif...elif...else 多分支选择结构语句。
- if 选择嵌套结构语句。

4.2.1 单分支选择结构

单分支选择结构用来描述只有一个条件决定程序的执行与否，其自然语言的表述为：

```
如果<满足条件>那么<执行相应任务>,如果<不满足条件>那么<跳过此处继续>
```

Python 的语法格式为：

```
if␣<条件表达式>:
    语句块
```

其中，if 是关键字。“条件表达式”处应该是一个逻辑表达式或者其值是可以转换为逻辑值的其他类型表达式。尖括号 <> 表示不能缺省的内容。

“语句块”处是一条或多条用回车“↵”分隔的语句。而 if 和语句块之间必须至少有一个字符的缩进，标准要求为 4 个字符缩进（如果只有 1 ～ 3 个字符的缩进，运行程序也不报错，但语句颜色显示不正常）。

另外，“条件表达式”后边的冒号“:”是必需的，而且一定要注意是英文半角冒号。

当程序执行到此语句时，首先检查“条件表达式”的值是否为 True。如果是 True，则执行冒号后的“语句块”，然后接着执行下面的语句。如果“条件表达式”的值为 False，则不执行“语句块”中的任何语句，直接跳到下一条语句执行。本语句的功能逻辑如图 4-3 所示。其代码的执行流程如图 4-4 所示。

单分支选择逻辑

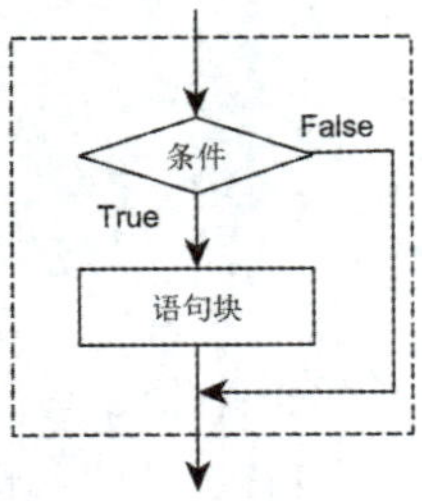

图 4-3　if 语句的功能逻辑

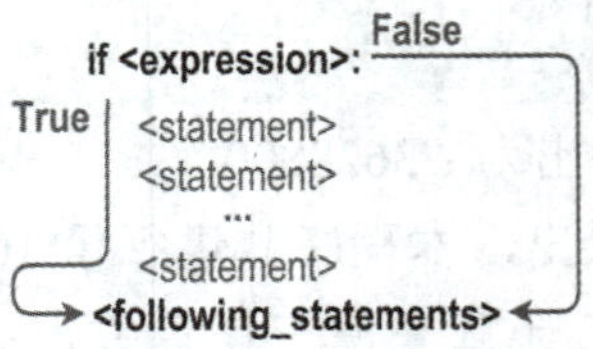

图 4-4　if 语句代码执行流程

【例 4-7】if 语句判断奇偶数的使用方法。

（1）语法正确，输出满足条件的内容。

```
i=10
if i%2==0:
    print("偶数")
```

输出结果为：偶数

（2）语法正确，不满足条件，不执行语句块。

```
i=11
if i%2==0:
    print("偶数")
```

无输出。

（3）语法错误，条件表达式后无冒号“:”。

```
i=10
if i%2==0
    print("偶数")
File "<ipython-input-8-3945f24c9dc1>", line 2
    if i%2==0
SyntaxError: invalid syntax
```

（4）语法错误，if 语句和语句块之间无缩进。

```
i=10
if i%2==0:
print("偶数")
File "<ipython-input-9-7ba75cf342e1>", line 3
    print("偶数")
IndentationError: expected an indented block
```

4.2.2 双分支选择结构

双分支选择结构也是用来描述只有一个条件的情况，但是决定程序执行的两个方面，其自然语言的表述为：

```
如果<满足条件>那么<执行相应任务1>否则<执行相应任务2>
```

Python 的语法格式为：

```
if␣<条件表达式>:
    语句块1（条件为真时要执行的语句块）
else:
    语句块2（条件为假时要执行的语句块）
```

其中，if、else 是关键字。

选择结构根据条件的判断结果来决定执行哪个语句块。在任何一次运行中，两个分支的语句块只执行其中的一个。不可能两个语句块同时执行。选择结构执行完毕，继续执行其后的语句。当条件满足（即“条件表达式”的值为 True）时，执行“语句块 1”中的语句，执行完毕后继续执行 if 语句下面的语句；当条件不满足（即“条件表达式”的值不是 True 而是 False）时，执行“语句块 2”中的语句，然后继续执行 if 语句下面的语句。if...else... 语句的功能逻辑如图 4-5 所示。“语句块 1”和“语句块 2”必定有一个被执行。

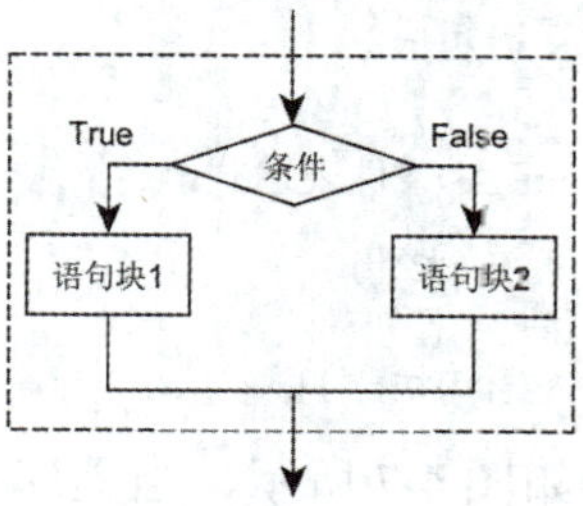

图 4-5 if...else... 语句的功能逻辑

双分支选择逻辑

注意：

（1）if 和 else 语句末尾的冒号不能省略。

（2）Python 通过严格的缩进来决定一个语句块的开始和结束，因此为真或为假的语句块都必须向右缩进相同的距离。

（3）条件可以是关系表达式或逻辑表达式，也可以是各种类型的数据。对于数值型数据（int、float、complex），非零为真，零为假。对于字符串或者集合类数据，空字符串和空集合为假，其余为真。

（4）else 分支可以省略。在单分支结构中，当条件为假时，继续执行 if 语句块之后的代码。else 不能单独使用。

【例 4-8】 if...else 语句判断奇偶数。

程序实现如图 4-6 所示。

```
i=11
if i%2==0:
    print(" 偶数 ")
else:
    print(" 奇数 ")
输出结果为：奇数
```

（a）语法正确，输出满足条件的内容

```
i=10
if i%2==0:
    print(" 偶数 ")
print(" 奇数 ")
输出结果为：
偶数
奇数
```

（b）语法正确，逻辑不正确

```
i=11
if i%2==0:
    print(" 偶数 ")
print(" 奇数 ")
输出结果为：奇数
```

（c）语法正确，逻辑正确，省略 else 的用法

图 4-6 if...else... 语句的使用方法

注意：图 4-6（c）中 else 子句与 if 是同一级的，所以在不满足条件时执行 if 后边的语句，

不能缩进了，如果缩进，表示满足 if 条件。

4.2.3 多分支选择结构

多分支选择逻辑

多分支选择结构是为解决多条件判断、多情况讨论问题而设计的，其自然语言的表述为：

如果<满足条件1>那么<执行相应任务1>，否则如果<满足条件2>那么<执行相应任务2>，否则如果…那么…，否则如果<满足条件n>那么<执行相应任务n>，否则如果<前边条件都不满足>那么<如果有安排，则执行其他任务，否则什么都不做，结束判断>

Python 的语法格式为：

```
if␣<条件表达式1>:
    语句块1
elif␣<条件表达式2>:
    语句块2

elif␣<条件表达式n>:
    语句块n
[else:
    语句块n+1]
```

如图 4-7 所示，当程序执行到 if...elif...else... 语句时，首先判断条件 1，如果其值为 True，执行语句块 1，然后结束整个选择结构；如果条件 1 的值为 False，则判断条件 2，如果其值为 True，执行语句块 2，然后结束整个选择结构；如果条件 2 的值为 False，继续往下判断其他条件的值；如果所有条件的值都为 False，则执行 else 之后的语句块 n+1，如果没有 else，则结束整个选择结构。

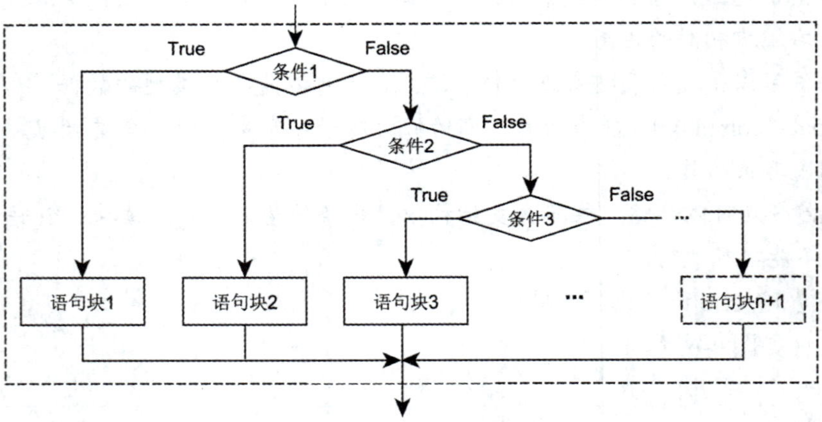

图 4-7 if...elif...else 语句的功能逻辑

也就是说，从上到下，第几个条件表达式值为 True，就执行相应的第几个语句块，然后结束整个选择结构，执行下面的语句。如果有不止一个条件表达式的值为 True，只有最上面的条件所对应的语句块被执行。如果所有的条件均不成立，而又没有 else 语句，则不执行本结构中的任何语句块，直接执行选择结构下面的语句。

注意：①所有条件最多只执行一次；②是 elif，不能写成 elseif 或者其他。

【例 4-9】已知输入某课程的百分制成绩 mark，要求显示对应五级制的评定，评定条件如下：

$$
\text{等级}=\begin{cases}\text{优} & mark \geqslant 90 \\ \text{良} & 80 \leqslant mark < 90 \\ \text{中} & 70 \leqslant mark < 80 \\ \text{及格} & 60 \leqslant mark < 70 \\ \text{不及格} & mark < 60\end{cases}
$$

下面有 3 个同学分别用 3 种方法给出的用 Python 描述的评定情况，请分析其对错，错在什么地方。

```
# 方法一
mark=eval(input())
if mark >= 90:
    print(" 优 ")
elif mark >= 80:
    print(" 良 ")
elif mark >= 70:
    print(" 中 ")
elif mark >= 60:
    print(" 及格 ")
else:
    print(" 不及格 ")
```

```
# 方法二
mark=eval(input())
if mark <60:
    print(" 不及格 ")
elif mark<70:
    print(" 及格 ")
elif mark<80:
    print(" 中 ")
elif mark<90:
    print(" 良 ")
else:
    print(" 优 ")
```

```
# 方法三
mark=eval(input())
if mark >= 60:
    print(" 及格 ")
elif mark >= 70:
    print(" 中 ")
elif mark >= 80:
    print(" 良 ")
elif mark >= 90:
    print(" 优 ")
else:
    print(" 不及格 ")
```

分析：这个问题可以抽象为对任意给出的 0 ～ 100 的数进行归类，共有 5 类，根据所给的数和所给的条件看该数属于哪一类。

方法一：采用从大到小的判断方法，逐步排除，逻辑上列出了所有情况，可以实现五级评定，符合 Python 语法规则，正确。

方法二：采用从小到大的判断方法，逐步排除，逻辑上列出了所有情况，可以实现五级评定，符合 Python 语法规则，正确。

方法三：第 1 个条件真包含第 2、3、4 个条件，只能实现两级评定，即及格或不及格。用下面的集合来表示可能更好理解。

0<=mark<60	60<=mark<70	70<=mark<80	80<=mark<90	90<=mark
不及格	及格	中	良	优

第三种方法，如果改为如下判断则正确：

```
mark=eval(input())
if mark>=60 and mark<70:
    print("及格")
elif mark>=70 and mark<80:
    print("中")
elif mark>=80 and mark<90:
    print("良")
elif mark>=90:
    print("优")
else:
print("不及格")
```

【例 4-10】在人机交互中经常会对用户的输入进行合法性检验，需要程序员尽可能考虑到各种可能的误操作和非法输入，比如在判断一个输入的数是否是素数的程序中，要求用户从键盘输入一个大于 1 的自然数，用 Python 语言模拟该校验过程，如果输入不合法则打印输出提示信息“请输入大于 1 的自然数。”，如果输入合法则打印输出欢迎信息“输入正确，欢迎使用本程序。”。

分析：实际中，程序的操作手册写得再详细，有些用户可能都不会看，必须在程序中加以考虑。虽然明确要求输入大于 1 的自然数，由于种种原因，用户可能输入各种数据，比如，可能输入负数、1、2、浮点数，甚至输入其他文字或字符等，根据计算机的特点，可以将负数和 1 的情况归为一类，即小于 2 的数据，2 是素数单独一类；浮点数和其他非数字字符与整数为不同的数据类型，将其归为一类。这样就将误操作的情况分为 3 种情况：

①输入小于 2 的数，提示。

②输入 2，提示。

③输入非自然数，提示。

Python 程序实现如下：

```
import types
x=eval(input("请输入一个大于1的自然数：")) #确保x为数值数据
judge=""                        #定义提示信息变量
if x<2:                         #防止输入小于2的数据
  judge="请输入大于1的自然数。"
elif x==2:                      #防止输入2发生误判
  judge="2是素数"
elif type(x)!=type(1):          #判断是否为int类型
  judge="请输入大于1的自然数。"
else:                           #判断是否为int类型
  judge="输入正确，欢迎使用本程序。"
print(judge)
```

4.2.4 选择嵌套

现实中的事物发展往往存在条件之中有条件、判断之中有判断、决策之中有决策的情况，Python 提供选择嵌套语句的结构来描述这种情况，形式如图 4-8 所示。

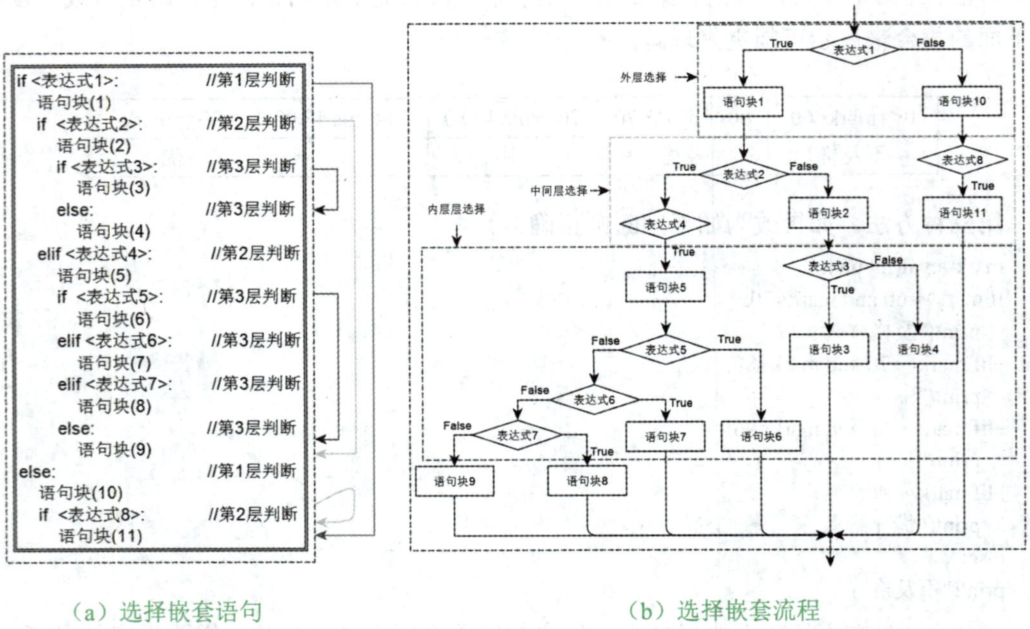

（a）选择嵌套语句　　　　（b）选择嵌套流程

图 4-8　选择嵌套的语句与流程

if 语句之中可以嵌套 if 单分支语句，也可以嵌套 if 双分支语句或者多分支语句，当然每一个判断中都可以嵌套 3 种结构，需要注意的是层次结构不能内外层交叉，需要缩进对齐。

4.2.5 判断条件及组合

分支结构中的判断条件可以使用任何能够产生 True 或 False 的语句或函数。形成判断条件最常见的方式是采用关系操作符，见表 4-3。

表 4-3 关系操作符及其含义

操作符	数学符号	操作符含义
<	<	小于
<=	≤	小于等于
>=	≥	大于等于
>	>	大于
==	=	等于
!=	≠	不等于

Python 语言中，任何非零的数值、非空的数据都等价于 True，0 或空类型等价于 False，用作判断条件。

用保留字 not、and 和 or 对条件进行逻辑运算或组合。保留字 not 表示单个条件的“否”关系，and 表示多个条件之间的“与”关系，or 表示多个条件之间的“或”关系。多条件之间可以通过小括号进行组合，实现条件之间的运算。

4.2.6 选择结构程序设计举例

求一组实数的最大值算法剖析

【例 4-11】任意给出 3 个实数，求其中的最大值并输出。

解法一：挑选法查找。

自然语言算法描述：

（1）三取二，二取一，三个数中任取两个数比较，找出较大的一个。

（2）二取一，（1）中较大者与第三个数比较，得到最大值。

流程图算法描述如图 4-9 所示。

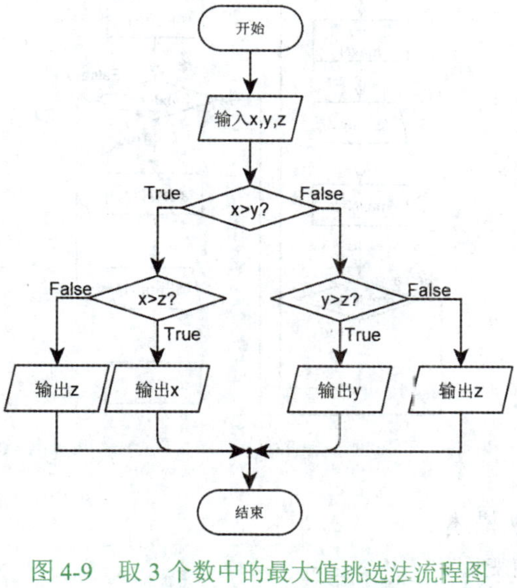

图 4-9 取 3 个数中的最大值挑选法流程图

Python 程序语言算法描述：

```
# 选择嵌套
x,y,z =map(float,input().split(",")) #分别用input、split、map三个函数共同完成数据输入
if x>y:    #任取两个数先比较
  if x>z: #与第三个数比较
    print(x)
  else:  #x<=z
    print(z)
else:     #x<=y
  if y>z: #与第三个数比较
    print(y)
  else:  #y<=z
    print(z)
```

运行程序，输入 5,8,7↲。

输出结果：8.0

解法一的程序虽然可以满足要求，但是不具有通用性，当数列中的数多了的时候，比较起来就非常复杂，如果能用一个中间变量来做比较，程序就会变得既简洁，又具有通用性，并且不用条件嵌套。

解法二：依次比较法。

自然语言算法描述：

（1）定义最大值变量 maxN 并赋予第一个数。

（2）从第二个数开始直到最后一个数结束，依次与 maxN 比较，如果大于 maxN，则赋予 maxN。

（3）输出 maxN，maxN 为所有数中的最大值。

该算法不仅能很快从 3 个数中取到最大值，而且可以从任意多个数中快速取到最大值或者最小值，同时如果能再定义一个数据标签，还可以同时记录数据所在的位置。在下一节讲解的循环结构中将进一步显示该算法的优势。

流程图算法描述（图 4-10）。

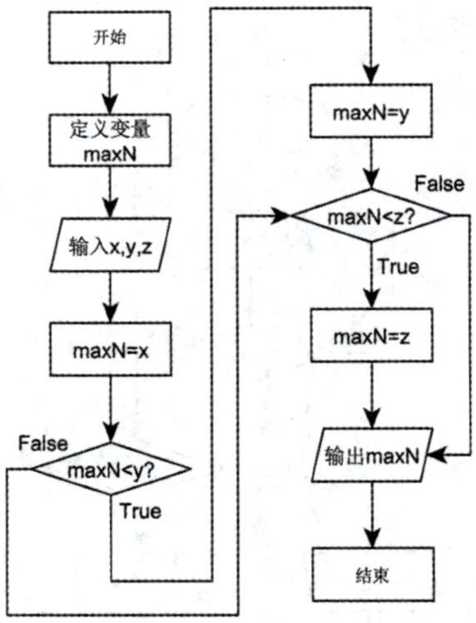

图 4-10　取 3 个数中的最大值依次比较法流程图

Python 程序语言算法描述：

```
maxN=0.0 #定义最大值变量
x,y,z =map(float,input().split(","))
maxN=x #取第1个数给最大值变量
```

```
if maxN<y: #依次跟后边数比较
    maxN=y #保留较大值
if maxN<z:  #依次跟后边数比较
    maxN=z #保留较大值
print(maxN)
```

4.3　循环结构

自然界的物质总是不停地周而复始、循环往复运动，但是，我们已经知道，运动不是简单的重复，而是永续的发展，这种情况可以用 4.1 节介绍的顺序结构来描述；受不同条件的影响，运动会呈现不一样的形态，这种情况可以用 4.2 节介绍的选择结构来描述；物质的这种波浪式前进，螺旋式上升的规律性就需要用一种新的结构来描述，就是本节课要介绍的循环结构。由于自然界新陈代谢的普遍性，因此循环结构也是使用最多的一种结构。循环结构是指在一定条件下，重复地执行某段代码的一种编码结构。Python 的循环结构主要有两种形式，一种是确定重复次数的遍历循环，另一种是确定重复条件的无限循环。遍历循环使用保留字 for 依次提取遍历结构各元素进行处理；无限循环使用保留字 while 根据判断条件执行程序。

4.3.1　遍历循环 for

遍历循环逻辑 for

在 Python 中，for 循环是一种迭代循环，重复相同的操作，但不是简单的重复，每次操作都是基于上一次的结果而进行的。for 循环需要预先知道循环的次数，即预先知道循环从哪里开始，到哪里结束。因此，for 循环又称为计数循环。for 循环经常用于遍历字符串、列表、字典等数据结构，基本语法是：

```
for ␣<循环变量>␣in␣<遍历结构>:
    <语句块>
```

其中，for 和 in 为遍历循环的关键字，< > 中的部分为不可缺省的内容，彼此之间用空格隔开。循环变量可以是 Python 的合法标识符，可以是一个，也可以是多个，但彼此之间一定有关联，且同时递进。遍历循环的流程图如图 4-11 所示。

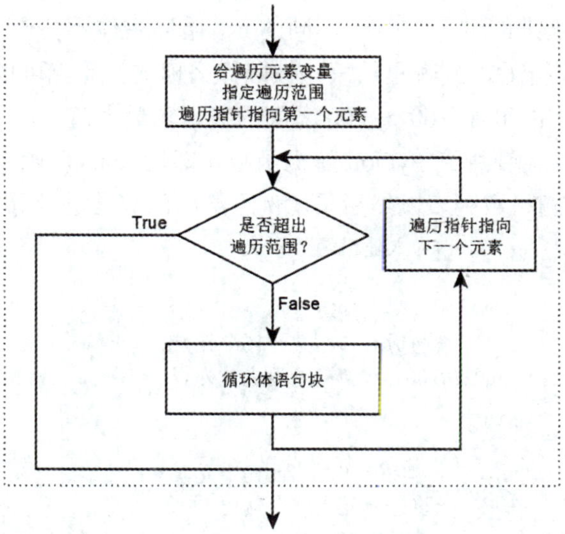

图 4-11　遍历循环 for 的逻辑流程图

（1）确定遍历循环变量，给循环变量指定遍历范围，或者说给定遍历结构。

（2）遍历指针指向遍历结构的第 1 个元素。

（3）判断元素是否存在于遍历结构中，或者说是否超出遍历范围。如果存在，则执行循环体语句块，遍历指针指向遍历结构中的下一个元素，重复（3）。如果不存在，则结束循环，执行循环结构后边的语句。

遍历循环的流程如图 4-11 所示，放在虚线框中表示这是一个相对独立的逻辑单元，有开始，有结束，有前接，有后续。

遍历循环可以理解为从遍历结构中逐一提取元素，放在循环变量中，对于每个所提取的元素执行一次语句块。for 语句的循环执行次数是根据遍历结构中的元素个数确定的。

遍历结构可以是字符串、文件、range() 函数或组合数据类等。

注意：①＜遍历结构＞后的冒号不能省略，而且为英文状态下的半角冒号，否则程序会报错；②循环循环体内的语句块与 for 结构必须有缩进，这个不仅仅是为了美观和层次清晰，主要是语法规则，Python 通过缩进来鉴定当前语句块是否在循环体内。

下面讲解遍历 range 函数。

使用 range() 函数可以指定语句块的循环次数，基本使用方式如下：

```
for␣<循环变量>␣in␣range(<循环次数>):
    <语句块>
```

【例 4-12】计算 1+2+3+…+n 的值，n 接收键盘输入。

```
n=eval(input())          #得到输入的值
sn=0                     #前n项和初始化
for i in range(1,n+1):   #指定遍历变量和遍历范围
    sn+=i                #累加
print(sn)                #输出结果
```

这是一个非常典型的累加计算，对计算机而言，不会因为 n 的增大而让计算变得复杂，只不过多循环几次，重复累加几次而已。

【例 4-13】计算 1×2×3×…×n 的值，即求 n 的阶乘，n 接收键盘输入。

```
pn=1
n=eval(input())
for i in range(1,n+1):
    pn*=i
print(pn)
```

这是一个典型的连乘的例子，对于不同的 n，循环主体不变，一直是 pn*=i，我们只需要告诉计算机从哪里开始，到哪里结束，按照什么模式计算就可以了。

【例 4-14】随机产生 10 个 100 ～ 200 之间的数，求最大值。

分析：产生随机数需要用到 Python 随机函数，即用 range() 函数建立一个循环，构造一个含有 10 个元素的随机数列表，然后采用例子给出的算法进行寻找，其代码如下：

```
import random                          #导入随机函数模块

ls1=[]                                 #准备空列表
for i in range(10):                    #遍历0～9，共计10个元素
    ls1.append(random.randint(100,200))    #构造随机数列表
print(ls1)

for i in range(10):                    #遍历0～9，共计10个元素
    print(ls1[i],end=" ")              #将列表元素逐个输出

maxN=100
```

```
for i in range(10):              #遍历0～9，共计10个元素
  if maxN<ls1[i]:                #从第1个元素开始逐个与maxN比较
    maxN=ls1[i]                  #每次将较大值赋予maxN
print("\n",maxN)                 #输出maxN
```

在开发中经常要在程序段落之间插入一两行空行，这样会增加程序的可读性和层次感。

【例 4-15】输入行数，打印输出一个用“*”组成的等腰三角形，即第 1 行一个 *，第 2 行两个 *，依此类推，效果如图 4-12 所示。

```
    *
   * *
  * * *
 * * * *
* * * * *
```

图 4-12　星号等腰三角形

分析：从图 4-12 看出，本图案主要由“*”和空格组成，通常如果徒手绘制，需要确定 3 个量：每一行在哪打印、打印什么内容、打印几行。本例以打印 5 行为例，行号、符号、符号数见表 4-4。

表 4-4　循环体表达式推导

行号 i	空格数 x	星号数 y	总行数 n
1	4	1	5
2	3	2	5
3	2	3	5
4	1	4	5
5	0	5	5
i	x=n-i	y=i	n

这样打印问题就变成确定打印位置、各类字符数关于总行数 n 和行号 i 的函数关系，行号就是遍历循环变量，总行数就是遍历范围，整个图案打印便可交给计算机完成。程序代码如下：

```
n=eval(input())                  #输入图案行数
for i in range(1,n+1):           #确定遍历范围
  print("␣"*(n-i),end="")        #每行空格数
  print("*␣"*i,end="")           #每行“*”数
  print()                        #回车
```

课后调试，将上边程序星号后的空格去掉，看一下会输出什么图案。

对于字符串，可以逐一遍历字符串的每个字符，基本使用方式如下：

```
for␣<循环变量>␣in␣<字符串变量>:
  <语句块>
```

【例 4-16】输入一串字符，将其逆序输出。

分析：定义目标字符串 s1，遍历原字符串 s，从第一个字符开始依次取出并依次插入到 s1 的前边，形成逆序字符串，本例 Python 程序如下：

```
s=input()      #输入一个字符串
s1=""          #定义目标字符串
for s2 in s:   #指定遍历变量和遍历范围
  s1=s2+s1     #生成逆序字符串
```

```
print(s)        #输出原字符串
print(s1)       #输出目标逆序字符串
```

遍历整个列表：逐一取出列表中的每一个元素，进行重复操作。如果要得到列表序号，还可以使用枚举函数 enumerate()。

【例 4-17】任意给一个数字列表，求其每一个元素的平方，如 [3,4,5]，得到 [9,16,25]，代码如下：

```
ls=[1,2,3,4,5,6]            #原列表
ls2=[]                      #新列表初始化
for i in ls:                #指定遍历变量和遍历范围
  ls2.append(i*i)           #构造新列表
print(ls)
print(ls2)                  #输出新列表
```

输出结果：

```
[1, 2, 3, 4, 5, 6]
[1, 4, 9, 16, 25, 36]
```

遍历循环还有一种扩展模式，使用方法如下：

```
for␣<循环变量>␣in␣<遍历结构>:
  <语句块1>
else:
  <语句块2>
```

当 for 循环正常执行之后，程序会继续执行 else 语句中内容。else 语句只在循环正常执行后才执行并结束，因此，可以在 <语句块 2> 中放置评价循环执行情况的语句。

【例 4-18】从键盘输入一个数，判断其是否是素数并打印输出。

分析：首先要明确素数的定义，大于 1 的自然数中除了 1 和它本身没有其他的因子，这样的数称为素数或者质数。按照素数的定义，要判定一个数为素数，需要拿从 2 开始一直到比其自身小 1 的数依次与其相除，如果全部不能被整除，则这个数就为素数，只要有一个能被整除，则这个数就不是素数。这样，直接用 range() 函数给定遍历范围就可以启动循环判断。找到能整除的数，给出不是素数的判定结果，break 结束循环。遍历正常完成，没找到能被整除的数，用 else 子句给出是素数的判定结果。

自然语言算法描述：

（1）输入数据，设定判别结果变量，给定循环变量和遍历范围。

（2）取数、整除、判断，如果能整除，则判定该数不是素数，终止循环，否则重复（3），继续下一个数。

（3）如果循环正常结束，则一定没有找到能被整除的数，则可判定该数为素数。

该算法的流程图如图 4-13 所示。

该算法的 Python 程序实现如下：

```
x=eval(input("请输入一个大于1的自然数：")) #确保输入数值数据
judge=""                          #定义判定结果变量

for i in range(2,x):              #给定遍历变量和遍历范围
  if x%i==0:                      #判断能否整除
    judge=str(x)+"不是素数。"     #能整除，则该数不是素数
    break                         #结束循环
else:                             #正常结束循环没找到能整除的数，则执行该句
  judge=str(x)+"是素数。"         #该数是素数
print(judge)                      #打印判别结果
```

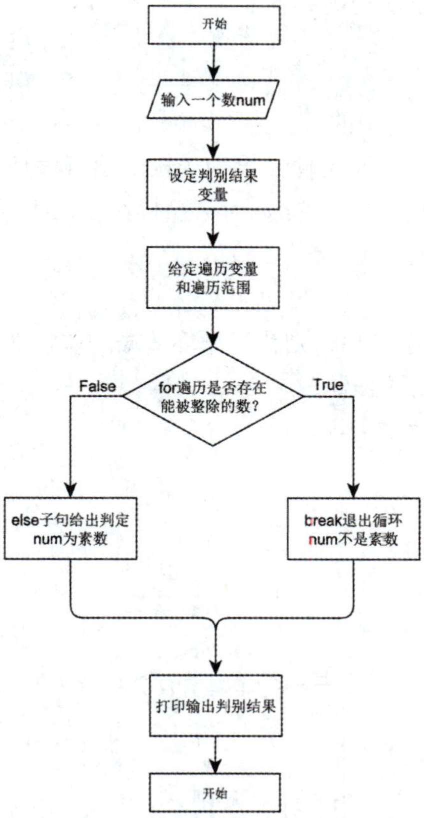

图 4-13　判断素数的算法流程图

如果要加上输入校验，那就是一个比较完整实用的程序了，完整程序如下：

```
import types
x=eval(input("请输入一个大于1的自然数："))        #确保输入数值数据
judge=""                              #定义判定结果变量
if x<2:                               #防止输入小于2的数据
  judge="请输入大于1的自然数"
elif x==2:                            #防止输入2发生误判
  judge="2是素数"
elif type(x)!=type(1):                #判断是否为int类型
  judge="请输入大于1的自然数"
else:
  for i in range(2,x):                #给定遍历变量和遍历范围
    if x%i==0:                        #判断能否整除
      judge=str(x)+"不是素数。"          #能整除，则该数不是素数
      break                           #结束循环
  else:                               #正常结束循环没找到可整除的数，则执行该句
    judge=str(x)+"是素数。"             #该数是素数
print(judge)                          #打印判别结果
```

以上程序也不是最完善的，没有最完善的程序，程序是在实际使用中不断根据需求和运行中发现的问题而改进完善的。以上程序还可以设定一个死循环让用户在输入错误时不至于退出程序，以提高用户体验。

4.3.2　无限循环 while

无限循环逻辑 while

Python 的另一个实现循环的方法是条件循环，事先不知道循环次数，因此又叫无限循环，但是知道循环的条件，知道在什么条件下执行循环，在什么条件下停止循环。无限循

环通过保留字 while 实现，语法规则如下：

```
whileV<条件>:
  <语句块>
```

其中，while 是关键字，<> 中的部分为不可缺省的内容，while 和条件之间用空格隔开。当程序执行到 while 语句时，判断条件如果为 True，执行循环体语句，语句结束后返回再次判断 while 语句的条件；当条件为 False 时，循环终止，执行与 while 同级别缩进的后续语句。无限循环的流程如下：

（1）给定判别条件。

（2）判断，如果符合判别条件，则执行循环体语句块，然后继续（2），如果不符合条件则跳出循环，执行循环以后的语句。

无限循环的逻辑流程图如图 4-14 所示。

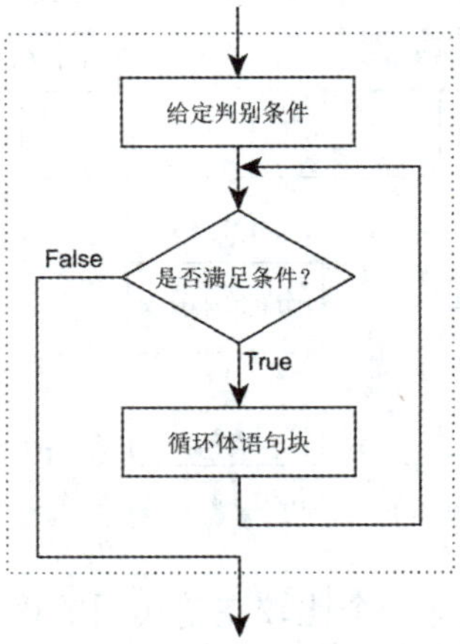

图 4-14 无限循环 while 的逻辑流程图

while 循环不需要知道循环的次数，即无限循环，直到条件不满足为止。

注意：

（1）无限循环<条件>后边的冒号(:)不能省略，标志着循环的开始，下边一段为循环体，而且是英文状态，半角冒号，否则是非法的，会报错。

（2）<条件>为各种表达式，一定能计算得到一个逻辑值。

- 当为 True 时，重复执行循环体语句块。
- 当为 False 时，程序跳出循环体语句块，停止执行。

（3）如果条件判断一直为真，则为死循环。

- 死循环可以构建无限循环，比如连续键盘输入。
- 可以使用 Ctrl+C 终止死循环或者关闭 IDE。

【例 4-19】用 while 循环计算 1+2+3+…+n 的值，n 接收键盘输入。

分析：本例可以以 n 为判断条件启动和结束循环累加操作。代码如下：

```
n=eval(input())          #得到输入的值，以确定结束条件
sn=0                     #前n项和初始化
i=1                      #指定开始位置
while i<n+1:             #指定循环条件
  sn+=i                  #累加
  i+=1                   #自加，以推动循环继续
print(sn)                #输出结果
```

本例只想说明 while 循环的用法，虽然用 while 循环可以实现确定范围的累加，但是

跟 for 循环相比多了两句话：定义循环变量和循环变量计数，显然没有发挥 while 的优势。

【例 4-20】我国现有 14 亿人口，按年人口增长率为 0.8%计算，多少年后我国人口超过 26 亿。

分析：这是一个指数增长的问题，设 n 年后人口数为 x，则：

$$x = 14 \times (1+0.8\%)n$$

不知道循环计算次数，但是知道从 x=14 开始，到 x>26 结束，用 while 循环实现重复计算，当 x>26 输出 n。程序代码如下：

```
#申请内存
#输入
n=0                      #定义年变量
x=14.0                   #定义人口数变量
#计算
while x<26:              #判断是否超过26亿
  n+=1                   #超过加1年
  x=x*(1+0.8/100)        #算出下一年的人口数
#输出
print("经过%d年后我国人口超过26亿为%.2f"%(n,x)) #打印输出
```

【例 4-21】任意给出两个正整数，求它们的最大公约数和最小公倍数。

分析：求最大公约数数学上有经典的算法，除数被除数辗转相除取余数。最小公倍数为两数乘积与最大公约数的商。

自然语言算法描述：

（1）输入两整数 m、n 使得 m>n。

（2）取余数 r=m%n。

（3）判断 r 是否为 0，如果为 0，则 n 为最大公约数，到（4）；否则，如果余数不为 0，则 n 给 m，r 给 n，再取余数 r=m%n 到（3）继续。

（4）输出 gcd=n 为最大公约数。

（5）最小公倍数 =m*n/gcd。

此算法的流程图如图 4-15 所示。

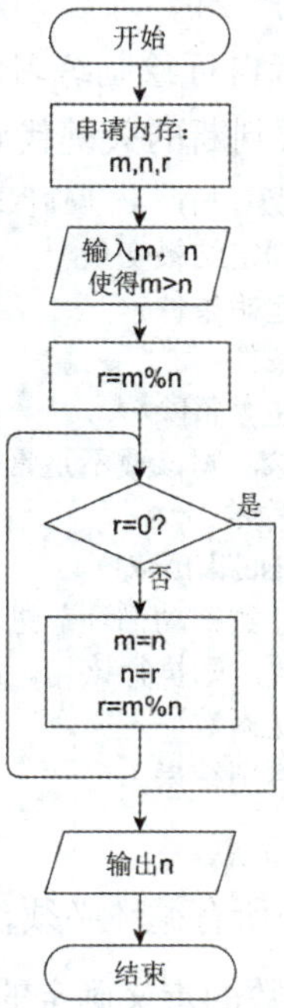

图 4-15　求最大公约数流程图

程序代码如下：

```
#向操作系统申请内存
#变量初始化
m =0          #被除数
n =0          #除数
r =0          #余数
gcd =0        #最大公约数
lcm = 0       #最小公倍数
# 数据输入
print("请输入第一个数m: ")
m=eval(input())        #输入m
print("请输入第二个数n: ")
n=eval(input())        #输入n
if m<n:                #保证m≥n
  t=m;m=n;n=t
a=m;b=n                #备份原数据
r=m%n                  #取余数
while r!=0:            #指定循环起止条件
  m=n;n=r;r=m%n        #辗转相除
gcd=n                  #输出最大公约数
lcm=m*n/gcd            #计算最小公倍数
print("最大大公约数为: ",gcd)
print("最小公倍数数为: ",int(lcm))
```

4.3.3 无限循环的扩展模式 else

无限循环的扩展模式 else

无限循环也有一种使用保留字 else 的扩展模式，使用方式如下：

```
while ␣<条件>:
  <语句块1>
else:
  <语句块2>
```

在这种扩展模式中，当 while 循环正常执行之后，程序会继续执行 else 语句中的内容。else 语句只在循环正常执行后才执行，因此，可以在语句块 2 中放置评价循环执行情况的语句。else 语句的用法跟 for 循环中的一样。还以判断素数为例，自然语言描述算法跟 for 循环一样，流程跟 for 循环类似，读者自行绘制练习。

【例 4-22】用 while 循环实现素数判断的关键代码如下：

```
x=eval(input("请输入一个大于1的自然数: "))       #确保输入数值数据
judge=""                          #定义判定结果变量
i=2                               #循环起始条件
while i<x:                        #循环条件
  if x%i==0:                      #判断能否整除
    judge=str(x)+"不是素数。"      #能整除，则该数不是素数
    break                         #结束循环
  else:                           #此处else跟if配对
    i+=1                          #递推计数推动循环前进
else:  #正常结束循环没找到可整除的数，则执行该句。此处else跟while配对
  judge=str(x)+"是素数。"          #该数是素数
print(judge)                      #打印判别结果
```

程序分析：本程序需要注意下面 3 点。

（1）从哪里开始到哪里结束，这是所有循环必须首先确定的条件，此处循环起始条件为，从 i=2 开始，到 $i \geq x$ 结束，这是由素数的定义确定的。另外结束条件还可以取为 $i \geq \sqrt{x}$ 。

（2）与 if 配对的 else 非常重要，通过 i 的递推计数，依次从 2 到 x-1 取除数，推动 while 判断持续进行。

（3）while 循环的扩展 else，此处的 else 指出两层含义：首先，while 循环体 1 次都没有执行，这时 i=2，else 语句直接给出判断，x=2 是素数；其次，循环体在指定条件内全部执行一遍，正常结束循环，这时 i=x，else 语句给出判断，x 是素数。

4.3.4 循环嵌套

实际的物质运动往往异常复杂，大循环中有小循环，小循环中有微循环。一个循环体内又包含另一个完整的循环结构，称为循环的嵌套。内嵌的循环中还可以嵌套循环，这就是多层循环。各种语言中关于循环嵌套的概念都是一样的。Python 也有循环嵌套机制。Python 的遍历循环 for 与无限循环 while 可以互相嵌套。两种循环的嵌套组合可以有如图 4-16 所示的几种合法形式。

循环嵌套的哲学解释

for < 循环变量 > in < 遍历结构 >:
...
for < 循环变量 > in < 遍历结构 >:
...
	for < 循环变量 > in < 遍历结构 >:
	...
	while < 循环变量 >:
	...

while < 条件 >:
...
for < 循环变量 > in < 遍历结构 >:
...
	while < 条件 >
	...
	while < 条件 >:
	...

图 4-16 循环嵌套的几种典型形式

循环嵌套逻辑的流程图与代码跟分支结构的嵌套类似，可以有多重嵌套，而且相同类型或者不同类型的循环结构可以相互嵌套。只是需要注意的是各重循环各行其是，不能逻辑交叉。为了避免逻辑交叉，实际编程中需要特别注意各重循环的冒号与缩进，以保证逻辑清晰。

【例 4-23】 百元买百鸡。公元前五世纪，我国数学家张丘建在《算经》中提出“百鸡问题”：鸡翁一值钱五，鸡母一值钱三，鸡雏三值钱一。百钱买百鸡，问鸡翁、鸡母、鸡雏各几何？

分析：这是一个典型的穷举问题，假设鸡翁有 x 只，x 的取值范围为 1 ～ 20；鸡母有 y 只，y 的取值范围为 1 ～ 33；鸡雏有 z 只，z 的取值范围为 1 ～ 100，x、y、z 分别在各自的范围内取值，以实现百元百鸡，即满足两个约束条件：

$$\begin{cases} x + y + z = 100 \\ 5x + 3y + \dfrac{z}{3} = 100 \end{cases}$$

计算机对穷举非常擅长，本例可以用三重循环，分别在 x、y、z 的取值范围内穷举，寻找满足约束条件的 x、y、z。程序代码如下：

```
# 百元百鸡
for x in range(1,20):                #指定x的遍历范围
  for y in range(1,33):              #指定y的遍历范围
    for z in range(1,100):           #指定z的遍历范围
      if x+y+z==100 and 5*x+3*y+z/3==100:  #给定约束条件
        print("鸡翁：%d只，鸡母：%d只，鸡雏：%d只"%(x,y,z)) #输出结果
```

穷举结果为：

```
鸡翁：4只，鸡母：18只，鸡雏：78只
鸡翁：8只，鸡母：11只，鸡雏：81只
鸡翁：12只，鸡母：4只，鸡雏：84只
```

4.3.5 两种循环的比较

（1）for 循环和 while 循环，两者本质上是一样的，都能描述自然界物质在一定条件下的新陈代谢规律以及周流发展的状态。两种循环都可以用来处理同一问题，一般情况下它们可以互相代替。

（2）while 无限循环中，只在 while 后面的括号内指定循环条件，因此为了使循环能连续进行，应在循环体中包含推动循环向前并能趋于结束的语句（如 i=i+1 等）。

for 遍历循环可以在循环体语句块中包含使循环趋于结束的操作，如加入选择判断的语句。因此 for 循环的功能更强，凡用 while 循环能完成的，用 for 循环都能实现。

（3）用 while 循环时，循环变量初始化的操作应在 while 语句之前完成。而 for 循环可以直接在指定遍历范围时初始化。

（4）while 循环和 for 循环都可以用 break 语句跳出循环，用 continue 语句结束本次循环。

（5）while 循环和 for 循环都可以用 else 语句处理循环正常结束后的事宜。

总之，for 循环中包含循环条件，while 循环中蕴含循环次数，是对同一问题的不同描述形式和解决办法。但是，不同的问题用不同的方式来描述，最终的效率会有很大不同。因此，实际工作中，用哪一种循环结构来描述，要具体问题具体分析，如果是事先确定遍历范围的，用 for 循环较好；如果是事先不明确遍历范围，但是确定循环条件的，用 while 循环较好。

4.3.6 循环控制 break 和 continue

循环控制

循环结构有两个辅助循环控制的保留字：break 和 continue。

break 用来跳出最内层 for 或 while 循环，脱离该循环后程序继续执行循环后续代码。如果有两层或多层循环，break 退出最内层循环。

continue 用来结束当前当次循环，即跳出循环体中下面尚未执行的语句，但不跳出当前循环。

continue 语句和 break 语句的区别是：continue 语句只结束本次循环，不终止整个循环的执行，而 break 具备结束整个当前循环的能力。

【例 4-24】 随机产生 0 ～ 9 为 10 个不重复的随机数。

分析：创建一个列表以存放已产生的随机数，再产生一个，跟列表中的元素依次比较，如果有重复，则重新产生，如果没有重复，则加入列表，如此操作直到列表长度为 10。

自然语言算法描述：

（1）产生随机数。

（2）加入列表。

（3）判断列表长度是否为 10，如果是转到（6），如果不是，转到（4）。

（4）继续产生随机数。

（5）判断该数是否与列表元素重复，如果是，转到（4）；如果不是，加入列表，转到（3）。

（6）输出列表。

算法流程图如图 4-17 所示。

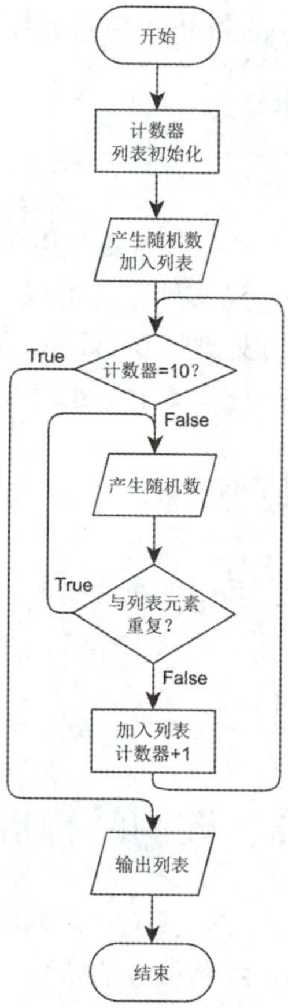

图 4-17 产生 10 个不重复随机数的流程图

代码如下：

```
import random  #导入随机数包
listr=[]       #创建空列表，准备存放随机数
listr.append(random.randint(0,9)) #先产生一个数
c=1                               #计数器初始化
while c!=10:                      #指定循环结束条件
    t=random.randint(0,9)         #暂存新数
    for i in range(0,len(listr)): #遍历查重
        if listr[i]==t:           #有重复
            break                 #停止遍历
    else:                         #没有重复，正常结束for循环
        c+=1                      #不重复，计算器+1
        listr.append(t)           #新数加入列表
    continue                      #继续while循环，不用此句也可以
print(listr)                      #输出10个不重复的随机数
```

4.4 程序的异常处理

Python 程序一般对输入有一定要求，但当实际输入不满足程序要求时，可能会产生程序的运行错误。

由于使用了 eval() 函数，如果用户输入的不是一个数字则可能报错。这类由于匹配造成的错误有很多种可能性，不能逐一列出可能性进行判断。为了保证程序运行的稳定性，这类运行错误应该被程序捕获并合理控制。

Python 语言使用保留字 try 和 except 进行异常处理，基本语法格式如下：

```
try:
  <语句块1>
except:
  <语句块2>
```

语句块 1 是正常执行的程序内容，当执行这个语句块发生异常时，则执行 except 保留字后面的语句块 2。除了输入之外，异常处理还可以处理程序执行中的运行异常。例如，程序也可以结合特定的错误类型进行处理，在 except 后指明错误类型。对于除零错误，可以在 except 后面增加 ZeroDivisionError，仅指定处理该类型错误，再增加 except 处理其余错误。

只要程序可能异常退出，无论哪种类型，都可以用 try...except 捕捉这种异常，使程序有更好的用户体验。

对于面向商业应用的软件产品，稳定性和可靠性是最重要的衡量指标。Python 的异常处理机制能够提高程序运行的可靠性。编写程序时，建议在输入合规性判断、保证关键代码可靠性等方面广泛使用异常处理机制。

4.5　控制结构应用

通过字符输出控制和递推计算实战，我们可以熟练掌握顺序、选择、循环等程序控制结构的用法，领会程序设计的精髓，找到编程的感觉。

4.5.1　打印输出控制

打印输出控制
算法分析

此处所指的打印输出控制不仅仅是输出格式，更主要的是输出样式，即数字和字符在输出对象（屏幕、打印机等）上的特征、位置和数量等布局、图案和花样。

【例 4-25】随机产生 100 个两位数，按照 10 行 10 列的矩阵输出，输出其左下三角和右上三角。

分析：这类问题可以用二维列表产生并输出，这个方法看起来比较直观；也可以按一维列表产生，二维输出，这种方法很能锻炼抽象思维能力，计算机数据存储从根本上来说都是连续的一维的。

方法一：用两重 for 循环产生二维列表，既可以用一重循环按行输出列表，也可以用二重循环单个元素依次输出。三角阵一般都用二重循环控制单个元素输出。代码如下：

```
import random                          #导入随机数包
lista=[]                               #创建空列表，准备存放随机数
for i in range(10):                    #指定行遍历范围
    lista.append([])                   #产生行列表
    for j in range(10):                #指定列遍历范围
        lista[i].append(random.randint(10,99))        #产生随机数
for i in range(10):                    #一重循环行列表
    print(lista[i])                    #打印一行

print()
for i in range(10):                    #二重循环
```

```
    for j in range(10):
        print(lista[i][j],end=" ")
    print()                          #换行

print()
for i in range(10):                  #左下三角阵二重循环
    for j in range(i+1):
        print(lista[i][j],end=" ")
    print()                          #换行

print()
for i in range(10):                  #右上三角阵二重循环
    print(" "*i*3,end="")            #确定字符数与行号的函数关系
    for j in range(i,10):
        print(lista[i][j],end=" ")
print()                              #换行
```

输出结果如图 4-18 所示。

```
[21, 22, 38, 68, 56, 88, 72, 85, 53, 59]
[93, 73, 42, 87, 40, 66, 77, 46, 77, 83]
[25, 88, 53, 44, 70, 42, 91, 49, 68, 61]
[10, 88, 44, 41, 96, 21, 70, 25, 87, 41]
[12, 39, 58, 42, 17, 26, 25, 33, 41, 24]
[35, 52, 37, 27, 46, 66, 32, 17, 92, 49]
[63, 89, 47, 17, 96, 78, 88, 52, 38, 15]
[29, 61, 71, 35, 16, 50, 25, 76, 53, 91]
[99, 88, 67, 37, 96, 93, 73, 76, 28, 24]
[66, 86, 28, 90, 69, 58, 18, 77, 27, 37]
```

```
21 22 38 68 56 88 72 85 53 59
93 73 42 87 40 66 77 46 77 83
25 88 53 44 70 42 91 49 68 61
10 88 44 41 96 21 70 25 87 41
12 39 58 42 17 26 25 33 41 24
35 52 37 27 46 66 32 17 92 49
63 89 47 17 96 78 88 52 38 15
29 61 71 35 16 50 25 76 53 91
99 88 67 37 96 93 73 76 28 24
66 86 28 90 69 58 18 77 27 37
```

```
21
93 73
25 88 53
10 88 44 41
12 39 58 42 17
35 52 37 27 46 66
63 89 47 17 96 78 88
29 61 71 35 16 50 25 76
99 88 67 37 96 93 73 76 28
66 86 28 90 69 58 18 77 27 37
```

```
21 22 38 68 56 88 72 85 53 59
   73 42 87 40 66 77 46 77 83
      53 44 70 42 91 49 68 61
         41 96 21 70 25 87 41
            17 26 25 33 41 24
               66 32 17 92 49
                  88 52 38 15
                     76 53 91
                        28 24
                           37
```

图 4-18 例 4-25 的输出结果

【例 4-26】输出用太极符号“☯”（字符代码为 F05BH）组成的菱形，共输出 10 行，上三角 5 行，下三角 5 行，效果如图 4-19 所示。

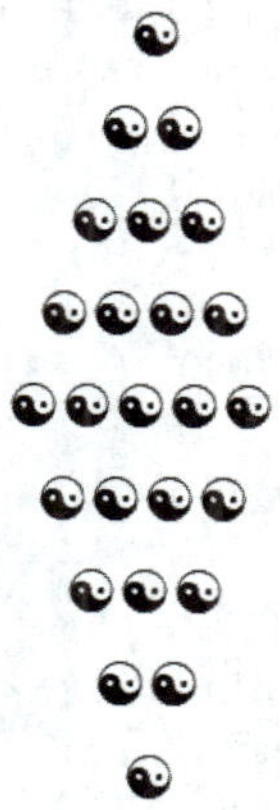

图 4-19 太极符号菱形

分析：字符图形输出的问题一般都是先确定打印位置、打印内容与行编号的函数关系，然后即可控制输出，本例要分上三角和下三角两部分输出。另外需要注意的是，程序中无法输入特殊字符，需要用 Unicode 码转换函数 chr(0xf0fb) 输出图形。程序代码如下：

```
for i in range(1,6):            #指定遍历范围5行
    print(" "*(5-i),end="")     #输出空格，指定符号位置
    print(chr(0xf05b)*i)        #输出符号类型及个数
for i in range(1,5):            #指定遍历范围4行
    print(" "*i,end="")         #输出空格，指定符号位置
    print(chr(0xf05b)*(5-i))    #输出符号类型及个数
```

4.5.2 递推计算

递推计算算法分析

计算机在实现算法中通常将算法步骤构造成递推的结构，如 for 循环、带条件选择 for 循环、多重带条件 for 循环、while 循环和多重 while 循环，以充分发挥计算机自动重复计算的优势。递推计算形式有计数（n=n+1）、累加（$s_n=s_n+a_n$）、连乘（$p_n=p_n\times a_n$）和前项推后项 [$a_n=f(a_{n-1})$] 等。理解了这些基本递推计算思想，掌握了这些基本递推计算方法即可构建复杂的计算逻辑，编写出复杂的计算机程序。

【例 4-27】编程计算 1000! 的末尾有多少个连续的“0”。

方法一：整除取余法。

分析：末尾有 0，则定可被 10 整除，余数为 0，连续整除 10，直到余数不为 0，统计整除次数，即得到末尾 0 的个数。程序代码如下：

```
#申请内存
jc=1                      #阶乘初始化
#输入
for i in range(1,1001):   #指定遍历范围1～1000
    jc=jc*i               #递推求阶乘
integ=jc//10              #阶乘对10取整数
r=jc%10                   #阶乘对10取余数
n=0                       #0的个数计数器初始化
#计算
while r==0:               #指定计数循环条件，余数0
    n+=1                  #计数，最简单的递推
    r=integ%10            #取余数
    integ=integ//10       #取整数
#输出
print(n)                  #输出计数器
```

方法二：字符串处理法。

分析：Python 列表数据类型对字符串的处理功能强大，把 1000! 当成一个字符串，从最后一个字符开始统计“0”的个数，直到非“0”结束。程序代码如下：

```
#申请内存
jc=1                      #阶乘初始化
#输入
for i in range(1,1001):   #指定遍历范围1～1000
    jc=jc*i               #递推求阶乘
jc=str(jc)                #将阶乘由数转为字符串
#计算
n=0
for s in jc[::-1]:        #逆序截取全部字符串，从最后一个字符开始遍历
    if s=='0':            #如果是“0”则计数
        n+=1              #计数，最简单的递推
    else:                 #如果不是“0”，则停止遍历
```

```
        break                #结束当前循环
    #输出
    print(n)                 #输出计数器
```

对于这个问题，有多种方法可以实现，比如计算 5 和 2 的公因子个数、对数计算阶乘、得指数等，读者可以思考用别的办法编程实现。

【例 4-28】任意给出实数 x，求自然指数 e^x 值，精度控制在 10^{-14}，并输出计算项次。

分析：由幂级数理论可知，e^x 可以展开成一个幂级数：

$$e^x = 1 + \frac{x}{1!} + \frac{x^2}{2!} + \frac{x^3}{3!} + \cdots + \frac{x^n}{n!} + \cdots$$

这样求 e^x 就转化成求 x^n 连乘、求 n! 连乘、计算第 n 项 a_n 和求前 n 项和 s_n 累加运算的集合。

自然语言算法描述：

（1）求阶乘，即求第 n 项中 n 的阶乘 n!（注意，从 1 开始连乘到 n）。

（2）求倒数，即求 n 的阶乘的倒数 1/n!。

（3）求连乘，即求 x^n，把 n 个 x 乘起来。

（4）求末项，即求第 n 项 $a_n=x^n/n!$。

（5）求和，即求前 n 项和 s_n。

（6）判断，如果 a_n 大于精度，项数加 1，继续下一项，进入循环体，回到步骤（1），进行第 n+1 项的计算，否则，结束循环，输出（5）的结果。

整个计算的流程图如图 4-20 所示，代码如下：

```
# 求e的x次方
import math                  #准备调用系统自然指数函数exp()
import datetime              #准备估算程序CPU耗时
starttime = datetime.datetime.now() #记下开始时刻
#申请内存
#变量初始化
jc = 1.0        #求阶乘
an = 1.0        #求第n项
xn = 1.0        #求x的n次方
sn = 1.0        #求前n项和
n = 0           #项次
#数据输入
print("Please input x:")
x=eval(input())     #输入x
print("Please input eps:")
eps=eval(input())            #输入计算精度
#计算
while an>eps:                #指定启动循环条件
    n+=1                     #刷新项次，递推计数
    xn*=x                    #递推算x的n次方，连乘
    jc*=n                    #递推算阶乘，连乘
    an=xn/jc                 #算第n项，计算赋值
    sn+=an                   #递推算前n项和，累加
#结果输出
print("The x power of e is %.20f"%sn)    #本程序计算结果
print("The result of system function is %.20f"%math.exp(x))   #系统函数计算结果
print("The total numbers of items calculated are %d"%n)        #共计累加项数
endtime = datetime.datetime.now()  #记下结束计算时间
print("%.6f"%(endtime - starttime).seconds) #整个计算总耗时
```

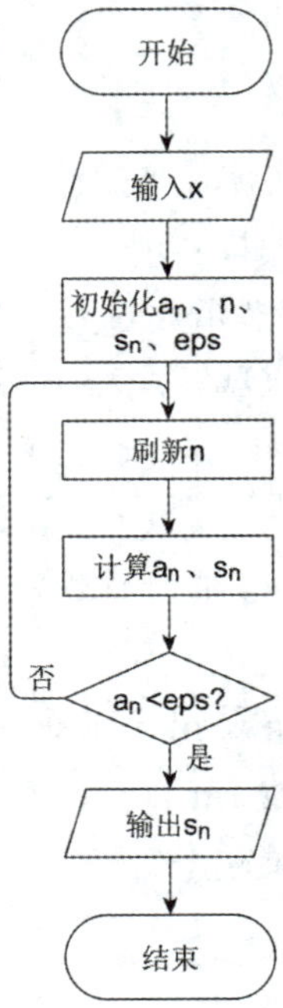

图 4-20 求 e^x 流程图

计算结果为：

```
Please input x:
3.69
Please input eps:
1e-14
The x power of e is 40.04484695728672249970
The result of system function is 40.04484695728671539428
The total numbers of items calculated are 29
Time is 10.000000s
```

本例预先给定计算精度，指出了循环启动和结束的条件，但并不知道会计算多少项，n 的不断刷新记录了计算项数。程序中加入了系统函数 exp()，用来验证本例算法的正确性。实际调试中，算到精度为 10^{-12} 时，本算法的精度跟系统函数精度一样，说明程序编写是正确的。算到 10^{-14} 时，共计累加 29 项，本程序的计算精度高于系统函数的精度。

此处所计算的 CPU 耗时只是一个非常粗略的估算，因为这个时间与计算机的环境状态有关，每次计算结果可能不同。但也可以对算法效率进行初步评价。比如，上边的程序的计算耗时为 10s。把 while 循环中的语句略做修改如下：

```
#计算
while an>eps:            #指定启动循环条件
    n+=1                 #刷新项次，递推计数
    an*=x/n              #算第n项，原来为xn*=x; jc*=n; an=xn/jc
    sn+=an               #算前n项和，累加
```

这样，减少一个 x^n 浮点数变量的内存消耗，每次循环减少一次乘法运算，计算耗时为 7s，减少了计算时间，提高了计算效率，也体现了计算机运算的规律和程序设计的奥妙。

【例 4-29】任意给出一正实数，用迭代法求 $x=\sqrt{a}$ 。求平方根的迭代公式为：

$$x_{n+1}=\frac{1}{2}\left(x_n+\frac{a}{x_n}\right)$$

要求前后两次求出的 x 的差的绝对值小于 10^{-5}。

解题思路：这个递推问题需要确定从哪开始，到哪结束，后者问题中已经给出，直到前后两项差的绝对值小于 10^{-5}，首项可以任意取，暂取 x_1=a。该问题事先并不知道需要计算的项数，所以用无限循环 while 更方便。

自然语言算法描述：

（1）给定 x_1、x_2 作为 x_n、x_{n+1}。

（2）判断 $|x_2-x_1|<10^{-5}$ 吗，如果是，输出 x_2，如果不是保存 x_2 到 x_1，计算 x_2，转到（2）继续。

（3）输出 x_2。

算法流程图如图 4-21 所示。

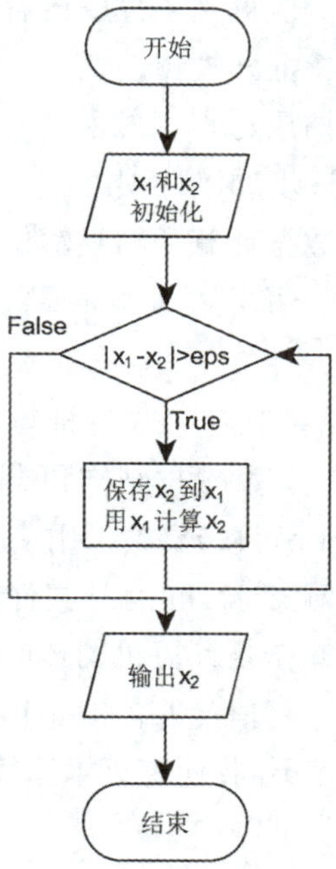

图 4-21　迭代求平方根流程图

编程实现：

```
# 求a的平方根
a=eval(input())
x2=a          #取两块内存，存放第n+1项
x1=0          #第n项
eps=1e-5      #计算精度
n=0           #项数计数器
while abs(x2-x1)>eps:
    x1=x2              #保存第n项
    x2=0.5*(x1+a/x1)   #计算第n+1项
    n+=1               #计数器+1
print("%.4f的平方根为%.4f。"%(a,x2))
print("共计算%d项。"%n)
```

程序分析：本例的计算流程简单，关键有以下两个问题：

（1）给定初始 x_2 和 x_1，思考一下，两初值是否可以调换，x_1=a，x_2=0。

（2）保存第 n 项，x_1=x_2，思考一下，能否把这句话放到 x2=0.5*(x1+a/x1) 后边，调试一下程序可以帮助思考和理解。

在该程序中进一步体会到了计算机程序的魅力，我们根本就不用管前 n 项，只需要弄清楚前后两项之间的关系和各项的运算规律，然后交给计算机即可，因为它最擅长循环迭代，不厌其烦地重复计算。为了得到迭代次数，可以在循环中放置一个计数器来记录循环迭代次数。开发调试程序时，通常会在循环中、某些关键部位放置一些状态记录变量，如计数器、计算中间结果，以监视程序的执行过程。定义 eps 变量对于整个程序虽然没什么帮助，但是，如果我们在程序中多次用到某一数值则最好把它赋予一个变量或常量，一是方便维护，二是方便将其变成可动态调整的量，给程序带来更大的灵活性。

本章小结

程序的控制结构如同人的骨架一般撑起了程序内容的血与肉，使计算机程序能更加淋漓尽致地表达人类对物质世界运动特征和规律的认识，进而使人类能更加有创造性地改造世界。计算机程序的三种控制结构抽象与马克思主义哲学原理的物质发展观有异曲同工之妙，读者需要在大量的编程实践中逐步加以认识。

计算机程序是按照数据输入、数据计算和结果输出这样的顺序结构流程组织起来的一篇文章。程序文章也讲究谋篇布局和逻辑结构（选择判断结构、重复循环结构、错处处理结构）。

（1）数据输入。用 input 函数从控制台接收各种输入，而各种输入以字符串的形式进入计算机，需要根据实际需求转换成各种数据结构和类型，如用 eval 函数转数字字符串为数字，用 float 函数转浮点数，用 int 函数转整数，用 split 函数对字符串进行切分以形成列表，用 map 函数将字符串映射形成列表等。也有从文件输入数据的，后边章节有专门介绍。

（2）数据计算。几种常用计算操作是计算机的核心功能，不论是信息处理还是数值计算，归根结底都是数据计算。其中，赋值计算功能是往内存里放数，不同的数据类型，分配的内存空间不同，赋值方法也略有不同；还有算术运算（一般运算、计数、累加、连乘）、字符运算、关系运算和逻辑运算等类型。

（3）数据输出。本章主要介绍 print 函数的用法，还有 % 格式输出和 format 函数格式输出的方法。

（4）选择结构。主要使用 3 种 if 语句表达单分支判断、双分支判断和多分支判断逻辑，各种分支语句及其嵌套组合可以充分描述物质运动的道路和方向。需要注意的是 Python 语法规则和计算机程序错落有致的书写风格，通过书写程序段落养成良好的编码习惯，有助于提高自身的逻辑思维能力。

（5）循环结构。Python 主要有两种循环结构：一是用 for 语句进行计数循环程序设计，此为知道次数的循环，range 函数在计数循环中发挥着非常重要的作用；二是用 while 语句进行条件循环程序设计，此为知道循环开始或结束条件的循环。循环不是简单重复，其中蕴含着物质新陈代谢的运动规律。

（6）异常处理。Python 用 try 语句来设置异常抛出的节点，用 except 语句来处理相应异常，以提高程序的健壮性，异常处理是一种成熟编程语言所应具备的机制。

（7）控制结构经典应用。通过级数求和、素数判断、最大公约数判断、迭代求解和格式化输出等例子充分展示三种控制结构语句的使用方法。

控制结构语句的语法规则和使用方法看起来非常简单，也非常容易理解，但是却非常重要。程序的控制结构各种编程语言大同小异，用它们可以实现目前计算机能实现的一切选择、判断和决策逻辑，但是要能熟练运用它们来表达现实世界物质发展的条件性也不是一件容易的事情。具体要用哪种语句表达，要根据实际需要而定，只有经过大量的编程实践，才能有所感悟。

习题 4

一、选择题

1. 下面属于非法 Python 语句的是（ ）。

A. a=b=c=1　　B. a=(b=c+1)　　C. a,b=b,a　　D. a+=b

2. 下列表达式的值为 True 的是（ ）。

A. ('c','b')>('1','2')　B. '123'>'abc'　　C. 3>2>2　　D. False>True

3. 下面代码的输出结果是（ ）

```
x1=1
for item in range(4,0,-1):
  x2=(x1+1)*2
  x1=x2
print(x2)
```

A. 23　　B. 46　　C. 94　　D. 190

二、编程题

1. 编程打印九九乘法表，效果如下：

```
1*1=1
2*1=2   2*2=4
3*1=3   3*2=6   3*3=9
4*1=4   4*2=8   4*3=12  4*4=16
5*1=5   5*2=10  5*3=15  5*4=20  5*5=25
6*1=6   6*2=12  6*3=18  6*4=24  6*5=30  6*6=36
7*1=7   7*2=14  7*3=21  7*4=28  7*5=35  7*6=42  7*7=49
8*1=8   8*2=16  8*3=24  8*4=32  8*5=40  8*6=48  8*7=56  8*8=64
9*1=9   9*2=18  9*3=27  9*4=36  9*5=45  9*6=54  9*7=63  9*8=72  9*9=81
```

2. 编程随机产生 10 个 a ～ z 的字母。提示：用 chr 函数和 ord 函数进行转换。

3. 从键盘输入一串字符，编写一段程序，统计并输出其中英文字符、数字字符、空格和其他字符的个数。

4. 求 222^{222} 的个位、十位和百位数。

5. 编程计算 100 ～ 100000 之间共有多少个整数，满足它的各位数字之和为 5。

6. 已知：x、y、z 分别是 0 ～ 9 中的一个数，求 z、y、z 的值，使得下式成立：xxz+yzz= 532（其中 xxz 和 yzz 不表示乘积，而是由 x、y、z 组成的三位数）。

7. 请统计 10 ～ 10000 之间同时被 3 整除余 2，被 5 整除余 3，被 7 整除余 2 的数的个数并输出这些数。

8. 已知 10 个四位数，输出所有对称数及个数 n，例如 1221、2332 都是对称数，10 个四位数以空格分隔开，如 1221 2243 2332 1435 1236 5623 4321 4356 6754 3234，输出为 1221 2332。

第 5 章　Python 函数与模块

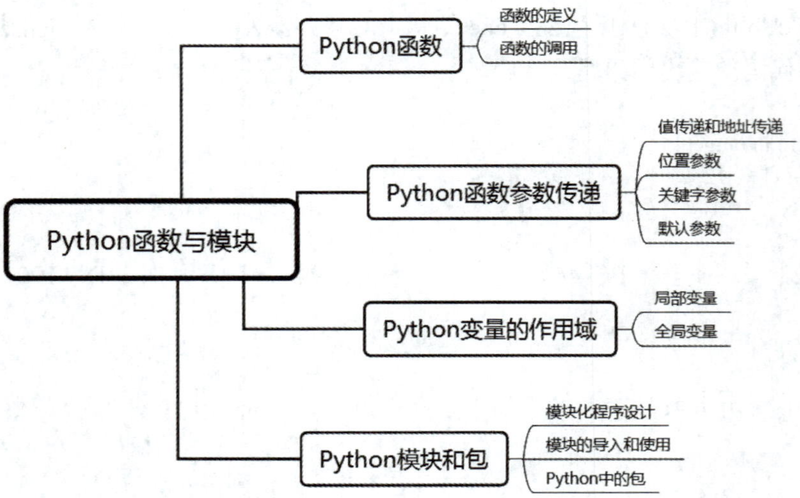

本章导读

有些经常用到的能实现特定功能的代码块，我们总是想重复使用但又不希望每次用到时都重写一遍，甚至不希望复制一遍。Python 里这些经常重用的代码块以函数（Function）的形式被定义，每一次复用被称为函数调用，计算机依然要执行重用代码。函数能提高应用程序的模块性、代码的重复利用率和编码的效率。本章首先介绍函数的概念，以及自定义函数的方法，然后详细介绍函数中参数的传递（值传递、地址传递），以及变量的作用域（变量的作用范围，或变量的生命周期），最后介绍 Python 中模块和包的创建及使用方法。

本章要点

- Python 函数的定义和调用
- Python 函数的参数传递
- 变量的作用域
- 模块和包

5.1 Python 函数

函数（Function）是将具有独立功能的代码块组织成为一个整体，使其具有特殊功能的代码集。使用函数有利于提高代码的复用程度。我们在前面的章节中学习了一些函数，如 print()、len()、input() 等，这些都是 Python 中可直接使用的内置函数。从 Python 3 官网（https://docs.python.org/3/library/functions.html）可知，常用的内置函数有 69 个，都可以直接使用。

除了功能强大的内置函数以外，用户也可以根据自己的要求把代码以固定的格式封装成独立的模块，称为自定义函数。自定义函数在使用时通过函数名进行调用。

5.1.1 函数的定义

函数的定义

自定义函数是以 def 为关键字创建的一个新函数。具体语法格式如下：

```
def 函数名(参数列表):
//代码段
[return [返回值]]
```

各部分的含义如下：

- 函数名：命名应符合 Python 的语法规范，为了提高程序的可读性，函数名尽量采用能表示函数功能的名字（如 read_csv ()，即表示 csv 文件读取函数）。
- 参数列表：该自定义函数可接收的参数，多个参数之间用逗号（,）进行分隔。
- [return [返回值]]：用于设置该函数的返回值。[] 表示可省略，即自定义函数可以有返回值，也可以没有返回值。当自定义函数没有 return 语句或者 return 语句为空时，该函数的返回值为 None。

注意，在创建自定义函数时，函数体的内容不可能为空，如果要表示空语句，可以用 pass 语句，如下示例。

```
#定义一个空函数
def pass_dis():
  pass
```

在大的编程案例中，经常会遇到读取多个数据集的情况。如在计算青年失业率的程序中，首先需要将数据集读入内存，在这个数据集里一共有两个数据集，分别命名为 unemployment_male.csv 和 unemployment_female.csv。由于有两个数据集，如果我们仍然一个一个分别读入显然太麻烦，除了名字不同之外，读入数据的所有代码都是相同的，因此，我们把读文件代码块封装成一个自定义函数 read_csv ()。

【例 5-1】自定义函数 read_csv()。

```
import csv
male_path = "unemployment_male.csv"
female_path = "unemployment_female.csv"
#自定义csv_reader()函数
def read_csv(path):
  with open(path, 'r') as f:
    reader = csv.reader(f)
    content = list(reader)
  return content
```

5.1.2 函数的调用

函数的调用

Python 函数的调用语法格式如下：

```
[返回值] = 函数名([形参值])
```

其中，函数名是用户自定义的函数名称；形参值为可省略项，指的是自定义函数中参数列表中各形参的值。调用自定义函数时，传入参数的个数、类型以及顺序要与被调函数的参数列表中的定义保持一致。如果被调函数有返回值，则可定义变量来接收，否则 [返回值] 可以省略。

例如，我们可以调用上面创建的 read_csv () 和 get_by_country() 函数。

【例 5-2】调用 read_csv() 函数。

```
#调用read_csv()函数
unemploy_male = read_csv(male_path)
unemploy_female = read_csv(female_path)
print(unemploy_male[:2])
print(unemploy_female[:2])
```

程序执行结果为：

```
[['country name', '1991', '1992', '1993', '1994', '1995', '1996', '1997', '1998', '1999', '2000', '2001', '2002', '2003', '2004', '2005', '2006', '2007', '2008', '2010', '2011', '2012', '2013', '2014'], ['Albania', '15.80000019', '15.80000019', '16', '15.69999981', '15.69999981', '15.60000038', '15.69999981', '15.80000019', '15.60000038', '15.69999981', '16.20000076', '15.89999962', '15.19999981', '16.5', '19', '20.10000038', '17.29999924', '18.79999924', '19.60000038', '19.89999962', '18.70000076', '19.40000076', '19.79999962']]
[['country name', '1991', '1992', '1993', '1994', '1995', '1996', '1997', '1998', '1999', '2000', '2001', '2002', '2003', '2004', '2005', '2006', '2007', '2008', '2009', '2010', '2011', '2012', '2013', '2014'], ['Albania', '6.10000019', '6.1', '7', '7.8', '8.09999981', '8.10000038', '8.19999981', '8.20000019', '8.20000038', '8.19999981', '8.20000076', '8.09999962', '8.19999981', '8.2', '8.900312', '8.10000038', '8.00999924', '8.29999924', '8.17000008', '8.20000038', '8.19999962', '8.10000076', '8.30000076', '8.36600038']]
```

在上例中，增加自定义函数 get_by_country()，实现按国家查找。首先输入参数 path 来表示文件的路径，用 country 来表示需要查找的国家，如果列表中第一个元素是 country，则直接返回该列表，若执行完所有，没有一个国家与之匹配，则打印“对不起，没有此国家！”。

【例 5-3】调用 get_by_country() 函数。

```
def get_by_country(path, country):
#调用上例中定义的read_csv()函数
    content = read_csv(path)
    for row in content:
        if row[0] == country:
            return row
    print("对不起，没有此国家！")
    return None
#自定义函数的调用
print(get_by_country(male_path,'china'))
print(get_by_country(female_path,'china'))
```

程序执行结果为：

```
对不起，没有此国家！
None
['china', '4', '5.6', '5', '4.7', '6', '6', '5.888', '5.3857', '5', '5.284859', '5.96887', '6.12765599', '6.3085761',
'6.5938768', '7.285759', '7', '5.749362', '5.06874763', 5', '5.1285668', '5.247628', '5.48927266', '5.68927266',
'5.2945668']
```

5.2 Python 函数参数传递

形式参数简称形参，是指在定义函数时函数括号中的参数；实际参数简称实参，是指在主调函数中调用一个函数时该函数括号中的参数，可以是常量、变量或表达式。

```
形式参数
#在read_csv()函数定义时path就是形式参数
def read_csv(path):
#定义函数时这里的函数参数 obj 就是形式参数
def demo(obj)
    print(obj)
实际参数
#在主调函数调用read_csv()函数时male_path就是实际参数
unemploy_male = read_csv(male_path)
```

了解了什么是形参和实参后，那么实参是如何传递给形参的呢？

5.2.1 值传递和地址传递

值传递和地址传递

Python 中，一般根据实际参数的类型不同分为值传递和地址（引用）传递两种方式。

- 值传递：适用于实参类型为不可变类型（字符串、数字、元组）。
- 地址（引用）传递：适用于实参类型为可变类型（列表、字典）。

值传递指的是主调函数在进行参数传递时将实参的临时副本（不是实参本身）传递给被调函数，被调函数只能修改临时副本的值，而不能修改主调函数中相应的变量值。

地址传递指的是主调函数在进行参数传递时将实参的指针传递给被调函数，即实参随着形参值的改变而改变。

【例 5-4】值传递和地址传递。

```
def transmit (obj) :
    obj += obj
    print("形参值为：",obj)
print("值传递：")
str = "python"
```

```
print("str的值为：", str)
transmit (str)
print("实参值为：", str)
print("地址传递：")
num = [1,2,3]
print("num的值为：", num)
transmit (num)
print("实参值为：", num)
```

运行结果为：

```
值传递：
str的值为：python
形参值为：pythonpython
实参值为：python
地址传递：
num的值为：[1, 2, 3]
形参值为：[1, 2, 3, 1, 2, 3]
实参值为：[1, 2, 3, 1, 2, 3]
```

5.2.2 位置参数

在进行函数调用时可使用如下参数类型：

- 位置参数（必备参数）：主调函数需要以准确的参数数量、位置将实参传递给被调函数。即主调函数中实参的数量、位置必须与被调函数中形参的数量、位置保持一致。
- 关键字参数：函数调用时由关键字参数来决定传入的参数值。
- 默认参数：函数调用时，如果个别参数的值没有被传入被调函数，则使用默认值。
- 不定长参数：如果需要一个函数能处理比当初声明时更多的参数，这些参数叫作不定长参数，在声明时不会命名。

【例 5-5】位置参数实例。

```
def fun(a,b,c):
  return a+b+c
print(fun(1,2,3))
def girth(width, height):
  return 2 * (width + height)
#调用函数时必须传递两个参数，否则会引发错误
print(girth(3))
```

运行结果为：

```
6
```

调用函数时，传入实际参数的数量和位置必须和形式参数一一对应，否则会产生以下结果：

```
#参数数量不一致，抛出 TypeError 异常
def fun(a,b,c):
  return a+b+c
print(fun(1,2,3,4))
```

输出结果为：

```
---------------------------------------------------------------------------
TypeError                    Traceback (most recent call last)
<ipython-input-1-e54f3e5b2074> in <module>()
    1 def fun(a,b,c):
    2     return a+b+c
----> 3 print(fun(1,2,3,4))
TypeError: fun() takes 3 positional arguments but 4 were given
```

以上结果是由于参数传递时参数数量不一致引起的。

在进行函数调用时，如果实参与形参的位置不一致，但数据类型相同，会产生错误结果，却不会抛出 TypeError 异常。

例如，求圆柱表面积的函数，假设圆柱的底面半径为 2cm，圆柱高为 4cm。但如果弄错了底面半径和圆柱高的传入位置，则会导致计算结果错误，而不会抛出异常。

【例 5-6】求圆柱的表面积。

```
def cylinder(r,height):
  s=2*3.14*r*(r+height)
  return(s)
print("正确结果：",cylinder(2,4))
print("错误结果：",cylinder(4,2))
```

运行结果为：

```
正确结果：75.36
错误结果：150.72
```

5.2.3 关键字参数

关键字参数是指使用形式参数的名字来确定输入的参数值。通过关键字参数指定函数实参时，只需要将参数名写对即可，无须与形参的位置完全相同，从而使函数的传递更加灵活。

【例 5-7】使用函数 prime() 实现输出两个数之间的所有素数。

```
#由于用到内置函数sqrt()，故需要先导入math库
import math
#自定义求两个数之间素数的函数prime
def prime(num1,num2):
  flag = False
  count = 0
  for i in range(num1,num2):
    for j in range(2, int(math.sqrt(i + 1)) + 1):
      if i % j == 0:
        flag = True
        break
    if flag == False:
      count += 1
      print(i, end='\t')
      #每输出5个素数，换行
      if count % 5== 0:
        print()
    flag = False
prime(num2=200,num1=101)
```

程序执行结果为：

```
101 103    107    109    113
127 131    137    139    149
151 157    163    167    173
179 181    191    193    197
199
```

可以看到，在调用函数时可以使用关键字参数。在使用关键字参数调用时，可以任意调换参数的位置，仅根据参数名字来确定参数值即可。位置参数与关键字参数进行混合传参的方式如例 5-8 所示。

【例 5-8】混合传参实例。

```
def fun(a,b,c):
    return a+b+c
#1为位置参数，c=3，b=2均为关键字参数
print(fun(1,c=3,b=2))
```

程序执行结果为：

```
6
```

注意：混合传参时关键字参数必须位于所有的位置参数之后。也就是说，下面的代码是错误的。

```
def fun(a,b,c):
    return a+b+c
print(fun(a=1,2,c=3))
```

位置参数必须放在关键字参数之前，执行上面的代码会抛出如下错误：

```
 File "<ipython-input-2-75d48daa4015>", line 3
   print(fun(a=1,2,c=3))
              ^
SyntaxError: positional argument follows keyword argument
```

5.2.4 默认参数

通常在调用函数时都需要指定参数，如某个参数没有被指定则会报错。为了解决这个问题，Python 在定义函数时可以直接给形式参数指定默认值，当某个参数未被传入时会使用默认值。

Python 定义含有默认值参数的函数，其语法格式如下：

```
def 函数名(...,形参名,形参名=默认值):
代码块
```

【例 5-9】默认参数传递实例。

```
def fun(a,b,c=10):
    return a+b+c
print(fun(3,2))
print(fun(3,2,1))
```

如上所示，该函数有 3 个参数，只给 c 设置了默认参数。在第一次调用该函数时，未给 c 赋值，c 将使用默认值 10。第二次调用该函数时，给 c 赋值 1，则不使用默认值。

程序执行结果为：

```
15
6
```

注意：在定义函数时使用默认参数，设置默认值的形参必须在所有未设置默认值参数的后面。如下例中定义的函数是错误的，会出现语法错误。

```
def f(a,b=2,c):
    return a+b+c
def dis_str(str1="http://c.biancheng.net/python/",str2,str3):
    pass
```

Python 解释器会报如下错误：

```
 File "<ipython-input-5-dbd7d9ad05b6>", line 1
   def f(a,b=2,c):
      ^
SyntaxError: non-default argument follows default argument
```

这是因为 a、c 没有设定默认值，b 设定默认值 2，所以 b=2 应放在参数 a 和 c 的后面。

5.3 Python 变量的作用域

所谓作用域，就是变量的有效范围。在 Python 程序中创建、改变、查找变量名时都是在一个保存变量名的空间中进行的，我们称之为命名空间或作用域。变量的作用域由变量的定义位置决定，在不同位置定义的变量，它的作用域是不一样的。

在 Python 中并不是所有的语句块中都会产生作用域。只有当变量在 Module（模块）、Class（类）、def（函数）中定义的时候才会有作用域的概念。例如：

```
def func():
  variable = 100
print(variable)
```

Python 解释器会报如下错误：

```
---------------------------------------------------------------------------
NameError                    Traceback (most recent call last)
<ipython-input-9-19cdc34781a0> in <module>()
      1 def func():
      2     variable = 100
----> 3 print(variable)
NameError: name 'variable' is not defined
```

如上例所示，在作用域 func() 中定义的变量在作用域外使用无效，会报变量未定义的错误。需要注意的是，if...elif...else... 等关键字的语句块不是作用域。

本节只介绍局部变量和全局变量这两种最基本变量的作用域。局部变量和全局变量的访问范围不同，局部变量仅限在被声明的函数内部使用，而全局变量可以在整个程序内使用。

5.3.1 局部变量

局部变量是指在函数体内被定义的变量。当函数被执行时会创建一个新的局部作用域，即分配一块临时的内存空间。在该函数执行完毕后，会释放并回收已分配的临时内存空间。Python 也会自己调用自己，即递归调用。在每次调用时都会创建一个新的局部作用域。

【例 5-10】局部变量实例。

```
def multiply(x, y = 20):
  z = x*y  #z是函数内部的局部变量
  return z
s = multiply(7, 3)
print(s)
print(z)
```

程序执行结果为：

```
21
---------------------------------------------------------------------------
NameError                    Traceback (most recent call last)
<ipython-input-24-b2d2a9c2f4d2> in <module>()
      5 s = multiply(7, 3)
      6 print(s)
----> 7 print(z)

NameError: name 'z' is not defined
```

上例中，z 是函数的局部变量，当调用 multiply() 函数时，给参数 x 传递值 7，给参数 y 传递值 3。y 虽然定义了默认值，但是由于有新的传递值，默认值不起作用，所以执行结果 s 为 21。z 在函数内部是局部变量，在函数体外直接引用，会导致变量未定义的错误。

在函数内部的变量声明中，使用 global 关键字来声明全局变量。全局变量虽然可以在整个程序内使用，但是在模块文件运行的过程中会一直占用内存空间，所以一般情况下尽量少使用全局变量。

【例 5-11】局部变量实例。

```
name = 'Jack' #全局变量
def fun():
    age = 19 #局部变量
    global name #定义全局变量
    name = 'Rose'
    print(age,name)
fun()
print(name)
```

程序执行结果为：

```
19 Rose
Rose
```

5.3.2 全局变量

全局变量是指Python在所有函数的外部定义的变量。全局变量既可以在函数体外使用，又可以在函数体内使用，它的默认作用域是整个程序。在模块顶部声明的变量是全局变量，作用域是全局，其作用范围仅限于单个模块文件内。

【例 5-12】全局变量实例 1。

```
n = 2 #n是全局变量
def multiply(x, y = 20):
    global n
    return x*y*n  #使用全局变量n
s = multiply(7, 3)
print(s)
```

程序执行结果为：

```
42
```

上例中，变量 n 是全局变量，在函数 multiply() 中使用时需要在函数内部通过 global 关键字声明才可以使用。注意，在使用 global 关键字进行变量声明时，不能同时赋值，否则会提示语法错误。

【例 5-13】全局变量实例 2。

```
#定义全局变量total
total=0
#定义求和函数sum()，返回两个参数的和
def sum( arg1, arg2 ):
    #total在这里是局部变量
    total = arg1 + arg2
    print("局部变量total：",total)
    return total
#调用sum函数
sum(10, 20)
print("全局变量total：", total)
```

程序执行结果为：

```
局部变量total：30
全局变量total：0
```

在上面的例子中有两个 total，但是其含义不同。第一个 total 在模块顶部声明，属于全局变量，其作用域是整个程序；而第二个 total 在函数体内定义，属于局部变量，作用域仅限函数体内。

5.4 Python 模块和包

5.4.1 模块化程序设计

模块化程序设计

模块是包含 Python 函数或类的程序，是 Python 中的重要概念。与函数类似，模块分为系统模块和用户自定义模块，但是模块比函数的范畴要大，一个模块可以包含多个函数。把多个相关的函数或代码块放入一个文件，就组成了模块，一个文件就是一个模块。模块间可以相互调用，实现代码复用，但需要注意的是模块中函数名称必须唯一。另外，使用模块中定义的函数时需要先导入模块。

1. 模块化程序设计的概念

模块对应于 Python 源代码文件。在 Python 模块中可以对变量、函数和类进行定义。多个功能相同的模块可组织成一个包文件夹。通过导入其他模块，可以使用该模块中定义的变量、函数和类，从而重用其功能。Python 包含数量众多的模块，可以实现不同的功能和应用。

模块化编程是一种把计算任务分离成不同模块的程序设计方法。通过模块能够将计算任务划分成许多子任务，实现代码的复用。

模块化程序设计的优点：

- 可以编写大规模的系统程序。
- 控制程序的复杂度。
- 实现代码重用。
- 增强可维护性。

模块化设计的一般性原则：

- 先设计 API，再实现模块。
- 控制模块的规模，只为客户端提供需要的函数。实现包含大量函数的模块会导致模块的复杂性。
- 在模块中编写测试代码并消除全局代码。
- 使用私有函数实现不被外部客户端调用的模块函数。
- 通过文档提供模块帮助信息。

2. 模块

伴随着计算机程序的开发，源代码越来越多，不利于维护。为了解决代码维护问题，很多程序设计语言以分组的形式组织代码，即将分组后的函数存入不同的文件，使得每个文件中的代码相对较少，便于维护。在 Python 中，一个 .py 文件就称为一个模块。文件以 .py 结尾，包含了 Python 对象定义和 Python 语句。

使用模块有什么好处？首先，模块使我们能够有逻辑地组织 Python 代码段，使代码更好用，更易懂，大大提高了代码的可维护性。其次，编写代码不必从零开始。我们可以直接引用前面已经编写好的模块，包括 Python 内置的模块和来自第三方的模块。

另外，由于相同名字的函数和变量分别存在于不同的模块中，因此在编写模块时不会出现函数名和变量名冲突的问题，但要尽量避免使用内置函数名。

5.4.2 模块的导入和使用

第一次用 import 语句导入模块时即实现了对模块的初始化。导入的模块分为 Python 标准库模块、第三方模块和应用程序自定义模块。

使用模块中的函数时，要先导入模块。导入有两种方式：一行导入一个模块和一行导入多个模块。

语法如下：

```
import模块名1[,模块名2] [,模块名3]...
```

模块导入的过程：

（1）找到需要导入的模块。

（2）判断模块是否被导入过。

1）如果没有被导入过，在建立该模块的命名空间时，如果其没有定义变量去引用该模块，可直接使用该模块名进行调用；如果用户使用 as 来定义变量引用该模块，那么该模块的内存地址就赋值给这个变量，在之后调用时就不能使用模块名进行调用，只能使用该变量。然后执行这个模块中的代码。

2）如果该模块已经被导入过，则 import 语句只是对已被加载到内存中的模块对象增加一次引用，而不会再次执行该模块内的语句。

导入标准库模块示例：

```
import math           #导入math标准库模块
import time           #导入time时间访问和转换模块
```

导入第三方模块示例：

```
import pandas         #导入pandas数据分析模块
import matplotlib     #导入matplotlib绘图库模块
```

导入应用程序自定义模块并调用示例：

新建 welcome.py，具体代码如下：

```
def display():
print("You are welcome!")
```

在相同的目录下再创建 5-14.py 文件，参见例 5-14。

【例 5-14】模块导入实例。

```
import welcome     #通过import关键字将welcome.py 模块引入此文件
welcome.display()
```

运行 5-14.py 文件，输出结果为：

```
You are welcome!
```

从例 5-14 可以看出，在 welcome.py 中自定义函数 display() 实现输出“You are welcome!”的功能。如果 5-14.py 文件中要使用 display()，无须再重复写代码，只需将 welcome.py 模块通过 import 语句导入到 5-14.py 文件中即可直接使用。

被导入的模块也有其作用域，如果在文件顶部进行导入，则该模块的作用域为全局；如果在函数体内部导入，则该模块的作用域为函数体内。为了避免模块被重复导入执行的情况，一个模块无论被导入多少次，只能被加载一次。

在导入模块时，可以直接导入模块名，也可以直接用函数名进行调用，只需在导入时指定需要使用的模块属性。主要有 3 种导入模块的方式：import 语句、from...import 语句、from...import* 语句。

1. import 语句

import 语句的语法格式如下：

```
import module1[, module2[,... moduleN]
```

例如，如果要使用模块 math 中的 cos() 函数，需要在文件顶部通过 import math 的方式进行导入。需要通过如下形式引用 math 模块中的 cos() 函数：

```
模块名.函数名
```

为了便于简写，当导入整个模块时，可以通过 as 为该模块指定新名称，语法格式如下：

```
import 模块名 as 模块新名称
```

【例 5-15】import 语句实例。

```
import pandas as pd
df = pd.read_csv("potoujiu.csv",sep=';')
```

上面第一行代码使用 import 语句导入了 pandas 数据分析模块并命名为 pd，因此在程序中使用 pandas 模块内的成员时必须添加模块名 pd 作为前缀。为了防止导入模块被重复导入，一个模块只会被导入一次。

也可以一次导入多个模块，多个模块之间用逗号隔开。例如如下程序：

```
#导入pandas和numpy两个模块，并为pandas指定别名pd，为numpy指定别名np
import pandas as pd, numpy as np
#使用模块别名作为前缀来访问模块中的成员
breast_cancer = pd.read_csv("putoujiu.csv")
```

2. from...import 语句

from...import 语句可以实现只导入某个模块的一部分功能到当前文件中，语法格式如下：

```
from 模块名import 属性名
```

如果在一行中需要导入多个模块，语法格式如下：

```
from 模块名 import(属性名1)[,属性名2] [,属性名3]...
```

为了便于简写，可以通过 as 为该模块或模块属性指定新名称，语法格式如下：

```
from 模块名 import 属性名 as 属性新名称
```

例如，如果只导入 sklearn 模块中的 metrics 函数，语句如下：

```
from sklearn import metrics
```

sklearn 库集成了常用的机器学习算法，如果每次使用都全部导入，则速度较慢，且没有必要。因此，可以通过 from...import 语句把程序需要的模块进行部分导入。当一次导入多个模块成员时，可以通过 as 为不同的模块属性指定新名称，代码如下：

```
#导入sklearn模块的metrics和cross_validation成员，并为其指定别名mt和cv
from sklearn import metrics as mt,cross_validation as cv
```

3. from...import* 语句

From...import* 语句可以实现一次性导入指定模块内的所有成员，语法格式如下：

```
from sklearn import *
```

“from 模块 import*”语法格式存在一定风险。比如同时导入 module1 和 module2 内的所有成员，假如这两个模块内都有一个 fun() 函数，当调用这个 fun() 函数时就不能确定究竟是 module1 模块中的 fun() 还是 module2 模块中的 fun()，因此，一般不使用“from 模块 import*”格式。

包的使用

5.4.3 Python 中的包

1. 包的创建

包（Package）是通过目录的形式来组织模块的方法。包类似于文件夹的组织结构，但是与文件夹不同的是，每个包中都包含一个“__init__.py”文件（前后各有两个下划线“_”）。因此，在创建包时，类似于文件夹的创建，步骤如下：

（1）新建一个文件夹，文件夹的名称就是新建包的包名。

（2）在新建的包中创建 __init__.py 文件，该文件内可以包含 Python 初始化语句，也可以没有任何语句。当该新建的包被其他程序导入时，将触发执行 __init__.py 文件。

包具有避免模块名重复的功能。例如当 name 和 age 这两个模块名与其他模块名重复时，可以通过创建包的方法来解决模块名冲突的问题。比如可以创建包 myclass，包内又包含 3 个模块 __init__.py、name.py 和 age.py，按照如图 5-1 所示的目录存放。

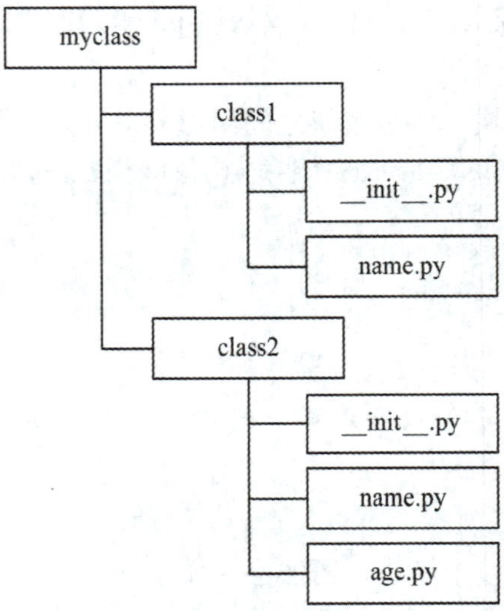

图 5-1 存放目录

name.py 模块属于 myclass 包，因此在引用 name.py 时应写成 myclass.name，引用 age.py 模块时应写成 myclass.age。需要注意的是，__init__.py 文件是不可或缺的，它是区分包和普通文件目录的重要标志。如果包内没有 __init__.py 文件，Python 就无法识别包，而是当作普通目录处理。包也可以像文件目录一样组成多级目录的包结构，例如如图 5-2 所示的目录结构。

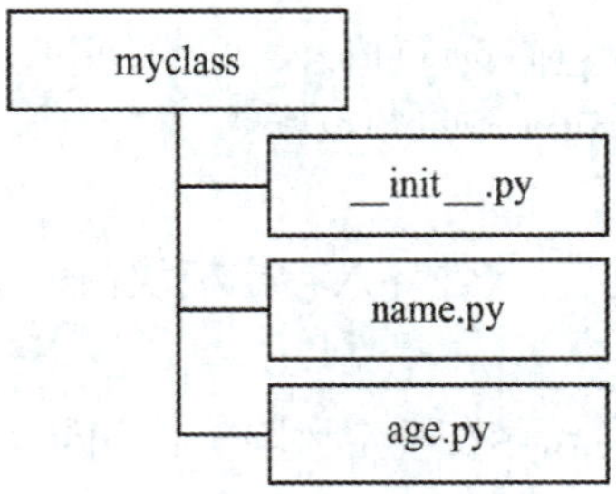

图 5-2 目录结构

包是一个分层次的文件目录结构，它定义了一个由模块、子包和多级子包等组成的 Python 应用环境。

2. 包的导入

包本质上是一种通过目录的形式来组织模块的方法。因此，包的导入方式类似于模块的导入方式，主要有以下 3 种方法：

```
import 包名[.模块名 [as 别名]]
from 包名 import 模块名 [as 别名]
from 包名.模块名 import 成员名 [as 别名]
```

用 [] 括起来的部分是可省略项。

（1）import 包名 [. 模块名 [as 别名]]。

以 my_package 包为例，需要导入 module1 模块并使用其成员，具体代码如下：

```
import my_package.module1 as module
module.display("http://baidu.com/")
```

程序执行结果为：

```
http://baidu.com/
```

（2）from 包名 import 模块名 [as 别名]。

我们以导入 my_package 包中的 module1 模块为例，具体代码如下：

```
from my_package import module1
module1.display("http://www.baidu.com/")
```

（3）from 包名 . 模块名 import 成员名 [as 别名]。

此语法格式可以用于导入包的某模块中的指定成员。通过这种方式导入的成员（变量、函数或类）可以直接通过成员名（变量名、函数名或类名）进行使用，具体代码如下：

```
from my_package.module1 import display
display("http://image.baidu.com/")
```

另外，通过 from 包名 . 模块名 import 成员名 [as 别名] 的方式导入指定包的指定模块时，也可以通过 * 代替成员名加载该模块中的所有成员，代码如下：

```
from my_package.module1 import *
display("http:// www.baidu.com/")
```

本章小结

本章主要讲解了以下几个知识点：

（1）函数（Function）是将具有独立功能的代码块组织成为一个整体，使其具有特殊功能的代码集。函数能提高应用的模块性和代码的重复利用率。

（2）自定义函数的方法。

（3）函数中参数的传递（值传递、地址传递）

（4）变量的作用域：局部变量、全局变量。

（5）Python 中模块和包的创建及使用方法。

习题 5

一、填空题

1．在函数内部可以通过关键字 ________ 来定义全局变量。

2．如果函数中没有 return 语句或者 return 语句没有任何返回值，那么该函数的返回值为 ______。

二、编程题

1．自定义求和函数 sum() 并编程实现计算 1 ～ 100 的和。

2．自定义排序函数 sort() 并对给出的列表 [2,5,7,8,6,9,4,3,1] 排序。

3．编写函数 tongji()，统计大写字母、小写字母、数字、其他字符的个数。

4．有一个定义在自然数上的函数 f(x)，定义如下：

若 x <5，则 f(x) = x；

若 5 ≤ x<15，则 f(x) = x+6；

若 x ≥ 15，则 f(x) = x-6。

试编写该函数，输入 x 值，返回相应的 f(x) 值。

5．编写自定义查找函数 find(srcString, substring, start, end)，作用是在 srcString 字符串的下标 start 到下标 end 之间的字符串中寻找 substring 字符串第一次出现的位置并返回该位置值；如果没有找到，则返回 -1。

6．编写函数 itob(n,b)，用于把整数 n 转换成 b 进制的字符串并输出。转换后的字符串 s 从最高的非零位开始输出。如果 n 为负数，则输出字符串的第一个字符为“-”。

例如，b 为大于 1 小于 37 的任意自然数。当 b=2 时，输出字符只可能是“0”和“1”；当 b=16 时，输出字符串中可能含有的字符为 0 ～ 9，a ～ f（字母以小写输出）；当 b=18 时，数码是 0 ～ 9，a ～ h，其中 a 代表 10，g 代表 16，h 代表 17。如输入 n=33，b=17，则输出 33 的 17 进制值为“1g”。

7．编写一个计算函数 calculate，接收一组数，返回一个元组。返回元组的第一个值是所有数的平均值，元组的第二个值是大于平均值的所有数。

8．编写函数，接收一个列表（包含 10 个整型数）和一个整型数 k，返回一个新列表。函数需求：

（1）将列表下标 k 之前对应（不包含 k）的元素逆序。

（2）将下标 k 及之后的元素逆序。

第 6 章　Python 面向对象程序设计

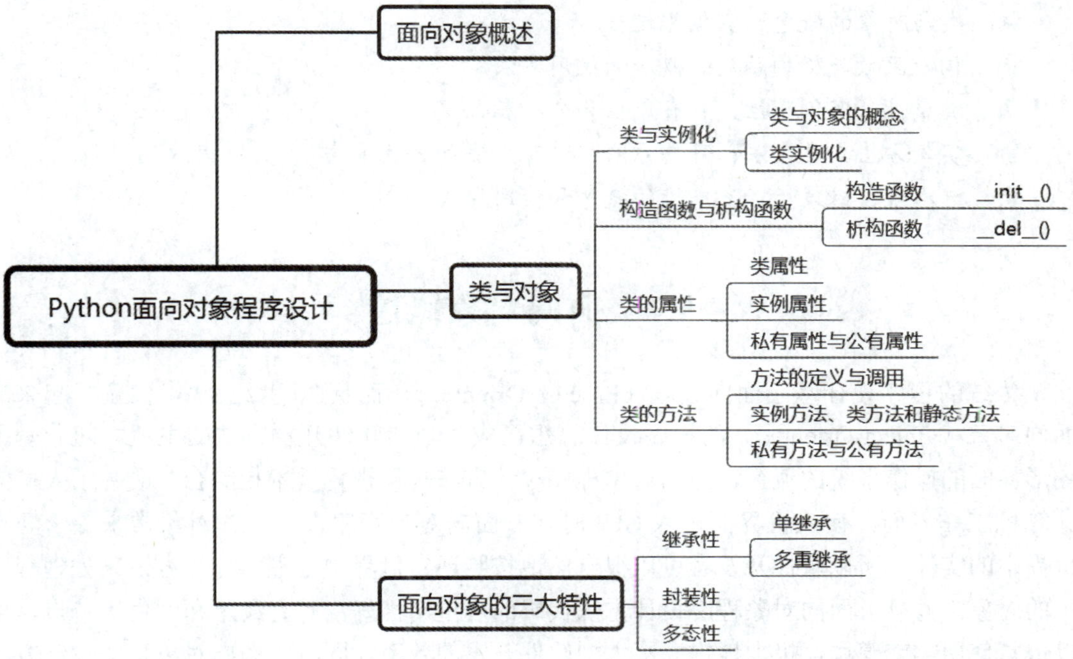

本章导读

面向过程的程序设计方法难以保证程序的安全性和代码的可重用性，而面向对象的程序设计方法却能够更好地提高大型程序的质量和开发效率，提高程序的安全性和代码的可重用性。Python 从设计之初就是一门面向对象的高级语言，本章将会详细讲解面向对象的程序设计方法。首先阐述面向对象的程序设计思想；然后通过实例讲解类和对象的概念，进而讲解构造函数、析构函数、类的各种属性和方法；最后讲解面向对象的三大特性（封装性、继承性和多态性）。

本章要点

- 类与对象的概念、实例化过程
- 构造函数与析构函数的概念和使用方法
- 类属性、实例属性、私有属性和公有属性
- 实例方法、类方法、静态方法、私有方法和公有方法
- 继承性、封装性、多态性的概念和使用形式

面向对象概述

6.1 面向对象概述

传统的程序设计基于面向过程（Process-Oriented），而从 20 世纪 90 年代流行起来的面向对象（Object-Oriented）的程序设计思想已成为当前软件开发方法的主流。随着基于图形界面的操作系统的流行，面向对象程序设计方法与可视化技术相结合，改善了人们的计算机工作界面，使人机界面进入 GUI 时代。面向对象程序设计中的对象常来源于现实世界中的实体，所以软件开发者可以很自然地按照现实世界中处理实体的方法来处理程序中的对象。并且，面向对象程序设计方法代码的可重用性好，具有继承和派生等特点，可以重复使用类或模块，极大地提高了大型软件开发的效率。同时，面向对象程序设计方法易于进行软件的维护和功能的增减。

面向对象程序设计强调使用类、对象等基本概念来进行程序设计，是计算机编程技术的一次重大进步，通过面向对象编程能创建更加可靠、更容易理解、更容易被复用的程序。Python 是解释型语言，但它从设计之初就已经是一门面向对象的语言。Python 基本上提供了面向对象编程语言的所有元素。

现实世界的实物通过怎样的过程才能构造出计算机世界的对象呢？客观实体到计算机系统对象的转化如图 6-1 所示。

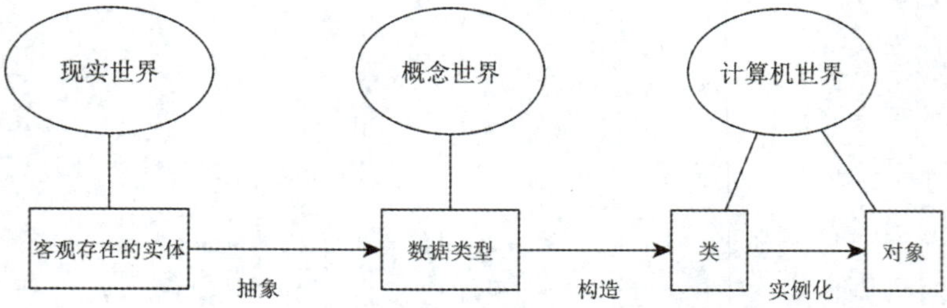

图 6-1 客观实体到计算机系统对象的转化

第一步，将自然界中客观存在的实体抽象成概念世界中的数据类型（包含属性与方法）。

第二步，将抽象数据类型用计算机逻辑表达出来，即构造计算机能够理解和处理的类。

第三步，将类进行实例化，即对象。

面向对象的程序设计具有如图 6-2 所示的三大特性。

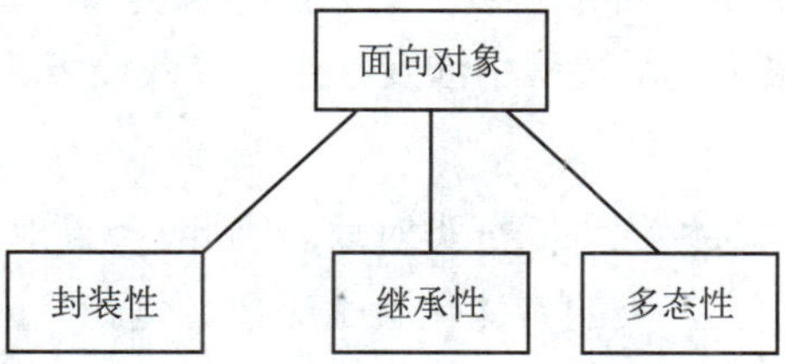

图 6-2 面向对象的三大特性

- 封装性：将对象的属性和行为封装起来的载体就是类，类通常对使用者隐藏其具体实现细节，内部操作对用户来说不可见。这保证了类内部数据结构的完整性，避免了外部对内部数据的影响，保证了程序的安全性和可靠性。
- 继承性：类似自然界中的物种遗传，子类继承父类的属性和行为，并可以在原有的基础上进行功能的修改和扩充，派生出相似的新类。
- 多态性：一般多态是指一个事物有多种不同的形态。在面向对象程序设计中，多态一般指同一方法作用在不同的对象上会有不同的表现形式，或者说，同一消息可以根据发送对象的不同而采用多种不同的行为方式（所谓消息就是函数或方法的调用）。例如，同样是 move 方法，人调用时是行走，鸟调用时是飞翔，汽车调用时是行驶。

6.2 类与对象

6.2.1 类与实例化

类与实例化

1. 对象

在现实世界中任何一个实际存在的事物都可以称为对象。它可以是一个物理实体，也可以是某一概念实例。如图 6-3 所示，一本书、一个人、一只猫、一辆汽车、一个计划表等，都是对象。

图 6-3 对象举例

面向对象程序设计的每个对象都有一组属性和一组行为。属性就是描述对象的基本特征的数据项。例如，一个人的属性包括姓名、性别、年龄、种族、身高、体重、身份证号等。一个对象用属性值来描述它的状态。

对象的行为就是对象可以执行的动作或操作。一个对象可以具有多个行为，例如学生的行为包括吃饭、睡觉、行走、跑步、选课、听课、考试等。

简单地说，在面向对象的程序设计中把对象的特征称为属性，把附属于对象的行为和动作称为方法。

多个对象相互配合、协作共同完成某一实际任务。例如，学生听到上课铃声便走进教室，坐到座位上听老师讲课。这个过程中涉及学生、上课铃声、教室、座位、老师等对象。

2. 类

具有相同属性和行为的对象称为同一类对象。因此，类是对同一类对象的集合与抽象。简单地说，即对象的抽象是类，类的具体化就是对象。例如，人类就是现实世界中的人的抽象类，“王晓明”“刘丹”等人就分别是它的一个具体对象，如图 6-4 所示。

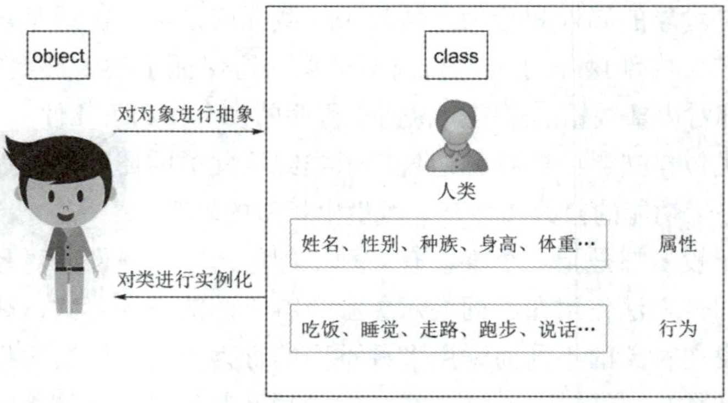

图 6-4 人类与其对象的关系

类代表了一批对象的共性。在面向对象的程序设计中，类包含所拥有的对象的属性数据，以及对这些数据进行操作的方法定义，这些属性数据和方法定义被封装和隐藏起来了，这样就实现了类的外部特性与类内部的隔离。类的内部实现细节对用户是透明的，用户只需了解类的外部特性即可。

3. 类实例化

在使用类时，需要先定义类，然后再创建类的实例，通过类的实例可以访问类中的属性和方法。

步骤一：定义类。

Python 定义一个类使用关键字 class 声明，类的声明格式如下：

```
Class类名:
类体
```

类名一般为有效的标识符，命名规则一般为一个或多个单词组成的名称，每个单词的首字母大写，其余字母均小写，这种命名方法叫作驼峰式命名法。注意类名后面有个冒号。

在类体中可以定义属性和方法。一个类包含两种成员：数据成员和方法成员。数据成员类似于一般的变量定义，即属性定义。方法成员，也叫函数成员，定义对数据的操作，类似于一般的函数定义。

如果在定义类时没有想好类的具体功能，也可以在类体中使用 pass 语句代替。

类体中的语句注意缩进。

类体中也可以有类的帮助信息，指定类的文档字符串，前后用 3 个单引号引起来即可，一般出现在类体的第一行，也可以不写。

例如，定义一个车类 Car，代码如下：

```
class Car:      #定义类 Car
  '''车类'''
  pass          #类体为空语句
```

步骤二：创建对象。

抽象的类必须实例化才能使用其定义的功能，即创建类的对象。如果把类的定义视为数据结构的类型定义，那么实例化就是创建了一个这种类型的变量。

需要说明的是，创建类的对象、创建类的实例、实例化类等说法是等价的，都是说明以类为模板生成了一个对象的操作。

对象的创建（定义）语法格式如下：

```
对象名=类名(实参)
```

对象名由用户自行设定。实参是可选参数。当创建一个类时，而没有创建 __init()__ 方法或者 __init()__ 只有一个 self 参数时，实参可以省略。

例如，创建类 Car 的一个对象 c，代码如下：

```
c=Car()
```

访问对象成员的语法格式如下：

```
对象名.成员名
```

圆点是成员运算符，用于指定访问对象的某个成员。对象可以访问的成员包括属性和函数（方法）。

【例 6-1】定义类 Car 并实例化。

```
class Car:                #定义类 Car
  '''车类'''
  pass                    #类体为空语句
c=Car()                   #创建和使用对象
print(c)
```

程序运行结果如下：

```
<__main__.Car object at 0x00000293039DF320>
```

6.2.2 构造函数与析构函数

构造函数与析构函数

1. 构造函数 __init__()

如何定义对象呢？在 Python 中，通过给变量赋值来定义变量。定义对象同理。

定义对象时，要先为对象的各个数据成员赋初值，而这个工作是由一个特定的函数来完成的，即构造函数。构造函数有个固定的名字：__init__()。注意，字符前后各有两个下划线。

它主要用于执行类的实例的初始化工作，每当创建完实例后会被自动调用，初始化当前对象的实例，无返回值。

构造函数可以有一个或多个参数。第一个参数固定为 self（这是习惯用法，也可以用其他合法标识符来代替），代表当前对象本身，可以用于访问类中的属性和方法。其他参数对应类的数据成员，其个数须与该函数中赋初值的数据成员的个数一致。

注意：self 指的是类实例对象，而不是类。self 只有在类的函数 / 方法中才会有，独立的函数或方法不必带有 self。self 在定义类的函数 / 方法时是必须有的，虽然在调用时不必传入相应的参数。

下面给出一个 __init__() 函数的示例。

【例 6-2】定义车 Car 类并实例化。创建函数时指定 4 个参数，分别是 name、model、year、type，并对其进行赋值和调用。

```
class Car:
    '''车类'''
    def __init__(self,name,model,year,form):          #构造函数
        self.name=name                                 #设置属性车名
        self.model=model                               #设置属性型号
        self.year=year                                 #设置属性年份
        self.form =form                                #设置属性类型
c=Car('Hongqi','H5',2019,'business')                   #实例化并赋值给各属性
print(c.name,c.model,c.year,c.form)                    #输出实例的各个属性值
```

运行结果如下：

```
Hongqi  H5  2019  business
```

2. 析构函数 __del__()

__del__() 是析构函数，用于实现销毁类的实例所需的操作，如释放占用的空间、非托管资源（如打开的文件、网络链接等）。默认情况下，当对象不再被使用时运行 __del__()，Python 解释器会实现自动垃圾回收。

Python 有默认的构造函数和析构函数，用户可以不用再定义。但根据程序具体情况，用户一般都需要自定义构造函数，覆盖掉系统默认的 __init__()。__del__() 很少被重新定义。

6.2.3 类的属性

类的属性

类的数据成员是在类中定义的成员变量，用来存储描述类的特征的值，称为属性。根据位置，可以分为类属性和实例属性；根据访问限制的不同，类中的属性分为公有属性、私有属性和受保护属性。

1. 类属性

定义在类内，并且在各函数成员之外的属性称为类属性。类属性属于整个类，是在所有实例之间可以共享的数据，通过类名或对象名访问。

```
类变量名=初始值              #初始化类属性
类名.类变量名=值             #修改类属性的值
类名.类变量名                #读取类属性的值
```

注意：类属性的读写访问都是通过“类名.”来实现的。

【例 6-3】定义车类 Car，在该类中定义 4 个类属性，用于记录车类的特征。

```
class Car:
    '''车类'''
    name='Hongqi'
    model='H5'
    year='2019'
    form='business'
print("我属于车类，我有以下特征：")
print(Car.name)
print(Car.model)
print(Car.year)
print(Car.form)
```

运行结果如下：

```
我属于车类，我有以下特征：
Hongqi
H5
2019
business
```

上述例子中，如果添加 __init__()，则代码修改如下：

```
class Car:
    '''车类'''
    name='Hongqi'                #定义类属性车名
    model='H5'                   #定义类属性型号
    year='2019'                  #定义类属性年份
    form='business'              #定义类属性类型
    def __init__(self):
        print("我属于车类，我有以下特征：")
        print(Car.name)          #输出车名
        print(Car.model)         #输出型号
        print(Car.year)          #输出年份
        print(Car.form)          #输出类型
car=Car()                        #实例化一个车类的对象
```

运行结果相同。

在 Python 中，还可以为类和对象动态地增加属性。例如上面的例子中末尾增加如下语句：

```
Car.speed='300km'                #定义类属性速度
print(car.speed)                 #输出速度
```

运行结果如下：

```
我属于车类，我有以下特征：
Hongqi
H5
2019
business
300km
```

2. 实例属性

在类内的函数 / 方法中定义的属性称为实例属性，作用范围为当前实例。

在类内，每个函数 / 方法都有自己的属性，各有自己的存储区域，各函数 / 方法的同名属性独立存在，互不影响。

通过“self.”进行属性名定义并赋初值。实例属性在类的内部通过“self.”访问，在外部通过对象实例访问。

通常在 __init__() 函数中利用“self.”对实例属性进行初始化，格式如下：

```
self.实例属性名=初始值
```

在其他实例函数中如果想访问和赋值，格式如下：

```
self.实例属性名=值
```

利用对象名访问，格式如下：

```
对象名.实例属性名=值             #写入
对象名.实例属性名                #读取
```

【例 6-4】定义车类 Car 并在 __init__() 函数中定义实例属性。

```
class Car:
    '''车类'''
```

```
    def __init__(self):              #构造函数
        self.name='Hongqi'           #定义实例属性车名
        self.model='H5'              #定义实例属性型号
        self.year='2019'             #定义实例属性年份
        self.form='business'         #定义实例属性类型
        print("我属于车类，我有以下特征：")
        print(self.name)             #输出车名
        print(self.model)            #输出型号
        print(self.year)             #输出年份
        print(self.form)             #输出类型
car=Car()
```

运行结果如下：

```
我属于车类，我有以下特征：
Hongqi
H5
2019
business
```

上例中，Car 类中定义了实例属性 name、model、year 和 form。car 是 Car 的一个实例，且通过 print 调用各个实例属性。

注意：实例属性只能通过实例名访问。

通过实例名可以修改实例属性，修改后并不影响该类其他实例中相应的实例属性值。例如，定义车类 Car，在 __init__() 中定义一个实例属性，然后创建两个 Car 类的实例，之后修改第一个实例的实例属性，如例 6-5。

【例 6-5】定义车类 Car，修改实例属性值。

```
class Car:
    '''车类'''
    def __init__(self):
        self.name='Hongqi'           #定义实例属性
        print(self.name)
car1=Car()                           #创建实例1
car2=Car()                           #创建实例2
car1.name='BMW'                      #修改实例属性值
print("car1的车名是：",car1.name)
print("car2的车名是：",car2.name)
```

运行后的结果如下：

```
Hongqi
Hongqi
car1的车名是：BMW
car2的车名是：Hongqi
```

对于类属性，定义类时分配存储空间，程序结束时则收回所分配的存储空间；对于实例属性，只在创建具体对象时才分配存储空间，对象撤消时则收回所分配的存储空间。

对于类属性，既可以通过类名访问，也可以通过对象名访问；对于实例属性，只能通过对象名访问。

在实例属性和类属性同名的情况下，如果实例对象更改某属性，Python 规则为修改的是实例属性。想要修改类属性，若在类外可以通过类对象修改，若在类内只能在类函数成员中进行修改。

3. 私有属性、公有属性和受保护属性

根据访问限制的不同，类中的属性分为公有属性、私有属性和受保护属性。

私有属性指的是只有在类方法中才能访问和操作的属性，对象在类外不能直接访问它。公有属性可以被对象直接访问，即公有属性既可供类内访问，也可供类外访问。受保护属性在所在类及子类中可以直接访问，非子类的类外不能直接访问。

公有属性、私有属性和受保护属性可以通过命名进行区分：

（1）以 1 个下划线开头，是受保护属性。

（2）以 2 个下划线开头，并以 2 个下划线结束，是特殊属性，如 __init__。

（3）以 2 个下划线开头，不以 2 个下划线结束，是私有属性，如 __name。

（4）其他符合命题规则的标识符，是公有属性，如 fly。

【例 6-6】定义摩托车类 Motorcycle，定义受保护属性 cisplacemint（排气量）。

```
class Motorcycle:
  '''摩托车类'''
  _displacemint='1099cc'                          #定义受保护属性
  def __init__(self):
    print('init初始化值：',Motorcycle._displacemint)
#在类实例中访问受保护属性
motor=Motorcycle()                                #创建实例
print("直接访问的值：",motor._displacemint)          #通过实例名访问受保护属性
```

运行结果如下：

```
init初始化值：1099cc
直接访问的值：1099cc
```

通过以上程序可以得到，受保护属性可以通过实例名访问。

在类外，Python 不允许直接访问私有数据，但可以使用“类的实例名 ._ 类名 _ _ 私有属性名”的形式进行访问，但是为了数据的安全性，通常不建议使用这种方法。

【例 6-7】定义摩托车类 Motorcycle，定义私有属性 displacemint（排气量）。

```
class Motorcycle:
  '''摩托车类'''
  __displacemint='1099cc'               #定义私有属性
  def __init__(self):
#在实例方法中访问私有属性
    print('init初始化值：',Motorcycle.__displacemint)
#创建实例
motor=Motorcycle()
#正确输出
print("实例名._类名__属性名方式访问：",motor._Motorcycle__displacemint)
#错误输出
print("实例名.__属性名方式访问：",motor.__displacemint)
```

运行结果如图 6-5 所示。

```
init初始化值： 1099cc
实例名._类名__属性名方式访问： 1099cc

---------------------------------------------------------------------------
AttributeError                            Traceback (most recent call last)
<ipython-input-3-3588abc95e67> in <module>()
      6 motor=Motorcycle()
      7 print("实例名._类名__属性名方式访问：",motor._Motorcycle__displacemint)
----> 8 print("实例名.__属性名方式访问：",motor.__displacemint)

AttributeError: 'Motorcycle' object has no attribute '__displacemint'
```

图 6-5 出错信息

6.2.4 类的方法

类的方法

方法是定义在类内部的函数。

1. 方法的定义和调用

在类的内部，使用 def 关键字可以为类定义一个方法，与一般函数定义不同，类方法必须包含对象本身的参数，通常为 self，且为第一个参数。

方法的定义格式如下：

```
def方法名(self,[形参列表])
  方法体
```

方法名一般使用小写字母开头。self 是必须要有的参数，其名称可以更改为其他合法字符，使用“self”只是惯例而已。形参列表中，各个参数之间用逗号隔开。方法体由一条或多条语句构成，完成某一具体功能。

方法的调用格式如下：

```
类实例名.对象方法名([实参列表])
```

实参列表是用户指定的实际参数，其个数与定义实例方法中的形参个数相同（不包含 self）。

方法定义时的第一个参数 self 在调用的时候用户不用给它传值，Python 自动把对象实例传递给它。

【例 6-8】定义车类 Car 并定义行驶方法。

```
class Car:
  '''车类'''
  def __init__(self,name,model,year,form):
    print("我属于车类，我有以下特征：")
    print(name)
    print(model)
    print(year)
    print(form)
  def run(self,status):              #定义实例方法
    print(status)
name_1='Hongqi'
model_1='H5'
year_1='2019'
form_1='business'
#创建实例
car=Car(name_1,model_1,year_1,form_1)
#调用实例方法
car.run ("我启动以后，开得非常快，国道上时速为80公里，高速公路上时速为120公里！")
```

运行结果如下：

```
我属于车类，我有以下特征：
Hongqi
H5
2019
business
我启动以后，开得非常快，国道上时速为80公里，高速公路上时速为120公里！
```

上例中，车类 Car 里定义了一个构造函数和一个实例方法 run。run 方法中有两个参数，一个是 self，一个是 status，用于指定驾驶时的状态。

在创建实例方法时，还可以给它的参数设置默认值。被设置了默认值的参数必须位于

所有参数的最后，即参数表的最右边一个。例如，修改上边的 run 方法，代码如下：

```
def run(self,status='行驶速度为每小时60公里'):
```

在调用该方法时，用户就可以不再指定参数值了，调用代码修改如下：

```
car.run ()
```

2. 实例方法、类方法和静态方法

类的方法主要有 3 种：实例方法、类方法和静态方法。不同的方法有不同的定义和调用形式，具有不同的访问限制。

（1）实例方法。直接定义的方法都是实例方法。实例方法是在类中最常定义的成员方法，它至少有一个参数并且必须以实例对象作为其第一个参数，一般以“self”作为第一个参数。在类外，实例方法只能通过实例对象去调用。实例方法的定义格式如下：

```
def 方法名(self,([形参列表]):
  方法体
```

实例方法通过实例对象调用，语法格式如下：

```
对象名.方法名([实参列表])
```

例如：

```
class Car:
def run(self,status):              #定义实例方法
    print(status)
c=Car ()                           #创建对象
c.run()                            #调用对象的方法
```

（2）类方法。类方法需要用修饰器“@classmethod”来进行标识。类方法的第一个参数必须是类对象，一般以“cls”表示。类方法可以通过实例对象和类对象进行访问。在类方法中访问实例属性会导致错误，但可以对类属性值进行修改。

类方法的声明格式如下：

```
@ classmethod
def 类方法名(cls, [形参列表]):
  方法体
```

类方法调用方法有两种，格式如下：

```
类名.类方法名([实参列表])
对象名.类方法名([实参列表])
```

例如：

```
class Motor:
  name= 'JiaLing'
  @classmethod                     #定义类方法，用修饰器
  def getName(cls):
    return cls.name
m=Motor()
print(m.getName())                 #通过实例名进行访问
print( Motor.getName())            #通过类名进行访问
```

类方法在进行调用时，用户不需要也不能给 cls 参数传值，Python 会自动把类对象传递给该参数。类对象与类的实例对象不同，在 Python 中，类本身也是对象。

（3）静态方法。静态方法需要通过修饰器“@staticmethod”来进行标识。静态方法一般通过类名访问，也可以通过实例名来调用。静态方法是与类的实例对象无关的方法。在静态方法中访问实例对象会导致错误。

静态方法的定义格式如下：

```
@staticmethod
def 静态方法名([形参列表])
    方法体
```

调用方法有两种，格式如下：

```
类名. 静态方法名([实参列表])
对象名. 静态方法名([实参列表])
```

上述 3 种方法，从定义形式上来看，类方法的第一个参数是类对象 cls，那么通过 cls 引用的必定是类对象的属性和方法。而实例方法的第一个参数是实例对象 self，那么通过 self 引用的可能是类属性，也有可能是实例属性，不过在存在相同名称的类属性和实例属性的情况下，实例属性优先级更高。静态方法中不需要额外定义参数，因此在静态方法中如果要引用类属性，必须通过类对象实现。

从访问限制上来看，实例方法是属于实例的方法，通过“实例名 . 方法名”调用。该方法可以访问类属性、实例属性、类方法、实例方法和静态方法。类方法是属于类的方法，可以通过“实例名 . 方法名”调用，也可以通过“类名 . 方法名”调用。类方法不能访问实例属性和实例方法。静态方法是与类的实例对象无关的方法，可以通过“实例名 . 方法名”调用，也可以通过“类名 . 方法名”调用。静态方法不能访问实例属性和实例方法。

3. 私有方法与公有方法

类的方法一般都定义为公有方法。与私有属性类似，以双下划线开始，但不以双下划线结束命名的方法称为私有方法。不能直接访问私有方法，但可以在其他方法中访问。

【例 6-9】私有方法与公有方法示例。

```
class Car:
    def __init__(self,name,model,price):
        self.name=name
        self.model=model
        self.price=price
    def __checkName(self):
        if self. name=="":
            return False
        else: return True
    def getName(self):
            if self.__checkName():
                print(self. name, self.model)
            else:
                print('No Data!')
c=Car('BMW','320Li',3239000)
c.getName()
c.__checkName()                    #报错，不能直接访问私有方法
```

程序运行结果如图 6-6 所示。

```
BMW 320Li

---------------------------------------------------------------------------
AttributeError                            Traceback (most recent call last)
<ipython-input-16-d2da4928e2ca> in <module>()
     15 c=Car('BMW','320Li',3239000)
     16 c.getName()
---> 17 c.__checkName()#报错，不能直接访问私有方法

AttributeError: 'Car' object has no attribute '__checkName'
```

图 6-6　出错结果

6.3 面向对象的三大特性

6.3.1 继承性

继承性

1. 概念

继承来源于自然世界的父子关系。子女一般都能从父母那里继承一些体貌特征，但又不同于父母。在面向对象的程序设计中，父类被认为是基类，是一个定义好的类，子类是从父类派生出来的类，子类会继承父类的所有属性和方法，子类也可以覆盖父类同名的变量和方法。

每个类至少有一个父类，这两个类之间的关系可以描述为“父一子”“超类一子类”“基类一派生类”“is-a”等关系。例如创建 Car 类，BMW 类是 Car 类的一个子类。

通过继承，可以实现代码重用，便于梳理类与类之间的关系。

2. 单继承

在开发程序的过程中，Python 支持单继承与多继承。当只有一个基类时为单继承。

单继承的定义格式如下：

```
Class 类名(基类名):
  类体
```

类名后面的括号参数用于指定要继承的基类。单继承时参数只有一个。如果在类定义中没有指定基类，则默认基类为 object。object 是所有对象的根基类，定义了公月方法的默认实现。

类体主要是由类变量（类属性）、方法等定义语句组成的。如果没有想好类的具体功能，可以在类体中直接使用 pass 语句占位。

【例 6-10】单继承示例：创建车基类及其派生类。

```
class Car:
  '''We are family,cars!'''
  name='Hongqi'
  model='H5'
  year='2019'
  form='business'
  def __init__(self):
    print("我属于车类，我有以下特征：")
    print(Car.name)
    print(Car.model)
    print(Car.year)
    print(Car.form)
class Buick(Car):                #定义子类
  pass
car1=Car()                       #创建Car类的实例
car2=Buick()                     #创建Buick类的实例
```

运行结果：

```
我属于车类，我有以下特征：
Hongqi
H5
2019
```

```
business
我属于车类，我有以下特征：
Hongqi
H5
2019
business
```

在上述例子中，子类 Buick 默认无 __init__()，则会直接继承基类 Car 的 __init__()，因此子类 Buick 会继承基类 Car 的所有属性。从该例的运行结果可以看出在创建子类实例对象 car2 的时候调用的是 Car 的构造函数。

若子类中定义了自己的 __init__()，那么程序运行时调用的是自己的构造函数，而不会自动调用基类的 __init__()，如例 6-11 所示。

【例 6-11】派生类有自己的构造函数示例。

```
class Car:
    '''We are family,cars!'''
    def __init__(self):
        print("我是一辆白色的轿车。")
class Buick(Car):
    def __init__(self):
        print("我是一辆灰色的别克车。")
car1=Car()
car2=Buick()
```

程序运行结果如下：

```
我是一辆白色的轿车。
我是一辆灰色的别克车。
```

让子类调用基类的 __init__() 初始化数据时，需要在子类中使用 super() 函数才能调用基类的 __init__()。修改例 6-11 的代码如下：

```
class Car:
    '''We are family,cars!'''
    def __init__(self):
        print("我是一辆白色的轿车。")
class Buick(Car):
    def __init__(self):
        super().__init__()      #使用super()函数
car1=Car()
car2=Buick()
```

程序运行结果如下：

```
我是一辆白色的轿车。
我是一辆白色的轿车。
```

3. 方法重写

通过继承，子类继承基类中除构造方法之外的所有成员。如果基类中的某个方法不适合子类时，子类就可以重新编写这个从基类继承的方法。这也叫方法覆盖。

方法重写的定义格式如下：

```
def 方法名()
```

方法名与父类继承的方法名相同。

若是在方法中调用父类方法，则调用格式如下：

```
父类名.方法名
```

【例6-12】方法重写示例。

```
class Car:
  '''We are family,cars!'''
  def __init__(self):
    print("我是一辆车。")
  def run(self):
    print("我启动以后，开得非常平稳，国道上时速为60公里，高速公路上时速为80公里！")
class Buick(Car):
  def __init__(self):
    print("我是一辆别克轿车。")
  def run(self):                    #重写run方法
    print("我启动以后，开得非常快，国道上时速为80公里，高速公路上时速为120公里！")
car=Car()
car.run()
buick=Buick()
buick.run()
```

运行结果如下：

```
我是一辆车。
我启动以后，开得非常平稳，国道上时速为60公里，高速公路上时速为80公里！
我是一辆别克轿车。
我启动以后，开得非常快，国道上时速为80公里，高速公路上时速为120公里！
```

在上例中，子类Buick的run方法进行了覆盖重写。

4. 多重继承

Python支持多重继承，当子类有多个基类时称为多重继承，定义的语法格式如下：

```
class类名(基类1,基类2,...,基类n)
  类体
```

类名后面括号里的参数用于指定要继承的基类。当基类是多个时，中间用逗号隔开。

基类的书写顺序关系着继承顺序。如果继承的多个父类中有相同的方法名，但在类中使用时未指定父类名，则Python将按照从左到右的顺序搜索，即调用先继承的类中的同名方法。

类体主要是由类变量（类属性）、方法等定义语句组成的。如果没有想好类的具体功能，可以在类体中直接使用pass语句占位。

【例6-13】多重继承示例：子类可继承多个父类的成员和方法。

```
class Dad():
  dad_feature ='个子高高，身体强壮'
  def dad_sing(self):
    print('我会唱歌！')
class Mum():
  mum_feature='性格开朗，落落大方'
  def mum_dance(self):
    print('我会跳舞！')
class Son(Dad,Mum):                #定义Son类，同时继承Dad类和Mum类
  def son_sport(self):
    print('我会打篮球、排球、羽毛球……')
son=Son()                          #创建实例
print(son.dad_feature)
print(son.mum_feature)
son.dad_sing()                     #调用基类Dad的方法
son.mum_dance()                    #调用基类Mum的方法
son.son_sport()
```

执行结果如下：

```
个子高高，身体强壮
性格开朗，落落大方
我会唱歌！
我会跳舞！
我会打篮球、排球、羽毛球……
```

在例 6-13 中，Son 类同时继承 Dad 类和 Mum 类，可以访问两个父类的属性和方法。多重继承的目的是从多个父类中分别进行选择并继承出新的子类，组合功能。

封装性

6.3.2 封装性

在面向对象的程序设计中，封装是对具体对象的一种抽象，即将某些部分隐藏起来，在程序外部看不到，其含义是其他程序无法调用。途径就是“私有化”，将类或者函数中的某些属性限制在某个区域之内，外部无法调用。Python 通过在变量名前加双下划线来实现“私有化”。

封装共分为两层。

第一层封装：创建类和对象会分别创建二者的名称空间，只能用“类名 .”或者“实例名 .”的方式去访问里面的属性和方法，这就是一种封装。

第二层封装：类中把某些属性和方法定义成私有成员，只在类的内部使用，外部无法访问（即面对用户是隐藏不见的），或者留下少量接口（函数）供外部访问。

前面例 6-7 定义了摩托车类 Motorcycle，其中定义了私有属性 displacemint（排气量）。访问私有属性 displacemint 的代码如下：

```
class Motorcycle:
  '''摩托车类'''
  __displacemint='1099cc'          #定义私有属性
  def __init__(self):
#在构造函数中访问私有属性
print('init初始化值：',Motorcycle.__displacemint)
motor=Motorcycle()                 #创建实例
print(motor.__displacemint)        #直接访问私有属性，输出会显示错误
```

怎样才能访问这一层面封装（隐藏）的属性或方法呢？我们可以在类中定义一个函数（接口函数）在类内部访问 / 调用私有属性成员，然后外部就可以使用了。

多态性

6.3.3 多态性

多态即多种形态。例如，序列类型有多种形态：字符串、列表、元组。向不同对象发送同一条消息，不同对象在接收时会产生不同的行为（即方法）。所谓消息，就是调用函数，不同的行为就是指不同的实现。例如，同样是 move 方法，人调用时是行走，鸟调用时是飞翔，汽车调用时是行驶。

在继承关系中多态体现在，基类的同一个成员函数或方法在不同的子类中具有不同的表现和行为。

多态性能够增加程序的灵活性，并提高程序的可扩展性。

【例 6-14】定义一个父类 Solve，Circle 和 Rectangle 为它的子类，在子类中覆盖父类的 lengthsum、area 方法，利用不同的计算公式计算圆形和长方形的面积。

```
class Solve:                       #定义基类
  def __init__ (self, x, y):
```

```
        self.x=x
        self.y=y
    def lengthsum(self):            #定义求周长方法
        pass                        #空语句
    def area(self):                 #定义求面积方法
        pass                        #空语句
class Circle(Solve):                #定义圆Circle类
    def __init__(self, r):
        Solve.__init__(self,r,0)    #调用父类的__init__()
    def lengthsum(self):            #求周长
        return 2*3.14*self.x
    def area(self):                 #求面积
        return 3.14*self.x*self.x
class Rectangle(Solve):             #定义矩形Rectangle类
    def __init__(self,width,high):
        Solve.__init__(self,width,high) #调用父类的__init__()
    def lengthsum(self):            #求周长
        return 2*(self.x+self.y)
    def area(self):                 #求面积
        return self.x*self.y
circle=Circle(5)                    #创建圆的实例
rect=Rectangle(10,3)                #创建矩形的实例
print('圆的半径是5')
print('圆的周长是：',format(circle.lengthsum()))
print('圆的面积是：',format(circle.area()))
print('矩形的长是10，宽是3')
print('矩形的周长是：',format(rect.lengthsum()))
print('矩形的面积是：',format(rect.area()))
```

运行结果如下：

```
圆的半径是5
圆的周长是：31.400000000000002
圆的面积是：78.5
矩形的长是10，宽是3
矩形的周长是：26
矩形的面积是：30
```

在例 6-14 的代码中，定义基类时用到了 pass 语句，其作用相当于空语句，即什么也不做，只是占有一个语句的位置。在后续的子类 Circle 和 Rectangle 中，在相应方法中再具体书写语句，定义其相应的具体功能。不同对象调用同一方法后实现的具体操作是不一样的，例如 circle 调用 lengthsum 方法后完成的是利用公式 $2\times\pi\times r$ 计算圆的周长的功能，而 rect 调用 lengthsum 方法后完成的是利用公式 (长 + 宽)×2 计算矩形周长的功能，从而实现了多态。

下面再介绍一个多态的例子（例 6-15）。对于 Animal 的子类 Dog、Cat、Sheep，调用同一 speak 方法后，显示的叫声是不一样的。

【例 6-15】多态示例。

```
class Animal:                       #定义基类
    def speak(self):
        print('I can speak.')
class Dog(Animal):                  #定义子类
    def speak(self):
        print('汪汪汪！')
class Cat(Animal):                  #定义子类
    def speak(self):
```

```
        print('喵——！ ')
class Sheep(Animal):                    #定义子类
    def speak(self):
        print('咩——！ ')
dog=Dog()                               #实例化
cat=Cat()                               #实例化
sheep=Sheep()                           #实例化
dog.speak()                             #调用speak方法
cat.speak()                             #调用speak方法
sheep.speak()                           #调用speak方法
```

程序运行结果如下：

```
汪汪汪！
喵——！
咩——！
```

6.4 综合应用

【例 6-16】警察抓小偷游戏设计。设定一个游戏场景，随机产生 5 个小偷和 1 名警察，小偷和警察均在游戏场景中能前后左右奔跑，警察初始能量值为 100，每跑一步消耗能量 1，当警察抓住小偷时，警察能量值增加 50，小偷不计体力。当警察能量值为 0 或者小偷数量为 0 时，游戏结束。

分析：根据上述要求，假设游戏场景范围变量为 (x,y)，$0 \leqslant x \leqslant 20$，$0 \leqslant y \leqslant 20$（x,y 最大值可自拟，数值越大抓捕难度越大）。

抓捕游戏有两个对象，分别是警察和小偷，可以抽象定义他们的父类 Person。警察和小偷在游戏开始均随机设置初始化位置，警察和小偷都有的技能是奔跑（随机 1 或 2，遇到边界向反方向移动）。警察还有一个特殊技能就是抓捕，即警察坐标和小偷坐标重叠时，警察抓住小偷。

因此，设置警察和小偷类都有“随机设置初始化位置”和“奔跑”方法，为此在他们的父类 Person 中即可定义这两个方法。

程序流程图如图 6-7 所示。

本游戏包括 3 个类：Person、警察和小偷。

在主程序中，首先进行场景设置，定义父类和子类警察与小偷类，创建 1 个警察和 5 个小偷实例对象，然后循环执行下述步骤。

自然语言算法描述：

（1）判断小偷数量是否为 0 或者警察能量值是否为 0？否则进行步骤（2），是则执行步骤（7）。

（2）获取警察的坐标。

（3）警察能量值 -1。

（4）判断所有小偷当中是否有小偷的坐标与警察的坐标相同，如果相同则调用抓捕方法，删除该小偷。

（5）警察能量增加 50。

（6）重复步骤（1）操作。

（7）退出循环，结束。

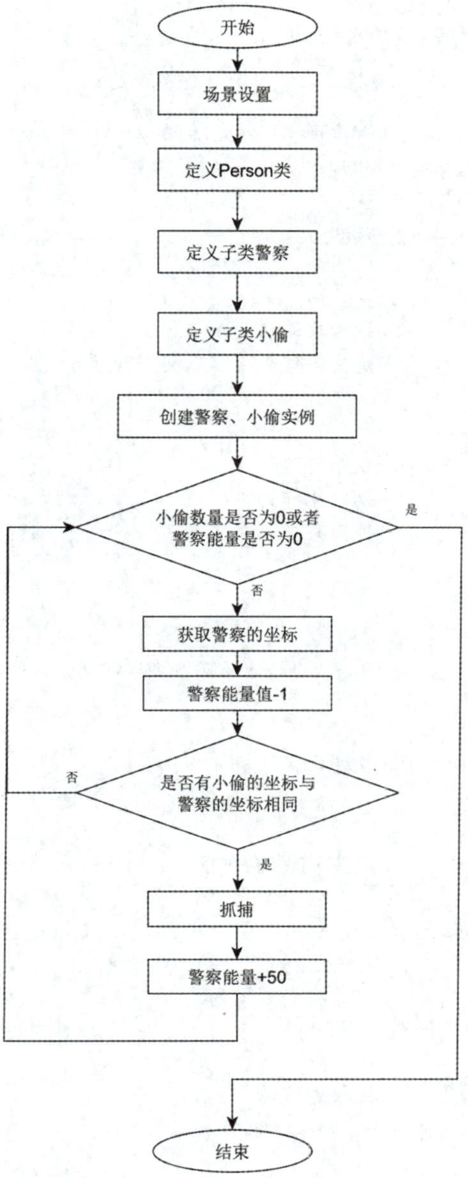

图 6-7 警察抓小偷流程图

具体程序代码如下：

```
import random as r
range_x=[0,20]
range_y=[0,20]
Policeman_run_range=[1,2,-1,-2]
Thief_run_range=[1,-1]
class Person:                     #定义父类Person
  def __init__(self):             #设置随机位置
    self.x=r.randint(range_x[0],range_x[1])
    self.y=r.randint(range_y[0],range_y[1])
  def run(self,p):
    next_x=self.x+r.choice(p)     #随机计算方向并移动到新的位置
    next_y=self.y+r.choice(p)
    if next_x<range_x[0]:         #检查移动后是否超出场景x轴边界
      self.x=range_x[0]-(next_x-range_x[0])
```

```
        elif next_x>range_x[1]:
            self.x=range_x[1]-(next_x-range_x[1])
        else:
            self.x=next_x
        if next_y<range_y[0]:          #检查移动后是否超出场景y轴边界
            self.y=range_y[0]-(next_y-range_y[0])
        elif next_y>range_y[1]:
            self.y=range_y[1]-(next_y-range_y[1])
        else:
            self.y=next_y
        return(self.x,self.y)          #返回移动后的新位置
class Policeman(Person):               #定义警察类，继承父类Person
    feature='警服+警帽'
    def __init__(self):
        super().__init__()             #初始位置随机
        self.energy=100                #初始化体力
    def seize(self):                   #抓捕方法
        self.energy+=50
        if self.energy>100:
            self.energy=100
class Thief(Person):                   #定义小偷类，继承父类Person
    feature='黑衣+蒙面巾'
    def __init__(self):
        super().__init__()             #初始位置随机
policeman=Policeman()
thief=[]
for i in range(5):                     #产生5个小偷对象
    new_thief=Thief()
    thief.append(new_thief)
while True:
    if len(thief)==0:                  #如果小偷数量为0
        print("小偷都被抓完，游戏结束！")
        break
    if policeman.energy==0:            #如果警察体力为0
        print("警察体力耗尽，休息一下吧！")
        break
    pos=policeman.run(Policeman_run_range)
    #警察移动到新的位置赋值给变量pos
    policeman.energy-=1
    for each_thief in thief[:]:
        if each_thief.run(Thief_run_range)==pos:
            policeman.seize()          #小偷被抓住了
            thief.remove(each_thief)
            print("有一个小偷被抓住！")
```

程序运行结果如下：

```
有一个小偷被抓住！
有一个小偷被抓住！
有一个小偷被抓住！
警察体力耗尽，休息一下吧！
```

以上代码每次运行的结果并不相同，抓住的小偷数量也不太一样。如果修改 range_x、range_y 的值，比如锁定在 [0,10] 之间，程序运行后小偷都被抓完的概率就会增大。代码中，choice() 方法的作用是返回一个列表、元组或字符串的随机项。

本章小结

本章主要介绍了以下知识点：

（1）类与对象：任何一个实际存在的事物都可以称为对象。具有相同属性和行为的对象称为同一类对象。Python 使用关键字 class 定义一个类。抽象的类必须实例化才能使用其定义的功能。

（2）构造函数与析构函数：定义对象时，要先为对象的各个数据成员赋初值，而这个工作是由一个特定的函数来完成的，即构造函数（或构造方法）__init__()。每当创建完实例后会被自动调用。第一个参数固定为 self。__del__() 是析构函数，用于实现销毁类的实例所需的操作，如释放占用的空间、非托管资源 (如打开的文件、网络链接等)。

（3）类的属性：类的数据成员是在类中定义的成员变量，用来存储描述类的特征的值，称为属性。属性可以被该类中定义的方法访问，也可以通过类或类的实例进行访问。根据位置可以分为类属性和实例属性。根据访问限制的不同，类中的属性分为公有属性、私有属性和受保护属性。

（4）类的方法：方法是定义在类内部的函数。与一般函数定义不同，类方法必须包含对象本身的参数 self，且为第一个参数。类的方法主要有 3 种类型：实例方法、类方法和静态方法。不同的方法有不同的定义和调用形式，具有不同的访问限制。直接定义的方法都是实例方法。类方法需要用修饰器“@classmethod”来进行标识。静态方法需要通过修饰器“@staticmethod”来进行标识。类的方法还可以分为私有方法与公有方法。类的方法一般都默认定义为公有方法。与私有属性类似，以双下划线开始，但不以双下划线结束命名的方法称为私有方法。

（5）面向对象的三大特性：继承性、封装性和多态性。

父类被认为是基类，是一个定义好的类，子类是从父类派生出来的类，子类会继承父类的所有属性和方法，子类也可以覆盖父类同名的变量和方法。每个类至少有一个父类。Python 支持单继承与多继承。

封装是对具体对象的一种抽象，即将某些部分隐藏起来，在程序外部看不到，其含义是其他程序无法调用，其途径就是“私有化”。

多态即多种形态。向不同对象发送同一条消息，不同对象在接收时会产生不同的行为（即方法）。在继承关系中多态体现在，基类的同一个成员函数或方法在不同的子类中具有不同的表现和行为。

习题 6

一、选择题

1．在 Python 中定义类的保留字是（ ）。

A．def　　B．class　　C．object　　D．_init_

2．在方法定义中，可访问实例变量 x 的是（ ）。

A．x　　B．self.x　　C．self[x]　　D．self.getX()

3．下面（ ）不是面向对象程序设计的基本特征。

A．集成　　B．多态　　C．一般性　　D．封装性

4．下列 Python 语句的运行结果为（ ）。

```
class Number:
  def __init__(self,n)
    self.n=n
n=326
acc=Number (10)
print(acc.n)
```

A．326　　B．10

C．0　　D．错误，找不到属性 n

二、简答题

1．什么是类？什么是对象？它们之间的关系是怎样的？

2．怎样创建类？

3．__init__() 的作用是什么？

4．私有属性和公有属性的区别是什么？它们分别如何被调用？

5．什么是实例方法？什么是类方法？什么是静态方法？它们有什么区别？

6．什么是继承？什么是多态？请举例说明。

三、编程题

1．定义一个水果类，然后通过水果类创建苹果、橘子、香蕉等对象并分别添加颜色属性。

2．定义一个汽车类并在类中定义一个 drive 方法，然后分别创建 Buick_GL8、Hongqi_HS5 对象并添加颜色、型号、发动机排量等属性，最后分别输出属性值、调用 drive 方法。

3．定义一个动物 Animal 类，为其定义一个 run 方法，调用 run 方法时打印相关信息，如打印出“熊猫正在奔跑”；定义一个 get_age 方法，调用 get_age 方法时打印相关信息，如打印出“这只熊猫今年 5 岁了”；定义一个 eat 方法，调用 eat 方法时打印相关信息，如打印出“熊猫正在吃竹子”；然后分别创建出 3 个不同种类的动物对象，分别调用它们的方法，让它们“跑起来”“吃起来”。

第 7 章　Python 文件操作

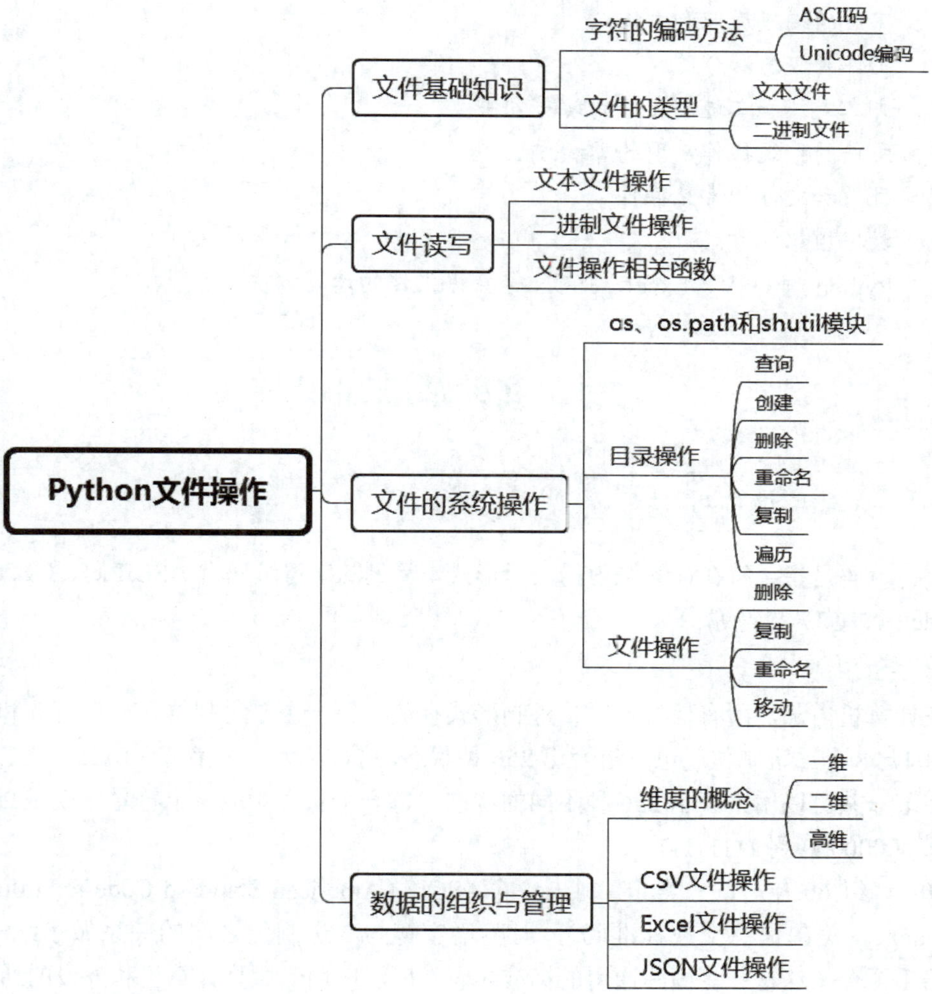

本章导读

当输入输出的数据量较大、需要长期保存时，一般会把数据放到文件中。本章首先介绍数据在计算机中的表示、文件的分类。然后介绍文件的读写操作，具体为不同类型文件的读写方法和常用的文件操作相关函数；程序对文件的主要系统操作，包括对文件夹的操作和文件的操作，如创建、复制、更名、删除等。最后介绍数据组织和管理的主要内容，一维、二维、多维数据组织，CSV 文件、Excel 文件、JSON 文件的读写方法。

本章要点

- 字符的编码原理和方法
- 文件的概念和分类
- 文本文件和二进制文件的读写方法
- 文件的系统操作常用的库和方法
- 目录和文件的常见操作
- 数据组织的方式
- Python 对 CSV、Excel、JSON 等数据文件的读写方法

7.1 文件基础知识

文件基础知识

7.1.1 字符的编码方法

字符编码是指字符在计算机内的表示形式，常见的字符编码有 ASCII 码、GB2312 码、Unicode 码、UTF-8 码等。

1. ASCII 码

在计算机内部，所有信息都以二进制形式存放。每一个二进制位（bit）有 0 和 1 两种状态，因此 8 个二进制位就可以组合出 256 种状态，这被称为一个字节（Byte）。也就是说，一个字节一共可以用来表示 256 种不同的状态，每一个状态对应一个符号，就是 256 个符号，从 00000000 到 11111111。

20 世纪 60 年代，美国制定了 ASCII（American Standard Code for Information Interchange，美国信息交换标准码），对英语字符与二进制位之间的关系做了统一规定，一直沿用至今。这是一套国际通用的标准编码，广泛应用于微型计算机和外设的通信。

标准 ASCII 码一共规定了 128 个字符的编码，比如空格 Space 是 32（二进制 00100000），大写的字母 A 是 65（二进制 01000001）。这 128 个符号（包括 32 个不能打印出来的控制符号）只占用了一个字节的低 7 位，最高位统一规定为 0。扩展 ASCII 码增加了一些外文和表格等特殊符号，占用 8 个二进制位，共 256 个字符编码。

2. GB2312 码

对于我们来说能在计算机中显示中文字符是至关重要的，但 ASCII 表里没有中文偏旁部首。所以我们还需要一张关于中文和数字对应的关系表。一个字节最多只能表示 256 个字符，要处理中文显然一个字节是不够的，所以需要采用两个字节来表示，而且还不能和 ASCII 编码冲突，所以中国制定了 GB2312 编码，用于对简体中文编码。

3. Unicode 码

如果各个国家都有一套自己的编码，就不可避免会有冲突，该怎么办呢？由此，Unicode 应运而生。Unicode 编码把所有语言都统一到一套编码里，解决了不同编码产生的乱码问题。Unicode 标准也在不断发展，但最常用的是用两个字节表示一个字符（如果要用到非常生僻的字符，则需要 4 个字节）。现代操作系统和大多数编程语言都直接支持 Unicode。

Unicode 是一个很大的集合，现在的规模可以容纳 100 多万个符号。每个符号的编码都不一样，比如，U+0639 表示阿拉伯字母 Ain，U+0041 表示英语的大写字母 A，U+4E25 表示汉字“严”。具体的符号对应表可以查询 unicode.org。

需要注意的是，Unicode 是一个符号集，它只规定了符号的二进制代码，却没有规定这个二进制代码应该如何存储和传输。比如，汉字“严”的 Unicode 是十六进制数 4E25，转换成二进制数足足有 15 位（100111000100101），也就是说，这个符号的表示至少需要 2 个字节。表示其他更大的符号，可能需要 3 个字节或者 4 个字节，甚至更多。这里就有两个严重的问题，第一个问题是，如何才能区别 Unicode 和 ASCII？计算机怎么知道 3 个字节表示 1 个符号，而不是分别表示 3 个符号呢？第二个问题是，英文字母只用 1 个字节表示就够了，如果 Unicode 统一规定，每个符号用 3 个或 4 个字节表示，那么每个英文字母前都必然有 2 ～ 3 个字节是 0，这对于存储来说是极大的浪费，文本文件的大小会因此大出二三倍，这是令人无法接受的。它们造成的结果是：①出现了 Unicode 的多种存储方式，也就是说有许多种不同的二进制格式，可以用来表示 Unicode；② Unicode 在很长一段时间内无法推广，直到互联网出现。

4. UTF-8 码

互联网的普及强烈要求出现一种统一的编码方式。UTF-8 就是在互联网上使用最广泛的一种 Unicode 的实现方式。其他实现方式还包括 UTF-16（字符用 2 个字节或 4 个字节表示）和 UTF-32（字符用 4 个字节表示），不过在互联网上基本不用。

基于节约空间的原则，UTF-8 编码基于“可变长编码”。UTF-8 编码把一个 Unicode 字符根据不同的数字大小编码成 1 ～ 6 个字节，常用的英文字母被编码成 1 个字节，汉字通常是 3 个字节，只有很生僻的字符才会被编码成 4 ～ 6 个字节。例如字符“A”和“中”的编码见表 7-1。

表 7-1　字符“A”和“中”的编码

字符	ASCII 码	Unicode 码	UTF-8 码
A	01000001	00000000 01000001	01000001
中		01001110 00101101	11100100 10111000 10101101

通过表 7-1 还可以发现，UTF-8 编码有一个额外的好处，就是 ASCII 编码实际上可以被看成是 UTF-8 编码的一部分，所以大量只支持 ASCII 编码的历史遗留软件可以在 UTF-8 编码下继续工作。

7.1.2 文件的类型

文件是指存储在各种存储器上的数据集合，可以永久保存。如记事本文件、日志文件、图像文件、视频和音频文件、Word 文件、可执行文件等，以不同的形式存储在各种存储设备上。

根据文件的编码形式，可以将文件分为文本文件（ASCII 文件）和二进制文件。

1. 文本文件

文本文件在磁盘中存放时每个字符对应一个字节（有必要区分一下西文和其他字符），用于存放对应的 ASCII 码（文本文件可以是 Unicode 或 UTF-8）。ASCII 码文件可在屏幕上按字符显示，一般用字处理软件（如 Windows 的记事本等）进行编辑。文本文件的读取必须从文件的头部开始，一次全部读出，不能只读取其中的一部分数据，不能跳跃式访问。文本文件的每一行文本相当于一条记录，每条记录长度不等，用换行符分隔，不能同时进行读和写操作。

由于结构简单、使用方便、占用内存资源较少，文本文件被广泛用于记录信息。它能够避免其他文件格式遇到的一些问题。此外，当文本文件中的部分信息出现错误时，往往能够比较容易地从错误中恢复过来，并继续处理其余的内容。文本文件的缺点是访问速度较慢，不易维护。

2. 二进制文件

二进制文件是按二进制的编码方式来存放的，是基于值编码的文件，可以根据具体应用指定某个值是什么意思（这样一个过程可以看作是自定义编码）。用户一般不能直接读懂它们，只有通过相应的软件才能将其显示出来。二进制文件一般是可执行程序、图形、图像、声音等。

二进制文件编码是变长的，灵活、利用率高，存储和加载输出较快；但是其译码要难一些，不同的二进制文件译码方式是不同的，不适合阅读，不能用字处理软件进行编辑。使用二进制文件主要有以下几点好处：

- 节约空间。文本文件和二进制文件存储字符型数据时并没有差别，但是在存储数字，特别是实型数字时，二进制文件更节省空间。
- 存储速度快。因为内存中参加计算的数据都是用二进制格式存储的，所以使用二进制存储到文件就更快捷。如果存储为文本文件，则需要一个转换的过程。在数据量很大的时候，两者就会有明显的速度差别了。
- 精度高。一些比较精确的数据使用二进制存储不会造成有效位的丢失。

7.2 文件读写

文件读写基础知识

文件读写是请求操作系统打开一个文件对象（通常称为文件描述符），然后通过操作系统提供的接口从这个文件对象中读取数据（读文件），或者把数据写入这个文件对象（写文件）。因此，文件操作有打开文件、读写文件和关闭文件 3 个步骤。其中，打开文件就是告诉操作系统创建一个文件对象，并确定文件路径、文件名及扩展名、读写模式、编码方式等参数，使用 open() 方法；读写文件就是告诉操作系统数据在内存和外存之间的流动方式，使用 read() 和 write() 方法；关闭文件就是告诉操作系统存盘，特别是往文件里写数据时，所有 write 操作都是在内存中进行的，只有在执行 close() 方法后才将结果保存到外存储介质中，因此，文件操作的最后一步——关闭文件也很重要。

无论是文本文件，还是二进制文件，都使用 open() 函数打开。open() 函数的完整用法如下：

```
open(filename,mode='r',buffering=-1,encoding=None,errors=None,newline=None,closed=True,opener=None)
```

open() 函数需要传入 8 个参数，前 4 个参数比较重要。除了 filename 参数外，其他都有默认值，因此使用 open() 函数时不需要传入全部参数。下面对前 4 个参数进行详细说明。

（1）filename 指定了要打开的文件名称，数据类型为字符串。filename 也包含了文件所在的存储路径，可以是相对路径，也可以是绝对路径。

（2）mode 指定了文件的打开模式，也就是设定文件的打开权限。文件的打开模式有十几种（表 7-2），比较常用的有 r、r+ 和 w+ 模式，使用 r 模式打开的文件只能读取文件，而不能改写文件内容；使用 r+ 模式打开的文件既可以读取文件，也可以写入文件；使用 w+ 模式与 r+ 模式基本相同，唯一不同的是，使用 w+ 模式可以创建一个新的文件，如果打开的文件已存在，原有内容会被删除，因此要谨慎使用 w+ 模式打开文件，防止已有文件内容被清空。

表 7-2　Python 打开文件的模式

打开模式	模式描述
r	以只读方式打开文件，文件只能读，不能写，是默认模式
r+	以读写方式打开文件（参见 r）
w	以只写方式打开文件，如果该文件已存在，则将其覆盖，否则创建新文件
w+	以读写方式打开文件（参见 w）
x	创建新文件，并以写方式打开。如果已经存在该文件，则抛出 FileExistsError 异常
a	以追加方式打开文件。如果该文件存在，文件指针指向文件的末尾
a+	以追加读写方式打开文件（参见 a）
rb	以只读方式打开二进制文件
rb+	以读写方式打开二进制文件（参见 rb）
wb	以只写方式打开二进制文件
wb+	以读写方式打开二进制文件（参见 wb）
ab	以追加方式打开二进制文件。如果该文件存在，文件指针指向文件的末尾
ab+	以追加读写方式打开二进制文件（参见 a）

（3）buffering 用于指定打开文件所用的缓冲方式，缓冲是指用于读取文件的缓冲区，缓冲区就是一段内存区域。设置缓冲区的目的是先把文件内容读取到缓冲区，可以减少 CPU 读取磁盘的次数。Buffering 为 0 时表示不缓冲，为 1 时表示只缓冲一行数据，为 -1 时表示使用系统默认缓冲机制，默认为 -1。任何大于 1 的值表示使用给定的值作为缓冲区大小。一般情况下使用函数默认值即可。

（4）encoding 用于指定文件的编码方式，默认采用 UFT-8，编码方式主要是指文件中的字符编码。我们经常会碰到这样的情况，当打开一个文件时，内容全部是乱码，这是因为创建文件时采用的编码方式和打开文件时的编码方式不一样，造成字符显示错误，看上去就是乱码。

7.2.1　文本文件操作

使用 open() 函数打开或者创建一个文件，其默认模式是以只读方式打开文本文件。文本文件的默认编码形式为 Unicode 编码。

1. 文本文件的写入

文本文件的写入包括打开文件、写入数据和关闭文件 3 个步骤。

（1）创建或者打开文件对象。使用 open() 函数创建或者打开文件对象。例如：

```
f1=open('file1.txt','w')          #以只写的方式创建或打开文件file1.txt
f2= open('file1.txt','a')         #以追加的方式打开文件file1.txt
#创建文件file2.txt，如果file2.txt已存在，则抛出FileExistsError
f3=open('file2.txt','x')
```

（2）将字符串写入文本文件。打开文件后，使用 write() 和 writelines() 函数将字符串写入文本文件。

1）write() 函数，可以向文件中写入指定内容。例如：

```
f1.write('开始写入数据')    #将字符串“开始写入数据”写入文件对象f1
```

需要注意，如果此时运行此程序并打开 file1.txt，会发现该文件是空的。这是因为，写入文件内容时，操作系统不会立刻把数据写入磁盘，而是先缓存起来，只有调用 close() 函数时，操作系统才会把没有写入的数据全部写入磁盘文件中。如果向文件写入数据后，不想马上关闭文件，也可以调用文件对象提供的 flush() 函数将缓冲区的数据写入文件中。例如：

```
f1.flush()    #将缓冲的数据更新到文件中
```

2）writelines() 函数，可以实现将字符串列表写入文件中。例如：

```
f1.writelines(lines)    #依次将列表lines中的各字符串写入文件对象f1
```

需要说明的是，使用 write() 和 writelines() 函数向文件中写入多行数据时，不会自动给各行添加换行符，需要添加“\n”实现换行。例如：

```
f1.writelines(['开始写入数据\n','abc\n'])
```

（3）关闭文件。写入文件完成后，应使用 close() 函数关闭，释放资源，并将缓冲的数据更新到文件中。格式为：

```
文件对象名.close()
```

如关闭刚才写入的文件，应写为：

```
f1.close()
```

通常，文件操作可使用 with 语句实现系统自动关闭打开文件。例如：

```
with open('file1.txt','w') as f1:
```

这种情况下，执行完文件写入后不用 close() 实现关闭。

【例 7-1】文本文件的写入示例。

```
with open('file1.txt','w') as f1:
  f1.writelines(['开始写入数据\n','abc\n','xyz\n'])
```

此时，我们可以通过打开文本文件 file1.txt 的方式查看文件内容，如图 7-1 所示。

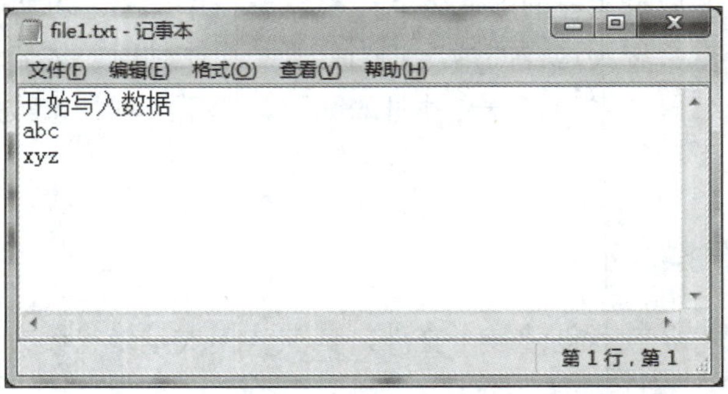

图 7-1　查看 file1.txt 的内容

2. 文本文件的读取

文本文件的读取包括打开文件、读取数据和关闭文件 3 个步骤。

（1）创建或者打开文件对象。

使用 open() 函数创建或者打开文件对象，打开模式 mode 应为 r。例如：

```
f2=open('file2.txt','r')  #以只读的方式打开文件file2.txt
```

如果该文件不存在，会导致 FileNotFoundError 异常，如图 7-2 所示。

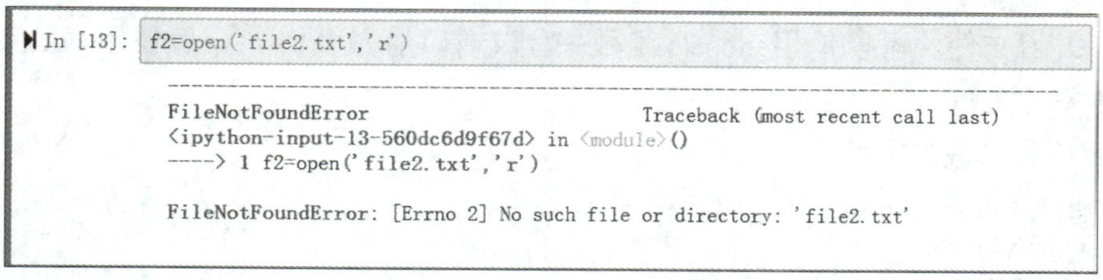

图 7-2　文件打开异常

（2）从打开的文本文件中读取字符数据。

Python 中读取文件有 3 种常用方法：read()、readline() 和 readlines()。

- read([size]) 方法：从文件当前位置起读取 size 个字节，若无参数 size，则表示读取至文件结束为止，返回一个字符串对象。
- readline() 方法：每次读出一行内容，返回一个字符串对象。
- readlines() 方法：读取整个文件所有行，保存在一个列表（list）变量中，每行作为一个元素。

例如，读取例 7-1 中创建的文本文件 file1.txt。

```
f2=open('file1.txt','r')   #以只读的方式打开文件file1.txt
f2.readline()              #从f2中读取一行内容，输出：'开始写入数据\n'
f2.readlines()             #读入剩余的多行内容，输出：['abc\n', 'xyz\n']
```

（3）关闭文件。可以使用 close() 函数关闭文件，释放资源。一般使用 with 语句实现系统自动关闭文件。

【例 7-2】文本文件的读取示例。

```
with open('file1.txt','r') as f3:
    for s in f3.readlines():
        print(s,end='')
```

该程序读取 file1.txt 的内容并输出，运行结果如下：

```
开始写入数据?
abc
xyz
```

7.2.2　二进制文件操作

二进制文件直接存储字节码，可用于存储可执行程序、图形、图像、声音、视频等。用 open() 函数打开或者创建一个二进制文件时需要指定打开模式为 b。

1. 二进制文件的写入

二进制文件的写入也是包括打开文件、写入数据和关闭文件 3 个步骤。

（1）创建或者打开文件对象。使用 open() 函数创建或者打开文件对象。例如：

```
f1=open('bfile1.dat','wb')  #以只写的方式创建或打开文件bfile1.dat
f2= open('bfile1.dat','ab')  #以追加的方式打开文件bfile1.txt
```

```
f3=open('bfile2.dat','xb')      #创建文件bfile2.dat，如果bfile2.dat已存在，则抛出FileExistsError异常
```

（2）将字节数据写入二进制文件。打开文件后，可以用 write 方法将字节数据写入二进制文件。可以用 flush 方法将缓冲的数据更新到文件中。相关语句及含义如下：

```
f.write(b)                #将字节数据b写入二进制文件f，返回写入的字节数
f.flush()                 #将缓冲的数据更新到文件中
```

例如：

```
f1. write(b'1abc')        #写入字节数据1abc，返回字节数4
```

（3）关闭文件。可以使用 close() 函数关闭文件，释放资源。一般使用 with 语句实现系统自动关闭文件。

【例 7-3】二进制文件的写入示例。

```
with open(r'c:\users\lenovo\bfile1.dat','wb') as f1:
  f1.write(b'1abc')
  f1.write(b'2xyz')
```

本例实现将字节数据写入二进制文件，采用了绝对路径，即文件从盘符开始的完整路径。语句在路径前加上 r 是为了避免路径中出现的 \u 等被转义。

2. 二进制文件的读取

二进制文件的读取也是包括打开文件、写入数据和关闭文件 3 个步骤。

（1）创建或者打开文件对象。

```
f2=open((r'c:\users\lenovo\bfile1.dat','rb')   #以只读的形式打开二进制文件bfile1.dat。如果文件不存在，
                                               #会抛出FileNotFoundError异常
```

（2）从二进制文件读取字节数据。

```
f.read()                  #一次性读取剩余的所有内容，以二进制的字符串返回
f.read(size)              #一次性读取size个字节
```

一般情况下，使用 f.read(size) 居多，例如：

```
f2.read(2)                #读取2个字节，结果为：b'1a'
f2.read()                 #读取剩余的所有内容，结果为：b'bc2xyz'
```

（3）关闭文件。可以使用 close() 函数关闭文件，释放资源。一般使用 with 语句实现系统自动关闭文件。

【例 7-4】二进制文件的读取示例。

```
with open(r"d:\图片1.jpg","rb") as f:
  #循环读取一张图片，一次性读取8个字节
  while True:
    strb = f.read(8)
    if strb == b"":
      break
    print(strb)
```

该示例实现循环读取一张图片，每次读取 8 个字节。因为二进制文件基于值编码，返回一些二进制字节串，显示结果用户一般不能直接读懂它们。

7.2.3 文件操作相关函数

除了最常见的文件读写操作，还有一些函数在文件操作中也经常使用。

1. seek 函数

其语法形式为：

```
文件对象.seek(offset[,whence])
```

seek 函数用于将文件指针移动到相对于 whence 的 offset 位置。其中，offset 表示需要移动的字节数，offset 为正数，表示指针向文件末尾方向移动，offset 为负数，表示指针向文件开始方向移动；whence 表示移动的基准位置，即要从哪个位置开始偏移，为 0 代表以文件开头为基准，为 1 代表以当前位置为基准，为 2 代表以文件末尾为基准。whence 值为空，没设置时，默认为 0。

【例 7-5】seek 函数示例。

```
f1=open('test.txt','w')            #以只写的方式创建或打开文件test.txt
f1.write('I come from China.')     #写入文件内容
f1.close()                         #关闭文件
f2=open('test.txt','r')            #以只读的方式打开文件test.txt
f2.read()                          #读取内容
f2.seek(7,0)                       #文件指针从开头处向后偏移7个字节
f2.read()                          #读取内容
```

运行程序，显示结果为：

```
'from China.'
```

如果改为 f2.seek(-6,2)，表明从文件末尾处向前偏移 5 个字节。用 f2.read() 语句进行读取，会发现程序出错，如图 7-3 所示。

```
UnsupportedOperation                      Traceback (most recent call last)
<ipython-input-16-68b6c25c4cf7> in <module>()
      3 f1.close()
      4 f2=open('test.txt','r')
----> 5 f2.seek(-6,2)
      6 f2.tell()
      7 f2.close()

UnsupportedOperation: can't do nonzero end-relative seeks
```

图 7-3 seek 函数异常

这是什么原因呢？原来，在文本文件中，没有使用 b 模式选项打开的文件，只允许从文件开头开始计算相对位置，从文件末尾计算时就会引发异常。如果修改文件的访问模式为 rb，代码如下：

```
f2=open('test.txt','rb')
f2.seek(-6,2)
f2.read()
```

运行程序，显示结果为：

```
b'China.'
```

2. tell 函数

其语法形式为：

```
文件对象.tell()
```

tell 函数返回文件指针的当前位置，即文件指针相对于文件开头的字节数。

【例 7-6】tell 函数示例。

```
f1=open('test.txt','w')            #以只写的方式创建或打开文件test.txt
f1.write('I come from China.')     #写入文件内容
f1.close()                         #关闭文件
f2=open('test.txt','rb')           #以只读的方式打开文件test.txt
f2.read()                          #读取内容
f2.seek(7,0)                       #文件指针从开头处向后偏移7个字节
f2.tell()                          #返回文件指针的位置
```

运行程序，显示结果为 7。

如果再键入以下代码：

```
f2.seek(-6,2)
f2.read()
```

运行程序，显示结果为 12。可以看出，tell 函数返回值总是相对于文件开头的字节数。

3. next 函数

next 函数用于将文件指针移动到文件的下一行。

【例 7-7】next 函数示例。

假设“TIOBE 编程语言排行 .txt”文件中包含以下行：

```
Java
C
Python
C++
C#
```

程序代码如下：

```
fo = open("TIOBE编程语言排行.txt", "r")          #以只读的方式打开TIOBE编程语言排行.txt文件
print ("文件名: ", fo.name)                      #打印文件名
for index in range(1,6):
    line = next(fo)
    print ("第%d行 - %s" % (index, line))
fo.close()
```

运行程序，打开文件“TIOBE 编程语言排行 .txt”，显示结果如图 7-4 所示。

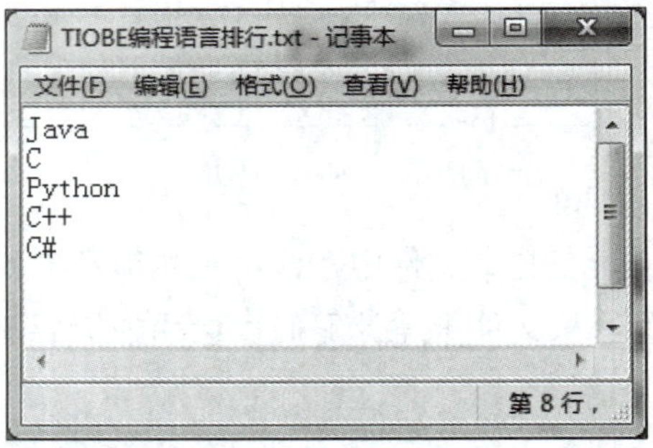

图 7-4 例 7-7 的运行结果

4. truncate 函数

其语法形式为：

```
文件对象.truncate([size])
```

truncate 函数用于截断文件，如果指定了可选参数 size，则表示截断文件，仅保留从文件开头起 size 个字节的数据。如果没有指定 size，则从当前位置起截断；截断之后，size 后面的所有字符被删除。

【例 7-8】truncate 函数示例。

```
f1=open('test.txt','r+')
f1.truncate(6)                    #截断文件，仅保留从文件开头起的6个字节内容
shengyu=f1.read()
print(shengyu)
f1.close
```

运行程序，显示结果为：

```
I come
```

5. fileno 函数

其语法形式为：

```
文件对象.fileno()
```

fileno 函数返回一个整型的文件描述符，可用于底层操作系统的 I/O 操作。

【例 7-9】fileno 函数示例。

```
f=open('test.txt','wb')
fn=f.fileno()
print("文件描述符为：",fn)
```

运行程序，显示结果为：

```
文件描述符为：6
```

6. seekable 函数

其语法形式为：

```
文件对象.seekable()
```

如果文件可搜索，seekable 函数返回 True，否则返回 False。如果文件允许访问文件流 [例如 seek() 方法]，则该文件是可搜索的。

【例 7-10】seekable 函数示例。

```
f = open("test.txt", "r")
print(f.seekable())
f.close
```

运行程序，显示结果为：True。

7. readable 函数

其语法形式为：

```
文件对象.readable()
```

如果文件是可读的，则 readable 函数返回 True，否则返回 False。

【例 7-11】readable 函数示例。

```
f = open("test.txt", "w")
print(f.readable())
f.close
```

运行程序，显示结果为：False。

7.3 文件的系统操作

除了可对文件进行读写等内容级的操作外，还经常需要进行文件夹的创建、删除、复制、重命名、遍历以及文件的复制、删除、压缩、重命名等文件级的操作。

7.3.1 os、os.path 和 shutil 模块

Python 中并没有提供直接操作文件夹（目录）或文件的函数，需要使用内置的 os、os.path、shutil 等模块实现。

1. os 模块

os 模块是 Python 标准库中一个访问操作系统功能的模块，提供了大量文件和文件夹操作的方法；os.path 是 os 的子模块，该模块定义了有关路径名的常用方法。需要说明的是，这两个模块的语句执行结果通常和操作系统有关，在不同的操作系统上运行可能得

到不同的结果。本节的内容都是以 Windows 系统为例进行介绍的，代码执行结果也均在 Windows 系统下显示。

使用 os 或 os.path 模块，需要先用 import 语句进行导入，然后才能使用其提供的方法或者变量。

导入 os 模块可以使用语句：

```
import os
```

导入 os 模块后，可以使用其子模块 os.path。如果只用 os.path，也可以用语句 import os.path 导入。

导入 os 模块后，可以使用其提供的通用变量和方法获取系统的相关信息。常用的有以下几个：

（1）name：显示使用的操作系统类型。输入以下语句：

```
import os
os.name
```

运行程序，显示结果为 'nt'。该结果表明，使用的是 Windows 系统；如果是 Linux/UNIX 用户，显示结果是 'posix'。

（2）sep：获取当前操作系统使用的路径分隔符。输入以下语句：

```
import os
os.sep
```

运行程序，显示结果为 '\\'，这是 Windows 系统下的路径分隔符。

（3）linesep：获取当前操作系统使用的换行符。输入以下语句：

```
import os
os.linesep
```

运行程序，显示结果为 '\r\n'。这是 Windows 系统下的换行符，Linux 使用 '\n'，而 Mac 使用 '\r'。

（4）getenv：获取环境变量键的值（如果存在），否则返回默认值。其语法格式为：

```
os.getenv(key, default = None)
```

key 表示环境变量名称，default 表示 key 不存在时的默认值，可以省略。如果省略，则默认设置为“无”。

（5）putenv：用于设置环境变量的值。其语法格式为：

```
os.putenv(key,value)
```

key 表示环境变量名称，value 表示环境变量的值。

os 模块还提供了一些文件夹和文件操作的方法，见表 7-3。

表 7-3　os 模块的常用方法及说明

方法	功能说明
os.getcwd	返回当前工作目录
os.listdir(path)	返回 path 目录下的所有文件和目录名
os.mkdir(path[,mode])	创建目录
os.makedirs(path1/path2...[,mode])	创建多级目录
os.rmdir(path)	删除目录
os.removedirs(path1/path2...)	删除多级目录

续表

方法	功能说明
os.chdir(path)	将 path 设置为当前工作目录
os.curdir	当前文件夹
os.pardir	返回上一级目录
os.walk(top[,topdown[,onerror [,followlink])	遍历目录树，返回的是一个包含所有路径名、目录列表及文件列表的三元组 (root,dirs,files)
os.access(path,mode)	获取对文件是否有指定的访问权限（读取 / 写入 / 执行权限）
os.chmod(path,mode)	修改指定文件或目录的方问权限
os.remove(path)	删除指定路径的文件
os.rename(src,dst)	重命名文件或目录，从 src 到 dst，如果 dst 是一个存在的目录，将抛出 OSError 异常
os.stat(path)	返回 path 指定文件的信息
os.statvfs([path])	返回 path 指定文件的文件系统信息

2. os.path 模块

os.path 模块主要用于路径判断、切分、连接和文件夹遍历等，也提供了一些文件夹和文件操作的方法，见表 7-4。

表 7-4　os.path 模块的常用方法及说明

方法	功能说明
os.path.abspath(path)	返回绝对路径
os.path.basename(path)	返回文件名
os.path.commonprefix(list)	返回 list（多个路径）中所有 path 共有的最长路径
os.path.dirname(path)	返回文件路径
os.path.exists(path)	判断文件或者文件夹是否存在。如果存在，返回 True，否则返回 False
os.path.getatime(path)	返回最近访问时间（浮点型秒数）
os.path.getmtime(path)	返回最近文件修改时间
os.path.getctime(path)	返回文件 path 创建时间
os.path.getsize(path)	返回文件大小，如果文件不存在则返回错误
os.path.isabs(path)	判断是否为绝对路径
os.path.isfile(path)	判断路径是否为文件
os.path.isdir(path)	判断路径是否为目录
os.path.islink(path)	判断路径是否为链接
os.path.ismount(path)	判断路径是否为挂载点
os.path.join(path1[, path2[, ...]])	把目录和文件名合成一个路径
os.path.realpath(path)	返回 path 的真实路径

续表

方法	功能说明
os.path.relpath(path[, start])	从 start 开始计算相对路径
os.path.samefile(path1, path2)	判断目录或文件是否相同
os.path.split(path)	把路径分割成 dirname 和 basename，返回一个元组
os.path.splitdrive(path)	一般用在 Windows 下，返回驱动器名和路径组成的元组
os.path.splitext(path)	分割路径，返回路径名和文件扩展名的元组
os.path.splitunc(path)	把路径分割为加载点与文件
os.path.walk(path, visit, arg)	遍历 path，进入每个目录都调用 visit 函数，visit 方法必须有 3 个参数（arg、dirname、names），dirname 表示当前目录的目录名，names 代表当前目录下的所有文件名，args 则为 walk 的第三个参数
os.path.supports_unicode_filenames	设置是否支持 unicode 路径名

3. shutil 模块

shutil 模块是 Python 高级的文件、文件夹、压缩包的处理模块，可以通过语句 import shutil 导入，常用的方法见表 7-5。

表 7-5 shutil 模块的常用方法及说明

方法	功能说明
shutil.copyfile(src, dst)	复制文件，不复制文件属性
shutil.copy (src, dst)	复制文件，新文件有相同的文件属性
shutil.copy 2(src, dst)	复制文件，新文件具有与源文件完全相同的属性，包括创建时间、修改时间和最后访问时间等
shutil.copyfileobj(fsrc, fdst)	在两个文件对象之间复制数据
shutil.copytree(olddir, newdir)	递归复制文件夹
shutil.move(src, dst)	移动文件或者递归移动文件夹，也可以给文件和文件夹重命名
shutil.rmtree(path)	递归删除文件夹
shutil.make_archive(base_name, format [,root_dir=None[,base_dir=None])	创建 TAR 或者 ZIP 格式的压缩文件
shutil.unpack_archive(filename[, extract_dir =None[, format=None]])	解压缩压缩文件

7.3.2 目录操作

使用文件夹（目录）分门别类地存放文件可以有效地管理文件。常见的文件夹（目录）操作有查询目录、创建目录、删除目录、重命名目录、复制目录和遍历目录等。

1. 查询目录

查询指定的目录是否存在，可以用 os.path 模块的 exists() 方法实现。exists() 方法的语法格式为：

```
os.path.exists(path)
```

其中，path 是要判断的目录，可以是绝对路径，也可以是相对路径。返回值：如果给定的路径存在，返回 True，否则返回 False。

【例 7-12】exists 方法示例。

```
import os
print(os.path. exists("C:\users"))
```

运行程序，结果显示为“True”，表明系统存在该目录。

2. 创建目录

Python 的 os 模块提供了创建一级目录的 mkdir 方法和创建多级目录的 makedirs 方法。

（1）mkdir 方法。mkdir 方法用于创建指定路径中的最后一级目录，如果该目录的上一级目录不存在，则抛出 FileExistsError 异常。其语法形式为：

```
os.mkdir(path[, mode])
```

参数说明：path 指定要创建的目录，可以是绝对路径，也可以是相对路径；mode 是为目录设置的权限数字模式，默认的模式为 0777（八进制），该参数在非 UNIX 系统上无效或者被忽略。

【例 7-13】mkdir 方法示例。

例 7-13 mkdir 方法示例

想在 Windows 系统中创建 D:\new 目录，可以使用以下代码：

```
import os
os.mkdir("D:\\new")
```

运行程序后，可以通过 Windows 资源管理器查看，如图 7-5 所示。

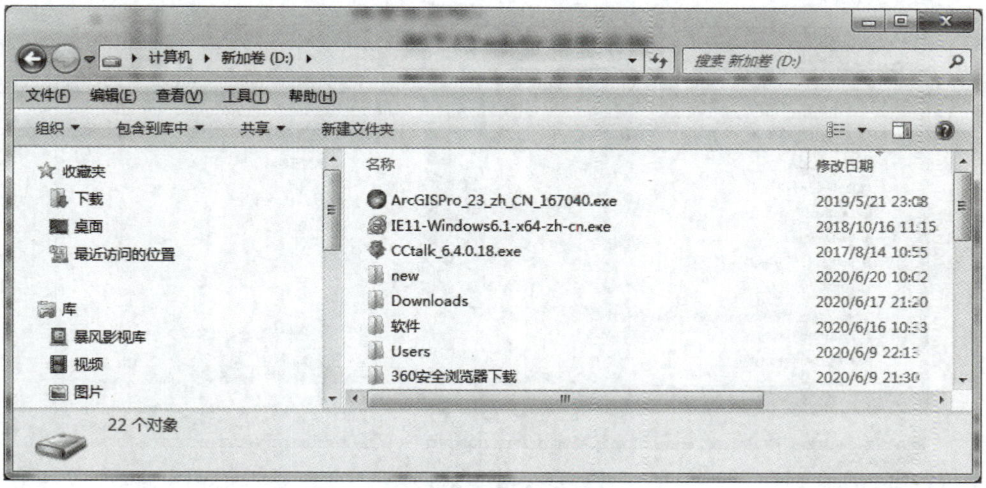

图 7-5　创建 new 目录成功

如果创建目录时已有 new 目录，则会抛出 FileExistsError 异常，如图 7-6 所示。

```
FileExistsError                           Traceback (most recent call last)
<ipython-input-3-ddb4bc921586> in <module>()
      1 import os
----> 2 os.mkdir("d:\\new")

FileExistsError: [WinError 183] 当文件已存在时，无法创建该文件。: 'd:\\new'
```

图 7-6　创建 new 目录失败

要解决上面的问题，可以在创建目录前先判断该目录是否存在，只有目录不存在时才创建。可以用 os.path 模块的 exists 方法，代码如下：

```
import os
path="D:\\new"
if not os.path.exists(path):
    os.mkdirs(path)
    print('目录创建成功！')
else:
    print('该目录已存在！')
```

运行该程序，如果没有 D:\new 目录，则会创建此目录并打印输出“目录创建成功！”；如果已有此目录，则会打印输出“该目录已存在！”。

（2）makedirs 方法。使用 mkdir 方法只能创建一级目录，如果想创建多级目录，要用 os 模块提供的 makedirs 方法。其语法形式为：

```
os.makedirs(path, mode=0777)
```

参数说明：path 为要创建的目录名；mode 为为目录设置的权限数字模式，默认的模式为 0777（八进制），该参数在非 UNIX 系统上无效或者被忽略。

【例 7-14】makedirs 方法示例。

基于 Windows 系统，在上例创建的 D:\new 目录下创建子目录 test，再创建子目录 mk（即创建 D:\new\test\mk 多级目录），可以使用以下代码：

```
import os
os.makedirs("D:\\new\\test\\mk")
```

运行程序后，通过 Windows 资源管理器查看创建后的目录，如图 7-7 所示。

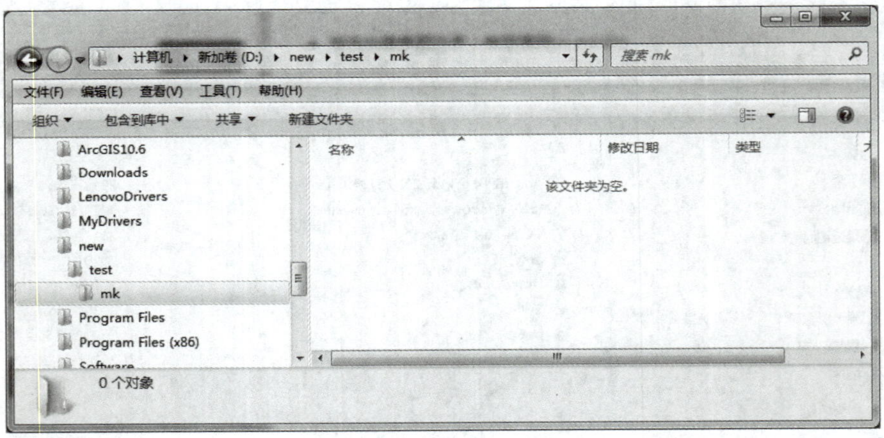

图 7-7 创建多级目录

3. 删除目录

可以用 os 模块提供的 rmdir 方法实现删除目录。使用 rmdir 方法删除目录时，只有要删除的目录为空，rmdir 方法才起作用，否则会报错。rmdir 方法的语法形式为：

```
os.rmdir(path)
```

参数说明：path 是要删除的目录，可以是绝对路径，也可以是相对路径。

【例 7-15】rmdir 方法示例。

删除例 7-14 中创建的 D:\new\test\mk 目录，可以使用以下代码：

```
import os
os.rmdir("D:\\new\\test\\mk")
```

运行程序后，通过 Windows 资源管理器查看目录，如图 7-8 所示。

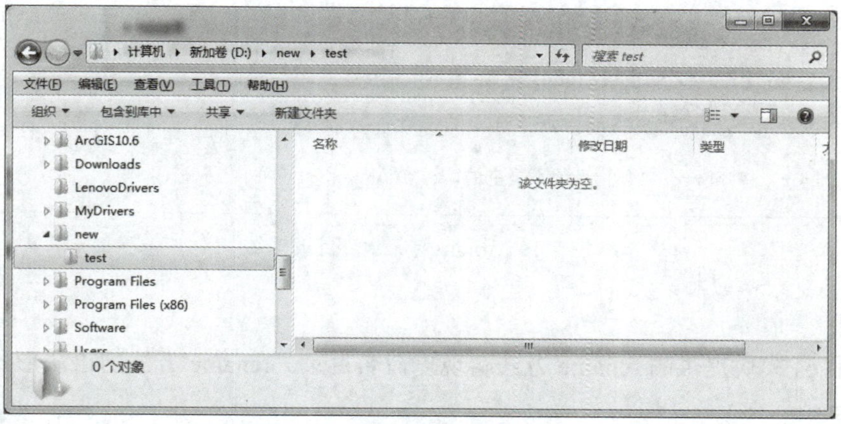

图 7-8 rmdir 正常删除目录

可以看出，D:\new\test\mk 目录已经删除。

注意：假如删除的目录不存在，会抛出 FileNotFoundError 异常。

如删除“D:\new\test\mkmk”这一不存在的目录，执行如下代码，结果如图 7-9 所示：

```
import os
os.rmdir("D:\\new\\test\\mkmk")
```

```
FileNotFoundError                         Traceback (most recent call last)
<ipython-input-2-fbafcf220bf8> in <module>()
      1 import os
----> 2 os.rmdir("D:\\new\\test\\mkmk")

FileNotFoundError: [WinError 2] 系统找不到指定的文件。: 'D:\\new\\test\\mkmk'
```

图 7-9 rmdir 删除目录异常

所以，在执行 rmdir 方法之前，建议先判断该目录是否存在，可以使用 os.path 模块的 exists 方法，代码如下：

```
import os
path="D:\\new\\test\\mk"
if os.path.exists(path):    #判断该目录是否存在
  os.rmdir(path)
  print('目录删除成功！')
else:
  print('该目录不存在！')
```

运行该程序，如果存在该目录，则会显示“目录删除成功！”，否则会显示“该目录不存在！”。

需要注意的是，如果要删除的目录下面还有子目录，使用 rmdir 方法会报错，如图 7-10 所示。

如果想删除非空的目录，可以使用 Python 内置的标准模块 shutil 的 rmtree 方法实现。

【例 7-16】 rmtree 方法示例。

想删除非空的“D:\new”目录，可以使用如下代码：

```
import shutil
shutil.rmtree("D:\\new")
```

这样，可以删除“D:\new”目录（包含其子目录）。

```
OSError                                   Traceback (most recent call last)
<ipython-input-2-3093972e6679> in <module>()
      1 import os
----> 2 os.rmdir("D:\\new")

OSError: [WinError 145] 目录不是空的。: 'D:\\new'
```

图 7-10　rmdir 删除非空目录异常

4. 重命名目录

可以用 os 模块提供的 rename 方法实现重命名目录。rename 方法的语法形式如下：

```
os.rename(src, dst)
```

参数说明：src 是要修改的目录名，dst 是修改后的目录名。

os.rename 方法用于命名文件或目录，将 src 重命名为 dst。如果 src 是一个不存在的目录，将抛出 OSError 异常。

【例 7-17】rename 方法示例。

实现“D:\new\test\mk”目录重命名为“D:\new\test\nd”，代码如下：

```
import os
src="D:\\new\\test\\mk"
dst="D:\\new\\test\\nd
os.rename(src,dst)
```

运行该程序，通过 Windows 资源管理器查看目录，如图 7-11 所示。

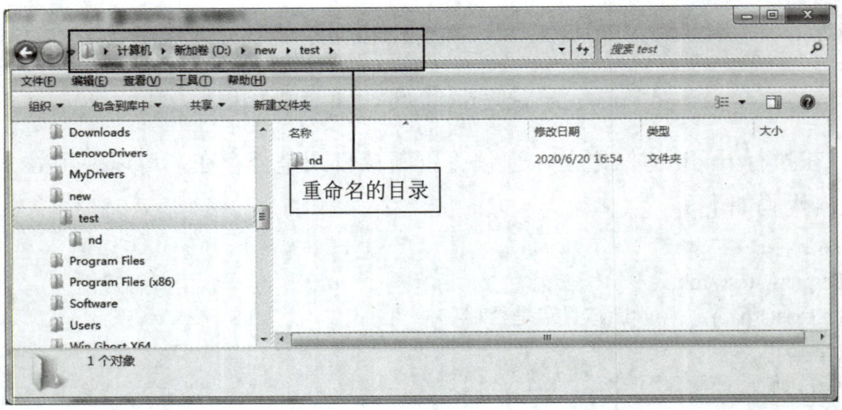

图 7-11　目录重命名

进行重命名目录时，与删除目录类似，如果原来的目录不存在，也会抛出 FileNotFoundError 异常。所以，进行目录重命名时，也建议先使用 os.path 模块的 exists 方法判断该目录是否存在，只有存在时才进行此操作。实现例 7-17 的功能，程序代码修改如下：

```
import os
src="D:\\new\\test\\mk"
dst="D:\\new\\test\\nd"
if os.path.exists(src):
    os.rename(src,dst)
    print("目录重命名成功！")
else:
    print("该目录不存在！")
```

运行该程序，如果存在该目录，则会实现目录重命名并显示“目录重命名成功！”，否则会显示“该目录不存在！”。

5. 复制目录

可以使用 shutil 模块的 copytree 方法实现目录复制。该目录复制可以实现递归复制，即原目录的子目录也会被复制。

【例 7-18】copytree 方法示例。

实现目录“D:\new”复制到“E:\new”，可以用如下代码：

```
import shutil
shutil.copytree('D:\\new','E:\\new')
```

运行该程序，通过 Windows 资源管理器查看目录，如图 7-12 所示。

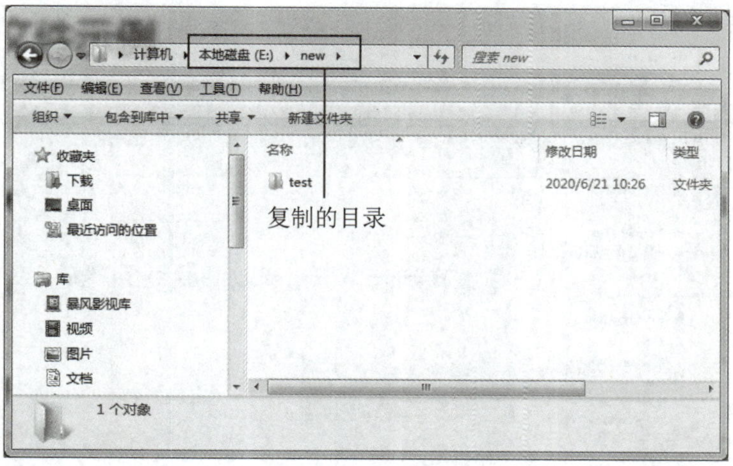

图 7-12 查看复制的目录

可以看到原目录下的子目录也实现了复制，结构完全一致，而且查看修改日期等信息，复制的目录也和源目录保持一致。

注意：如果希望复制的目录不存在，则会抛出 FileExistsError 异常。所以也可以先用 os.path 模块的 exists 方法判断该目录是否存在，只有存在时才进行此操作。具体的代码大家可以参照前面的例子自行实现。

6. 遍历目录

遍历目录的意思是对指定目录下的所有目录（包括子目录）及文件浏览一遍，在 Python 中，可以用 os 模块的 walk 方法实现此功能。walk 方法的语法格式为：

```
os.walk(top[, topdown=True[, onerror=None[, followlinks=False]]])
```

参数说明：

（1）top：指定要遍历的目录的地址。

（2）topdown：可选参数，用于指定遍历的顺序。如果值为 True，则按自上而下的顺序遍历（即优先遍历根目录）；如果值为 False，则按自下而上的顺序遍历（即优先遍历最后一级子目录）。topdown 参数默认为 True。

（3）onerror：可选参数，用于指定错误处理方式，默认为忽略。如果不想忽略，需要指定一个错误处理方法，当 walk 异常时调用。一般情况下采用默认。

（4）followlinks：可选参数。如果为 True，则会遍历目录下的快捷方式（Linux 下是软连接 symbolic link）实际所指的目录（默认关闭），如果为 False，则优先遍历 top 的子目录。

该方法的返回值：返回一个三元组 (root,dirs,files)。root 指当前正在遍历的这个文件夹的地址；dirs 是一个列表，内容是该文件夹中所有目录的名字（不包括子目录）；files 也是一个列表，内容是该文件夹中所有的文件（不包括子目录）。

【例 7-19】walk 方法示例。

遍历目录“D:\ 程序 \Python 实例 \ch07”，代码如下：

```
import os
tuples=os.walk("D:\程序\Python实例\ch07")
for tuple1 in tuples:
    print(tuple1,"\n")
```

如果目录“D:\ 程序 \Python 实例 \ch07”包含图 7-13 所示的内容，执行完上面的程序后，显示结果如图 7-14 所示。

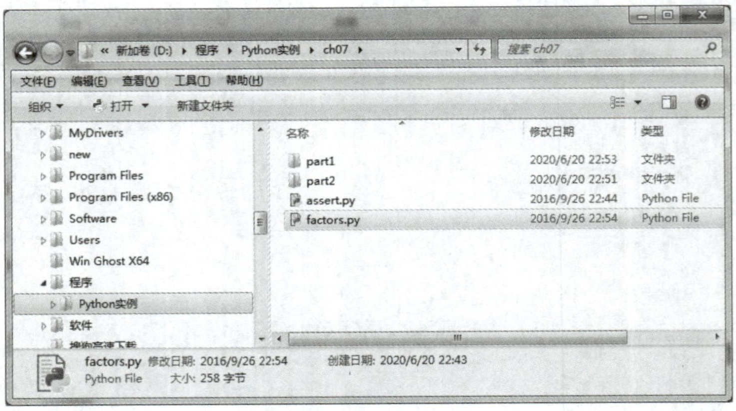

图 7-13 要遍历的目录示意

```
('D:\\程序\\Python 实例\\ch07', ['part1', 'part2'], ['assert.py', 'factors.py'])

('D:\\程序\\Python 实例\\ch07\\part1', [], ['name_error.py', 'NumberError.py'])

('D:\\程序\\Python 实例\\ch07\\part2', [], ['testfile', 'testfile.txt', 'try_except.py'])
```

图 7-14 遍历指定目录的运行结果

需要注意，walk 方法只在 UNIX 和 Windows 系统中有效。

7.3.3 文件操作

Python 内置的 os 和 os.path 模块除了可以对目录进行操作，也可以对文件进行操作。下面将具体介绍常用的删除、重命名、复制、移动等操作。

1. 删除文件

可以用 os 模块的 remove 方法实现文件删除，其语法格式为：

```
os.remove(path)
```

其中，path 是指要删除的文件路径，可以是绝对路径，也可以是相对路径。

【例 7-20】remove 方法示例。

想删除当前工作目录下的 test2.txt，可以编写如下代码：

```
import os
os.remove("test2.txt")
```

运行程序后，如果当前工作目录下有 test2.txt，即可实现删除，否则会抛出 FileNotFoundError 异常。

为了解决这个问题，最好在删除文件时先用 os.path 模块的 exists 方法判断该文件是否存在，只有文件存在时才进行删除。具体代码如下：

```
import os
path="test2.txt"
if os.path.exists(path):    #判断该文件是否存在
    os.remove(path)
    print('文件删除成功！')
else:
    print('该文件不存在！')
```

运行该程序，如果存在该文件，则会显示“文件删除成功！”，否则会显示“该文件不存在！”。

2. 重命名文件

文件的重命名和目录的重命名类似，也是用 os 模块的 rename 方法实现，具体语法可参考 7.3.2 节重命名目录的内容。如果原来的目录文件不存在，也会抛出 FileNotFoundError 异常。所以，进行文件重命名时也建议先使用 os.path 模块的 exists 方法判断该文件是否存在，只有存在时才进行此操作。

【例 7-21】rename 方法实现文件重命名示例。

```
import os
src="D:\\new\\test.txt"
dst="D:\\new\\test2.txt"
if os.path.exists(src):
    os.rename(src,dst)
    print("文件重命名成功！")
else:
    print("文件不存在！")
```

运行该程序，如果存在该文件，则会实现文件重命名并显示“文件重命名成功！”，否则会显示“该文件不存在！”。

3. 文件复制

shutil 模块的 copyfile、copy、copy2、copyfileobj 等方法都能实现文件复制，但是它们有所区别。

- copyfile 方法：只有在目标可写时才将源的内容复制到目的地。如果没有写入权限，则会引发 IOError 异常。
- copy 方法：如果目标是一个文件夹，那么将在其中创建一个与源文件同名的新文件，并且目标文件的权限与源文件进行同步。如果要复制相同的文件，它也会抛出 SameFileError 异常。
- copy2 方法：功能类似于 copy，但是它可以在复制数据时获取元数据中添加的访问和修改时间。复制相同的文件会导致 SameFileError 异常。
- copyfileob 方法：将文件复制到目标路径或者文件对象。如果目标是文件对象，那么需要在调用 copyfileobj() 之后关闭它。它还假定了一个可选参数（缓冲区大小），可以用来设置缓冲区长度（复制过程中保存在内存中的字节数），系统使用的默认大小是 16KB。

【例 7-22】copyfile 方法实现文件复制示例。

```
import shutil
shutil.copyfile("D:\\new\\test2.txt","C:\\new\\test2.txt")
```

运行程序后，查看 Windows 资源管理器，发现实现了文件的复制。

注意：该方法其实是将源数据复制到目标文件夹的文件中。所以，如果没有复制后的目标文件路径，则会抛出 FileNotFoundError 异常。应先通过 os.mkdir("path") 创建目标文件的路径，然后再进行文件复制。

4. 文件移动

可以用 shutil 模块的 move 方法实现文件（文件夹）的移动。

【例 7-23】move 方法实现文件移动示例。

```
import shutil
shutil.move("D:\\new\\test2.txt","E:\\test2.txt")
```

运行程序后，查看 Windows 资源管理器，发现实现了文件的复制。

注意：如果源文件没有，系统会抛出 FileNotFoundError 异常。可以用 os.path 模块的 exists 方法判断该目录文件是否存在，只有文件存在时才进行移动。

7.4 数据的组织与管理

7.4.1 维度的概念

维度是指事物或者现象的某种特征，如姓名、年龄、国家、时间等都是维度。数据按维度划分一般分为一维数据、二维数据和多维数据。

1. 一维数据

一维数据由对等关系的有序或无序数据构成，采用线性方式组织，在 Python 中对应列表、元组和集合等概念。按照数据是否有序，可以采用不同的数据结构来表示：如果数据有序，可以使用列表类型，结合循环语句对列表数据进行遍历，进而处理各个数据；如果数据无序，可以使用集合类型，结合循环语句对集合数据进行遍历，进而处理各个数据。

2. 二维数据

二维数据也称表格数据，由关联数据构成，采用二维表格方式组织。Python 中可以用两层列表来表示二维数据，使用两重循环遍历所有数据。

3. 多维数据

多维数据由键值对类型的数据构成，采用对象方式组织，可以多层嵌套，衍生出 HTML、XML、JSON 等具体数据组织的语法结构。多维数据在网络系统中十分常用。

7.4.2 CSV 文件操作

CSV（Comma-Separated Values）数据存储格式是国际通用的一二维数据存储格式，一般以 csv 为扩展名。其特点是每行一个一维数据，采用逗号分隔，可以用 Excel 软件读入输出，一般编辑软件都可以产生。二维数据一般按先行后列存储。

1. 读 CSV 文件

如何用 Python 像操作 Excel 一样提取其中的一列，即一个字段？可以利用 Python 的 csv 模块实现。使用 reader 函数接收一个可迭代的对象（如 csv 文件），能返回一个生成器，就可以从其中解析出 csv 的内容。

【例 7-24】读 CSV 文件示例。

对“D:\example.csv”文件用记事本查看，如图 7-15 所示。

例 7-24 读 CSV 文件示例

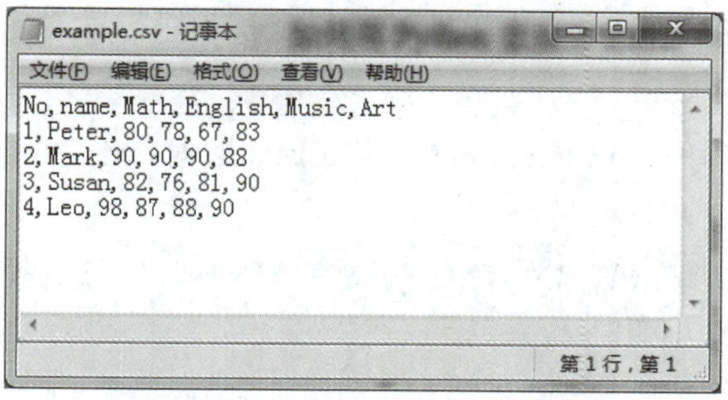

图 7-15　用记事本查看 example.csv 文件

编写代码，实现按行读取文件的内容。代码和运行结果如图 7-16 所示。

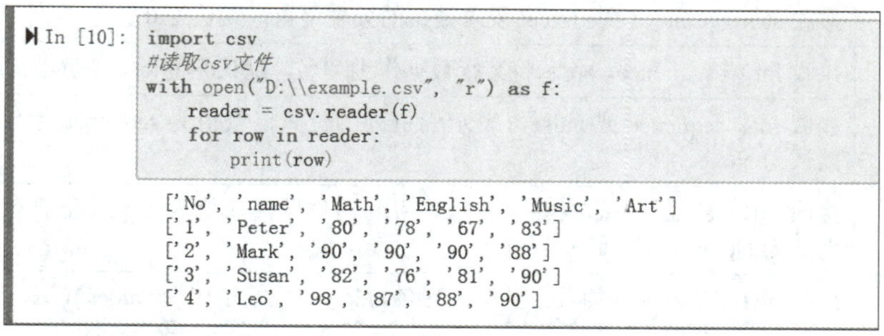

图 7-16　读 CSV 文件示例

可以看出，该程序可以读取 CSV 文件的全部内容，以行为单位，每行一个列表。

2. 写 CSV 文件

调用 csv 的 writer 函数可以进行数据的写入。

【例 7-25】写 CSV 文件示例。对上例中的“D:\example.csv”文件追加一条记录。实现代码如下：

```
row = ['5', 'Amy', '76', '81', '78', '83']
out = open("D:\\example.csv", "a")
csv_writer = csv.writer(out, dialect = "excel")
csv_writer.writerow(row)
```

运行程序，用记事本查看，结果如图 7-17 所示。可以看到，文件写入成功。

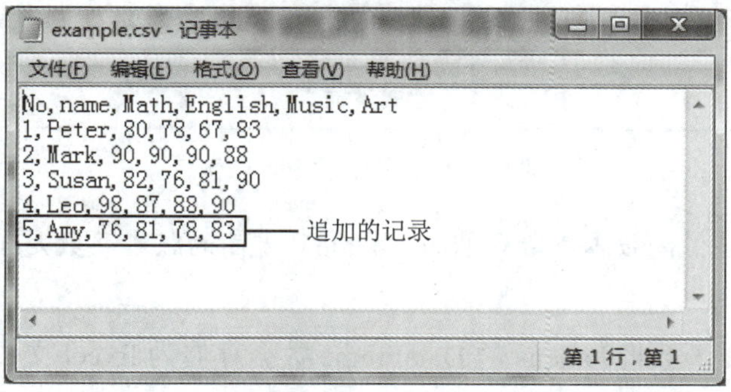

图 7-17　用记事本查看文件写入后的结果

7.4.3 Excel 文件操作

Python 处理 Excel 文件可以用第三方模块库 xlrd、xlwt、xluntils、openpyxl、Pandas，使用 Pandas 最简便。下面主要介绍用 Pandas 进行 Excel 文件的操作。

使用 Pandas 库，应先用语句“import Pandas as pd”进行导入。

1. 读 Excel 文件

可以通过 Pandas 库的 read_excel 函数读取 Excel 数据，xls 和 xlsx 两种文件均可读取。其语法格式为：

```
pandas.read_excel(io, sheetname, header=0, index_col=None, names=None, dtype)
```

各参数的说明见表 7-6。

表 7-6 Pandas 读 / 写文件

参数	说明
io	接收 string，表示文件路径，无默认
sheetname	接收 string、int，代表 Excel 表内数据的分表位置，默认为 0
header	接收 int 或 sequence，表示将某行数据作为列名，默认为 infer，表示自动识别
names	接收 int、sequence 或 False，表示索引列的位置，取值为 sequence 则代表多重索引，默认为 None
index_co	接收 int、sequence 或 False，表示索引列的位置，取值为 sequence 则代表多重索引，默认为 None
dtype	接收 dict，代表写入的数据类型（列名为 key，数据格式为 values），默认为 None

【例 7-26】读 Excel 文件示例。

```
import pandas as pd
df=pd.read_excel("D:/new/Excel案例.xlsx",sheetname="Sheet1")
```

读取文件“D:/new/Excel 案例 .xlsx”并显示输出。代码和运行结果如图 7-18 所示。

```
In [12]: import pandas as pd
         df=pd.read_excel("D:/new/Excel案例.xlsx",sheet_name="Sheet1")
         df
Out[12]:
```

	编号	姓名	性别	职位	部门	基本工资	奖金	补贴
0	1	何平	男	经理	采购部	3300	1100	200
1	2	夏杰	女	组长	销售部	3300	1000	200
2	3	江一山	男	组长	采购部	2800	1000	200
3	4	李小华	女	副组长	采购部	2600	900	200
4	5	卢祥千	男	职员	销售部	2500	850	200

图 7-18 读 Excel 文件示例

注意：Pandas 较低的版本参数是 sheet_name，较高的版本参数是 sheetname。

2. 写 Excel 文件

可以用 to_excel 函数将 Pandas 的 DataFrame 数据存储为 Excel 文件。

如将上例中的 df 对象存储为“D:/out1.xlsx”，可以通过下面的代码实现。

```
df.to_excel('D:/out1.xlsx',sheet_name='out',index=None)
```

打开 Windows 资源管理器，可以查看新写入的文件，如图 7-19 所示。

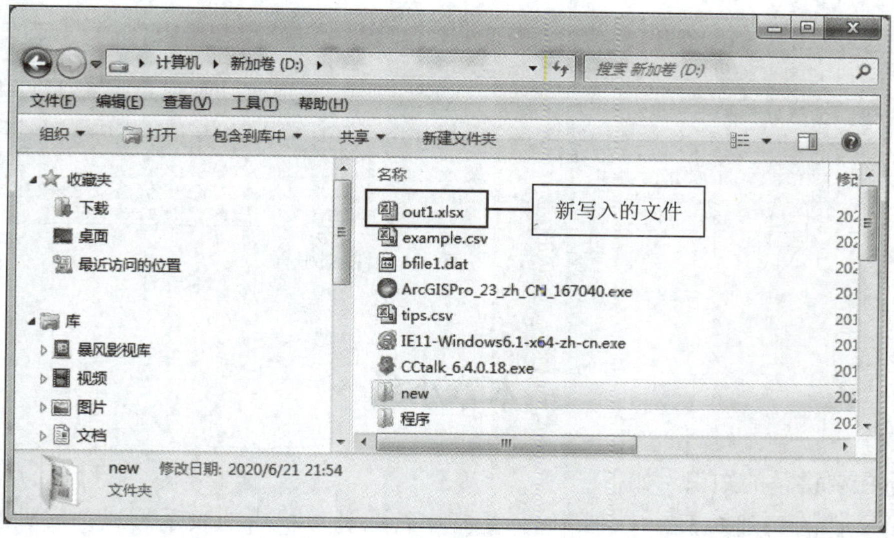

图 7-19 查看新写入的 Excel 文件

7.4.4 JSON 文件操作

JSON（JavaScript Object Notation）是一种轻量级的数据交换格式，易于人阅读和编写，同时也易于机器解析和生成，是一种理想的数据交换语言。对于 JSON 数据，可以通过 Python 的第三方库 json 或者通过 Pandas 库来操作。下面介绍使用 Pancas 库来操作的方法。

1. 读 JSON 文件

可以直接通过 Pandas 的 read_json 函数来读取 JSON 文件。

【例 7-27】读 JSON 文件示例。

代码和运行结果如图 7-20 所示。

```
In [17]: import pandas as pd
         df=pd.read_json("D:/new/eueo2012.json")
         df
```

Out[17]:

	Team	Goals	Shots on target	Shots off target	Shooting Accuracy	% Goals-to-shots	Total shots (inc. Blocked)	Hit Woodwork	Penalty goals	Penalties not scored	...	Saves made	Saves-to-shots ratic
0	Croatia	4	13	12	51.9%	16.0%	32	0	0	0	...	13	81.3%
1	Czech Republic	4	13	18	41.9%	12.9%	39	0	0	0	...	9	60.1%
10	Portugal	6	22	42	34.3%	9.3%	82	6	0	0	...	10	71.5%
11	Republic of Ireland	1	7	12	36.8%	5.2%	28	0	0	0	...	17	65.4%
12	Russia	5	9	31	22.5%	12.5%	59	2	0	0	...	10	77.0%

图 7-20 读 JSON 文件示例

2. 写 JSON 文件

可以使用 Pandas 的 to_json 函数将 DataFrame 数据存储为 JSON 文件。

如将例 7-27 中的 df 对象存储为“D:/out2.json”，如图 7-21 所示。

```
In [19]: df.to_json("D:/out2.json")
         !type D:\out2.json
```


```
{"Team":{"0":"Croatia","1":"Czech Republic","10":"Portugal","11":"Republic of Ireland","12":"Russia","1
3":"Spain","14":"Sweden","15":"Ukraine","2":"Denmark","3":"England","4":"France","5":"Germany","6":"Greec
e","7":"Italy","8":"Netherlands","9":"Poland"},"Goals":{"0":4,"1":4,"10":6,"11":1,"12":5,"13":12,"14":5,"1
5":2,"2":4,"3":5,"4":3,"5":10,"6":5,"7":6,"8":2,"9":2},"Shots on target":{"0":13,"1":13,"10":22,"11":7,"1
2":9,"13":42,"14":17,"15":7,"2":10,"3":11,"4":22,"5":32,"6":8,"7":34,"8":12,"9":15},"Shots off target":
{"0":12,"1":18,"10":42,"11":12,"12":31,"13":33,"14":19,"15":26,"2":10,"3":18,"4":24,"5":32,"6":18,"7":4
5,"8":36,"9":23},"Shooting Accuracy":{"0":"51.9%","1":"41.9%","10":"34.3%","11":"36.8%","12":"22.5%","1
3":"55.9%","14":"47.2%","15":"21.2%","2":"50.0%","3":"50.0%","4":"37.9%","5":"47.8%","6":"30.7%","7":"43.
0%","8":"25.0%","9":"39.4%"},"% Goals-to-shots":{"0":"16.0%","1":"12.9%","10":"9.3%","11":"5.2%","12":"12.
5%","13":"16.0%","14":"13.8%","15":"6.0%","2":"20.0%","3":"17.2%","4":"6.5%","5":"15.6%","6":"19.
```


图 7-21 写 JSON 文件示例

本章小结

本章主要讲解的知识点如下：

（1）文件的基础知识。字符编码，是指字符在计算机内的表示形式，常见的字符编码有 ASCII 码、GB2312 码、Unicode 码、UTF-8 码等。文件是指存储在各种存储器上的数据集合。根据文件的编码形式，可以将文件分为文本文件（ASCII 文件）和二进制文件。

（2）文件的读写操作。文件读写是请求操作系统打开一个文件对象，再通过操作系统提供的接口从这个文件对象中读取数据（读文件），或者把数据写入这个文件对象（写文件）。文件操作有打开文件、读写文件和关闭文件 3 个步骤。本章分别介绍了文本文件和二进制文件的读写方法和一些常用的文件操作函数。

（3）文件的系统操作。Python 中并没有提供直接操作文件夹（目录）或文件的函数，需要使用内置的 os、os.path、shutil 等模块实现。本章具体介绍了这几个模块的常用方法；查询目录是否存在、创建目录、删除目录、重命名目录、复制目录和遍历目录等目录操作；常用的删除文件、重命名文件、复制文件、移动文件等文件操作。

（4）数据的组织和管理。数据按维度划分一般分为一维数据、二维数据和多维数据。常见的数据文件有 CSV 文件、Excel 文件和 JSON 文件等，本章介绍了如何用 Python 实现这几类文件的读写操作。

习题 7

一、选择题

1. 关于数据组织的维度，以下选项中描述错误的是（ ）。
   A. 数据组织存在维度，字典类型用于表示一维和二维数据
   B. 多维数据由键值对类型的数据构成，采用对象方式组织
   C. 二维数据采用表格方式组织，对应于数学中的矩阵
   D. 一维数据采用线性方式组织，对应于数学中的数组和集合等概念
2. 使用内置函数 open() 打开文本文件时，默认的编码格式为（ ）。
   A. ASCII　　B. GBK
   C. CP936　　D. UTF-8

3. 下列关于文件的描述中，错误的是（ ）。

A. 二进制文件和文本文件的操作步骤都是“打开 - 操作 - 关闭”

B. open() 打开文件之后，文件的内容并没有在内存中

C. open() 只能打开一个已经存在的文件

D. 文件读写之后，要调用 close() 才能确保文件被保存在磁盘中了

4. 关于 Python 文件处理，以下选项中描述错误的是（ ）。

A. Python 能处理 JPG 图像文件　　B. Python 不可以处理 PDF 文件

C. Python 能处理 CSV 文件　　D. Python 能处理 Excel 文件

5. 关于 Python 文件打开模式的描述，以下选项中描述错误的是（ ）。

A. 覆盖写模式 w　　B. 追加写模式 a

C. 创建写模式 n　　D. 只读模式 n

6. 下面的文件类型中，不属于二进制文件的有（ ）。

A. .doc　　B. .txt　　C. .jpg　　D. .dat

7. 以下模式中，（ ）表示以读写方式打开二进制文件。

A. wb　　B. a+　　C. w+　　D. wb+

8. open 函数的 Buffering 参数为（ ）时表示不缓冲。

A. 0　　B. 1　　C. -1　　D. 2

9. 以下函数中，（ ）可以实现将字符串列表写入文件中。

A. writelines　　B. writeline　　C. write　　D. writearry

10. shutil 模块的（ ）方法，只有在目标可写时才将源的内容复制到目的地。如果没有写入权限，则会引发 IOError 异常。

A. copy　　B. copy2　　C. copyfiles　　D. copyfile

二、填空题

1. 文本文件的写入一般包括打开文件、写入数据和 ________3 个步骤。
2. Python 的 ________ 模块主要用于路径判断、切分、连接和文件夹遍历等操作。
3. open 函数的 mode 参数为 ________ 时，表示以追加方式打开文件。
4. os 模块的 ________ 用于返回当前工作目录。
5. 如果想创建多级目录，可以用 os 模块提供的 ________ 方法。
6. 打开随机文件后，可以用 ________ 函数移动文件指针。
7. 文件进行读写操作时，一般采用 ________ 语句保证系统自动关闭打开的流。

三、判断题

1. 使用内置函数 open() 打开文件时，只要文件路径正确就可以正确打开。（ ）

2. 假设 os 模块已导入，那么列表推导式 [filename for filename in os.listdir('C:\\Windows') if filename.endswith('.exe')] 的作用是列出 C:\Windows 文件夹中所有扩展名为 .exe 的文件。（ ）

3. Python 标准库 os 中的方法 exists() 用于测试给定路径的文件是否存在。（ ）

4. Python 的主程序文件 python.exe 属于文本文件。（ ）

5. Python 标准库 os 中的方法 isdir() 用于测试给定的路径是否为文件夹。（ ）

6. 以写模式打开的文件可以进行读操作。（ ）

7．文件和目录的重命名都可以用 os 模块的 rename 方法实现。（ ）

四、编程题

1．编程实现将字符串写入文本文件，然后再读取并输出。

2．统计文本文件中最长行的长度和该行的内容。

3．参照例 7-3 实现二进制文件的读取。

4．参照例 7-13 使用 mkdir 方法创建目录(要求在创建目录前先判断该目录是否存在)。

5．参照例 7-14 使用 makedirs 方法创建多级目录。

6．参照例 7-15 使用 rmdir 方法实现删除目录，注意在执行 rmdir 方法之前先判断该目录是否存在。

7．参照例 7-18 使用 copytree() 方法实现目录复制，注意在复制之前先判断希望复制的目录已经存在。

8．参照例 7-20 使用 remove 方法实现文件删除（要求先判断该文件是否存在）。

9．参照例 7-21 使用 rename 方法实现文件重命名（要求先判断该文件是否存在）。

10．参照例 7-22 使用 copyfile 方法实现文件复制。

11．参照例 7-24 和例 7-25 实现 CSV 文件的读和写。

12．参照例 7-26 实现读 Excel 文件。

第 8 章　Python 数据库操作

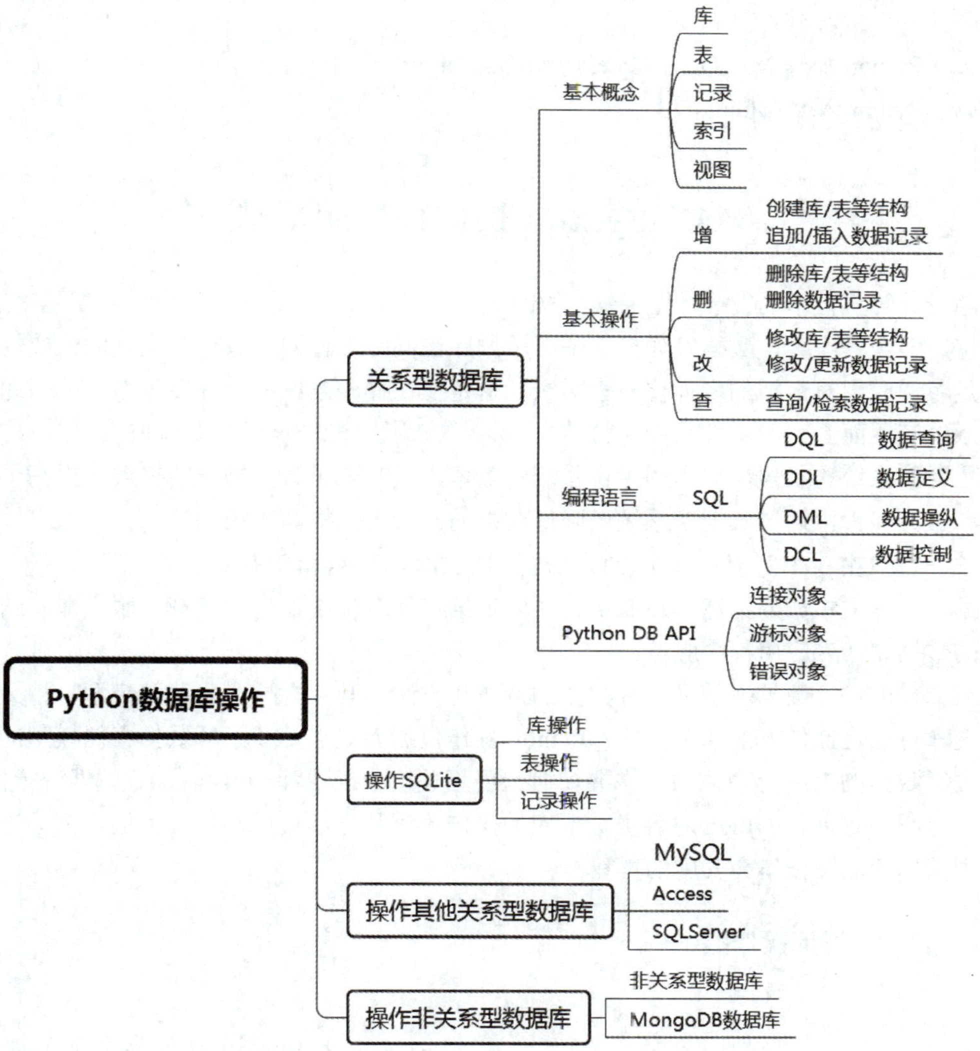

本章导读

不论是开发桌面程序还是开发 Web 程序，都不可避免要涉及数据库的管理和操作。本章首先介绍 Python 操作数据库的基本概念、方法、工具和流程，然后详细介绍 Python 操作嵌入式数据库 SQLite 的方法，再简要介绍 Python 操作常见关系型数据库 MySQL、Access 和 SQL Server 等的方法，最后介绍 Python 操作非关系型数据库的流程和方法（以操作 MengoDB 为例进行介绍）。

本章要点

- Python 操作关系数据库基础
- Python 操作 SQLite
- Python 操作 MySQL、Access 和 SQL Server
- Python 操作 MongoDB

8.1 Python 操作数据库基础

随着计算机技术的发展，程序所能做的工作越来越多，存储在文件中的数据越来越多，如何保证多个程序共享数据？如何保证多个程序在同时操作同一数据时数据的一致性？如何满足各种应用对数据的多样化检索需求？这是摆在操作系统和文件系统面前的问题。数据库系统应用而生，跟文件系统相对独立，架起应用程序和操作系统之间的桥梁，这样既降低了操作系统的负担，提高了操作系统的效率，又减少了数据操作的错误，提高了数据管理和服务能力，通过数据库系统可降低数据的冗余度，提高数据的独立性、共享性和易扩展性。可以用 3 个字或从 3 个方面去理解数据库的特点和功能：“库”“管”“服”。库，即数据在计算机中如何描述和存储；管，即数据在计算机中如何被管理；服，即有结构有组织的数据如何为应用程序服务。

跟文件一样，数据库是又一种数据的持久化方法，其包含持久化存储模型、持久化管理系统和持久化操作方法 3 个部分。Python 操作数据库重点是在了解数据存储模型的基础上，理解数据的组织管理体系，掌握如何运用相关接口模块和 SQL 语言对数据进行操纵、控制、组织和查询。Python 对各类数据库的操作流程和方法大同小异，我们可以通过对几个典型数据库的操作体会其中的奥秘。

8.1.1 数据库操作基本概念

数据库的基本概念

1. 数据库

数据库（DataBase，DB）是按照一定的存储结构和格式存放数据的仓库，是指长期存储在计算机内的、有组织的、可共享的数据集合。数据包括数字、字符、文本、图像、音频、视频等内容。数据库是数据管理的产物。数据管理是数据库的核心任务，内容包括对数据的分类、组织、编码、存储、检索和维护。从简单的数据文件、数据表格到海量数据文件、分布式数据管理等，数据库技术是管理信息系统、办公自动化系统、决策支持系统等各类信息系统的核心部分，是科学研究、生产生活及决策管理的重要技术手段。

当人们收集了大量的数据后，应该把它们保存起来进行进一步的处理，进一步抽取有用的信息。起初数据都存放在文件柜中，随着社会的发展和技术的进步，数据量急剧增长，人们就借助计算机和数据库技术科学地保存大量的数据，以便能更好地利用这些数据资源。

针对不同的应用场景，采用不同的技术和方法，产生了各种各样庞大的数据库家族，包含关系数据库、网状数据库、层次数据库和新兴的 XML 数据库等。目前，应用最广泛的是关系数据库，而且关系数据库也在不断地发展，如在关系数据库基础上提供部分面向对象数据库功能的对象关系数据库。在数据库技术发展早期，曾经流行过层次数据库与网状数据库，自关系数据库流行以来，这两类数据库极少使用了。但是，随着移动互联网、物联网和大数据技术的发展，这两类数据库又重新得到重视了，如社会网络分析、轨迹追踪和知识图谱等广泛用到图和树等复杂数据结构，层次数据库和图数据库也凸显其在复杂关系管理中的优势。本章重点介绍 Python 操作关系型数据库，其中涉及的概念、原理、方法和工具是 Python 操作其他类型数据库的基础。关系数据库以关系为基础，即以二维表格为主要管理内容，对关系数据库的操作主要是对关系的操作、对二维表格的操作。

目前，商品化的数据库管理系统以关系型数据库为主导产品，技术比较成熟。主流关系型数据库管理系统包括 Oracle、SQL Server、MySQL、DB2、Sybase、Informix、INGRES、Access、Visual FoxPro 等。

2. 数据表

关系型数据库中，数据主要以二维表格的形式组织，因此表是关系型数据库的主体。

3. 数据记录

表中的每一行数据称为一条记录或者一个元组。表的第一行称为属性行，由多个属性组成。从第二行开始称为数据记录，每一条记录由多个数据项组成，每一个数据项称为一个属性值，每一个属性对应一列，每一列数据的集合称为域。关系运算主要针对表中数据的行或列进行。

4. 索引

索引是一种特殊的文件，它们包含着对数据表里所有记录的引用指针。它是按主键或其他属性排序后所得的一个简表。索引类似于图书后面的索引、字典的检字表，可以快速定位需要查询的内容，加快查询速度。当表的数据量比较大时，查询操作会比较耗时，索引可以极大地提高检索速度。

但索引不是万能的，它会使数据修改操作变慢。每次修改数据记录，索引都必须刷新一次。为了在某种程度上弥补这一缺陷，许多 SQL 命令都有一个 DELAY_KEY_WRITE 项。这个选项的作用是暂时制止数据库在该命令每插入一条新记录和每修改一条现有记录之后立刻对索引进行刷新，对索引的刷新将等到全部记录插入 / 修改完毕之后再进行。另外，索引还会在硬盘上占用相当大的空间。因此应该只为最经常查询和最经常排序的数据列建立索引。注意，如果某个数据列包含许多重复的内容，为它建立索引就没有太大的实际效果。

5. 查询

查询就是在数据库中检索所需信息，是数据库的核心操作。查询往往需要精心设计和不断优化，以提高信息检索速度。查询有单表查询、连接查询、嵌套查询、集合查询、基于派生表的查询等。

6. 视图

视图是从一个或几个基本表（或视图）导出的表。它与基本表不同，是一个虚表。数据库中只存放视图的定义，而不存放视图对应的数据，这些数据仍存放在原来的基本表中。

所以一旦基本表中的数据发生变化，从视图中查询出的数据也就随之改变了。从这个意义上讲，视图就像一个窗口，透过它可以看到数据库中自己感兴趣的数据及其变化。

视图一经定义，就可以和基本表一样被查询、被删除。也可以在一个视图之上再定义新的视图，但对视图的更新（增、删、改）操作则有一定的限制。

8.1.2 数据库操作基本内容

数据库操作基本内容

数据库的操作很多，但最基本的有 4 种，即增、删、改、查。

（1）增。增是指创建数据库模式、数据表格、索引和视图，也可以是增加数据记录。

（2）删。删是指删除现有数据模式、数据表格、索引和视图，也可以是删除指定条件的数据记录。

（3）改。改也叫更新，是指修改现有数据模式、数据表格结构、数据记录属性值等。

（4）查。查是指按照关系运算原理用 SQL 语言查找满足条件的数据集合。

8.1.3 数据库编程语言 SQL

数据库编程语言 SQL

SQL 是结构化查询语言（Structured Query Language），包含 DDL（Database Define Language）、DQL（Database Query Language）、DML（Database Manipulate Language）、DCL（Database Control Language）4 类，是 Python 操作数据库的基本工具。

按照 ANSI（美国国家标准协会）的规定，SQL 被作为 RDBMS 的标准语言，其内容十分丰富，是学习关系数据库概念和技术的重点。近年来随着大数据技术的发展，对于非关系型数据库操作，开发了一些 SQL 动作与 MapReduce 操作相互转换的接口工具，如 hive 数据仓库工具，可将结构化的数据文件映射为一张数据库表，并提供 SQL 查询功能，将 SQL 语句转变成 MapReduce 任务来执行。可以通过类似 SQL 语句实现快速 MapReduce 统计，使 MapReduce 变得更加简单，而不必开发专门的 MapReduce 应用程序。也就是说，SQL 已经成为所有数据库的标准语言，学习 SQL 并能熟练运用显得非常重要。SQL 的特点如下：

（1）综合统一。SQL 语言集数据定义语言（DDL）、数据操纵语言（DML）、数据查询语言（DQL）和数据控制语言（DCL）的功能于一体。

（2）高度非过程化。用 SQL 语言进行数据操作，只要提出“做什么”，而无须指明“怎么做”。因此，无须了解存取路径的选择和操作过程的细节。SQL 语句的操作过程由系统自动完成。

（3）面向集合的操作方式。SQL 语言采用集合操作方式，不仅操作对象、查找结果可以是元组的集合，而且一次插入、删除、更新操作的对象也可以是元组的集合。

（4）语言简洁，易学易用。该语言提供数据的定义、查询、操纵和控制 4 方面功能，完成这些核心控制功能只用了 9 个动词，见表 8-1，需要说明的是 SQL 语句语法部分不区分大小写。

表 8-1 SQL 功能及所用动词

SQL 功能	动词
数据定义（DDL）	CREATE、DROP、ALTER
数据查询（DQL）	SELECT
数据操纵（DML）	INSERT、UPDATE、DELETE
数据控制（DCL）	GRANT、REVOKE

1. 数据查询

SQL 查询语句的一般格式：

```
SELECT [ALL|DISTINCT] <目标列表达式>[,<目标列表达式>]...
FROM <表名或视图名>[,<表名或视图名>]...
[WHERE <条件表达式>]
[GROUP BY <列名1> [ HAVING <条件表达式>]]
[ORDER BY <列名2> [ASC|DESC]];
```

SELECT：构成查询结果的属性列。

ALL：返回满足条件的所有记录，没有此谓词，默认为 ALL。

DISTINCT：针对所选字段，如果数据相同，只返回一条。另外还有 DISTINCTROW、TOP 等谓词。

目标列表达式：可以是一张表的用逗号隔开的多个属性，也可以是多张表的不同属性列，或者为属性之间的运算，同时每一属性可以用 AS 给出别名。

FROM：待查询的表、视图或查询结果，即数据来源。

WHERE：查询条件。

其中，<> 为必选项，不可缺省；[ ] 为可选项；| 为或者的意思。

设有如下两个关系（模式或数据库）：

关系 1：教务信息（含有 3 张表，下划线表示关键字段）

学生表（学号，姓名，性别，院系，年级，生源，入学时间，备注）

课程表（课号，课程名称，学分，学时，教师）

成绩表（学号，课号，成绩）

关系 2：图书借阅（含有 3 张表，下划线表示关键字段）

读者（图书证号，学号，姓名，性别，院系，是否挂失）

图书（图书条码，类别，书名，作者，出版社，单价，入库时间，简介，在库否）

借阅（图书证号，图书条码，借阅时间，归还时间）

（1）单表查询。直接用语句 SELECT...FROM...

【例 8-1】查询图书的基本信息，显示图书名称、作者和出版社。

```
select 书名, 作者, 出版社 from 图书;
```

（2）条件查询。通过 WHERE 子句引导条件表达式。

【例 8-2】查询理学院读者的所有信息。

```
select * from 读者 where 院系='理学院';
```

（3）SQL 中的运算符。

算术运算符：+，-，*，/。

逻辑运算符：AND，OR，NOT。

比较运算符：=，!=，>，<，>=，<=。

判断是否是集合的成员：IN，NOT IN，ANY，ALL。

判断是否满足指定的区间：BETWEEN... AND...。

模糊匹配：LIKE。

判断是否是空值：IS [NOT] NULL。

【例 8-3】查询价格在 20 元到 40 元之间的计算机类图书的条码及名称。

```
select 图书条码, 书名 from 图书 where 类别='计算机' and 单价 between 20 and 40;
```

【例 8-4】查询图书证号为 L00001、S00002、J00001 的读者借阅图书的信息。

```
select * from 借阅 where 图书证号 in ('L00001','S00002','J00001');
```

模糊匹配符：_——匹配任意一个字符；%——匹配任意多个字符（包括 0 个）。

【例 8-5】查询书名以“信息”开头的图书的信息。

```
select * from 图书 where 书名 like '信息%';
```

（4）SQL 中的集合函数。

COUNT(*)：统计元组个数。

COUNT([DISTINCT|ALL] < 列名 >)：统计一列中值的个数。

SUM([DISTINCT|ALL] < 列名 >)：计算一列中值的总和（此列必须是数值型）。

AVG([DISTINCT|ALL] < 列名 >)：计算一列中值的平均值（此列必须是数值型）。

MAX([DISTINCT|ALL] < 列名 >)：求最大值。

MIN([DISTINCT|ALL] < 列名 >)：求最小值。

DISTINCT：计算时忽略指定列中的重复值，返回唯一不同的值。

ALL：不忽略重复值，是默认值。

（5）对查询结果分组。GROUP BY 子句可将查询结果的各记录按一列或多列取值相等的原则进行分组

【例 8-6】统计各图书的借出次数，显示图书的条码及借出次数。

```
select 图书条码, count(*) as 借出次数 from 借阅 group by 图书条码;
```

可以使用 HAVING 短语将分组后的各组按条件作进一步筛选。

【例 8-7】求借出次数超过 1 次的图书。

```
select 图书条码 from 借阅 group by 图书条码 having count(*)>1;
```

WHERE 与 HAVING 的区别：WHERE 作用于基本表或视图，从中选择满足条件的元组；HAVING 作用于分组，从中筛选出满足条件的分组。

（6）对查询结果排序。ORDER BY 子句可将查询结果的各行按一列或多列的取值作升序或降序排列。默认排序是升序（ASC），若要按降序输出，则需要指定 DESC。

【例 8-8】查询所有图书的情况，按出版社升序排列，对同出版社的图书按书名降序排列。

```
select * from 图书 order by 出版社, 书名 desc;
```

（7）连接查询。WHERE 引导连接条件。

连接条件的一般格式：

```
[<表名1>.]<列名1> <比较运算符> [<表名2>.]<列名2>
```

或者：

```
[<表名1>.]<列名1> BETWEEN [<表名2>.]<列名2> AND [<表名2>.]<列名3>
```

条件中作比较的各字段类型必须是可比的，但不必相同。

【例 8-9】查询图书证号为 L00001 的读者所借阅图书的名称。

```
select 书名 from 借阅, 图书
where 借阅.图书条码=图书.图书条码 and 图书证号='l00001';
```

【例 8-10】查询读者及其所借图书的信息，显示读者的图书证号、姓名、所借图书的书名和类别。

```
select 读者.图书证号,读者.姓名, 图书.书名, 图书.类别
from 读者, 图书, 借阅
where 读者.图书证号=借阅.图书证号 and 借阅.图书条码=图书.图书条码;
```

2. 数据定义

数据定义涉及数据表、视图和索引的创建、删除以及表的修改。SQL 数据定义语句见表 8-2。

表 8-2 SQL 数据定义语句

操作对象	操作方式		
	创建	删除	修改
表	CREATE TABLE	DROP TABLE	ALTER TABLE
视图	CREATE VIEW	DROP VIEW	
索引	CREATE INDEX	DROP INDEX	

（1）创建表。

```
CREATE TABLE 表名
(
  属性名1 数据类型,
  属性名2 数据类型,
  属性名3 数据类型,
  ...
)
```

【例 8-11】定义教务信息——学生表 Student（学号 Sno 主键，姓名 Sname，性别 Ssex，院系 Sdept，年级 Sgrade，统招 Unified，入学时间 Enrollment，备注 Remark）。

```
CREATE TABLE Student(Sno CHAR(10) PRIMARY KEY,
            Sname VARCHAR(50),Ssex CHAR(2),
            Sdept VARCHAR(50),Sgrade INT,
            Unified BOOLEAN,
            Enrollment DATE,Comment VARCHAR(200));
```

【例 8-12】定义教务信息——课程表（课号 Cno 主键，课程名称 Cname，学分 Ccredit，Chour 学时，教师 Tname）。

```
CREATE TABLE Course(Cno CHAR(10) PRIMARY KEY,
            Cname VARCHAR(50),Ccredit INT,Chour INT,
            Tname VARCHAR(50));
```

【例 8-13】定义教务信息——成绩表 Transcript（学号 Sno 主键，课号 Cno 主键，成绩 Mark）。

```
CREATE TABLE Transcript (Sno CHAR(10), Cno CHAR(10),Mark REAL,
            PRIMARY KEY (Sno, Cno));
```

（2）修改表。

```
ALTER TABLE <表名>
[ ADD <新属性名> <数据类型> [ 完整性约束] ]
[ DROP <原属性名>|<完整性约束>]
[ALTER COLUMN <原属性名> <数据类型> ];
```

不论基本表中原来是否已有数据，新增加的属性一律为空值。

【例 8-14】向 Transcript 表增加“评价”属性，其数据类型为字符型，可变长度，最多 50 字符。

```
ALTER TABLE Transcript ADD Assess VARCHAR(50);
```

（3）删除表。

```
DROP TABLE <表名>
```

删除表时，系统同时会从数据字典中删去有关该表的描述。

【例 8-15】删除成绩表。

```
DROP TABLE Transcript
```

（4）建立索引。

创建普通索引，提高数据检索速度，命令格式为：

```
CREATE INDEX <索引名> ON <表名>(<属性名 [,<属性名> ]...)
```

创建唯一索引，两行不会拥有相同的索引值，命令格式为：

```
CREATE UNIQUE INDEX <索引名> ON <表名>(<属性名 [,<属性名> ]...)
```

（5）删除索引。删除索引文件，同时从数据字典中删除有关该索引的描述信息，命令格式为：

```
DROP INDEX <索引名>
```

（6）建立视图。可以选择一张表的多个属性，或者多个表的不同属性，或者满足一定条件的记录建立视图，命令格式为：

```
CREATE VIEW <视图名> AS
SELECT <属性名列表>
FROM <表的集合>
[WHERE 选择条件]
```

（7）删除视图。

命令格式为：

```
DROP VIEW <视图名>
```

3. 数据操纵

插入数据、删除数据和修改数据构成了 SQL 数据操作的主要内容。

（1）插入数据记录，命令格式为：

```
INSERT INTO <表名> [(<属性名1> [,<属性名2>...])] VALUES (<值>)
```

其中，表名是待插入记录的表，属性名列表指表中的字段名，VALUES 为与字段名个数相等，数据类型一一对应的属性值。

【例 8-16】向 Transcript 表中插入一条记录。

```
INSERT INTO Transcript VALUES ('2019160003','108016b01N','98.5');
```

【例 8-17】向 Transcript 表中插入部分值。

```
INSERT INTO Transcript (Sno, Cno) VALUES ('2019160003','108016b01N');
```

插入数据的方式很多，如插入多行记录、指定记录、指定数据，以及通过子查询从一个表中抽取数据插入另一个表中等。

（2）删除数据记录，命令格式为：

```
DELETE FROM <表名> [WHERE <条件>]
```

其中，表名指要删除数据的表，WHERE 指出待删除记录的选择条件，缺省时，则删除表中的所有记录。

【例 8-18】从学生信息表中删除王磊同学的记录。

```
DELETE FROM Student WHERE Sname='王磊';
```

【例 8-19】从课程表中删除所有 108016b01N 课程的记录。

```
DELETE FROM Course WHERE Cno='108016b01N';
```

【例 8-20】删除课程表中的所有记录。

```
DELETE FROM Course;
```

（3）修改数据记录，命令格式为：

```
UPDATE <表名> SET <属性名>=<表达式>
 [,<属性名>=<表达式>...] [WHERE <条件>];
```

其中，表名指待修改记录的表，SET 指出待修改属性及值的列表，WHERE 指出待修改记录的选择条件，省略时修改表中全部记录。

【例 8-21】修改课程号为 108016b01N 的代课老师为王强。

```
UPDATE Course SET Tname='王强' WHERE Cno='108016b01N';
```

【例 8-22】给所有选修课程 108016b01N 的学生统一加 5 分。

```
UPDATE Transcript SET Mark= Mark+5 WHERE Cno='108016b01N';
```

4. 数据控制

为了保证数据操作的安全性而对用户的使用权限进行限制，将对指定操作对象的指定操作权限授予指定的用户称为数据控制，一般有授权、收权和拒绝 3 种操作，数据库管理员或其他被授权者享有赋权资格，相应命令有 GRANT、REVOKE 和 DENY。下面详细讲解 GRANT 和 REVOKE。

（1）GRANT（授权）。SQL 提供了非常灵活的授权机制。数据库管理员拥有对数据库中所有对象的所有权限，并根据实际情况将不同的权限用 GRANT 语句授予不同的用户。用户对自己创建的基本表和视图拥有全部操作权限，并可以使用 GRANT 语句授权给其他用户，其他用户若拥有继续授权的许可，还可再授权给其他用户。GRANT 语句的命令格式为：

```
GRANT <权限> ON <对象类型> <对象名>
TO <用户> [WITH GRANT OPTION]
```

其中，发出该 GRANT 语句的可以是数据库管理员，也可以是该数据库对象的创建者或者是被授权者；ON 后为对象类型，如 DATABASE、TABLE 等，而对象名为数据库名或表名等；TO 后为用户名；WITH GRANT OPTION 子句指出获得某种权限的用户还可以把这种权限授予其他用户，但不允许循环授权，即被授权者不能把权限再授回给授权者，如果没有指定 WITH GRANT OPTION 子句，则获得某种权限的用户只能使用该权限，不能传播该权限。

【例 8-23】把对表 Student 的查询权限授予所有用户。

```
GRANT SELECT ON TABLE Student TO PUBLIC;
```

【例 8-24】把对表 Student 的查询权限授予用户 User1。

```
GRANT SELECT ON TABLE Student TO User1;
```

【例 8-25】把对表 Student 和表 Course 的全部操作权限授予用户 User2 和 User3。

```
GRANT ALL PRIVILEGES ON TABLE Student,Course TO User2,User3;
```

【例 8-26】把对表 Studnet 的查询和修改学号的权限授予用户 User4。

```
GRANT SELECT,UPDATE(Sno) ON Student TO User4;
```

【例 8-27】把对表 Student 的 INSERT 权限授予用户 User5，并允许 User5 将此权限再授予其他用户。

```
GRANT INSERT ON Student TO User5 WITH GRANT OPTION;
```

【例 8-28】把创建数据库和创建表的权限授予用户 Xuser1。

```
GRANT CREATE DATABASE TO Xuser1;
GRANT CREATE TABLE TO Xuser1;
```

（2）REVOKE（收权）。所有授予出去的权限在必要时又可以由数据库管理员或其他授权者用 REVOKE 语句收回。命令格式为：

```
REVOKE <权限> ON <对象类型> <对象名>
FROM <用户> [CASCADE|RESTRICT];
```

【例 8-29】把用户 User5 对表 Student 的 INSERT 权限收回。

```
REVOKE INSERT ON Student FROM User5;
```

【例 8-30】把用户 User4 对表 Student 修改学号的权限收回。

```
REVOKE UPDATE(Sno) ON Student FROM User4;
```

8.1.4 Python DB API

Python DB API 意义、内容和操作流程

为了让 Python 提供更广泛的数据库连接，Python 软件基金会组织编制了 Python DB API 规范，目前是 2.0 版本。API 强调访问数据库的 Python 模块之间的相似性、代码的一致性，从而获得更容易理解的模块，使跨数据库代码移植变得更加容易。有关 DB API 详细情况可以访问官网：https://www.python.org/dev/peps/pep-0249/。

1. Python DB API 开发背景

在没有 DB API 之前，不同数据库有不同的数据库接口程序，这就导致 Python 访问 Database 的接口程序非常混乱。面对不同的数据库，需要编写适合该数据库的接口程序，如果要切换到另一个数据库上，还要为另外一个数据库编写接口程序，如图 8-1（a）所示。Python DB API 就是为了解决接口程序混乱而生成的。有了 DB API，在不同数据库上移植代码就变得简单多了，如图 8-1（b）所示。

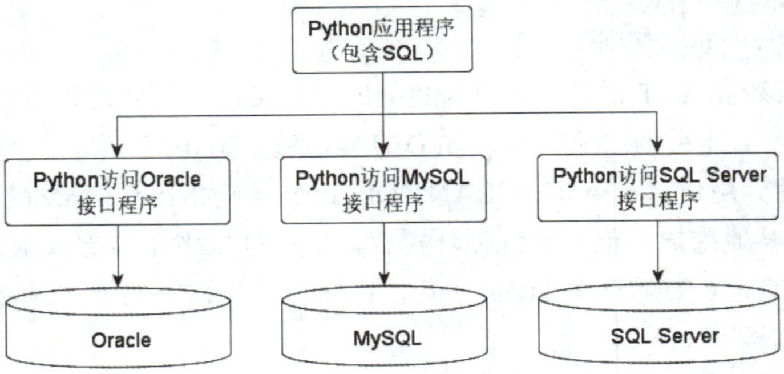

（a）没有 DB API 之前

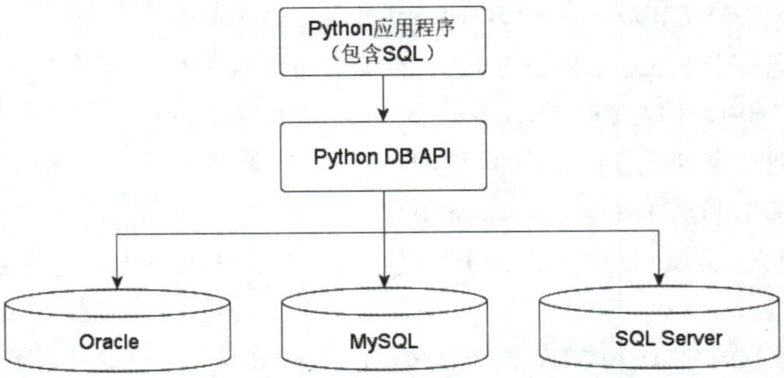

（b）有了 DB API 之后

图 8-1　DB API 开发前后 Python 操作数据库比较

2. Python DB API 主要内容

Python DB API 2.0 规范定义了一系列必需的对象和数据库存取方式，以便为各种各样的底层数据库系统和多种多样的数据库接口程序提供一致的访问接口。以 DB API 为基础为各类数据库访问设计接口包或接口模块，以便 Python 与数据库对接。因此，访问不同的数据库需要导入不同的 DB API 模块，例如访问 Oracle 数据库和 MySQL 数据库，需

要导入 Oracle 和 MySQL 数据库模块。目前，Python 的 DB API 为大多数的数据库实现了接口，使用它连接各数据库后，就可以用相同的方式操作各数据库。DB API 所包含的内容主要有 3 个部分：数据库连接对象 connection、数据库交互对象 cursor 和数据库异常类 exception，如图 8-2 所示。

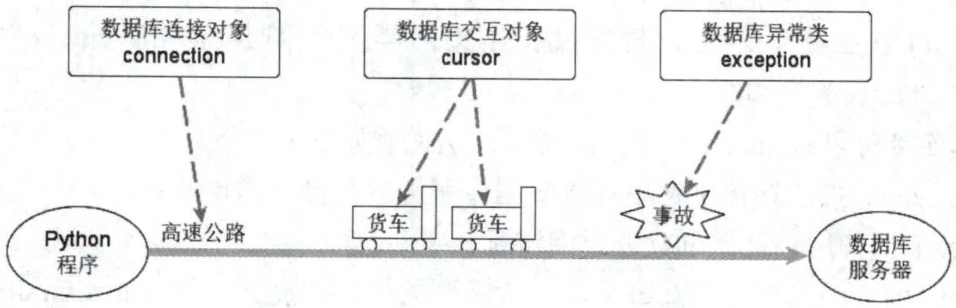

图 8-2 Python DB API 所包含的内容

其中，connection 对象用来建立与目标数据库的连接，需要配置 connection 对象的 connect 方法的数据库服务器地址、端口、用户名、密码、连接编码等参数。执行该方法，在应用程序与数据库服务器之间铺设一条数据交互的“高速公路”。这是对数据库、表、视图和索引等对象进行相关操作的基础。cursor 对象如同高速公路上跑的“货车”一样完成对数据的查询、获取、添加、插入、修改和删除等交互操作。exception 异常类如同应急预案，一旦发生数据处理“事故”，立即启动错误处理程序，以提高程序的健壮性和可操作性。使用这 3 个对象操作不同的数据库，参数设置可能会略有不同，但这已经给 Python 操作各种数据库带来了极大的方便。

3. Python DB API 操作流程

如图 8-3 所示，在 Python DB API 操作流程中，主要有创建连接对象 connection、获取游标对象 cursor、执行游标方法、CRUD（增加 Create、读取 Read、更新 Update 和删除 Delete）操作、错误处理、事务、关闭游标对象、关闭连接对象等步骤。

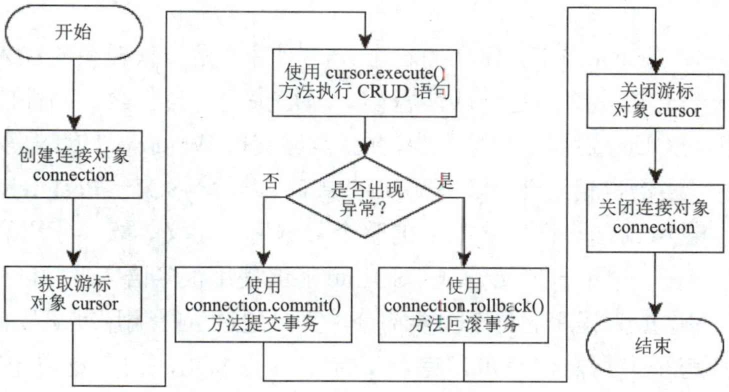

图 8-3 Python DB API 的操作流程

其中，连接对象有连接 connect()、创建游标对象的 cursor()、提交当前事务的 commit()、回滚当前事务的 rollback() 和关闭连接的 close() 等方法。游标对象有执行 SQL 语句的 execute()、executemany()，获取结果集下一行的 fetchone()，获取下几行的 fetchmany()，获取剩下所有行的 fetchall()，最近一次返回数据的行数或影响的行数

rowcount()，以及关闭游标对象 close() 等方法。执行 execute() 方法的流程为先将操作请求提交到数据库服务器，服务器执行数据操作并将操作结果返回到客户端缓存区。执行 fetchall() 方法，返回客户端缓存区现在还没有被影响的记录，返回的数据类型为一元组列表。事务机制保证了数据操作的原子性、一致性、隔离性和持久性，实际使用中需要先关闭自动提交，如果没有异常，则使用 commit() 方法提交事务，如果有异常，则使用 rollback() 方法回滚事务。数据操作结束后需要关闭游标对象 cursor 和连接对象 connection，以清理客户端缓存。

数据库连接对象 connection 支持的常用方法说明如下：

- connect()：按照连接字符串连接数据库服务器，打开指定数据库。
- cursor()：使用该连接创建并返回游标。
- commit()：手动提交当前事务，一般需要关闭自动提交，即 autocommit(False)。
- rollback()：回滚当前事务。
- close()：关闭连接。

数据库交互对象 cursor 支持的常用方法说明如下：

- execute(op,[,args])：执行一个数据库操作命令，对库表记录等的创建、插入、修改、删除、查询等操作。其中，op 为 SQL 字符串，args 为所用到的参数列表。
- fetchone()：取得结果集的下一行。
- fetchmany(size)：获取结果集的下几行。
- fetchall()：获取结果集中剩下的所有行。
- rowcount：最近一次 execute 返回数据的行数或影响行数。
- close()：关闭游标对象。

8.2 Python 操作 SQLite

8.2.1 SQLite 简介

SQLite 是由 D. Richard Hipp 建立的一个开源项目，是一款轻型的嵌入式关系型数据库。SQLite 是一个 C 语言库，是一款体积小、运行快速、自包含、高性能、SQL 功能齐全的数据库引擎。SQLite 占用资源非常少，并且能够支持 Windows/UNIX 等主流操作系统，同时能够跟很多程序语言相结合，还有 ODBC 接口，与 MySQL、PostgreSQL 相比，它的处理速度更快。像 Access 一样，SQLite 的整个数据库（定义、表、索引和数据本身）都在宿主主机上存储在一个单一的文件中。SQLite 能够使用很多语言直接创建数据库，数据库引擎连接到程序中成为程序的一个主要部分，直接通过 API 调用就可以使用。

SQLite 支持跨平台，操作简单，完全支持复杂的 SQL，被广泛用于智能移动电话、计算机以及无数应用程序中。对于很小型的应用或者嵌入式开发，SQLite 是较为理想的数据库选择。SQLite 是 Python 的内嵌模块，不需要任何安装即可导入使用。可以登录其官网 https://www.sqlite.org 了解更多相关知识。

在进行 Python 操作 SQLite 数据库的测试练习中可以下载安装 SQLite 数据库管理器配合使用，效果更佳，如 sqlitespy、sqlitestudio、sqliteexpert 免费软件以及 Navicat 等收费软件。本章使用 Navicat 数据库管理器测试版，因为它可以管理许多流行数据库。

8.2.2 SQLite 数据库的创建与连接

SQLite 数据库的创建与连接

Python 操作 SQLite 数据库，首先要导入 Python DB API 接口模块，命令如下：

```
import sqlite3
```

【例 8-31】创建 SQLite 教务数据库 edu_admin_info.db。

导入接口模块后，可以创建数据库并赋予数据库连接对象，命令如下：

```
conn = sqlite3.connect('edu_admin_info.db')
```

其中，conn 为数据库连接对象名，命名要符合 Python 标识符命名规范，edu_admin_info.db 为所要连接的 sqlite 数据库名，如果不存在，则程序在指定路径自动创建，如果不指定路径，就在程序所在文件夹创建，如果已存在，则打开连接。这样，就建立起了应用程序与数据库服务器之间的数据交互“高速公路”。

8.2.3 SQLite 数据操作与处理

1. 创建游标 cursor 对象

有了“高速公路”，还需要有“货车”才可以“搬运”命令和数据，这就需要使用 cursor() 方法创建游标 cursor 对象，命令如下：

```
cur=conn.cursor()
```

其中，cur 为游标对象名，命名要符合 Python 标识符命名规范。

2. 创建 sqlite 数据表

游标对象直接调用 execute() 方法创建数据表。

【例 8-32】按照例 8-11 的参数为 edu_admin_info.db 数据库创建 Student 表。

```
str='''CREATE TABLE Student(Sno CHAR(10) PRIMARY KEY,
Sname VARCHAR(50),Ssex CHAR(2),
Sdept VARCHAR(50),Sgrade INT,
Unified BOOLEAN,
Enrollment DATE,Comment VARCHAR(200));'''
cur.execute(str)
```

可以用 Navicat 显示表结构，如图 8-4 所示，以验证数据表创建成功。

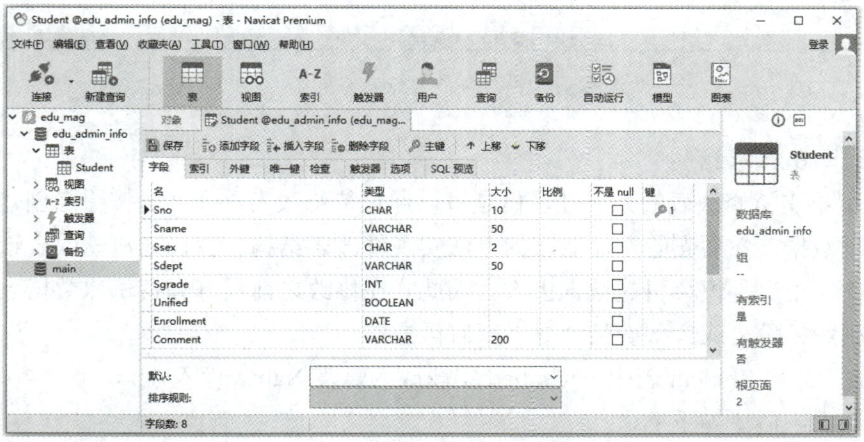

图 8-4 用 Navicat 显示表结构

也可以用如下命令显示表结构，验证表是否创建成功：

```
str='''PRAGMA TABLE_INFO(Student)'''
cur.execute(str)
```

```
info=cur.fetchall()
print(info)
```

显示结果为一元组列表：

```
[(0, 'Sno', 'CHAR(10)', 0, None, 1), (1, 'Sname', 'VARCHAR(50)', 0, None, 0), (2, 'Ssex', 'CHAR(2)', 0, None, 0), (3, 'Sdept', 'VARCHAR(50)', 0, None, 0), (4, 'Sgrade', 'INT', 0, None, 0), (5, 'Unified', 'BOOLEAN', 0, None, 0), (6, 'Enrollment', 'DATE', 0, None, 0), (7, 'Comment', 'VARCHAR(200)', 0, None, 0)]
```

还可以创建课程表和成绩表，命令如下：

```
str='''CREATE TABLE Course(Cno CHAR(10) PRIMARY KEY,
Cname VARCHAR(50),Ccredit INT,Chour INT,
Tname VARCHAR(50));'''
cur.execute(str)
str='''CREATE TABLE Transcript (Sno CHAR(10), Cno CHAR(10),Mark REAL,
PRIMARY KEY (Sno, Cno));'''
cur.execute(str)
```

注意，以下 SQL 语句都用小写：

①显示数据库里的所有表：

```
str='''select name from sqlite_master where type="table";'''
cur.execute(str)
table_name=cur.fetchall()
print(table_name)
```

②显示结果仍然为一元组列表：

```
[('Student',), ('Transcript',), ('Course',)]
```

用 Navicat 显示的结果如图 8-5 所示。

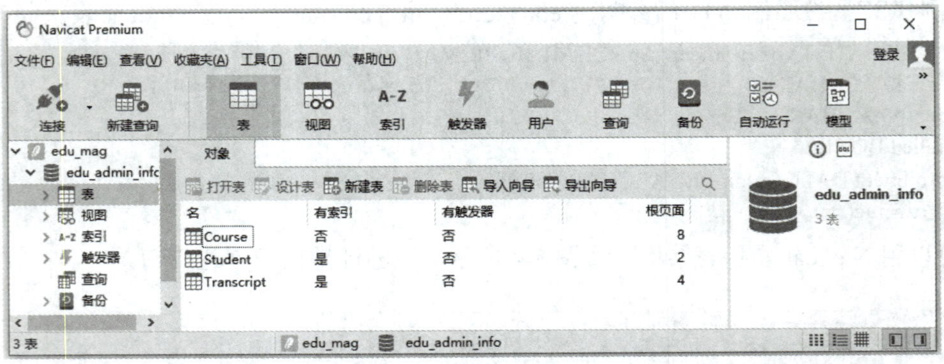

图 8-5 用 Navicat 显示数据库中的表

3. 修改 sqlite 表结构

SQLite 不支持修改表的列属性，但是可以通过待修改表重命名，按原名创建新表，从旧表中复制数据，然后删除重命名表的办法实现修改表结构。我们知道修改表结构是非常危险的事情，稍有不慎会引起数据丢失。因此，在修改之前最好先备份原数据表。确认没问题后再删除备份；或者备份整个数据库后再操作。

【例 8-33】将 Student 表中的 Unified 字段改为籍贯 Natp，字符型。

备份原表，命令如下：

```
CREATE TABLE '新表名' AS SELECT * FROM '待备份表名'
str='''create table Student_back as select * from Student;'''
cur.execute(str)
```

待修改表重命名，命令如下：

```
ALTER TABLE '旧表名' RENAME TO '新表名'
```

```
str='''alter table Student rename to Student_temp;'''
cur.execute(str)
```

显示当前数据库中的所有表，升序排列：

```
str='''select name from sqlite_master where type="table" order by name asc;'''
cur.execute(str)
table_name=cur.fetchall()
print(table_name)
```

结果为表的元组列表：

```
[('Course',), ('Student_back',), ('Student_temp',), ('Transcript',), ('temp',)]
```

按原表名创建新表，命令如下：

```
str='''create table Student(Sno CHAR(10) primary key,
Sname varchar(50),Ssex char(2),
Sdept varchar(50),Sgrade int,
Natp varchar(50),
Enrollment date,Comment varchar(200));'''
cur.execute(str)
```

从旧表中复制数据，只取部分字段，命令如下：

```
str='''insert into Student(Sno,Sname,Ssex,Sdept,Sgrade,Enrollment,Comment) select Sno,Sname,Ssex,Sdept,
Sgrade,Enrollment,Comment from Student_temp;'''
cur.execute(str)
```

删除旧表，命令如下：

```
DROP TABLE '待删除表名'
str='''drop table Student_temp;'''
cur.execute(str)
```

显示当前数据库中的所有表，升序排列。

删除前：

```
[('Course',), ('Student',), ('Student_back',), ('Student_temp',), ('Transcript',), ('temp',)]
```

删除后：

```
[('Course',), ('Student',), ('Student_back',), ('Transcript',), ('temp',)]
```

显示修改过表结构的内容和备份表的内容，命令如下：

```
#查看其他表，只需要修改表名即可
str='''select * from Student_back;'''          #查询表中所有字段
cur.execute(str)                               #提交数据库服务器
col_name_list = [tuple[0] for tuple in cur.description]    #读取表头
print(col_name_list)                 #显示表头
rec=cur.fetchall()                   #返回查询结果
for row in rec:                      #遍历结果元组列表
    print(row)                       #输出单条记录元组
```

修改之前：

```
['Sno', 'Sname', 'Ssex', 'Sdept', 'Sgrade', 'Unified', 'Enrollment', 'Comment']
('2018170010', '李刚', '男', '物理系', '二年级', '是', '2018-09-06', '喜欢数学')
('2017160083', '韩唐', '男', '化学系', '三年级', '是', '2017-09-01', '观察敏锐')
```

修改之后：

```
['Sno', 'Sname', 'Ssex', 'Sdept', 'Sgrade', 'Natp', 'Enrollment', 'Comment']
('2018170010', '李刚', '男', '物理系', '二年级', None, '2018-09-06', '喜欢数学')
('2017160083', '韩唐', '男', '化学系', '三年级', None, '2017-09-01', '观察敏锐')
```

4. sqlite 数据表记录操作

数据记录操作主要包括增、删、改、查和计算。

（1）修改记录值 UPDATE。

【例 8-34】修改 Student 表中的籍贯字段 Natp，李刚为广东佛山，韩唐为广西桂林。

```
str='''update Student set Natp="广东佛山" where Sno="2018160010";'''
cur.execute(str)
str='''update Student set Natp="广西桂林" where Sno="2017160083";'''
cur.execute(str)
```

结果为：

```
['Sno', 'Sname', 'Ssex', 'Sdept', 'Sgrade', 'Natp', 'Enrollment', 'Comment']
('2018170010', '李刚', '男', '物理系', '二年级', '广东佛山', '2018-09-06', '喜欢数学')
('2017160083', '韩唐', '男', '化学系', '三年级', '广西桂林', '2017-09-01', '观察敏锐')
```

（2）增加记录 INSERT INTO。

【例 8-35】增加学号为“2019150005”的记录。

```
str='''insert into Student values("2019150005","王鹏","男","计算机系","二年级","河北保定","2019-9-1","
擅长足球")'''
cur.execute(str)
```

显示结果为：

```
['Sno', 'Sname', 'Ssex', 'Sdept', 'Sgrade', 'Natp', 'Enrollment', 'Comment']
('2019150005', '王鹏', '男', '计算机系', '二年级', '河北保定', '2019-9-1', '擅长足球')
```

（3）删除记录 DELETE FROM。

【例 8-36】删除学号为“2019150005”的记录。

```
str='''delete from Student where Sno="2019150005"'''
cur.execute(str)
```

（4）查询记录 SELECT。

查询数据表 Student 中的所有数据，可同时显示字段名。可参考 SQL 语句的查询语句语法以及例子的程序代码。

5. sqlite 事务处理

对数据表结构和记录进行修改后一定要用调用游标对象的 commit() 方法提交事务，保存更改，这样操作才有效，否则修改无效。如果执行 commit() 以来的命令有误，可以调用 rollback() 方法回滚之前的操作。结合 Navicat 测试效果更好。

6. sqlite 错误处理

错误处理可以增强程序的可用性和健壮性，错误处理的基本语法在第 4 章中已有详细说明，此处举一个例子说明。

【例 8-37】试图打开一个 SQLite 数据库的不存在的数据表，观察其运行结果。

```
conn=None
rec=None
try:
    conn = sqlite3.connect('database.db')
    cur = conn.cursor()
    str='''select * from table;'''
    cur.execute(str)
    rec = cur.fetchall()
conn.commit()
except Exception as e:
    print("Database error: %s" %e)
conn.rollback()
finally:
    if conn:
        cur.close()
        conn.close()
```

输出为：

```
Database error: near "table": syntax error
```

8.3 Python 操作其他关系型数据库

Python 操作关系型数据库的模式类似，都会有一个第三方接口模块，该接口模块会遵循 Python DB API 标准。

8.3.1 Python 操作 MySQL

Python 操作 MySQL

1. MySQL 简介

MySQL 是由瑞典 MySQL AB 公司开发的一个关系型数据库管理系统，属于 Oracle 旗下产品。MySQL 用 SQL 语言访问数据库，采用双授权政策，分为社区版和商业版。其体积小、速度快、总体拥有成本低，尤其是开放源码这一特点，使 MySQL 成为最流行的关系型数据库管理系统之一，在 Web 应用方面，MySQL 也是最好的 RDBMS 应用软件之一，一般中小型网站的开发都选择 MySQL 作为网站数据库。同时，MySQL 也是学习研究关系数据库的优选工具。

2. MySQL 的下载与安装

建议在 MySQL 的官网 https://www.mysql.com 下载 MySQL 安装包，选择社区版，该版本可以满足通常的学习科研所需。将数据库管理系统和工作台一起安装，方便程序调试、验证和交互操作，其他工具可选择安装。不过建议初学者选择默认工具。

3. 安装 pymysql

用 pip 安装 python 第三方库，需要把 pip 所在的文件夹设为环境变量。如 E:\ProgramData\Anaconda3\Scripts，读者可以根据自己计算机上 Python 的安装地址或者 Anaconda3 的安装地址确定环境变量。设置了环境变量，即可打开命令窗口，输入 pip install pymysql，安装 MySQL 的 Python 接口，如图 8-6 所示。

```
C:\Users\doublelions>pip install pymysql
Collecting pymysql
  Using cached PyMySQL-0.9.3-py2.py3-none-any.whl (47 kB)
Installing collected packages: pymysql
Successfully installed pymysql-0.9.3
```

图 8-6 安装 pymysql

启动 Python，导入库，如果没有报错，说明安装成功，如图 8-7 所示。

```
C:\Users\doublelions>python
Python 3.7.0 (default, Jun 28 2018, 08:04:48) [MSC v.1912 64 bit (AMD64)] :: Anaconda, Inc. on win32
Type "help", "copyright", "credits" or "license" for more information.
>>> import pymysql
>>>
```

图 8-7 验证 pymysql 是否导入成功

4. MySQL 数据操作

操作 MySQL 数据的流程和方法与操作 SQLite 类似，只是连接数据库略有不同。

（1）连接数据库。Python 操作 MySQL 数据库，首先要导入 Python DB API 接口模块，命令如下：

```
#导入Python操作MySQL数据库的接口包
```

```
import pymysql as pms   #pms是模块别名
#创建数据库连接对象，此处定义为conn
conn =pms.connect(host='127.0.0.1',user='root', password='password123',port='3306',
        charset='utf8mb4') #连接MySQL数据库服务器
```

其中，conn 为数据库连接对象名，需要符合 Python 标识符命名规则。connect() 为数据库连接方法，connect 方法常用参数有以下几个：

- host：数据库主机名，默认是用本地主机，如果是本地主机有两种连接方式 localhost/127.0.0.1，虽然都代表本地主机，但是这两种方式略有不同，表示连接数据库的两种通信方式。初学者可以不用纠结于此，在调试时如果碰到一种连接方式连接不通，可以换另一种方式。
- user：数据库登录名，默认是当前用户。安装数据库时系统会要求输入用户名和密码，请牢记。安装成功后，可以重新取名，用户名可以通过 MySQL Workbench 修改，也可以在命令窗口登录数据库后台修改。
- password：数据库登录的密码，默认为空。这个要看安装时是否输入了密码。
- db：要使用的数据库名，没有默认值。可以是系统数据库或用户设计数据库。
- port：MySQL 服务使用的 TCP 端口，默认是 3306。
- charset：数据库编码，默认为 utf 8，目前流行方式为 utf8mb4，为了完美表达 Unicode 字符集而设计，如果连接字符设为 utf8mb4，数据存储时才可以用 utf8mb4，否则数据会被截断，同时有警告或错误提示。

（2）创建数据库。前一部分介绍的连接数据库是指连接数据库服务器，里边并没有连接具体数据库，实际应用中需要创建一个或多个数据库来达到数据管理和服务的目的，创建数据库可以用 MySQL 工作台 Workbench 或其他可视化 MySQL 数据库管理工具，如 Navicat，也可以用控制台命令或者应用程序命令，这里用 pymysql 的 cursor 对象完成。

【例 8-38】创建 edu_admin_info 数据库并连接。

```
cur=conn.cursor()  #创建游标对象
str ='''create database if not exists edu_admin_info'''  #准备SQL操作字符串
cur.execute(str)   #执行创建数据库的SQL语句
conn.commit()
```

可以通过管理工具查看创建数据库前后的变化，如图 8-8 和图 8-9 所示。

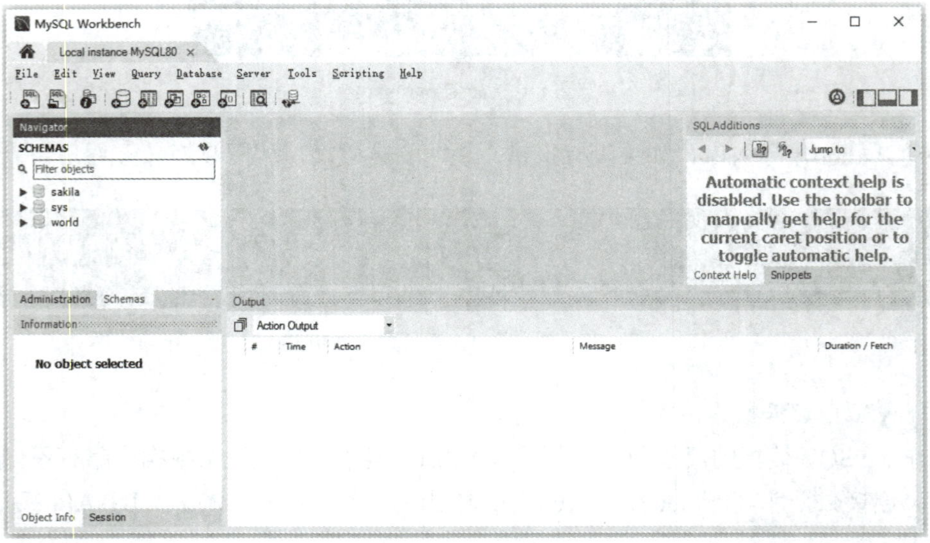

图 8-8　未创建数据库之前

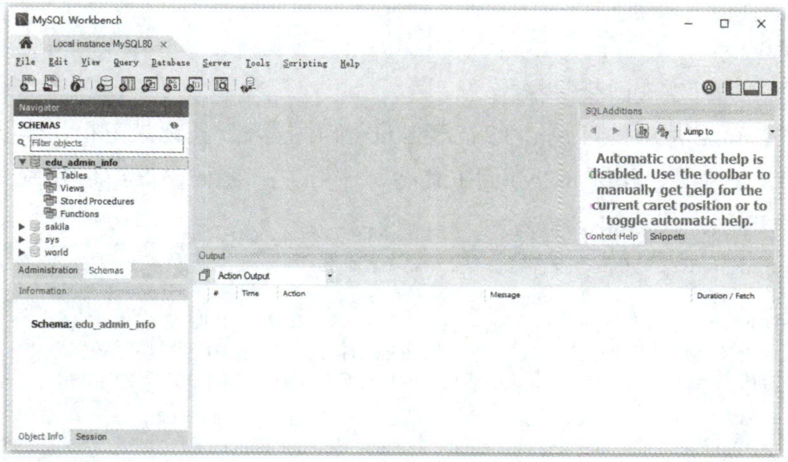

图 8-9 创建数据库之后

【例 8-39】通过命令查看 edu_admin_info 数据库的创建情况。

分析：具体过程为显示数据库创建前的情况→创建→显示数据库创建后的情况。代码如下：

```
str='''show databases'''  #准备SQL操作字符串
cur.execute(str)           #执行显示当前服务器上所有数据库的SQL语句
result = cur.fetchall()    #接收服务器查询结果
print(result)              #显示查询结果
```

edu_admin_info 创建前服务器上的数据库情况：

```
(('information_schema',), ('mysql',), ('performance_schema',), ('sakila',), ('sys',), ('world',))
```

edu_admin_info 创建后服务器上的数据库情况：

```
(('edu_admin_info',), ('information_schema',), ('mysql',), ('performance_schema',), ('sakila',), ('sys',), ('world',))
```

确定 edu_admin_info 已经存在。

（3）打开数据库。数据库创建以后，接着就可以在数据库中创建表、视图、索引和查询，以及对数据进行增、删、改、查等操作。首先，再次连接数据库，这次连接与上次不同，是在连接服务器的基础上打开已有数据库。与 SQLite 不同的是，打开 MySQL 数据库之前必须先创建数据库，否则会报错。

后台用 use 打开数据库，编程打开数据库的命令如下：

```
import pymysql as pms  #导入接口包并取别名pms
#连接MySQL数据库服务器，打开edu_admin_info数据库，创建conn对象
conn =pms.connect(host='127.0.0.1',user='root', password='password123',
                  port=3306,db='edu_admin_info',charset='utf8mb4')
```

这样就建立起了应用程序与数据库服务器之间的数据交互“高速公路”。

接着，创建游标对象，为数据处理准备“货车”，命令如下：

```
cur=conn.cursor()
```

（4）创建数据表。

【例 8-40】参照例 8-32 的程序为 MySQL 数据库 edu_admin_info 创建数据表 Student。MySQL 对 SQL 的支持与 SQLite 类似，可直接复制过来运行。

```
str_create_table='''
create table Student(Sno varchar(10) primary key,
  Sname varchar(50),Ssex varchar(2),
  Sdept varchar(50),Sgrade varchar(10),
  Natp varchar(50),
  Enrollment date,Comment varchar(500));'''
```

```
cur.execute(str_create_table)
conn.commit()
```

（5）对数据进行增删改查等操作。

【例 8-41】参照例 8-34 和例 8-35 在表 Student 中插入 3 条记录王鹏、李刚和韩唐。

分析：单条插入跟例 8-34 所用命令一样，多条插入需要用到游标对象的 executemany() 方法，代码如下：

```
str="insert into Student values(%s,%s,%s,%s,%s,%s,%s,%s)"
data=[
('2018170010', '李刚', '男', '物理系', '二年级', '广东佛山', '2018-09-06', '喜欢数学'),
('2017160083', '韩唐', '男', '化学系', '三年级', '广西桂林', '2017-09-01', '观察敏锐'),
('2019150005', '王鹏', '男','计算机系','二年级','河北保定','2019-09-01','擅长足球'),
]
cur.executemany(str,data)
conn.commit()
```

其中，SQL 的 insert 动词为带参数操作，values 集合为插入数据的列占位符，指出插入列数及其数据类型，str 指出 SQL 插入字符串，作为 executemany(sql,param) 方法的第一个参数，data 列表给出待插入数据的元组。

注意：data 必须是二维元组或者元组列表。

【例 8-42】编程查看 Student 表中的数据。

```
str_query="select * from Student"  #查询全部数据
cur.execute(str_query)
#遍历数据（存放到元组中）
row = cur.fetchall()
for x in row:
    print(x)
```

显示结果为：

```
('2017160083', '韩唐', '男', '化学系', '三年级', '广西桂林', datetime.date(2017, 9, 1), '观察敏锐')
('2018170010', '李刚', '男', '物理系', '二年级', '广东佛山', datetime.date(2018, 9, 6), '喜欢数学')
('2019150005', '王鹏', '男', '计算机系', '二年级', '河北保定', datetime.date(2019, 9, 1), '擅长足球')
```

对 MySQL 数据库的增删改操作跟 SQLite 相似，基本上不用做修改直接复制过来就可以用。

8.3.2 Python 操作 Access

Python 操作 Access

Access 是微软 Office 系列程序中的一员，由于操作简单、功能强大、可视化操作和丰富的报表等优势，是办公数据分析、处理和管理的有力工具，也是一些小型网站的数据库管理系统，安装 Office 时选择相关模块即可安装使用。如果能熟练使用会给自己的工作带来更多方便。

1. pypyodbc 的安装

Python 操作 Access 需要先安装 DB API 模块 pypyodbc，在命令窗口中输入 pip install pypyodbc，注意，运行 pip 安装需要设置 Python 安装目录的环境变量，pypyodbc 的安装方法如图 8-10 所示。

图 8-10 pypyodbc 的安装方法

如果是 64 位 Windows 操作系统，安装了 64 位 Pythcn，还需要装 64 位版本的 ACE 驱动程序，需要下载安装 AceRedist.msi 才可以驱动 Access 数据库。

2. Access 数据库创建

打开 Access 软件，创建数据库 edu_admin_info.accdb，此处将数据库创建在 E: 盘的根目录，如 E :\edu_admin_info.accdb。

3. 创建 Access 连接对象

首先导入 pypyodbc 模块，命令如下：

```
import pypyodbc as pyodbc  #导入接口模块，为数据交互打开“大门”
```

创建连接对象，连接数据库，命令如下：

```
path='E:\edu_admin_info.accdb' #实际数据库文件存放地址
#创建连接对象，为数据交互准备好“高速公路”
conn = pyodbc.connect(r"Driver={Microsoft Access Driver (*.mdb, *.accdb)};
DBQ=" + path + ";Uid=;Pwd=;")
cur = conn.cursor()   #创建游标对象，为数据交互准备好“货车”
```

其中，Driver 为 Access 驱动，可以在控制面板→管理工具→ ODBC DataSources 中打开数据源查看本机提供的数据源驱动程序，Access 驱动程序是在安装 Office 的 Access 时安装上的，如图 8-11 所示为本机 ODBC 数据源列表。Uid 和 Pwd 分别为数据库用户名和密码，本例数据库没有设置用户名和密码。连接字符串中每一个参数都用分号“;”隔开。

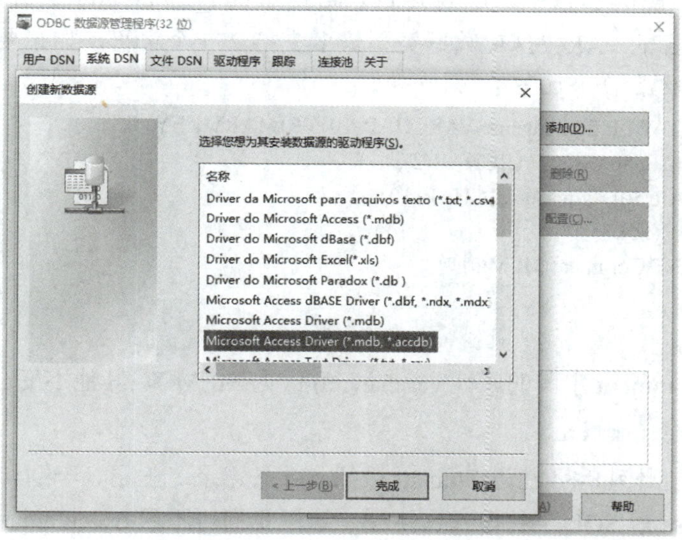

图 8-11 查看本机 ODBC 数据源

4. 创建 Access 数据表

数据类型对 Access 来说非常重要，相比较而言，Access 数据类型也非常丰富，而兼容性和对 SQL 语句的支持没有 SQLite 和 MySQL 那么好，如果不注意，就会造成数据库操作错误，Access 的数据类型见表 8-3。

表 8-3 Access 数据类型

名称	说明符	说明
文本	char(n)、string(n)、text(n)、varchar(n)	其中 n 表示字段大小，为了兼容性更好，建议采用 char 或 varchr
备注	note、memo	这个类型可以存放长文本

续表

名称		说明符	说明
数字	字节	byte	
	长整型	long、int、integer	
	整型	short、smallint	
	单精度型	single、real	
	双精度型	double、float	
	货币	currency、money	
日期 / 时间		date、datetime、time、timestamp	
自动编号		counter(m,n)、autoincrement(m,n)	其中 m 为初始值，n 为步长值，默认值是 (1,1)
逻辑型（是 / 否）		bit、yesno	
OLE 对象		image	
二进制		binary	

【例 8-43】参照例 8-39 的程序为 Access 数据库 edu_admin_info 创建数据表 Student。

分析：Access 的 VARCHAR 数据类型最多支持 255 个字符，如果要想多输入需要用到备注类型 MEMO，命令如下：

```
str='''CREATE TABLE Student(Sno VARCHAR(10) PRIMARY KEY,
Sname VARCHAR(50),Ssex VARCHAR(2),
Sdept VARCHAR(50),Sgrade VARCHAR(10),
Natp VARCHAR(50),
Enrollment DATE,Comment MEMO);'''
cur.execute(str)
conn.commit()
```

其中，把 Comment 字段的属性 varchar(50) 改为 MEMO，其他不变。

5. 插入 Access 数据记录

【例 8-44】参照例 8-34 在表 Student 中插入 3 条记录：王鹏、李刚和韩唐。

分析：Access 对 SQL 字符串非常挑剔，这里我们暂不用 executemany() 方法，采用单条插入。

```
str="insert into Student values('2019150005','王鹏','男','计算机系','二年级','河北保定','2019-09-01
00:00:00','擅长足球')"
cur.execute(str)
str="insert into Student values('2018170010', '李刚', '男', '物理系', '二年级', '广东佛山', '2018-09-06', '喜欢数学')"
cur.execute(str)
str="insert into Student values('2017160083', '韩唐', '男', '化学系', '三年级', '广西桂林', '2017-09-01', '观察敏锐')"
cur.execute(str)
```

显示结果，看是否正确插入，命令如下：

```
str="select * from Student"
rec=cur.execute(str)
for x in rec:
    print(x)
```

结果如下：

```
('2019150005', '王鹏', '男', '计算机系', '二年级', '河北保定', datetime.datetime(2019, 9, 1, 0, 0), '擅长足球')
('2018170010', '李刚', '男', '物理系', '二年级', '广东佛山', datetime.datetime(2018, 9, 6, 0, 0), '喜欢数学')
('2017160083', '韩唐', '男', '化学系', '三年级', '广西桂林', datetime.datetime(2017, 9, 1, 0, 0), '观察敏锐')
```

6. 删除、修改和查询 Access 数据记录

请读者参考 Python 操作 SQLite 和 MySQL 的方法自行练习和总结，主要是用游标对象 cursor 执行 SQL 语句。

注意：各种数据库对 SQL 语句的支持有时会略有不同，以实际调试结果为准。

8.3.3 Python 操作 SQL Server

SQL Server 是微软公司推出的关系数据库，一直以来占据关系数据库很大的市场份额，被广泛用于商业、科研和教学中，是经典的关系数据库，在分布式存储、大数据分析和商务智能等应用场景也有出色的表现。从 SQL Server 2008 开始有两种授权方式：Express 速成版和 Enterprise 企业版，本书采用 SQL Server 2016 Express 速成版。速成版是完全免费的 SQL Server 入门级数据库版本，是非常适合学习开发或部署较小规模桌面和 Web 应用的数据库服务器。

1. pymssql 的安装

Python 操作 SQL Server 需要先安装 DB API 模块 pymssql，在命令窗口中输入 pip install pymssql，安装方法如图 8-12 所示。

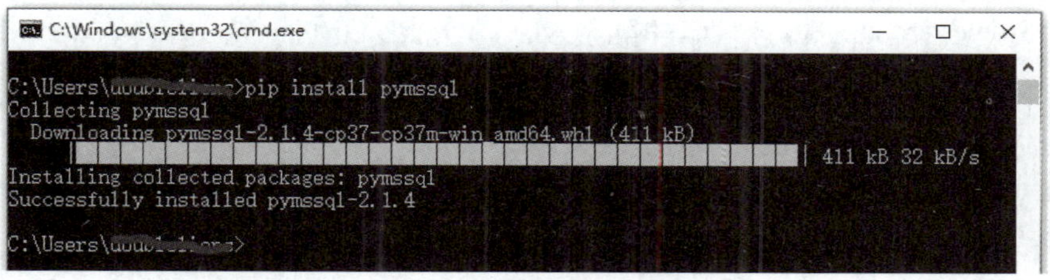

图 8-12 pymssql 的安装方法

2. SQL Server 数据库创建

打开 Navicat 软件，创建数据库 edu_admin_info，在指定目录下自动产生两个文件：edu_admin_info.ndf 数据库文件和 edu_admin_info_log.log 日志文件。

3. 创建 SQL Server 连接对象

导入 pymssql 接口模块，创建连接对象，创建游标对象，命令如下：

```
import pymssql as pmql  #导入接口模块，为数据交互打开“大门”
#创建连接对象，为数据交互准备好“高速公路”
conn=pmql.connect(host='localhost',server='SQLEXPRESS', port='50068',
user='', password='',database='edu_admin_info')
cur=conn.cursor()  #创建游标对象，为数据交互准备好“货车”
```

其中，host 为主机名，本地服务，本地访问，可以是“localhost”“.”（半角点）“DESKTOP-QO29B0B”（计算机名）或者“127.0.0.1”；server 是数据库服务器名，所谓实例名，此处是 SQLEXPRESS，安装数据库时可以修改；port 为数据库服务器端口号，如图 8-13 所示，打开 SQL Server 配置管理器→ SQL Server 网络配置→ SQL EXPRESS 的协议，右击 TCP/IP 查看属性，在“IP 地址”选项卡中将滚动条拉到底，在 IPAll 选项中设置 TCP 动态端口为 50068；user 用户名和 password 在安装数据库时可设置；database 为要连接的数据库名称。

Python 操作 SQL Server

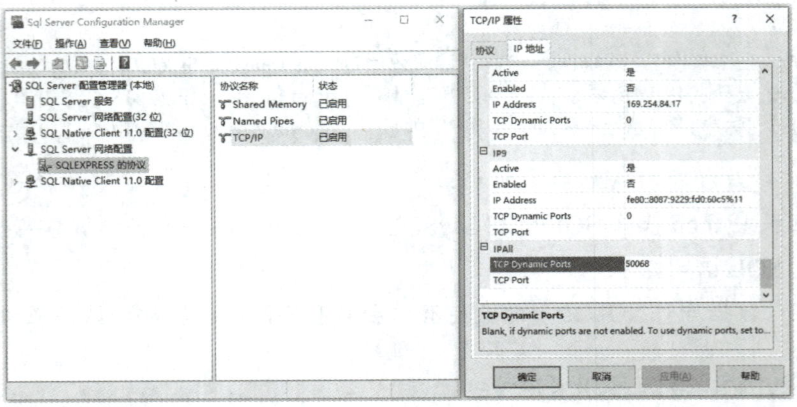

图 8-13 SQL Server 连接字符串动态端口

4. SQL Server 数据表操作 CURD

有了数据交互的工具游标 cursor 对象，接下来对表的增、删、改、查等操作就是对 SQL 语句的操纵和运用。

（1）创建数据表。

【例 8-45】参照例 8-39 的程序为 SQL Server 数据库 edu_admin_info 创建数据表 Student。

分析：SQL Server 对 SQL 的支持与 MySQL、SQLite 类似，可直接复制过来运行。创建表的 SQL 动词为 Create。代码如下：

```
str_create_table='''create table Student(Sno varchar(10) primary key,
            Sname varchar(50),Ssex varchar(2),
            Sdept varchar(50),Sgrade varchar(10),Natp varchar(50),
            Enrollment date,Comment varchar(500));'''
cur.execute(str_create_table)'''
conn.commit()
```

（2）修改表结构。一般修改表结构有增加列、减少列、修改列属性等操作。

【例 8-46】在数据库 edu_admin_info 中复制一张 Student 表，命名为 Student_temp。

分析：充分利用 SQL 语句，拷贝 Student 到 Student_temp，在 Navicat 中查看结果，如图 8-14 所示。代码如下：

```
str_copy_table='''select * into Student_temp from Student;'''
cur.execute(str_copy_table)
conn.commit()
```

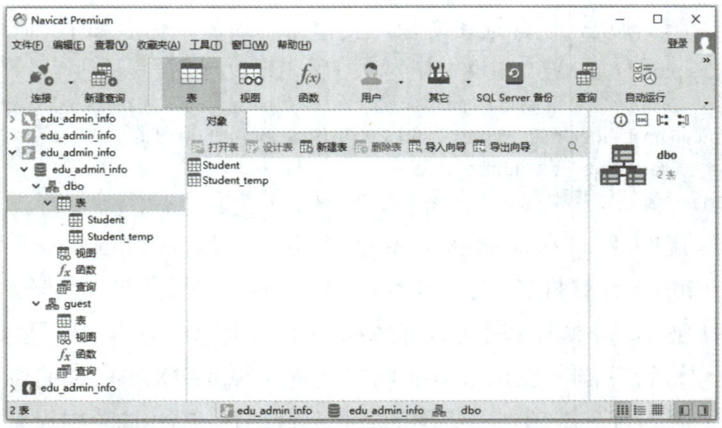

图 8-14 pymssql 复制表

【例 8-47】在 Student_temp 表中，新增加一个字段职业生涯规划 Career_plan varchar(1000)，修改属性 varchar(500)，最后再删除该列。

分析：首先捋清楚增加字段、修改字段属性和删除字段所用的 SQL 语句动词及其语法，采用 Navicat 验证动作的有效性。

```
#增加一列命令
<alter> <table> <TableName> <add> <ColumnName> <Type> [是否为空等]
```

代码如下：

```
str_modify_table='''alter table Student_temp add Career_plan varchar(1000) null;'''
cur.execute(str_modify_table)
conn.commit()

#修改列属性命令
<alter> <table> <TableName> <alter> <column> <ColumnName> <Type>
```

代码如下：

```
str_modify_table='''alter table Student_temp alter column Career_plan varchar(500);'''
cur.execute(str_modify_table)
conn.commit()

#删除一列命令
<alter> <table> <TableName> <drop> <column> <ColumnName>
```

代码如下：

```
str_modify_table='''alter table Student_temp drop column Career_plan;'''
cur.execute(str_modify_table)
conn.commit()
```

新增一列 Career_plan varchar(1000)，修改属性 varchar(500)，删除该列，结果如图 8-15 所示。

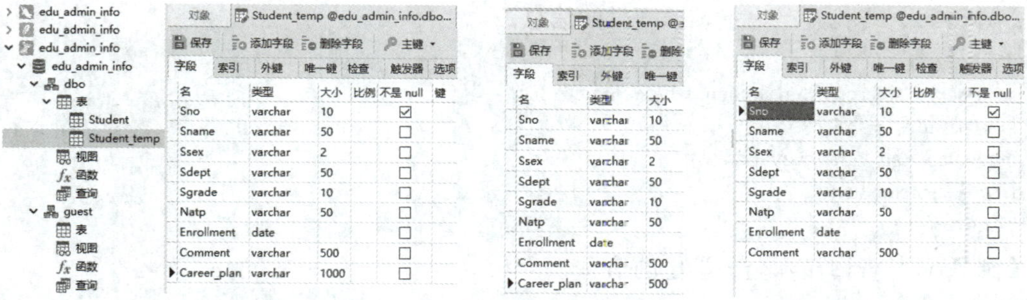

（a）新增一列　　（b）修改列属性　　（c）删除一列

图 8-15　pymssql 修改表结构

（3）删除数据表。删除表的 SQL 动词 drop。

【例 8-48】删除数据库 edu_admin_info 中的表 Student_temp。

代码如下：

```
str_del_table='''drop table Student_temp;'''  #准备SQL动作字符串
cur.execute(str_del_table)                    #执行SQL动作
conn.commit()                                 #提交事务
```

5. SQL Server 数据记录操作 CURD

（1）添加记录。可以单条添加数据记录，也可以批量添加数据记录。

【例 8-49】向 Student 表中添加姓名为王鹏的同学。

```
str="insert into Student values('2019150005','王鹏','男','计算机系','二年级','河北保定','2019-09-01
```

```
00:00:00','擅长足球')"
    cur.execute(str)
```

【例 8-50】向 Student 表中添加姓名为李刚、韩唐、王琴和吴美的 4 位同学。

分析：对于该问题，单条添加麻烦，可以考虑批量添加，分 3 步完成：第一步将数据集放到列表里，第二步用 insert 的多参数形式准备字符串，第三步调用游标的 executemany() 方法完成批量添加。

```
str="insert into Student values(%s,%s,%s,%s,%s,%s,%s,%s)"
data=[
('2018170010', '李刚', '男', '物理系', '二年级', '广东佛山', '2018-09-06', '喜欢数学'),
('2017160083', '韩唐', '男', '化学系', '三年级', '广西桂林', '2017-09-01', '观察敏锐'),
('2018170011', '王琴', '女', '物理系', '二年级', '广东广州', '2018-09-06', '音乐舞蹈'),
('2017160084', '吴美', '女', '化学系', '三年级', '广西北海', '2017-09-01', '绘画书法'),
]
cur.executemany(str,data)
conn.commit()
```

（2）删除记录。删除记录的 SQL 动词为 delete。

【例 8-51】删除学号为“2017160083”的记录。

```
str_del_record = "delete Student where Sno='2017160083'"
cur.execute(str_del_record)
conn.commit()
```

（3）修改记录。修改记录的 SQL 动词为 update。

【例 8-52】将学号为“2018170010”的学生姓名更改为“王大力”。

```
str_modi_record = "update Student set Sname ='王大力' where Sno='2018170010'"
cur.execute(str_modi_record)
conn.commit()
```

（4）查询记录。

【例 8-53】查找姓名为王琴的同学的信息。

```
#精确查询
str_query="select * from Student where Sname=%s"
key_param="王琴"
cur.execute(str_query,key_param)
row = cur.fetchone()
print(row)
```

【例 8-54】查询显示全部学生的信息。

```
#查询全部数据
str_query="select * from Student"
cur.execute(str_query)
#遍历数据（存放到元组中）
row = cur.fetchall()
for x in row:
    print(x)
```

SQL Server 对 SQL 的支持非常丰富而全面，这里只举几个典型例子，以便了解其流程和方法，更多功能和操作待读者在实际用到时再测试、研究。

8.4 Python 操作非关系型数据库

随着大数据技术的发展，非关系型数据库发挥着越来越重要的作用，其在结构化、半结构化、非结构化等异构数据处理中有关系型数据库不可比拟的特点和优势。

8.4.1 非关系型数据库基础

NoSQL 是各种列数据库、键值对数据库、文档数据库和图数据库等非关系型数据库的统称。近年来发展非常迅速，为了应对大规模数据集合或多重数据种类带来的挑战和解决大数据应用带来的难题而产生。

NoSQL 的一般解释是“non-relational”，也有人认为是“Not Only SQL”。但不管是哪种解释，都是与传统关系型数据库相区别的。2009 年在亚特兰大举行的“no:sql(east)”讨论会是 NoSQL 数据库发展的一个里程碑，会上提出一个口号“select fun, profit from real_world where relational=false;”。因此，对 NoSQL 最普遍的解释是“非关联型的”，强调 Key-Value Stores 和文档数据库的优点，而不是单纯地反对 RDBMS。表 8-4 给出了几种非关系型数据库的特点比较。

表 8-4 常见四类非关系型数据库的特点比较

分类	举例	应用场景	数据模型	优点	缺点
键值对数据库	Tokyo Cabinet Tyrant、Redis Voldemort Oracle BDB	大量数据 高访问负载 内容缓存 日志系统	键值对 Hash 表	查询速度快	非结构化数据字符串 二进制数据
列存储数据库	Cassandra Hbase Riak	Web 应用 分布式 文件系统	列簇结构存储	查询速度快 可扩展性强 适合海量数据	修改不便 通信成本高 不宜小数据量
文档数据库	CouchDB MongoDB	Web 应用	JSON/BSON 键值对 Value 为结构化数据	数据结构可变 可扩展性强	级联查询弱 事务能力弱
图形数据库	Neo4J InfoGrid Infinite Graph	社交网络 推荐系统 关系图谱	图结构	适合海量数据 构建关系图谱 探索数据关联	算法复杂 技术要求高 实现难度大

NoSQL 数据库具有全新的、革命性的理念，不保证关系数据的 ACID 特性，更加强调易扩展、大数据量、高性能、结构简单和对异构数据的适应性。

8.4.2 Python 操作 MongoDB

1. MongoDB 简介

MongoDB 是由 MongoDB 公司推出的一种开源文档数据库，提供社区版和商业版两种授权方式，是非关系数据库当中功能最丰富最像关系数据库的一种，其支持的数据结构非常松散，是类似 json 的 bson 格式，可以存储比较复杂的数据类型。MongoDB 最大的特点是它支持的查询语言非常强大，其语法有点类似于面向对象的查询语言，几乎可以实现类似关系数据库单表查询的绝大部分功能，而且还支持对数据建立索引，是一个介于关系数据库和非关系数据库之间的产品。MongoDB 高性能、易部署、易使用，存储数据非常方便；模式自由、面向集合存储、易存储对象类型的数据，支持动态查询，支持复制和故障恢复；使用高效的二进制数据 [包括大型对象（如视频等）] 存储；自动处理碎片，以支持云计算层次的扩展性；支持 Golang、RUBY、Python、Java、C++、PHP、C# 等多种语言。

可以对比传统关系数据库来学习 MongoDB 数据库，其由数据库、集合、文档、列构成，分别对应关系数据库的数据库、表、记录（行）和列（字段或属性）。

2. 下载安装 MongoDB

在 MongoDB 官方网站单击 Software 菜单，选择 Community Server 选项，进入下载页面，如图 8-16 所示，选择操作系统及安装形式，如 Windows mis，下载 MongoDB 安装包，当前版本为 4.2.8。

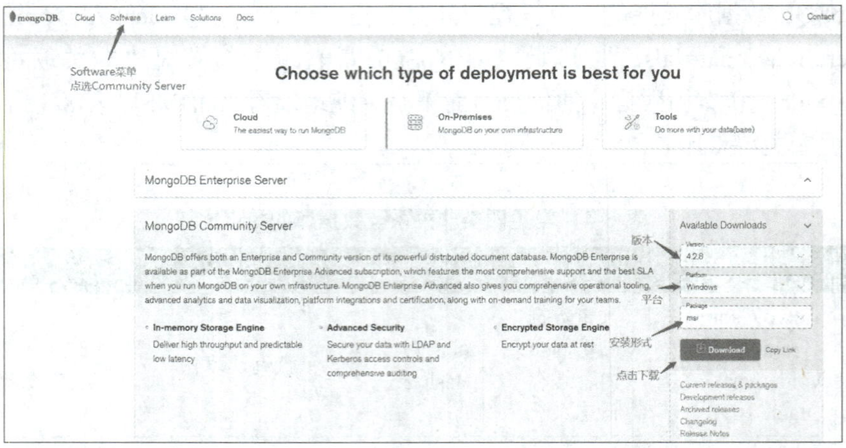

图 8-16　下载安装 MongoDB 页面

3. Python 操作 MongoDB 接口模块安装

直接在命令窗口中输入 pip install pymongo 进行安装，如图 8-17 所示。

Python 操作 MongoDB

图 8-17　安装 pymongo 模块

在 jupyter 或 python IDLE 中运行 import pymongo as pmo 不提示错误，说明安装成功，可以使用了。As pmo 是导入模块对象的别名，可以不用。

4. MongoDB 数据库操作

（1）连接至数据库服务器。连接数据库服务器要创建一个连接对象，命令如下：

```
client_m=pmo.MongoClient("mongodb://localhost:27017/")
```

（2）创建数据库。在 MongoDB 中，数据库只有在内容插入后才会创建。也就是说，数据库创建后要创建集合（数据表）并插入一个文档（记录），数据库才会真正创建。

【例 8-55】创建 MongoDB 数据库 edu_admin_info。

创建数据库对象的命令如下：

```
db_m=client_m["edu_admin_info"]
```

（3）创建数据集合。数据集合类似于关系数据库的表，需要用数据库对象来创建。

【例 8-56】创建数据集合 Student。

用数据库对象创建数据集合，命令如下：

```
collection_m=db_m["Student"]
```

（4）增加单条数据。MongoDB 对数据类型没有特别严格的限制，每一列都是一个键值对，为自典型，键值为字符串时也没有长度限制。因此，无须预先设计每一列的属性，插入记录时确定，修改时更新。

【例 8-57】在 Student 集合中插入一个文档（一条记录）。

分析：无须太多考虑文档结构，按需求确定好列，直接写入一条数据，同时确定了表结构，用方法 insert_one()，命令如下：

```
doc_m = { 'Sno':'2018170010', 'Sname':'李刚', 'Ssex':'男', 'Sdept':'物理系',
        'Sgrade':'二年级', 'Natp':'广东佛山', 'Enrollment':'2018-09-06',
        'Comment': '喜欢数学' }   #准备数据文档
x = collection_m.insert_one(doc_m)     #插入文档
```

至此，数据集合以及相应的文档记录添加后，数据库才算真正建立。

（5）增加多条数据。

【例 8-58】在 Student 集合中批量插入文档（多条记录）。

增加多条数据用方法 insert_many()，命令如下：

```
doc_m =[{ 'Sno':'2019150005', 'Sname':'王鹏', 'Ssex':'男', 'Sdept':'计算机系',
        'Sgrade':'二年级', 'Natp':'河北保定', 'Enrollment':'2019-09-01',
'Comment': '擅长足球' },
      { 'Sno':'2017160083', 'Sname':'韩唐', 'Ssex':'男', 'Sdept':'化学系',
        'Sgrade':'三年级', 'Natp':'广西桂林', 'Enrollment':'2017-09-01',
 'Comment': '观察敏锐' }]
x = collection_m.insert_many(doc_m)
```

（6）显示数据。列出所有文档数据，用集合的 find() 方法查找相应的文档数据，没有参数则返回所有文档。

【例 8-59】查询 Student 集合中的所有文档并显示。

```
rec=collection_m.find()
for i in rec:
  print(i)
```

显示结果为：

```
{'_id': ObjectId('5f2017b31a95a5519d7b13a8'), 'Sno': '2018170010', 'Sname': '李刚', 'Ssex': '男', 'Sdept':
'物理系', 'Sgrade': '二年级', 'Natp': '广东佛山', 'Enrollment': '2018-09-06', 'Comment': '喜欢数学'}
{'_id': ObjectId('5f201d281a95a5519d7b13a9'), 'Sno': '2019150005', 'Sname': '王鹏', 'Ssex': '男', 'Sdept':
'计算机系', 'Sgrade': '二年级', 'Natp': '河北保定', 'Enrollment': '2019-09-01', 'Comment': '擅长足球'}
{'_id': ObjectId('5f201d281a95a5519d7b13aa'), 'Sno': '20171600183', 'Sname': '韩唐', 'Ssex': '男', 'Sdept':
'化学系', 'Sgrade': '三年级', 'Natp': '广西桂林', 'Enrollment': '2017-09-01', 'Comment': '观察敏锐'}
```

其中，_id 项为 MongoDB 自动加的每个文档的标识号。当然也可以用可视化数据管理工具 Navicat，连接数据库并查看验证命令操作的正确性。连续再添加 3 个文档记录后，打开 Navicat，连接 MongoDB 数据库，显示结果如图 8-18 所示。

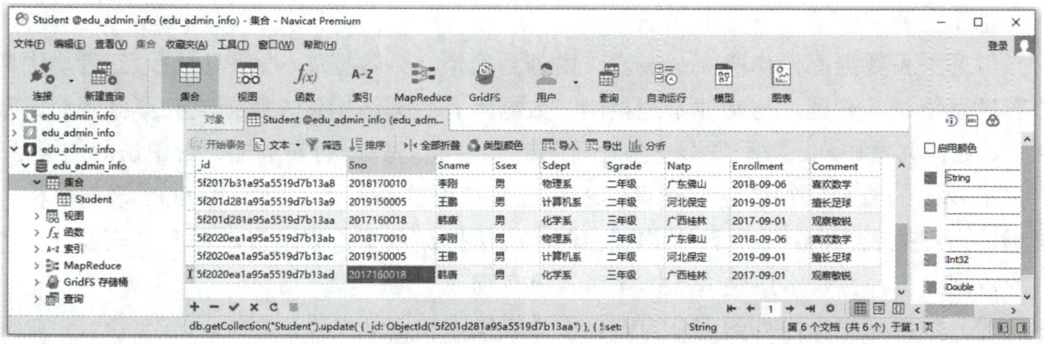

图 8-18　用 Navicat 管理 MongoDB 数据库

【例 8-60】查询 Student 集合中姓名为李刚的数据信息并显示。

分析：这是精确匹配查询，仍然用 find() 方法。代码如下：

```
rec=collection_m.find({"Sname":"李刚"})
for x in rec:
    print(x)
```

结果显示：

```
{'_id': ObjectId('5f2017b31a95a5519d7b13a8'), 'Sno': '2018170010', 'Sname': '李刚', 'Ssex': '男', 'Sdept': '物理系', 'Sgrade': '二年级', 'Natp': '广东佛山', 'Enrollment': '2018-09-06', 'Comment': '喜欢数学'}
{'_id': ObjectId('5f2020ea1a95a5519d7b13ab'), 'Sno': '2018170010', 'Sname': '李刚', 'Ssex': '男', 'Sdept': '物理系', 'Sgrade': '二年级', 'Natp': '广东佛山', 'Enrollment': '2018-09-06', 'Comment': '喜欢数学'}
```

这样显示看不清楚，有时候我们需要只显示符合条件的某几列，如姓名、注册日期和备注，即可用以下命令实现：

```
rec=collection_m.find({"Sname":"李刚"});
for x in rec:
    print(x["Sname"],x["Enrollment"],x["Comment"])
```

结果显示：

```
李刚 2018-09-06 喜欢数学
李刚 2018-09-06 喜欢数学
```

此处，写进去相同的两条记录，因此输出相同，如果库中有同名同姓的人，其他属性不同，这里就会全部找出来并显示。find() 方法还有很多关系数据库 select 语句的参数，这里不再列出，读者在用到时自行查阅学习。

（7）修改数据。修改集合中某一文档的某一字段值用 update() 方法。

【例 8-61】查询 Student 集合中姓名为李刚的同学，把其学号由“2018170010”改为“2018170012”。

```
collection_m.update({'Sname': '李刚'}, {'$set': {"Sno": "2018170012"}})
```

修改集合中多条符合条件的文档用 update_many() 方法。

如找到姓名为李刚的同学，把其备注由“喜欢数学”改为“喜欢数学、逻辑学和哲学”，命令如下：

```
rec=collection_m.update_many({"Sname":"李刚"},{"$set":{"comment":"喜欢数学、逻辑学和哲学"}})
```

update() 方法还有很多类似关系数据库 select 语句的参数，这里不再列出，读者在用到时自行查阅学习。

本章小结

本章主要讲解了以下几个知识点：

（1）关系数据库操作的 3 个层次，由外到内依次为数据库、表和记录，三者均由数据库管理系统统一管理。与文件系统相比，数据库有数据结构化、数据高共享低冗余、数据独立、数据并发访问、数据安全一致等优势。为了提高数据的安全性和数据访问的灵活性，产生了视图的概念，视图建立在真实表和已有视图的基础上，是使用 SQL 语句重构的数据集，为虚拟表、内存表，没有物理存储。为了提高数据检索速度，需要事先设计一种索引的数据结构，按一定属性进行排序，索引有物理文件。

（2）数据库操作由外到内分为库操作、表操作和记录操作。

1）库操作：数据库创建、连接数据库、打开数据库、数据库关闭、数据库删除、查询库情况等。

2）表操作：新建表、删除表、修改表、查询表情况等。

3）记录操作：增加记录、删除记录、修改记录、查询记录等。

（3）SQL 语句：DDL、DML、DCL、DQL 的 9 个命令动词几乎覆盖了所有数据库操作，是 Python 操作数据库的基础，Python 操作数据库 =SQL+DB API。

（4）Python 操作数据库的 DB API 使数据库访问变得非常简单、程序移植变得非常容易，重点关注数据库的连接对象 connection、游标对象 cursor 和异常处理类 exception 的使用。Python 对各种数据库的操作只在连接字符串有较大差别，其他几乎没有差别。

（5）Python 操作 SQLite 的流程、方法和编程实现。SQLite 是应用最多的开源数据库，是 Python 内嵌模块，是学习研究的理想选择。

（6）Python 操作 MySQL 的流程、方法和编程实现。MySQL 也是应用非常广泛的典型关系型开源数据库引擎，是学习研究的理想选择。

（7）Python 操作 MongoDB 的流程、方法和编程实现。MongoDB 是功能最多的、最像关系型数据库的 NoSQL 开源数据库引擎，是学习研究非关系型数据库的理想选择。

（8）Python 操作 Access 的流程、方法和编程实现，Python 操作 MSSQL Server 2016 EXPRESS 的流程、方法和编程实现，SQLServer 对 SQL 的支持功能非常强大，对库、表、记录、索引、视图、存储过程、统计分析等都有相应的语句，也是学习研究关系型数据库、商务智能建模的不错选择。

（9）数据库是理论性与实践性都很强的学习内容。仅注重理论学习不亲自实践，会很茫然。学习本章内容，读者需要安装数据库管理系统 MySQL、SQL Server、MongoDB 以及 Office Access 模块，把本章的例题都能调试通过。安装至少一种数据库管理工具，如 Navicat，辅助数据库编程调试和数据管理。

（10）不论是关系型数据库还是非关系型数据库，Python 都有广泛的支持，读者只要熟悉了数据库的基本原理和 SQL 语言的相关语法，掌握了相应的 Python DB API 模块和基本的流程方法，且在实际工作中不断测试总结，就可以运用自如。

习题 8

一、选择题

1．关于数据库和文件系统的优劣，下列说法中正确的是（ ）。

A．数据库比文件系统好　　B．文件系统比数据库好

C．二者各有优劣　　D．二者不具可比性

2．关于 Python 操作数据库的接口标准，下列说法中错误的是（ ）。

A．Python 可以用 ODBC 操作各类数据库

B．Python 可以用 JDBC 操作各类数据库

C．Python 可以不用 Python Database API 操作各类数据库

D．Python 必须用 Python Database API 操作各类数据库

3．用 connect() 函数创建的数据库连接对象不具有方法（ ）。

A．open()　　B．close()　　C．cursor()

D．commit　　E．rollback

二、简答题

1. 简述表和视图的区别与联系。
2. 简述 Python 数据库操作的基本流程和步骤。
3. 简述非关系型数据库的特点和典型案例。

三、编程题

1. 参照例 8-31 创建 SQLite 数据库 edu_admin_info 并连接，检查数据库文件的存放路径。

2. 参照例 8-32 创建 SQLite 数据表 Student、Course、Transcript，练习显示库中的表信息、修改表结构、删除表等 SQL 操作。

3. 参照例 8-34 至例 8-37 练习 SQLite 数据记录增、删、改、查的 SQL 操作及异常处理。

4. 参照例 8-38 和例 8-39 创建 MySQL 数据库 edu_admin_info 并连接，检查数据库文件的存放路径和存放方式。

5. 参照例 8-40 创建 MySQL 数据表 Student、Course、Transcript，练习显示库中的表信息、修改表结构、复制表、删除表等 SQL 操作。

6. 参照例 8-41 和例 8-42 练习 MySQL 数据记录增、删、改、查的 SQL 操作及异常处理。

7. 试用列表和循环实现对 Access 数据表 Student 的批量增删改查操作。

8. 参照例 8-55 至例 8-57 创建 MongoDB 数据库 edu_admin_info 并连接，检查数据库文件的存放路径和存放方式。

9. 参照例 8-58 至例 8-61 练习 MongoDB 数据文档增、删、改、查的方法及异常处理。

第 9 章　Python 数据分析初步

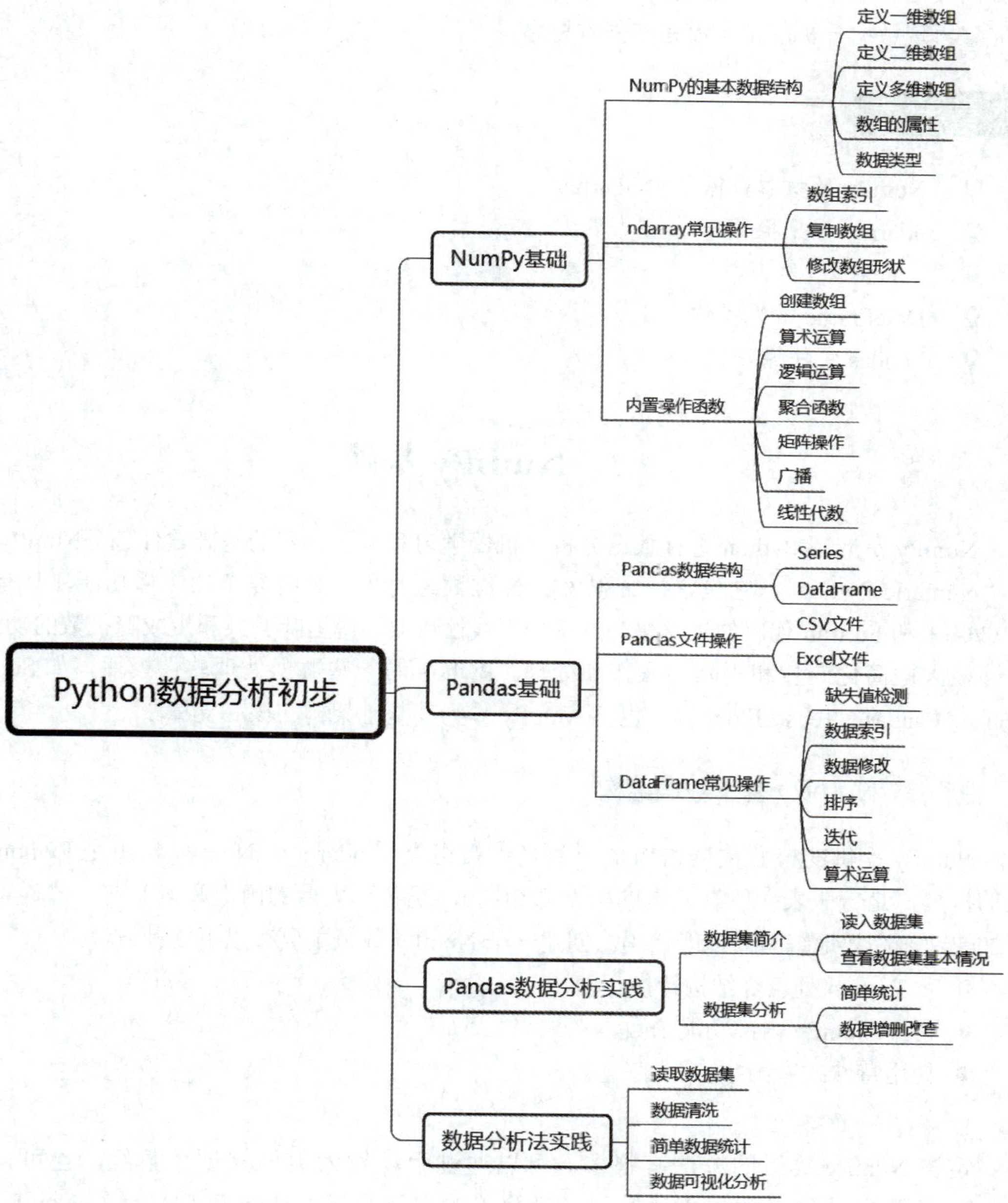

本章导读

在数据分析领域，NumPy 和 Pandas 是应用非常广泛的两个第三方库。NumPy 提供了许多高级的数值编程工具，Pandas 提供了高效操作大型数据集的工具，可以轻松应对含异构列的表格数据，本章主要介绍这两个库的使用。首先介绍 NumPy 库，重点介绍 NumPy 的核心数据结构 ndarray 的创建、复制等基础操作，同时介绍 NumPy 内置操作函数的一些简单使用方法和数值计算操作；然后介绍 Pandas 库，主要介绍 Pandas 库的两种核心数据类型：Series 和 DataFrame，重点介绍 DataFrame 的相关操作，同时介绍 Pandas 对不同格式文件的读写操作；接着，通过一个典型示例介绍 Pandas 数据分析的实战操作，包括数据集的读取、数据集基本信息查看、增删改查和数据统计分析；最后，通过一个综合性示例完整再现数据分析的基本流程和基本思路。

本章要点

- NumPy 的核心数据结构 ndarray
- ndarray 常见操作
- Pandas 数据结构
- DataFrame 常见操作
- Pandas 文件操作

9.1 NumPy 基础

NumPy 是应用 Python 进行数据分析、机器学习和科学计算的基础软件包，NumPy 代表“Numeric Python”，它包含一个强大的 N 维数组对象，具有复杂的广播功能，具有集成 C/C++ 和 Fortran 代码的工具集，具备处理线性代数、傅里叶变换和生成随机数的功能，能够极大地简化向量和矩阵的操作和处理。Python 的一些数据处理软件模块，如 Scikit-Learn、Pandas、TensorFlow 等，也将 NumPy 作为其基础架构的核心支撑。

9.1.1 NumPy 基本数据结构

NumPy 提供的核心数据结构是一个 N 维数组类型 ndarray。NumPy 数组是 Python 数组的扩展，是一张表（所有元素的类型都相同），配备了大量的函数和运算符，这样可以更加快速、高效地编写高性能代码。创建一个 NumPy 数组主要有以下 3 种方法：

- 从 Python 列表等结构转换。
- 使用 NumPy 内部功能函数。
- 使用特殊的库函数。

1. 定义一维数组

定义 NumPy 数组的方法有很多，可以通过手动输入数据来创建数组，也可以用 NumPy 函数自动生成数据创建数组。最简单的方法是用 Python 序列传递给 NumPy 的 array() 函数来创建数组。

【例 9-1】定义一个一维数组。

```
import numpy as np                    #导入NumPy包
```

```
oneDarray = np.array([1,2,3,4,5,6])          #定义一维数组
```

在使用 NumPy 模块之前必须先导入它，上面两行代码，第一行导入 NumPy 包，第二行使用 array() 函数创建了一个名为 oneDarray 的 NumPy 数组，数组数据通过手动输入方法得到。

定义了数组之后，可以通过例 9-2 所示的代码将数组及其数据类型等信息打印出来。

【例 9-2】打印数组基本信息。

```
print(oneDarray)                  #打印数组
print(type(oneDarray))            #打印数组类型
print(oneDarray.shape)            #打印数组形状
print(oneDarray.ndim)             #打印数组维度
```

打印结果如图 9-1 所示。打印结果表明，oneDarray 是一个 NumPy 的 ndarray 类，是包含 6 个数据的一维数组。

```
[1 2 3 4 5 6]
<class 'numpy.ndarray'>
(6,)
1
```

图 9-1　例 9-2 打印结果

在实际应用中，我们一般不会使用手动输入数据的方法来创建数组。例如，例 9-3 使用 NumPy 的函数 arange() 自动创建数组数据并打印出来，从打印结果看，生成的数组 oneDarray2 与 oneDarray 是一样的。

【例 9-3】使用 arange() 函数创建数据。

```
import numpy as np                 #导入NumPy包
oneDarray2 = np.arange(1,7,1)     #定义一维数组
print(oneDarray2)                  #打印数组
```

打印结果如下：

```
[1 2 3 4 5 6]
```

2. 定义二维数组

在实际应用中，更常用的是二维或多维数组，定义多维数组的方法与定义一维数组类似。

【例 9-4】定义一个二维数组。

```
import numpy as np       #导入NumPy包
twoDarray = np.array([
   [1,2,3,4,5,6],[7,8,9,10,11,12],[13,14,15,16,17,18],[19,20,21,22,23,24]
])                  #定义二维数组
```

注意，这里定义二维数组时方括号有两层，实质就是把二维列表传递给 NumPy 的 array() 函数。

定义了数组之后，可以通过例 9-5 所示的语句将数组及其类型和形状打印出来。

【例 9-5】打印二维数组基本信息。

```
print(twoDarray)                  #打印数组
print(type(twoDarray))            #打印数组类型
print(twoDarray.shape)            #打印数组形状
print(twoDarray.ndim)             #打印数组维度
```

打印结果如图 9-2 所示。

```
[[ 1  2  3  4  5  6]
 [ 7  8  9 10 11 12]
 [13 14 15 16 17 18]
 [19 20 21 22 23 24]]
<class 'numpy.ndarray'>
(4, 6)
2
```

图 9-2　例 9-5 打印结果

从打印结果可知，twoDarray 是一个 4 行 6 列的 NumPy 二维数组。

通常，在创建数组时，数组元素的数值是未知的，但数组的大小是已知的。因此，NumPy 提供了几个内置函数来创建具有初始占位符内容的数组。使用 NumPy 的内置函数来自动创建二维或多维数组非常简便。例 9-6 使用 ones() 函数定义了一个 4×6 的二维数组并打印出来，数组的每个元素都是 1。

【例 9-6】使用 NumPy 内置函数 ones() 创建数组并打印。

```
import numpy as np              #导入NumPy包
twoDarray2 = np.ones((4,6))     #用内置函数创建数组
print(twoDarray2)               #打印数组
```

打印结果如下：

```
[[1. 1. 1. 1. 1. 1.]
 [1. 1. 1. 1. 1. 1.]
 [1. 1. 1. 1. 1. 1.]
 [1. 1. 1. 1. 1. 1.]]
```

3. 定义多维数组

定义多维数组时仿照定义二维数组的方法即可。例 9-7 定义了一个 2×3×6 的三维数组。

【例 9-7】定义多维数组。

```
import numpy as np                  #导入NumPy包
threeDarray = np.array([
    [[1,2,3,4,5,6],[7,8,9,10,11,12],[13,14,15,16,17,18]],
    [[19,20,21,22,23,24],[25,26,27,28,29,30],[31,32,33,34,35,36]]])  #定义三维数组
```

NumPy 数组中，数组的维度叫作轴。打印数组时，NumPy 以类似嵌套列表的形式显示该数组，打印出来的内容布局如下：

（1）最后一个轴从左向右打印。

（2）倒数第二个轴从上到下打印。

（3）其他轴从上到下打印，每个切片用空行分隔。

【例 9-8】打印多维数组 threeDarray 及其基本信息。

```
print(threeDarray)              #打印数组
print(type(threeDarray))        #打印数组类型
print(threeDarray.shape)        #打印数组形状
print(threeDarray.ndim)         #打印数组维度
```

打印结果如图 9-3 所示。

数组 threeDarray 有 3 个轴，最后一个轴的长度为 6，从左向右打印，即下面 7 行中除空行以外的每一行内容；倒数第二个轴长度为 3，从上到下打印，即下面打印结果的第 1、2、3 行和第 5、6、7 行；第一个轴长度为 2，也是从上到下打印，两个切片 1、2、3 行和 5、6、7 行用第 4 行的空行分隔。

```
[[[ 1  2  3  4  5  6]
  [ 7  8  9 10 11 12]
  [13 14 15 16 17 18]]

 [[19 20 21 22 23 24]
  [25 26 27 28 29 30]
  [31 32 33 34 35 36]]]
<class 'numpy.ndarray'>
(2, 3, 6)
3
```

图 9-3 例 9-8 打印结果

与定义二维数组一样，也可以使用 NumPy 的内置函数来创建多维数组。例 9-9 定义了一个 2×3×6 的三维数组，数组的每个数据都是用 rand() 函数自动生成的随机数。

【例 9-9】使用 NumPy 内置函数创建多维数组并打印。

```
import numpy as np                          #导入NumPy包
threeDarray2 = np.random.rand(2,3,6)        #用内置函数创建数组
print(np.round(threeDarray2,4))             #打印数组
```

打印结果如下：

```
[[[0.1178 0.1805 0.6692 0.7575 0.5731 0.6356]
  [0.203  0.2065 0.7503 0.7074 0.4557 0.8302]
  [0.5518 0.3812 0.4757 0.4673 0.2562 0.678 ]]

 [[0.3307 0.4642 0.7603 0.5282 0.994  0.1059]
  [0.7179 0.9372 0.0801 0.9555 0.6319 0.5551]
  [0.6692 0.7911 0.1778 0.1678 0.7891 0.5237]]]
```

4. 数组的属性

在定义和使用 NumPy 数组时需要知道数组的一些信息，NumPy 中内置了很多查看数组属性信息的方法，例如前面已经用到的 type、shape、ndim 等，分别可以查看数组的类型、形状、轴数等信息。NumPy 数组常用属性见表 9-1。

表 9-1 NumPy 数组常用属性

属性	说明
ndim	返回 int，表示数组的维度
shape	返回 tuple，表示数组的尺寸，对于 n 行 m 列的矩阵，形状为 (n, m)
size	返回 int，表示数组的元素总数，等于数组形状的乘积
dtype	返回 data-type，描述数组中元素的类型
itemsize	返回 int，表示数组的每个元素的大小（以字节为单位）

【例 9-10】打印数组元素的类型、个数等信息。

```
import numpy as np                    #导入NumPy包
twoDarray = np.array([
  [1,2,3,4,5,6],[7,8,9,10,11,12],[13,14,15,16,17,18],[19,20,21,22,23,24]])
                                      #定义二维数组
print('dtype  size')
print('%s  %d' % (twoDarray.dtype,twoDarray.size))  #打印数组元素的类型、数目
```

以上代码先定义一个二维数组 twoDarray，然后分别打印 twoDarray 的数据类型、数组大小。

打印结果如下：

```
dtype  size
int32  24
```

从输出结果可知，twoDarray 的数据类型是 int32，共有 24 个元素。

5. 数据类型

（1）NumPy 基本数据类型。NumPy 数组有 5 个基本数据类型：布尔（bool）、整数（int）、无符号整数（uint）、浮点数（float）和复数。我们经常会见到有些数据类型的英文名字中带有数字，如 int32、float64 等，这些数字表示类型的位的大小，即某个平台需要多少位来表示存储器中的单个值。

定义一个数组，其元素的数据类型可以人为指定，也可以让 NumPy 根据数据选择合适的类型。前面我们定义的几个数组没有指定其元素的数据类型，例如数组 twoDarray 的数据是从 1 到 24 的整数，可以使用 dtype 变量来查看该数组的数据类型，如前所述，NumPy 为该数组选择的数据类型为 int32。我们可以使用 dtype 参数来强制指定数据类型。例 9-11 定义了一个二维数组 twoDarray，并指定其数据类型为 float64，打印结果为 float64。

【例 9-11】使用 dtype 参数指定数组数据类型。

```
import numpy as np                    #导入NumPy包
twoDarray = np.array(
  [[1,2,3,4,5,6],
   [7,8,9,10,11,12],
   [13,14,15,16,17,18],
   [19,20,21,22,23,24]],
  dtype = np.float64)            #定义数据类型为float类型
print('定义的数组数据类型：',twoDarray.dtype)   #打印数组的数据类型
```

上面代码的输出结果如下：

```
定义的数组数据类型：float64
```

要转换数组的数据类型，可以使用 astype() 方法，也可以使用类型本身强制转换，例如上面定义了 float64 类型的 twoDarray 数组，可以使用 np.int32() 函数将其类型改成 int。

【例 9-12】用 astype 方法改变数组的数据类型。

```
twoDarray = twoDarray.astype(int)              #将类型转换为int
print('用astype将数组数据类型变为：',twoDarray.dtype)     #打印数组数据类型
```

上面代码的输出结果如下：

```
用astype将数组数据类型变为：int32
```

【例 9-13】使用 np.int32 改变数组的数据类型。

```
twoDarray = np.array(
  [[1,2,3,4,5,6],
   [7,8,9,10,11,12],
   [13,14,15,16,17,18],
   [19,20,21,22,23,24]],
  dtype = np.float64)                  #定义数据类型为float类型
print('定义数组数据类型为：',twoDarray.dtype)
twoDarray = np.int32(twoDarray)            #将类型转换为int
print('用int32将数组数据类型变为：',twoDarray.dtype)   #打印数组的数据类型
```

上面代码的输出结果如下：

```
定义数组数据类型为：float64
用int32将数组数据类型变为：int32
```

（2）用户自定义数据类型。除了上面的基本数据类型，也可以创建用户数据类型。

【例 9-14】创建用户数据类型并打印。

```
import numpy as np                  #导入NumPy包
df = np.dtype([('蔬菜名称', np.str_, 40),
        ('蔬菜颜色', np.str, 40),
        ('蔬菜价格', np.float64)])      #创建数据类型并打印
print('创建的用户数据类型：', df)
```

打印结果如下：

```
创建的用户数据类型：[('蔬菜名称', '<U40'), ('蔬菜颜色', '<U40'), ('蔬菜价格', '<f8')]
```

定义好数据类型后，可以查看自定义数据类型某个字段的类型。

【例 9-15】查看自定义数据字段的数据类型。

```
print('"蔬菜名称"数据类型为：', df['蔬菜名称'])
print('"蔬菜名称"数据类型为：', np.dtype(df['蔬菜名称']))
```

打印结果如下：

```
"蔬菜名称"数据类型为：<U40
"蔬菜名称"数据类型为：<U40
```

创建了用户数据类型之后，我们可以创建一条数据，其数据类型是上述用户自定义数据类型。

【例 9-16】创建自定义数据类型的数据。

```
itemz = np.array([('西红柿', '红色', 4.14),
        ('圆白菜', '绿色', 1.72),
        ('土豆', '土黄色', 2)], dtype = df)     #创建自定义数据类型的数据
print('自定义数据类型的数据：', itemz)
```

打印出来，结果如下：

```
自定义数据类型的数据：[('西红柿', '红色', 4.14) ('圆白菜', '绿色', 1.72) ('土豆', '土黄色', 2.)]
```

9.1.2 ndarray 常见操作

NumPy 数组可以被索引、切片和迭代。数组索引指的是使用方括号“[]”来访问数组元素，一维和多维数组的索引方法略有不同。

1. 数组索引

（1）一维数组。假设已经定义了例 9-1 中的 oneDarray 数组，如果想要访问其中的某个元素，可以使用元素的索引值访问，格式为：数组名 [索引]。

【例 9-17】一维数组索引。

```
print(oneDarray)        #打印oneDarray数组
print(oneDarray[4])     #打印oneDarray数组中值为“5”的元素
```

上面两行代码的打印结果如下：

```
[1 2 3 4 5 6]
5
```

注意，NumPy 数组元素的索引从“0”开始，即 oneDarray 数组的第零个元素是 1，第一个元素是 2 等，依此类推，所以“5”在 oneDarray 数组中是第四个元素，索引值为 4。

如果想要访问该数组的多个元素，也就是对数组进行切片，可以通过下列格式实现：

```
oneDarray[start:end]
```

这里 start 和 end 分别表示要访问元素的起始和终止索引数值，切片结果包含起始值 start 对应的元素，不包含终止值 end 对应的元素。

【例 9-18】一维数组切片。

```
print(oneDarray[2:4]) #打印数组的第二个至第四个元素
```

输出结果是 oneDarray 的第二个至第四个元素，打印内容如下：

```
[3 4 5]
```

有时候我们需要获取数组的特定元素，可以通过指定索引列表的方法实现。

【例 9-19】指定一维数组索引列表。

```
index = [0,2,5]      #定义索引值列表
print(oneDarray[index]) #打印oneDarray的第零、二、五个元素
```

例 9-19 中第一行代码指定了要访问的数组元素的索引列表，即要访问的是数组的第零、第二和第五个元素，第二行代码的含义是将指定访问的元素打印出来，这就是所谓的“花式索引”，输出结果如下：

```
[1 3 6]
```

（2）多维数组。访问 NumPy 多维数组的方法与一维数组的类似，比访问一维数组略微复杂，多维数组的每个轴都需要一个索引，这些索引在方括号中以逗号分隔。以访问二维数组为例，假设已经定义了前述的 twoDarray 数组，可以用下面一行代码访问其中的某个元素：

```
twoDarray[1,4]
```

上面这行代码输出结果为 11，即 twoDarray 数组的第一行第四列元素为 11。注意，这里的行索引和列索引值也都是从零开始的。

如果要访问多个元素，也可以通过指定每个轴上的访问范围来实现。假设已经定义了上述 twoDarray 二维数组，我们可以通过例 9-20 所示代码来访问 twoDarray 数组第一至第二行、第二至第四列的元素。

【例 9-20】二维数组切片。

```
print(twoDarray[1:3,2:5]) #打印数组的第一行至第二行、第二列至第四列的元素
```

上面这行代码的输出结果如下：

```
[[ 9 10 11]
 [15 16 17]]
```

有时候我们需要根据条件来访问数组中的元素，可以用 NumPy 提供的布尔屏蔽功能来实现。如果想访问 twoDarray 数组中能被 3 整除的数据元素，那么可以通过例 9-21 所示的代码实现。

【例 9-21】布尔屏蔽访问二维数组。

```
print('twoDarray数据：\n',twoDarray)        #打印二维数组
mask = twoDarray % 3 == 0                   #定义布尔类型的数组mask
print('mask数据：\n',mask)                  #打印定义的mask
print('mask屏蔽访问twoDarray：\n',twoDarray[mask])  #打印mask屏蔽后的二维数组元素
```

上面代码先定义了一个布尔类型的数组 mask，mask 数组大小和维度与 twoDarray 相同，twoDarray 中能被 3 整除的元素对应到 mask 中取值 True，不能被 3 整除的元素对应到 mask 中相应位置取值 False，最后将 mask 中取值为 True 的位置对应的 twoDarray 中的元素取出并打印出来，上面代码的打印结果如图 9-4 所示。

数组 twoDarray 中能被 3 整除的是第二和第五列，所以 mask 的第二和第五列值为 True，其他各列值为 False，然后将 twoDarray 中对应 mask 取值 True 的位置的元素取出，分别为 3、6、…、24 等，都是能被 3 整除的数据。

NumPy 中也可以很方便地实现对多维数组的切片，与上面访问二维数组多个元素的方法类似。

```
mask 数据：
 [[False False True False False True]
 [False False True False False True]
 [False False True False False True]
 [False False True False False True]]
mask 屏蔽访问 twoDarray：
 [3 6 9 12 15 18 21 24]
```

```
twoDarray 数据：
[[1 2 3 4 5 6]
[7 8 9 10 11 12]
[13 14 15 16 17 18]
[19 20 21 22 23 24]]
```

图 9-4　例 9-21 打印结果

（3）数组的反转。NumPy 可以很方便地实现数组的反转排列，例 9-22 首先定义了一个名为 oneDarray 的一维数组，然后将其打印出来，并通过 oneDarray[::-1] 实现了数组元素的反转。

【例 9-22】数组反转。

```
import numpy as np
oneDarray = np.array([1,2,3,4,5,6])        #定义一维数组
print(oneDarray)                           #打印数组
print(oneDarray[::-1])                     #打印反转后的数组
```

打印结果如下：

```
[1 2 3 4 5 6]
[6 5 4 3 2 1]
```

（4）数组的迭代。多维数组的迭代是对第一个轴进行的。假设已经定义了前述 twoDarray，例 9-23 实现了按行迭代访问该数组。

【例 9-23】二维数组的迭代。

```
counter = 1                                #设定计数器初始值为1
for row in twoDarray:
  print("第",counter,"行：",row)            #按行打印二维数组
  counter += 1                             #计数器累加
for elements in twoDarray.flat:
  print(elements,end = ' ')                #遍历数组的每个元素并打印
```

输出：

```
第 1 行：[1 2 3 4 5 6]
第 2 行：[ 7 8 9 10 11 12]
第 3 行：[13 14 15 16 17 18]
第 4 行：[19 20 21 22 23 24]
```

如果想遍历多维数组的每一个元素，可以使用数组的 flat 属性。

【例 9-24】遍历二维数组。

```
for elements in twoDarray.flat:
  print(elements,end = ' ')  #遍历数组的每个元素并打印
```

输出：

```
1 2 3 4 5 6 7 8 9 10 11 12 13 14 15 16 17 18 19 20 21 22 23 24
```

2. 复制数组

对数组的操作中，简单的赋值操作不会将数据复制到新的数组中。例 9-25 的代码将 oneDarray 赋值给 oneDarray_copy，然后修改 oneDarray 的某个元素，并将两个数组的信息打印出来。

【例 9-25】用“=”复制数组。

```
import numpy as np
oneDarray = np.array([1,2,3,4,5,6])              #定义一维数组
oneDarray_copy = oneDarray                       #将oneDarray的值赋予oneDarray_copy
oneDarray[2] = 0                                 #修改oneDarray的某个元素
print('oneDarray:      ',oneDarray)              #打印oneDarray
print('oneDarray_copy: ',oneDarray_copy)#打印赋值得到的数组oneDarray_copy
print(oneDarray is oneDarray_copy)               #判断原数组和赋值数组是否为同一个数组
```

打印结果如下：

```
oneDarray:      [1 2 0 4 5 6]
oneDarray_copy: [1 2 0 4 5 6]
True
```

判断原数组和赋值数组是否为同一个数组的打印结果为 True。这表明，简单的“=”赋值操作并没有将 oneDarray 中的数据复制到 oneDarray_copy 中，oneDarray 和 oneDarray_copy 是同一个数组对象。

如果想要把 oneDarray 的数据复制到 oneDarray_copy 中，形成两个数组对象，只需把上面的赋值代码“oneDarray_copy = oneDarray”改写成“oneDarray_copy = np.array(oneDarray, copy = True)”或“oneDarray_copy = oneDarray.copy()”，其他代码不变。

【例 9-26】用 copy 方法复制数组。

```
import numpy as np
oneDarray = np.array([1,2,3,4,5,6])              #定义一维数组
oneDarray_copy = oneDarray.copy()                #将oneDarray的值赋予oneDarray_copy
oneDarray[2] = 0                                 #修改oneDarray的某个元素
print('oneDarray:      ',oneDarray)              #打印oneDarray
print('oneDarray_copy: ',oneDarray_copy)#打印赋值得到的数组oneDarray_copy
print(oneDarray is oneDarray_copy)               #判断原数组和赋值数组是否为同一个数组
```

上述代码的打印结果如下：

```
oneDarray:      [1 2 0 4 5 6]
oneDarray_copy: [1 2 3 4 5 6]
False
```

从打印结果可知，oneDarray 和 oneDarray_copy 不再是同一个数组对象。

3. 修改数组的形状

一个数组的形状由轴的数量和每个轴的元素数量决定，通过修改每个轴上元素的数量可以改变数组的形状。例 9-27 的代码定义一个 4×6 的数组 twoDarray，对此数组应用 reshape() 操作，将返回值赋予 twoDarray_reshape，然后再打印这两个数组的形状。

【例 9-27】用 reshape() 操作改变数组形状。

```
import numpy as np
twoDarray = np.array([[1,2,3,4,5,6],[7,8,9,10,11,12],
                     [13,14,15,16,17,18],[19,20,21,22,23,24]])
print('twoDarray定义形状:       ',twoDarray.shape)
twoDarray_reshape = twoDarray.reshape(3,8)   #将twoDarray的reshape结果存入twoDarray_reshape
print('reshape操作后twoDarray形状: ',twoDarray.shape)
print('twoDarray_reshape形状:     ',twoDarray_reshape.shape)
```

上面代码的输出内容如下：

```
twoDarray定义形状:         (4, 6)
reshape操作后twoDarray形状: (4, 6)
twoDarray_reshape形状:      (3, 8)
```

从输出结果可以看出，reshape() 操作并没有改变原始数组 twoDarray 的形状，而是把

变形的数组返回给了 twoDarray_reshape。

reshape() 函数只是返回一个修改过形状的新数组，并没有改变原始数组 twoDarray 的形状。还有一个修改数组形状的方法，即 resize()，这个函数作用于 twoDarray，修改的是 twoDarray 本身的形状，没有返回值。

【例 9-28】用 resize() 操作改变数组形状。

```
import numpy as np
twoDarray = np.array([[1,2,3,4,5,6],[7,8,9,10,11,12],
                    [13,14,15,16,17,18],[19,20,21,22,23,24]])
print('twoDarray原始形状：  ',twoDarray.shape)      #打印数组形状
twoDarray.resize(3,8)                               #改变数组的形状
print('resize后twoDarray形状：',twoDarray.shape)  #resize后再打印数组形状
```

上面代码的输出结果如下：

```
twoDarray原始形状：   (4, 6)
resize后twoDarray形状：(3, 8)
```

从输出内容可知，定义的 twoDarray 初始形状为 4×6，经过 resize() 操作之后，其形状变为 3×8。

9.1.3 内置操作函数

NumPy 广播

NumPy 提供了常见的数学函数，如前面用到过的 arange、min、max 等，还有一些常用的函数，下面按照它们实现的功能分别介绍。

1. 创建数组

NumPy 内置创建数组的函数有很多，前面曾经用到的这里不再赘述，在实际应用中，还会根据需要用表 9-2 中的函数来创建数组。

表 9-2 创建数组的内置函数

函数	功能	示例
zeros()	创建一个所有元素都为 0 的 3×4 数组	np.zeros((3,4))
ones()	创建一个所有元素都为 1 的 3×4 数组	np.ones((3,4))
full()	创建一个所有元素都为 8 的 3×4 数组	np.full((3,4),8)
eye()	创建一个 4×4 单位矩阵	np.eye(4)
empty()	创建一个 3×4 随机数数组	np.empty((3,4))
random()	创建一个 3×4 随机数数组	np.random.random((3,4))
linspace()	创建一个一维数组，元素从 1 到 3 共 6 个	np.linspace(1,3,6)

2. 算术运算

（1）基本算术运算。对两个数组应用算术运算操作，可以直接将两个数组用相应的算术运算符连接起来。

【例 9-29】数组加法和乘法运算。

```
import numpy as np
oneDarray = np.array([1,2,3,4,5,6])        #定义数组oneDarray
oneDarray4 = np.arange(3,9,1)              #定义数组oneDarray4
result = oneDarray + oneDarray4            #两个数组相加
result2 = oneDarray * oneDarray4           #两个数组相乘
print('oneDarray：',oneDarray)
```

```
print('oneDarray4: ',oneDarray4)
print('oneDarray + oneDarray4 = ',result)   #打印两个数组的和
print('oneDarray * oneDarray4 = ',result2)  #打印两个数组的积
```

上面的代码定义了两个数组 oneDarray 和 oneDarray4，并将这两个数组进行加法和乘法运算，两个数组及其求和、求积运算的结果打印如下：

```
oneDarray:  [1 2 3 4 5 6]
oneDarray4: [3 4 5 6 7 8]
oneDarray + oneDarray4 =  [ 4 6 8 10 12 14]
oneDarray * oneDarray4 =  [ 3 8 15 24 35 48]
```

从打印结果可以看出，算术运算作用于两个数组相对应的每对数组元素，例如，两个数组的第零个元素 1 和 3 相加，得到 result 数组的第零个元素 4，两个数组的第二个元素 3 和 5 相加，得到 result 数组的第二个元素 8，两个数组的第三个元素 4 和 6 相乘，得到 result2 数组的第三个元素 24。

NumPy 提供了一些运算方法，与这些算术运算符功能相同，例如两个数组相加、相乘运算也可以用如下代码来实现：

```
result = np.add(oneDarray,oneDarray4)
result2 = np.multiply(oneDarray,oneDarray4)
```

（2）复合赋值运算。在赋值运算符“=”之前加上其他运算符可以构成复合运算符，例如在“=”前加上“*”就构成了“*=”运算符，这种复合运算符也是赋值运算，是修改现有数组，而不是创建新数组。例 9-30 的代码创建了一个一维数组 oneDarray，然后将此数组的每个元素都乘以 3，最后将数组打印出来，打印结果为 [3 6 9 12 15 18]。

【例 9-30】数组的复合赋值运算。

```
import numpy as np
oneDarray = np.array([1,2,3,4,5,6])  #定义数组
print('oneDarray:       ',oneDarray)
oneDarray *= 3                       #复合运算，数组每个元素乘以3
print('oneDarray *= 3后: ',oneDarray)
```

输出结果如下：

```
oneDarray:       [1 2 3 4 5 6]
oneDarray *= 3后: [ 3 6 9 12 15 18]
```

（3）指数运算。

【例 9-31】数组的指数运算。

```
import numpy as np
oneDarray = np.array([1,2,3,4,5,6])          #定义数组
print('oneDarray:      ',oneDarray)           #打印原始数组
print('oneDarray的立方: ',oneDarray**3)  #打印数组立方运算结果
```

打印结果如下：

```
oneDarray:      [1 2 3 4 5 6]
oneDarray的立方: [1 8 27 64 125 216]
```

3. 逻辑运算

两个数组可以进行逻辑运算，运算规则同算术运算一样，也是对数组每个元素进行运算操作，例 9-32 的代码定义了两个数组并比较两个数组的大小，然后将两个数组及逻辑运算结果打印出来。

【例 9-32】数组的逻辑运算。

```
import numpy as np
oneDarray5 = np.array([8,2,6,3,9,5])          #定义数组oneDarray5
```

```
oneDarray6 = np.array([1,4,7,3,6,2])          #定义数组oneDarray6
result3 = oneDarray5 > oneDarray6             #将oneDarray5>oneDarray6逻辑运算结果放入result3
result4 = oneDarray5 < oneDarray6             #将oneDarray5<oneDarray6逻辑运算结果放入result4
print('oneDarray5：',oneDarray5)              #打印数组oneDarray5
print('oneDarray6：',oneDarray6)              #打印数组oneDarray6
print('result3（oneDarray5 > oneDarray6）：',result3)      #打印result3
print('result4（oneDarray5 < oneDarray6）：',result4)      #打印result4
```

打印内容如下：

```
oneDarray5：[8 2 6 3 9 5]
oneDarray6：[1 4 7 3 6 2]
result3（oneDarray5 > oneDarray6）：[ True False False False True True]
result4（oneDarray5 < oneDarray6）：[False True True False False False]
```

从打印结果可知，对数组进行的比较运算也是按照元素逐个进行的，例如两个数组的第零个元素分别为 8 和 1，比较大小时，因为 8>1，result3 和 result4 的第零个元素分别为 True 和 False，两个数组的第三个元素都是 3，所以比较大小的结果都为 False。

4. 聚合函数

NumPy 提供了一些聚合函数，这些函数可以对数组进行简单的统计运算，可以应用到任何维度。下面通过代码来说明这些函数的功能。以数组 oneDarray5 为例，输入例 9-33 所示的代码。

【例 9-33】使用聚合函数实现数组的简单统计。

```
import numpy as np
oneDarray5 = np.array([8,2,6,3,9,5])          #定义数组
a_sum = oneDarray5.sum()                      #求数组各元素之和
a_min = oneDarray5.min()                      #求数组元素的最小值
a_max = oneDarray5.max()                      #求数组元素的最大值
print('oneDarray5所有元素之和等于',a_sum)
print('oneDarray5元素的最大值是%d，最小值是%d' % (a_max,a_min))
```

打印结果如下：

```
oneDarray5所有元素之和等于 33
oneDarray5元素的最大值是9，最小值是2
```

打印结果表明，sum() 函数是将数组所有元素相加，求和结果为 8+2+6+3+9+5=33，数组 oneDarray5 的最大值和最小值分别为 9 和 2。

这些聚合函数除了可以将数组作为一个整体进行统计外，还可以按轴进行相应的操作。

【例 9-34】使用聚合函数实现数组按轴统计。

```
import numpy as np
twoDarray = np.array([[1,2,3,4,5,6],[7,8,9,10,11,12],
          [13,14,15,16,17,18],[19,20,21,22,23,24]])          #定义数组
print('twoDarray：\n',twoDarray)                              #打印数组
a_min_col = np.min(twoDarray, axis = 0)                       #求数组每列的最小值
a_min_row = np.min(twoDarray, axis = 1)                       #求数组每行的最小值
print('twoDarray每列最小值：',a_min_col)
print('twoDarray每行最小值：',a_min_row)
```

上面代码定义了一个二维数组 twoDarray，并将此数组打印出来，然后分别将每列和每行的最小值打印出来，打印结果如下：

```
twoDarray：
[[ 1 2 3 4 5 6]
 [ 7 8 9 10 11 12]
 [13 14 15 16 17 18]
 [19 20 21 22 23 24]]
```

```
twoDarray每列最小值：[1 2 3 4 5 6]
twoDarray每行最小值：[1 7 13 19]
```

5. 矩阵操作

（1）内积。NumPy 中，使用 dot() 函数来计算向量的内积，下面的代码定义了两个一维数组，并用 dot() 函数来计算两个数组的内积，输出结果都是 131。

【例 9-35】使用 dot() 函数计算一维数组的内积。

```
import numpy as np
oneDarray5 = np.array([8,2,6,3,9,5])          #定义数组oneDarray5
oneDarray6 = np.array([1,4,7,3,6,2])          #定义数组oneDarray6
print('oneDarray5：',oneDarray5)
print('oneDarray6：',oneDarray6)
result = oneDarray5.dot(oneDarray6)           #用dot()函数计算两个数组的内积
print('oneDarray5.dot(oneDarray6) = ',result)  #打印内积
```

打印结果如下：

```
oneDarray5：[8 2 6 3 9 5]
oneDarray6：[1 4 7 3 6 2]
oneDarray5.dot(oneDarray6) = 131
```

二维数组的内积也可以用 dot() 函数计算，例 9-36 的代码定义了一个一维数组和一个二维数组，两者的内积输出均为 [117 315 513 711]。

【例 9-36】使用 dot() 函数计算二维数组的内积。

```
import numpy as np
oneDarray5 = np.array([8,2,6,3,9,5])                         #定义一维数组
twoDarray = np.array([[1,2,3,4,5,6],[7,8,9,10,11,12],
            [13,14,15,16,17,18],[19,20,21,22,23,24]]) #定义二维数组
result = twoDarray.dot(oneDarray5)                           #计算两个数组的内积
print('oneDarray5：',oneDarray5)                             #打印oneDarray5
print('twoDarray：\n',twoDarray)                             #打印twoDarray
print('twoDarray.dot(oneDarray5) = ',result)                 #打印数组内积
```

打印结果如下：

```
oneDarray5：[8 2 6 3 9 5]
twoDarray：
 [[ 1 2 3 4 5 6]
 [ 7 8 9 10 11 12]
 [13 14 15 16 17 18]
 [19 20 21 22 23 24]]
twoDarray.dot(oneDarray5) = [117 315 513 711]
```

（2）转置。在矩阵运算中，经常需要对矩阵进行转置操作，NumPy 提供了一个 T 属性来完成矩阵的转置，例 9-37 的代码定义了一个二维数组，并将其及其转置矩阵打印出来。

【例 9-37】数组的转置运算。

```
import numpy as np
twoDarray = np.array([[1,2,3,4,5,6],[7,8,9,10,11,12],
            [13,14,15,16,17,18],[19,20,21,22,23,24]]) #定义数组
print('定义的twoDarray：\n',twoDarray)                  #打印原始数组
print('转置后的twoDarray：\n',twoDarray.T)              #打印数组的转置
```

打印结果如图 9-5 所示。

6. 广播（Broadcasting）

在进行数组运算的时候，参与运算的数组形状可能不一样，但只要数组形状满足一定的条件，NumPy 就能利用广播功能，将形状较小的数组“广播”成与形状较大数组兼

容的形状，从而实现逐元素的算术运算。例 9-38 的代码首先定义了两个形状不同的数组，然后将两个形状不同的数组做加法运算并打印结果。

```
转置后的 twoDarray：
[[ 1 7 13 19]
 [ 2 8 14 20]
 [ 3 9 15 21]
 [ 4 10 16 22]
 [ 5 11 17 23]
 [ 6 12 18 24]]
```

```
定义的 twoDarray：
[[ 1 2 3 4 5 6]
 [ 7 8 9 10 11 12]
 [13 14 15 16 17 18]
 [19 20 21 22 23 24]]
```

图 9-5 例 9-37 打印结果

【例 9-38】NumPy 广播。

```
import numpy as np
oneDarray = np.array([1,2,3,4,5,6])                      #定义一维数组
twoDarray = np.array([[1,2,3,4,5,6],[7,8,9,10,11,12],
            [13,14,15,16,17,18],[19,20,21,22,23,24]])    #定义二维数组
broadcast = oneDarray + twoDarray                        #广播
print('一维数组：',oneDarray)                             #打印oneDarray
print('二维数组：\n',twoDarray)                           #打印twoDarray
print('广播结果：\n',broadcast)                           #打印broadcast
```

上面的代码实现的功能是将 twoDarray 的每一行与 oneDarray 逐元素相加，打印结果如图 9-6 所示。

```
一维数组：[1 2 3 4 5 6]
二维数组：
[[ 1 2 3 4 5 6]
 [ 7 8 9 10 11 12]
 [13 14 15 16 17 18]
 [19 20 21 22 23 24]]
```

```
广播结果：
[[ 2 4 6 8 10 12]
 [ 8 10 12 14 16 18]
 [14 16 18 20 22 24]
 [20 22 24 26 28 30]]
```

图 9-6 例 9-38 打印结果

7. 线性代数

线性代数中比较常见的运算就是求解线性方程组，NumPy 可以通过内置函数来求解。

【例 9-39】线性代数求解：Ax = b，假设 A 和 b 已知，求解 x。

```
import numpy as np
A = np.array([2, 1, -2, 3, 0, 1, 1, 1, -1])    #定义一维数组A
A = A.reshape(3,3)                   #将数组A变形为3×3的矩阵
b = np.array([-3, 5, -2]).T          #定义向量b
x = np.linalg.solve(A,b)             #求解
print('A：\n',A)                     #打印A
print('b：',b,'\tx：',x)             #打印b和x
```

上面几行代码定义了两个数组 A 和 b，然后利用 NumPy 的内置函数 linalog.solve() 直接将 x 求出，打印结果如下：

```
A:
 [[ 2 1 -2]
 [ 3 0 1]
 [ 1 1 -1]]
b: [-3 5 -2]   x: [ 1. -1. 2.]
```

8. 随机数

NumPy 具有强大的随机数生成功能，可以产生服从多种分布的随机数。部分函数的使用通过例 9-40 来说明。

【例 9-40】NumPy 产生随机数。

```
import numpy as np
np.random.seed(123)                    #设置随机种子
rand1 = np.random.random(10)           #无约束条件下生成10个随机数
rand2 = np.random.rand(2, 5)           #生成服从0-1分布的2×5随机数组
rand3 = np.random.randn(2,5)           #生成服从正态分布的2×5随机数组
rand4 = np.random.randint(2, 10, size = [2,5])          #生成[2,10]区间内的2×5随机数组
print('无约束条件下生成10个随机数：\n',np.round(rand1,4))          #保留4位小数打印
print('生成服从0-1分布的2×5随机数组：\n',np.round(rand2,4))        #保留4位小数打印
print('生成服从正态分布的2×5随机数组：\n',np.round(rand3,4))        #保留4位小数打印
print('生成[2,10]区间内的2×5随机数组：\n',rand4)
```

打印结果如下：

```
无约束条件下生成的10个随机数：
 [0.6965 0.2861 0.2269 0.5513 0.7195 0.4231 0.9808 0.6848 0.4809 0.3921]
生成服从0-1分布的2×5随机数组：
 [[0.3432 0.729  0.4386 0.0597 0.398 ]
 [ 0.738  0.1825 0.1755 0.5316 0.5318]]
生成服从正态分布的2×5随机数组：
 [[1.0041  0.3862  0.7374  1.4907 -0.9358]
 [ 1.1758  -1.2539 -0.6378  0.9071 -1.4287]]
生成[2,10]区间内的2×5随机数组：
 [[4 7 2 5 4]
 [ 4 4 8 7 4]]
```

部分其他 NumPy 随机数相关函数及实现的功能见表 9-3，具体实现代码不再赘述。

表 9-3　NumPy 随机数函数

函数	说明
seed	确定随机数生成器的种子
permutation	返回一个序列的随机排列或返回一个随机排列的范围
shuffle	对一个序列进行随机排序
binomial	产生二项分布的随机数
normal	产生正态（高斯）分布的随机数
beta	产生 beta 分布的随机数
chisquare	产生卡方分布的随机数
gamma	产生 gamma 分布的随机数
uniform	产生在 [0,1) 中均匀分布的随机数

9.2　Pandas 基础

NumPy 可以构造多维数组，但只适合处理数值类型的数据，对于含字符类型的数据，可以用 Pandas 来处理。Pandas 是一个建立在 NumPy 基础之上的 Python 包，提供快速、灵活、富有表现力的数据结构，这种二维数据的格式与机器学习的样本存放形式是一致的：

一行代表一条记录，一列代表一个字段或一个属性，不同的字段数据类型可能不同，这在 NumPy 里边是无法处理的。

9.2.1 Pandas 数据结构

Pandas 非常适合处理不同类型数据组成的数据集。Pandas 提供了两种主要的数据结构：一维的 Series 类型和二维的 DataFrame 类型，用以处理金融、统计、社会科学和许多工程领域的典型应用案例。

1. Series 类型

Series 是带轴标签的一维 ndarray，包括时间序列。

（1）创建一个 Series。与使用 NumPy 包类似，在使用 Pandas 之前要先将包导入，代码如例 9-41 所示。导入 Pandas 包之后，用值列表定义一个 Series 并打印出来。

【例 9-41】创建一个 Series。

```
import pandas as pd                                      #导入Pandas包
ser = pd.Series(['1','2','hello'], index = ['row1','row2','row3'])   #定义Series
print('定义的ser：\n',ser)                               #打印ser
```

上述代码的打印内容如下：

```
定义的ser：
row1      1
row2      2
row3    hello
dtype: object
```

即这个序列 ser 包含 3 个数据：1、2 和 hello，这 3 个数据类型不同，两个是数值型的，一个是字符型的。3 个数据分为 3 行，行索引（轴标签）分别命名为 row1、row2 和 row3。

（2）Series 的属性。Series 的属性比较多，这里以上面创建的 ser 为例介绍常见的几种属性，见表 9-4。

表 9-4　Series 的常见属性

属性	功能	示例	输出内容
index	返回 Series 的索引	print(ser.index)	Index(['row1', 'row2', 'row3'], dtype='object')
values	返回 Series 的 ndarray	print(ser.values)	['1' '2' 'hello']
shape	返回 Series 的形状元组	print(ser.shape)	(3,)
size	返回 Series 的元素个数	print(ser.size)	3
hasnans	返回 Series 是否包含空值	print(ser.hasnans)	False

【例 9-42】查看创建的 Series 的常见属性。

```
import pandas as pd                                      #导入Pandas包
ser = pd.Series(['1','2','hello'], index = ['row1','row2','row3'])   #定义Series并打印
print('ser的索引：',ser.index)                          #打印Series的索引
print('ser的值：',ser.values)                           #打印Series的数据
print('ser的形状：',ser.shape)                          #打印Series的形状
print('ser的元素个数：',ser.size)                       #打印Series的元素个数
print('ser是否包含空值：',ser.hasnans)                  #Series是否包含空值
```

打印结果如下：

```
ser的索引：Index(['row1', 'row2', 'row3'], dtype='object')
ser的值：['1' '2' 'hello']
ser的形状：(3,)
ser的元素个数：3
ser是否包含空值：False
```

2. DataFrame 类型

DataFrame 又叫数据框，是 Pandas 中常用的数据类型，DataFrame 的某一列取出来就是一个 Series。

（1）创建一个 DataFrame。通过一个简单的例子来了解一下 DataFrame 这种数据结构类型。例 9-43 创建了名为 df 的 DataFrame，然后将其打印出来。

【例 9-43】创建并打印一个 DataFrame。

```
import pandas as pd                         #导入Pandas包
df = pd.DataFrame({
  '学号':[201902021001,201902021002,201902021003,
      201902021004,201902021020,201902021045],
  '语文':[56,94,41,84,48,83],
  '数学':[91,57,78,95,36,93],
  '英语':[55,94,49,42,45,99],
  '评价':['合格','合格','合格','合格','不合格','优秀']})     #定义DataFrame
print(df)                                  #打印DataFrame
```

上述代码的打印结果如下：

```
   学号           语文    数学    英语    评价
0  201902021001  56     91     55     合格
1  201902021002  94     57     94     合格
2  201902021003  41     78     49     合格
3  201902021004  84     95     42     合格
4  201902021020  48     36     45     不合格
5  201902021045  83     93     99     优秀
```

其中最上面一行是 df 的列索引，这是在定义 df 时人为指定的，最左侧一列是 df 的行索引，这是在创建 df 时系统自动生成的。

（2）DataFrame 的属性。DataFrame 与 Series 有很多相同的属性，表 9-5 列出的是比较常见和常用的几个。

表 9-5　DataFrame 的常见属性

属性	功能	示例	输出内容
size	返回 DataFrame 的元素个数	print(df.size)	30
shape	返回 DataFrame 的形状元组	print(df.shape)	(6, 5)
empty	返回 DataFrame 是否为空	print(df.empty)	False
ndim	返回 DataFrame 的轴数	print(df.ndim)	2
values	返回 DataFrame 的 NumPy 表示	print(df.values)	输出 DataFrame 数据（不包含索引名称）

【例 9-44】查看 DataFrame 基本信息。

```
import pandas as pd                         #导入Pandas包
df = pd.DataFrame({
  '学号':[201902021001,201902021002,201902021003,
      201902021004,201902021020,201902021045],
```

```
    '语文':[56,94,41,84,48,83],
    '数学':[91,57,78,95,36,93],
    '英语':[55,94,49,42,45,99],
    '评价':['合格','合格','合格','合格','不合格','优秀']})  #定义DataFrame
print('元素个数 形状  是否为空 维度')
print(' %d\t %s\t %s\t  %d'%
    (df.size,df.shape,df.empty,df.ndim))                  #打印df基本信息
print('定义的数据框df的值：\n',df.values)                 #打印df的值
```

打印结果如下：

```
元素个数 形状  是否为空 维度
 30     (6, 5)   False    2
定义的数据框df的值：
 [[201902021001 56 91 55 '合格']
 [201902021002 94 57 94 '合格']
 [201902021003 41 78 49 '合格']
 [201902021004 84 95 42 '合格']
 [201902021020 48 36 45 '不合格']
 [201902021045 83 93 99 '优秀']]
```

9.2.2 Pandas 文件操作

Pandas 具有强大的文件读写功能，能够读写很多格式的文件，这里主要介绍 CSV 和 Excel 格式文件的读写操作，其他格式文件的操作与这两种类似，读取的类以“read_”开头，写入的类以“to_”开头，以文件格式名结尾。

1. CSV 文件

（1）写 CSV 文件。将数据框内容写入到磁盘并保存为以逗号分隔的 CSV 文件，可以使用 Pandas 提供的 to_csv() 类。例 9-45 所示的代码将前面定义的 df 数据存储到当前文件的同级目录 data 文件夹下，文件名为 df.csv，参数 index 设置为 False，表示不存储系统自动生成的行标签。注意，在对 data 文件夹进行访问前必须先创建该文件夹，否则系统会报错。

【例 9-45】将 DataFrame 数据写入“.csv”文件。

```
import pandas as pd                    #导入Pandas包
df = pd.DataFrame({
    '学号':[201902021001,201902021002,201902021003,
         201902021004,201902021020,201902021045],
    '语文':[56,94,41,84,48,83],
    '数学':[91,57,78,95,36,93],
    '英语':[55,94,49,42,45,99],
    '评价':['合格','合格','合格','合格','不合格','优秀']}) #定义DataFrame
df.to_csv("./data/df.csv",index = False)          #将df存储到df.csv文件中
```

（2）读 CSV 文件。在前面写文件的基础上，我们利用 Pandas 提供的 read_csv() 类把 df.csv 文件内容读取出来并存放到另一个数据框 df2 中。

【例 9-46】将“.csv”文件中的数据读入 DataFrame。

```
df2 = pd.read_csv("./data/df.csv") #读取df.csv并存放到df2中
print(df2)              #打印df2
```

打印结果如下：

```
   学号           语文    数学    英语    评价
0  201902021001   56      91      55      合格
1  201902021002   94      57      94      合格
```

```
2   201902021003   41   78   49   合格
3   201902021004   84   95   42   合格
4   201902021020   48   36   45   不合格
5   201902021045   83   93   99   优秀
```

2. Excel 文件

（1）写 Excel 文件。Pandas 提供了读写 Excel 文件的类 read_excel 和 to_excel，下面一行代码将 df 数据存储到当前项目的 data 文件夹下，文件名为 df.xlsx，表格名为 score，参数 index 功能与前述相同。

```
df.to_excel("./data/df.xlsx",index = False,sheet_name = "score")
```

（2）读 Excel 文件。利用 read_excel 读取前面保存的 df.xlsx 文件，结果存储到数据框 df3 中，代码如下：

```
df3 = pd.read_excel("./data/df.xlsx",sheet_name = "score")
```

【例 9-47】“.xlsx”文件的存取操作。

```
import pandas as pd                        #导入Pandas包
df = pd.DataFrame({
    '学号':[201902021001,201902021002,201902021003,
        201902021004,201902021020,201902021045],
    '语文':[56,94,41,84,48,83],
    '数学':[91,57,78,95,36,93],
    '英语':[55,94,49,42,45,99],
    '评价':['合格','合格','合格','合格','不合格','优秀']})                #定义DataFrame
df.to_excel("./data/df.xlsx",index = False,sheet_name = "score")       #将df存储到df.xlsx中
df3 = pd.read_excel("./data/df.xlsx",sheet_name = "score")             #读取df.xlsx并存放到df3中
print(df3)                        #打印df2
```

打印结果如下：

```
    学号           语文   数学   英语   评价
0   201902021001   56     91     55     合格
1   201902021002   94     57     94     合格
2   201902021003   41     78     49     合格
3   201902021004   84     95     42     合格
4   201902021020   48     36     45     不合格
5   201902021045   83     93     99     优秀
```

9.2.3 DataFrame 常见操作

时间序列

1. 缺失值检测

Pandas 数据框支持灵活处理缺失数据，可以检测缺失和非缺失值、删除缺失值、用指定方法填充缺失值等。例如，例 9-48 所示的代码定义了一个数据框 df_grade，其中姓名为李四的学生成绩缺失，然后将此数据框打印出来并检测此数据框是否有缺失数据。

【例 9-48】使用 isna() 函数进行 DataFrame 缺失值检测。

```
import pandas as pd                      #导入Pandas包
import numpy as np                       #导入NumPy包
df_grade = pd.DataFrame({
    '学号':['2019001','2019002','2019003','2019004'],
    '姓名':['张三','李四','王五','赵六'],
    '成绩':[90,np.NaN,83,77]})           #定义带有缺失值的数据框
print('定义的df_grade：\n',df_grade)     #打印数据框
print('df_grade缺失值检测结果：\n',df_grade.isna())   #缺失值检测结果
```

上述代码的打印结果如图 9-7 所示。

```
定义的 df_grade：
   学号    姓名  成绩
0  2019001  张三  90.0
1  2019002  李四  NaN
2  2019003  王五  83.0
3  2019004  赵六  77.0
```

```
df_grade 缺失值检测结果：
   学号  姓名  成绩
0  False  False  False
1  False  False  True
2  False  False  False
3  False  False  False
```

图 9-7　例 9-48 打印结果

从打印结果可以看出，行索引为 1 的数据中，成绩字段缺失值检测结果为 True，即这个元素为缺失值。

2. 数据索引

（1）访问数据框里的前几行或最后几行数据。在实际应用中，有时候数据框里的数据有成千上万条，查看所有数据既没必要也不现实，因此，可以查看几行数据来大致了解数据的情况。Pandas 为 DataFrame 提供了 head() 类和 tail() 类来实现这个功能。例如，例 9-49 所示的代码首先从文件名为 scores.xlsx 的 Excel 文件中读取表格名称为“score”的数据，并将读取的数据放入数据框 da 中，然后将 da 的形状、前几行和最后几行打印出来。

【例 9-49】 读取“.xlsx”文件并按要求打印数据。

```
import pandas as pd
da = pd.read_excel("./data/scores.xlsx", sheet_name = "score")  #从scores.xlsx文件中读取“socre”表格
print('da的形状：',da.shape)                #打印da的形状
print('da的前4行：\n',da.head(4))            #打印da的前4行数据
print('da的最后3行：\n',da.tail(3))          #打印da的最后3行数据
```

上述代码的打印结果如下：

```
da的形状：(200, 13)
da的前4行：
    学号          语文 数学 英语 政治 物理 化学 历史 地理 生物 总成绩 平均分 评价
0   201902021001  56   91   55   96   81   98   60   47   74   658   82.25  合格
1   201902021002  94   57   94   99   41   77   41   77   49   629   78.62  合格
2   201902021003  41   78   49   71   38   42   54   54   92   519   64.88  合格
3   201902021004  84   95   42   48   40   96   53   92   46   596   74.50  合格
da的最后3行：
    学号          语文 数学 英语 政治 物理 化学 历史 地理 生物 总成绩 平均分 评价
197 201902021198  80   76   37   81   68   75   51   78   64   610   76.25  合格
198 201902021199  76   45   61   93   60   69   72   41   48   565   70.62  合格
199 201902021200  37   60   82   99   97   85   79   35   74   648   81.00  合格
```

从输出结果可知，da 是一个 200×13 的二维数据框，head(4) 和 tail(3) 将这个数据框里的前四行和后三行数据都打印出来了。

（2）用 loc 和 iloc 方法访问数据。以前面定义的数据框 da 为例，首先查看一下 da 的行标签和列标签：

```
#打印数据框的索引标签
print(da.index)
#打印数据框的列标签
print(da.columns)
```

上面代码的打印结果如下：

```
RangeIndex(start=0, stop=200, step=1)
Index(['学号', '语文', '数学', '英语', '政治', '物理', '化学', '历史', '地理', '生物', '总成绩', '平均分', '评价'],
dtype='object')
```

可见，da 的行标签是系统自动生成的，从 0 到 199，列标签是定义 da 时人为指定的 4 个字符串。

用 loc 访问数据框的数据需要给 loc 传入要访问的行和列的标签，例如，如果要访问 da 的前三行的第一列，则可以输入如下代码来实现：

```
#打印第0至第2行数据的学号字段
print(da.loc[0:2,'学号'])
```

输出结果如下：

```
0    201902021001
1    201902021002
2    201902021003
Name: 学号, dtype: int64
```

因为 da 数据框轴为 2，所以对它的索引需要两个参数：行和列的索引。其中“0:2”表示的是前三行的行标签名称，“学号”表示第一列的列标签名称。同理，如果访问 da 的前三行的前两列，代码略有不同，需要用“[[]]”来返回一个数据框，其中第一、二列的列标签名称分别为“学号”和“语文”，代码如下：

```
#打印第0至第2行数据的学号和语文成绩字段
print(da.loc[0:2,['学号','语文']])
```

上面一行代码的输出内容如下：

```
      学号          语文
0   201902021001   56
1   201902021002   94
2   201902021003   41
```

注意，loc 后边的“[0:2]”中的“0”和“2”表示的是行标签，而不是索引位置。同时，与前面 Python 或 NumPy 略有不同的是，这里打印出的内容从“0”到“2”包括“2”所代表的行。

用 iloc 访问数据框与 loc 不同。loc 需要行、列标签名称作为索引参数，而 iloc 需要整数位置索引参数，即 iloc 是基于位置的索引。例如，如果要访问 da 的前三行的第一列以及前三行的前两列，则可以输入如下两行代码来实现：

```
#打印第0至第2行数据的第0列
print(da.iloc[0:3,0])
#打印第0至第2行数据的第0至第1列
print(da.iloc[0:3,0:2])
```

注意，iloc 与 loc 不同，iloc 索引不包括指定索引范围的终止值，即使用 iloc 访问 da 前三行前两列，索引范围需要改成“0:3”，列索引范围需要写成“0:2”。

Pandas 提供的 loc 和 iloc 也可以接收布尔数组来访问数据框，实现方法与前面 NumPy 数组使用布尔屏蔽功能访问方法相同。loc 和 iloc 操作的完整代码放在例 9-50 中。

【例 9-50】使用 loc 和 iloc 访问 DataFrame 数据。

```
import pandas as pd
da = pd.read_excel("./data/scores.xlsx",sheet_name = "score")
print('数据框的索引标签：',da.index)    #打印数据框的索引标签
print('数据框的列标签：\n',list(da.columns)) #打印数据框的列标签
print('第0至第1行数据的学号字段：\n',da.loc[0:2,'学号'])
print('第0至第1行数据的学号和语文字段：\n',da.loc[0:2,['学号','语文']])
print('第0至第2行数据的第0列：\n',da.iloc[0:3,0])
print('第0至第2行数据的第0至第1列：\n',da.iloc[0:3,0:2])
```

打印结果如图 9-8 所示。

```
数据框的索引标签：RangeIndex(start=0, stop=200, step=1)
数据框的列标签：
['学号', '语文', '数学', '英语', '政治', '物理', '化学', '历史', '地理', '生物', '总成绩', '平均分', '评价']
```

第 0 至第 2 行数据的第 0 列： 0 201902021001 1 201902021002 2 201902021003 Name: 学号 , dtype: int64	第 0 至第 1 行数据的学号字段： 0 201902021001 1 201902021002 2 201902021003 Name: 学号 , dtype: int64
第 0 至第 2 行数据的第 0 至第 1 列： 学号 语文 0 201902021001 56 1 201902021002 94 2 201902021003 41	第 0 至第 1 行数据的学号和语文字段： 学号 语文 0 201902021001 56 1 201902021002 94 2 201902021003 41

图 9-8　例 9-50 打印结果

3. 数据修改

（1）缺失值的填充。前面定义了一个名为 df_grade 的数据框，里边存放着学生的学号、姓名、成绩等内容，其中有一个学生的成绩是空值，现在我们将此空值修改为 88，代码如例 9-51 所示。

【例 9-51】 用 mask 功能进行 DataFrame 数据字段缺失值填充。

```
import pandas as pd                              #导入Pandas包
import numpy as np                               #导入NumPy包
df_grade = pd.DataFrame({
   '学号':['2019001','2019002','2019003','2019004'],
   '姓名':['张三','李四','王五','赵六'],
   '成绩':[90,np.NaN,83,77]})                    #定义有缺失值的数据框
mask = df_grade.isna()                           #用df_grade缺失值定义mask
print('定义的带有缺失值的df_grade：\n',df_grade)  #打印数据框
print('定义的mask：\n',mask)                      #打印mask
df_grade = df_grade.where(~mask,88)              #将缺失值用88填充
print('mask缺失值填充的df_grade：\n',df_grade)    #打印缺失值填充后的数据集
```

上面的代码中用到了 DataFrame 的 where 类，该行代码实现的功能是将 mask 布尔数组中取值为 False 的位置即 df_grade 中空值的位置用“88”替换。打印结果如图 9-9 所示。

mask 缺失值填充的 df_grade： 学号 姓名 成绩 0 2019001 张三 90.0 1 2019002 李四 88.0 2 2019003 王五 83.0 3 2019004 赵六 77.0	定义的 mask： 学号 姓名 成绩 0 False False False 1 False False True 2 False False False 3 False False False	定义的带有缺失值的 df_grade： 学号 姓名 成绩 0 2019001 张三 90.0 1 2019002 李四 NaN 2 2019003 王五 83.0 3 2019004 赵六 77.0

图 9-9　例 9-51 打印结果

（2）增加行或列。先为上面定义的数组 df_grade 增加一行，再为其增加一列，然后打印出来，实现代码如例 9-52 所示。

【例 9-52】 给 DataFrame 先增加一行，再增加一列，并打印。

```
df_grade.loc[4] = [2019005, '白七',92]            #增加一行
print('给df_grade增加一行后：\n',df_grade)
df_grade.loc[:,'评价'] = ['优秀', '及格', '及格', '及格', '优秀']      #增加一列
print('再给df_grade增加一列后：\n',df_grade)
```

打印结果如图 9-10 所示。

```
再给 df_grade 增加一列后：
   学号    姓名  成绩  评价
0  2019001  张三  90.0  优秀
1  2019002  李四  88.0  及格
2  2019003  王五  83.0  及格
3  2019004  赵六  77.0  及格
4  2019005  白七  92.0  优秀
```

```
给 df_grade 增加一行后：
   学号    姓名  成绩
0  2019001  张三  90.0
1  2019002  李四  88.0
2  2019003  王五  83.0
3  2019004  赵六  77.0
4  2019005  白七  92.0
```

图 9-10　例 9-52 打印结果

（3）删除行或列。Pandas 提供的 drop() 方法可以将指定标签的行或列删除，以前面（2）中最后打印出的 df_grade 为例，例 9-53 删除行标签为 2 的一行，再删除名称为“评价”的列，并打印结果。

【例 9-53】删除标签为 2 的行，再删除名称为“评价”的列。

```
df_grade = df_grade.drop([2], axis = 0)       #删除标签为2的行
print('df_grade删除一行后：\n',df_grade)
df_grade = df_grade.drop('评价', axis = 1)  #删除名称为“评价”的列
print('df_grade再删除一列：\n',df_grade)
```

打印结果如图 9-11 所示。

```
df_grade 再删除一列：
   学号    姓名  成绩
0  2019001  张三  90.0
1  2019002  李四  88.0
3  2019004  赵六  77.0
4  2019005  白七  92.0
```

```
df_grade 删除一行后：
   学号    姓名  成绩  评价
0  2019001  张三  90.0  优秀
1  2019002  李四  88.0  及格
3  2019004  赵六  77.0  及格
4  2019005  白七  92.0  优秀
```

图 9-11　例 9-53 打印结果

注意，行删除操作时，drop() 函数的参数 axis=0，列删除操作时，drop() 函数的参数 axis=1。

（4）索引重置。通过上述代码对数据框 df_grade 的行进行删除操作，从打印结果可以看到，df_grade 的行索引标签最终为 0，1，3 和 4。在这种情况下，可能会造成一些困扰，例如，使用语句 df_grade.loc[2,:] 来访问第 2 行，就会出现 KeyError 异常。因此，在对数据框进行删除操作后，可以使用 reset_index 重新设置其索引值，以（3）中的 df_grade 为例，我们可以用例 9-54 中的语句来实现索引值重设。

【例 9-54】DataFrame 索引重设。

```
df_grade = df_grade.reset_index(inplace = False,drop = True)     #索引重置
print('df_grade索引重置后：\n',df_grade)
```

其中，参数 inplace 设为 False，表示就地修改 df_grade，而不是重新创建一个新的数据框，参数 drop 设为 True，表示把原来的索引删除，如果 drop 设为 False，则原来的索引变成数据框的一列保存下来。最后将 df_grade 打印出来。

df_grade 索引重置后结果如下：

```
   学号    姓名  成绩
0  2019001  张三  90.0
1  2019002  李四  88.0
2  2019004  赵六  77.0
3  2019005  白七  92.0
```

4. 排序

我们将前面定义的 df_grade 数据框中的数据按照成绩降序排序，排序结果存放在 df_grade_sort 中并打印出来。

【例 9-55】使用 sort_values 按照列名称对 DataFrame 数据排序。

```
df_grade_sort = df_grade.sort_values( by = ['成绩'], ascending = False)   #按成绩排序
print('按成绩排序：\n',df_grade_sort)
df_grade_sort = df_grade.sort_index(axis = 0, ascending = False)          #按数轴排序
print('按数轴排序：\n',df_grade_sort)
```

其中，参数 ascending 可以设置为 True，那么成绩按升序排列。注意，按数轴排序中，sort_index 中指定了参数 axis = 0。打印结果如图 9-12 所示。

```
按数轴排序：
   学号       姓名  成绩
3  2019005  白七  92.0
2  2019004  赵六  77.0
1  2019002  李四  88.0
0  2019001  张三  90.0
```

```
按成绩排序：
   学号       姓名  成绩
3  2019005  白七  92.0
0  2019001  张三  90.0
1  2019002  李四  88.0
2  2019004  赵六  77.0
```

图 9-12　例 9-55 打印结果

5. 迭代

我们使用上面增加过一行和一列的数据框 df_grade 来讨论 DataFrame 的迭代操作。下面使用 Pandas 提供的 items 类来实现迭代。

【例 9-56】使用 items 实现 DataFrame 数据按列迭代。

```
print('列迭代：')
for label, content in df_grade.items():
    print('label：', label)
    print('content：', content, sep = '\n')
```

上面 for 循环的部分输出结果如图 9-13 所示。items 类产生两组内容：数据框 df_grade 的列名称和属于每个列名称的 Series 列数据。

```
列迭代：
```

```
label：学号
content:
0    2019001
1    2019002
2    2019004
3    2019005
Name: 学号 , dtype: object
```

```
label：姓名
content:
0    张三
1    李四
2    赵六
3    白七
Name: 姓名 , dtype: object
```

```
label：成绩
content:
0    90.0
1    88.0
2    77.0
3    92.0
Name: 成绩 , dtype: float64
```

图 9-13　例 9-56 打印结果

Pandas 还提供了一个 iterrows 类来实现按行的迭代，iterrows 类产生的两组内容为：数据框的行标签和属于每个行标签的 Series 行数据。

【例 9-57】使用 iterrows 实现 DataFrame 数据按行迭代。

```
print('行迭代：')
for label, content in df_grade.iterrows():
    print('label：', label)
    print('content：', content, sep = '\n')
```

输出结果如图 9-14 所示。

```
行迭代：
```

```
label：0
content：
学号    2019001
姓名    张三
成绩    90
Name: 0, dtype: object
```

```
label：1
content：
学号    2019002
姓名    李四
成绩    88
Name: 1, dtype: object
```

```
label：2
content：
学号    2019004
姓名    赵六
成绩    77
Name: 2, dtype: object
```

```
label：3
content：
学号    2019005
姓名    白七
成绩    92
Name: 3, dtype: object
```

图 9-14　例 9-57 打印结果

6. 算术运算

Pandas 提供了很多内置函数来实现 DataFrame 的算术运算操作。例 9-58 中的代码定义了一个名为 df_math 的 DataFrame，然后利用 add() 函数来实现所有数据加 5 的操作。

【例 9-58】使用 add() 函数实现 DataFrame 数据元素的加法运算。

```
import pandas as pd
import numpy as np
df_math = pd.DataFrame(np.arange(101,125).reshape(4,6))  #定义二维数组
print('定义的数组：\n',df_math)                         #打印数组
print('加5操作后的数组：\n',df_math.add(5))              #将数组加5并打印结果
```

打印结果如图 9-15 所示。

```
加 5 操作后的数组：
     0    1    2    3    4    5
0  106  107  108  109  110  111
1  112  113  114  115  116  117
2  118  119  120  121  122  123
3  124  125  126  127  128  129
```

```
定义的数组：
     0    1    2    3    4    5
0  101  102  103  104  105  106
1  107  108  109  110  111  112
2  113  114  115  116  117  118
3  119  120  121  122  123  124
```

图 9-15　例 9-58 打印结果

如果要实现其他算术运算操作，将 add() 函数改为相应的操作函数即可，如将 add() 改成 mul() 实现乘法操作，代码如图 9-59 所示。

【例 9-59】使用 mul() 函数实现 DataFrame 数据元素的乘法运算。

```
print('当前df_math数组：\n',df_math)
print('乘以0.1操作后的df_math数组：\n',df_math.mul(0.1))    #将数组乘以0.1并打印
```

打印结果如图 9-16 所示。

```
乘以 0.1 操作后的 df_math 数组：
      0     1     2     3     4     5
0  10.1  10.2  10.3  10.4  10.5  10.6
1  10.7  10.8  10.9  11.0  11.1  11.2
2  11.3  11.4  11.5  11.6  11.7  11.8
3  11.9  12.0  12.1  12.2  12.3  12.4
```

```
当前 df_math 数组：
     0    1    2    3    4    5
0  101  102  103  104  105  106
1  107  108  109  110  111  112
2  113  114  115  116  117  118
3  119  120  121  122  123  124
```

图 9-16　例 9-59 打印结果

9.3　Pandas 数据分析实战

本节以前面用到的文件 scores.xlsx 中的学生成绩数据集为例，介绍 Pandas 数据分析的基础知识。

9.3.1 数据集简介

1. 读入数据集

文件 scores.xlsx 中的学生成绩数据集是虚构的 200×13 的数据集，在使用之前用 Pandas 的 read_excel 将数据读入到数据框 da 中，代码如例 9-60 所示。

【例 9-60】 Pandas 读取 Excel 文件。

```
import pandas as pd   #导入Pandas包
da = pd.read_excel("./data/scores.xlsx",sheet_name = "score")   #读取scores.xlsx文件的score表格
```

2. 查看数据集的基本情况

scores 数据集包含了很多内容，我们可以通过例 9-61 所示的代码查看该数据集的基本内容。

【例 9-61】 查看数据框基本信息。

```
print('数据框da的类型：',type(da))                #打印da的类型
print('数据框da的形状：',da.shape)                #打印da的形状
print('da的第10、19、44行：\n',da.iloc[[10,19,44],:].round(1))   #保留一位小数
```

上面代码的输出结果如下：

```
数据框da的类型：<class 'pandas.core.frame.DataFrame'>
数据框da的形状：(200, 13)
da的第10、19、44行：
    学号          语文 数学 英语 政治 物理 化学 历史 地理 生物 总成绩 平均分 评价
10  201902021011  61   49   62   61   41   57   62   70   37   500    62.5   合格
19  201902021020  48   36   45   37   66   55   63   61   41   452    56.5   不合格
44  201902021045  83   93   99   93   45   88   81   82   93   757    94.6   优秀
```

从打印结果可知，数据集是一个 200×13 的数据框，数据的第 10、19 和 44 行分别为 3 个学生的成绩，如果 9 门课程的平均分小于 60 分，则该学生被评价为不合格，9 门课程的平均分大于或等于 90 分，则该学生被评价为优秀，其他情况评价为合格。

9.3.2 数据集分析

1. 简单统计

（1）统计评价为优秀、合格和不合格的学生数。

【例 9-62】 统计“评价”字段。

```
grouped = da.groupby('评价').size()   #简单统计“评价”字段
print(grouped)
```

打印结果如下：

```
评价
不合格   7
优秀     5
合格     188
dtype: int64
```

从打印结果可知，成绩单表格中，不合格的有 7 人，优秀的有 5 人，合格的有 188 人。

（2）Pandas 提供的 describe() 类可以给出数据框的一些有用的统计信息，在分析较大的数据框数据时，作为初步的分析工具非常有用。例 9-63 所示的代码对 da 数据框进行描述性统计，概括集中趋势、离差和数据集分布形状，其中 NaN 值不包含在统计范围内。为了将统计结果全部打印出来，代码中设置了 print 函数的最大输出列数目和输出宽度。

【例 9-63】设置 print 打印列数和宽度，并打印数据框 describe() 统计信息。

```
pd.set_option('display.max_columns',20)     #设置打印的最大列数
pd.set_option('display.width',200)          #设置打印的最大宽度
des = da.iloc[:,1:].describe().round(1)     #统计所有行第1至最后一列的统计信息
print(des)
```

对于数值数据，输出结果包含数据量、均值、标准差、最小值、最大值等内容；对于对象类数据，如字符型数据，输出结果包括数据量、唯一值、最常见值及其频率等；对于本例的 da 数据框，因为其数据既有数值型的，也有文本字符串型的，输出结果就只包含数值型数据的输出内容，例如 da 数据集的“评价”一列就没有输出。另外，学生的学号也被当作数值数据，但输出结果没有数值意义，因此不予统计。这里所有数据保留一位小数，最终输出内容如下：

	语文	数学	英语	政治	物理	化学	历史	地理	生物	总成绩	平均分
count	200.0	200.0	200.0	200.0	200.0	200.0	200.0	200.0	200.0	200.0	200.0
mean	66.0	68.1	67.2	69.4	68.7	67.8	70.0	67.5	66.0	610.6	76.3
std	19.1	18.0	19.4	19.4	19.2	18.6	19.0	20.3	19.4	60.7	7.6
min	35.0	35.0	35.0	35.0	35.0	35.0	35.0	35.0	35.0	452.0	56.5
25%	49.0	54.0	50.0	54.8	53.8	52.5	54.0	48.0	47.8	571.5	71.4
50%	65.0	68.5	68.0	69.0	68.0	69.0	70.0	70.0	67.0	613.0	76.6
75%	83.0	84.0	83.0	88.0	86.0	83.0	88.0	84.0	83.0	649.5	81.2
max	100.0	100.0	99.0	100.0	100.0	100.0	100.0	100.0	100.0	760.0	95.0

（3）找出数学成绩大于等于 80、评价为“优秀”的学生，并打印其成绩单。

【例 9-64】找出数学成绩大于等于 80、评价为“优秀”的学生，并打印其成绩单。

```
print('成绩大于等于80分且评价为“优秀”的学生：')
res = da[(da['数学'] >= 80) & (da['评价'] == '优秀')]    #统计数学≥80、评价为“优秀”的学生
print(res.round(1))
```

打印结果如下：

成绩大于等于80分且评价为“优秀”的学生：

	学号	语文	数学	英语	政治	物理	化学	历史	地理	生物	总成绩	平均分	评价
40	201902021041	44	95	93	83	93	86	99	69	89	751	93.9	优秀
44	201902021045	83	93	99	93	45	88	81	82	93	757	94.6	优秀
62	201902021063	62	97	95	43	90	90	92	95	96	760	95.0	优秀
92	201902021093	69	86	96	90	98	86	75	88	49	737	92.1	优秀
183	201902021184	99	89	97	50	40	100	93	98	88	754	94.2	优秀

2. 数据增删改查

（1）增加 5 个学生的成绩。

5 个学生的数据如下：

学号	语文	数学	英语	政治	物理	化学	历史	地理	生物
201902021201	63	57	53	43	69	55	64	69	83
201902021202	51	53	57	36	76	79	44	37	95
201902021203	65	67	86	57	91	85	41	64	76
201902021204	86	79	75	82	90	91	47	38	96
201902021205	43	45	86	36	75	56	70	94	46

向 scores 数据框 da 中增加数据，可以先把要增加的数据存放在一个临时数据框 df_add 中，然后把 df_add 中的数据追加到 da 的尾部，实现代码如例 9-65 所示。

【例 9-65】向 da 表格中增加 5 个学生的成绩。

```
df_add = pd.DataFrame([
    [201902021201, 63, 57, 53,43, 69, 55, 64, 69, 83],
    [201902021202, 51, 53, 57, 36, 76, 79, 44, 37, 95],
    [201902021203, 65, 67, 86, 57, 91, 85, 41, 64, 76],
```

```
    [201902021204, 86, 79, 75, 82, 90, 91, 47, 38, 96],
    [201902021205, 43, 45, 86, 36, 75, 56, 70, 94, 46]],
    columns = ['学号', '语文', '数学', '英语', '政治',
         '物理', '化学', '历史', '地理', '生物'])  #定义5个学生的成绩数据
da = da.append(df_add, ignore_index = True, sort = False)#往da后追加df_add
print('增加5个学生数据后da数据框的后5行：\n',da.tail())
```

为了查看操作结果，我们可以用 print(da.tail()) 语句将新增加的 5 行数据打印出来，打印结果如下：

```
增加5个学生数据后da数据框的后5行：
     学号           语文 数学  英语  政治  物理  化学  历史  地理  生物  总成绩  平均分  评价
200  201902021201  63   57   53   43   69   55   64   69   83   NaN   NaN   NaN
201  201902021202  51   53   57   36   76   79   44   37   95   NaN   NaN   NaN
202  201902021203  65   67   86   57   91   85   41   64   76   NaN   NaN   NaN
203  201902021204  86   79   75   82   90   91   47   38   96   NaN   NaN   NaN
204  201902021205  43   45   86   36   75   56   70   94   46   NaN   NaN   NaN
```

从打印结果可知，由于新增的学生成绩并没有总成绩、平均分和评价数据，DataFrame 自动用空值 NaN 补齐了这些数据。

（2）删除两个学生的成绩。删除学号为"201902021202"和"201902021204"的学生成绩。首先要获取这两个学生成绩对应的数据框索引，代码为 da[da['学号'] == 201902021202].index[0]，然后用 drop() 方法按索引将该行数据删除。

【例 9-66】删除学号为"201902021202"和"201902021204"的学生成绩。

```
del_row1 = da[da['学号'] == 201902021202].index[0]          #学号为201902021202的行索引
del_row2 = da[da['学号'] == 201902021204].index[0]          #学号为201902021204的行索引
da = da.drop(index = del_row1, axis = 0)    #删除
da = da.drop(index = del_row2, axis = 0)    #删除
print('删除两个学生数据后da数据框的后5行：\n',da.tail().round(1))
```

打印结果如下：

```
删除两个学生数据后da数据框的后5行：
     学号           语文 数学  英语  政治  物理  化学  历史  地理  生物  总成绩  平均分  评价
198  201902021199  76   45   61   93   60   69   72   41   48   565.0  70.6  合格
199  201902021200  37   60   82   99   97   85   79   35   74   648.0  81.0  合格
200  201902021201  63   57   53   43   69   55   64   69   83   NaN   NaN   NaN
202  201902021203  65   67   86   57   91   85   41   64   76   NaN   NaN   NaN
204  201902021205  43   45   86   36   75   56   70   94   46   NaN   NaN   NaN
```

（3）替换 NaN 数据。将新增并删除后剩下的 3 个学生的总成绩、平均成绩和评级补充完整，代码如例 9-67 所示。首先将"评价"数据缺失的行索引存放到 index_nan 中，然后遍历 index_nan 中的每一个元素，分别计算其总成绩和平均分，并用计算结果替换相应位置的 NaN 数据，最后根据评价标准给出每个学生的评价。

【例 9-67】计算新增学生成绩的"总成绩""平均分"和"评价"。

```
index_nan = da[da['评价'].isna()].index    #找到评价为空的行索引
for item in index_nan:
    da.loc[item, '总成绩'] = da.loc[item,'语文':'生物'].sum()       #计算总成绩
    da.loc[item, '平均分'] = da.loc[item, '语文':'生物'].sum() / 9  #计算平均分
    if da.loc[item, '平均分'] >= 90:
        da.loc[item, '评价'] = '优秀'
    elif da.loc[item, '平均分'] < 60:
        da.loc[item, '评价'] = '不合格'
    else:
        da.loc[item, '评价'] = '合格'        #填充"评价"为空的元素
print('替换评价空值后da数据框的后5行：\n',da.tail().round(1))
```

打印结果如下：

```
替换评价空值后da数据框的后5行:
     学号         语文 数学  英语  政治  物理  化学  历史  地理  生物  总成绩  平均分 评价
198  201902021199  76  45   61   93   60   69   72   41   48   565.0  70.6  合格
199  201902021200  37  60   82   99   97   85   79   35   74   648.0  81.0  合格
200  201902021201  63  57   53   43   69   55   64   69   83   556.0  61.8  合格
202  201902021203  65  67   86   57   91   85   41   64   76   632.0  70.2  合格
204  201902021205  43  45   86   36   75   56   70   94   46   551.0  61.2  合格
```

9.4 数据分析法实践

9.4.1 数据分析流程

数据分析是基于搜集来的数据，通过数学、统计、计算机等技术抽取出数据中的有用信息，从而为决策提供依据和指导方向。当前，数据分析已经被广泛应用于金融、电商、医疗、教育、交通、房地产、游戏等各个领域。

数据分析是一个将数据转换为价值的完整过程，可分为下述几个环节。

1. 明确目标

数据分析的第一步，明确数据分析的对象、目标或任务，结合业务需求，把握最终要解决的问题。不同的业务目标可能会产生完全不同的分析方案，只有明确目标，数据分析才不会偏离方向。

分析目标明确后，我们需要对思路进行梳理分析并搭建分析框架，即要达到这个分析目标该如何具体开展数据分析，需要从哪几个角度进行分析，采用哪些分析指标，采用哪些逻辑思维，运用哪些理论依据等，经常需要把分析目标分解成若干个分析要点依次展开分析。

明确数据分析目标并确定分析思路是确保数据分析过程有效进行的先决条件，它可以为处理以及分析提供清晰的指引方向。

2. 收集数据

明确业务需求或工作中需要处理的问题，按照确定的数据分析框架思考哪些数据可能会影响到这些问题的答案，如何获取这些数据。这里的数据包括一手数据和二手数据，一手数据主要指可直接获取的数据，如公司内部的数据库、市场调查取得的数据、网络爬虫爬取的合法数据等；二手数据主要指经过加工整理后得到的数据，如统计局在互联网上发布的数据、公开出版物中的数据等。

3. 处理数据

为了提高收集到的数据的质量，确保数据分析或挖掘结果的准确性，往往需要对收集到的数据进行清洗、转化、抽取、合并等操作，如数据的一致性检验、缺失值和异常值的处理、无量纲化处理等，这是数据分析前必不可少的阶段。如果数据本身存在错误，那么即使采用最先进的数据分析方法，得到的结果也是错误的，不但不具有任何参考价值，甚至还会误导决策。

4. 分析数据

数据分析所需的数据已经整理完毕，接下来就是进行实际操作了。分析数据是指用适当的分析方法及工具对收集来的数据进行分析，提取有价值的信息，形成有效结论的过程。

一般的数据分析我们可以通过 Excel 完成，而高级的数据分析就要采用专业的分析软件进行，如数据分析工具 SPSS、SAS、Python、R 语言等。

5. 展现结论

通过数据分析，得到了隐藏在数据内部的关系和规律，为了更加直观地呈现这些关系和规律，通常采用表格、图片等方式。

6. 撰写报告

数据分析的最后一步就是要将数据分析的结果进行整理得出一份完整的试验报告，这是对整个数据分析过程的一个总结与呈现。通过报告，把数据分析的起因、过程、结果及建议完整地呈现出来，并提出具有可行性的建议或解决方案，为决策者提供科学、严谨的决策依据，供决策者参考。

数据分析流程图如图 9-17 所示。

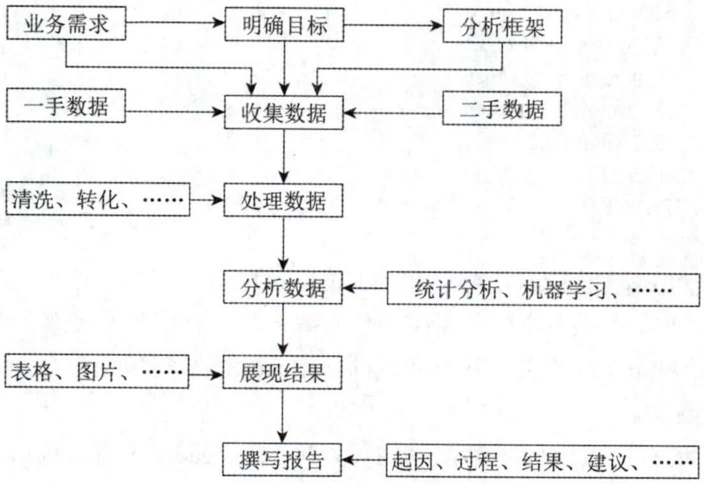

图 9-17 数据分析流程图

9.4.2 数据分析案例

1. 明确目标

通过对招聘信息数据集的数据分析，指导个人求职决策。具体来说，要分析不同城市的招聘岗位的多少、平均工资水平的高低、不同因素对平均薪水的影响程度等。

2. 收集数据

网络公开招聘的数据有很多，读者可以根据需要编写网络爬虫程序自行爬取。本案例的数据集参考了网络公开招聘信息，由人工虚构生成，以 CSV 文件格式存放在当前目录下的 data 文件夹下，我们直接读取即可。首先导入 Pandas 包，然后使用 read_csv 将数据读入到数据框 data 中，并查看数据集的基本信息，对数据有一个初步的了解。代码如例 9-68 所示。

【例 9-68】读取招聘信息数据并查看数据集基本信息。

```
import pandas as pd
data = pd.read_csv('./data/actual_combat.csv', encoding='gb2312')    #读CSV文件，编码为“gb2312”
print('数据集基本信息：')
print(data.info())                          #打印data数据集基本信息
```

打印结果如下：

```
数据集基本信息：
<class 'pandas.core.frame.DataFrame'>
RangeIndex: 5220 entries, 0 to 5219
Data columns (total 14 columns):
 #  Column      Non-Null Count  Dtype
---  ----------  --------------  ------
 0  城市        5220 non-null   object
 1  公司编号     5220 non-null   int64
 2  公司特色     4684 non-null   object
 3  公司规模     5220 non-null   object
 4  商业区      3687 non-null   object
 5  第一岗位类型  5215 non-null   object
 6  第二岗位类型  5216 non-null   object
 7  学历学位     5220 non-null   object
 8  行业        5220 non-null   object
 9  岗位编号     5220 non-null   int64
 10 岗位名称     5220 non-null   object
 11 岗位标签     5197 non-null   object
 12 薪水        5220 non-null   object
 13 工作经验     5220 non-null   object
dtypes: int64(2), object(12)
memory usage: 571.1+ KB
None
```

从打印结果可知，data 是 5220×14 的 Pandas 数据框，包含 5220 行数据，每行数据有 14 个列字段，列名称分别为“城市”“公司编号”……“工作经验”等，“公司编号”和“岗位编号”为 int64 数值型，其他字段都是 object 类型。其中，“公司特色”“商业区”等字段都有空值数据。

为了对数据集有更直观的了解，我们可以用 data.head() 来查看前几行数据，或者用 data.tail() 来查看最后几行数据，鉴于列字段较多，我们使用 print(data.iloc[0,:]) 语句来查看第一行数据。

【例 9-69】查看某一行数据内容。

```
print(data.iloc[0,:])       #查看数据集的第0行
```

输出结果如下：

```
城市          上海
公司编号       8581
公司特色       ['技能培训', '节日礼物', '带薪年假', '岗位晋升']
公司规模              2000人以上
商业区                ['张江']
第一岗位类型           技术
第二岗位类型           数据开发
学历学位              硕士
行业                 移动互联网
岗位编号              2537336
岗位名称              数据分析师
岗位标签              ['分析师', '数据分析', '数据挖掘', '数据']
薪水                 7k-9k
工作经验              应届毕业生
Name: 0, dtype: object
```

data 数据集的第一行数据显示，招聘公司在上海，公司规模达到 2000 人以上，招聘的岗位是数据分析师，要求是应届硕士毕业生，薪水是 7000 至 9000 元。

3. 处理数据

（1）数据清洗。data 数据集中的“岗位编号”值唯一，我们用 print(len(data['岗位编号'].unique())) 来查看“岗位编号”唯一值的个数，输出结果为 4155，这个值小于数据集数据行 5220，说明“岗位编号”有重复，需要清洗掉重复数据。

删除重复数据以“岗位编号”为基准，只保留重复数据的第一条数据，其余删除，结果存入 data_clear 中并打印查看，代码如例 9-70 所示。

【例 9-70】查看并清除重复数据。

```
print('数据清洗之前形状：',data.shape)
print('数据清洗之前岗位编号唯一值数目：',len(data['岗位编号'].unique()))
data_clear = data.drop_duplicates(subset = '岗位编号', keep = 'first')    #保留首行，删除其他
print('数据清洗之后形状：',data_clear.shape)
print('数据清洗之后info：')
print(data_clear.info())
```

输出结果如下：

```
数据清洗之前形状：(5220, 14)
数据清洗之前岗位编号唯一值数目：4155
数据清洗之后形状：(4155, 14)
数据清洗之后info:
<class 'pandas.core.frame.DataFrame'>
Int64Index: 4155 entries, 0 to 5214
Data columns (total 14 columns):
 #   Column     Non-Null Count  Dtype
---  ------------   -----------------  ------
 0   城市         4155 non-null   object
 1   公司编号     4155 non-null   int64
 2   公司特色     3739 non-null   object
 3   公司规模     4155 non-null   object
 4   商业区       2920 non-null   object
 5   第一岗位类型  4153 non-null   object
 6   第二岗位类型  4154 non-null   object
 7   学历学位     4155 non-null   object
 8   行业         4155 non-null   object
 9   岗位编号     4155 non-null   int64
 10  岗位名称     4155 non-null   object
 11  岗位标签     4137 non-null   object
 12  薪水         4155 non-null   object
 13  工作经验     4155 non-null   object
dtypes: int64(2), object(12)
memory usage: 486.9+ KB
None
```

（2）数据加工。

1）为了统计和比较各城市的薪资水平，我们需要对“薪水”字段进行进一步加工和信息提取，首先查看此字段的值具有什么样的特征，代码如例 9-71 所示。

【例 9-71】查看“薪水”列数据特征。

```
data_clear = data_clear.reset_index(inplace = False, drop = True)   #重设索引
print('薪水列的前5行：\n',data_clear['薪水'].head()
print('薪水列的第413个数据值：',data_clear['薪水'].iloc[413])
print('薪水列的第666个数据值：',data_clear['薪水'].iloc[666])
```

输出结果如下：

```
薪水列的前5行：
0    7k-9k
```

```
1     10k-15k
2     4k-6k
3     2k-3k
4     7k-14k
Name: 薪水, dtype: object
薪水列的第413个数据值：15k以上
薪水列的第666个数据值：9k以上
```

可以看出，“薪水”字段格式相对规范，设置的是薪水的一个下限和上限值，如第一行，薪水下限为 7000 元，上限为 9000 元，但这样的表示不便于比较，需要对其进行改造。“薪水”字段还有另外一些数据格式，如“15k 以上”。对于这种格式的薪资，我们认为上限和下限都是一个值，如“15k 以上”的薪水上限和下限都是 15k，也需要改造。

2）根据上面的分析，我们采用正则表达式来抽取薪水的上下限值。首先导入 re 包，并定义匹配模式，代码如例 9-72 所示。

【例 9-72】定义正则表达式，抽取“薪水”字段的数字。

```
import re
reg = re.compile(r'[0-9]{1,}')  #设置字符串匹配格式
```

其中“[0-9]”表示数字 0，1，2，…，9，“{1,}”表示数字 0，1，2，…，9 等出现 1 次以上。

3）根据匹配结果，对 data_clear 数据框的“薪水”字段使用 apply 函数进行薪资上下限的抽取。这里用 findall 函数搜索 data_clear['薪水']，把数字都找出来，存放到 tmp 中。用 print(tmp.head()) 语句查看 tmp 中前几行的内容，同时打印第 413 行和第 666 行提取到的内容，代码如例 9-73 所示。

【例 9-73】“薪水”字段正则表达式匹配结果。

```
tmp = data_clear['薪水'].apply(lambda x:re.findall(reg,x))    #“薪水”匹配正则表达式
print('匹配结果前5行：\n',tmp.head())
print('匹配结果第413行：%s，第666行：%s' % (tmp.iloc[413],tmp.iloc[666]))
```

打印结果如下：

```
匹配结果前5行：
0     [7, 9]
1     [10, 15]
2     [4, 6]
3     [2, 3]
4     [7, 14]
Name: 薪水, dtype: object
匹配结果第413行：['15']，第666行：['9']
```

匹配结果前 5 行显示每行数据都是一个列表，每个列表包含两个数据，即薪水的下限值和上限值。第 413 行和第 666 行匹配结果分别为 ['15'] 和 ['9']，只有一个数据，既是薪水的下限值，也是薪水的上限值。

4）构造“薪水下限”和“薪水上限”两个列。首先把 tmp 每一行的数据列表中的第 0 个元素存储为 data_clear 数据框的“薪水下限”，然后判断 tmp 每一行的数据列表长度是否等于 2，如果等于 2，则把该行的数据列表中的第 1 个元素存储为 data_clear 数据框的“薪水上限”，如果不等于 2，即该行提取的数值只有 1 个，则把 tmp 中该行的数据列表中的第 0 个元素存储为 data_clear 数据框的“薪水上限”，即上下限是一个值，代码如例 9-74 所示。

【例 9-74】构造“薪水下限”和“薪水上限”列。

```
data_clear['薪水下限'] = tmp.apply(lambda x:x[0])          #获取薪水下限
data_clear['薪水上限'] = tmp.apply(lambda x:x[1] if len(x)==2 else x[0])    #获取薪水上限
```

```
print('原始“薪水”列与构造“薪水下限”和“薪水上限”列对照（前5行）：')
print(data_clear[['薪水','薪水下限','薪水上限']].head())
print('原始“薪水”列与构造“薪水下限”和“薪水上限”列对照（第413和666行）：')
print('',data_clear.loc[[413,666],['薪水','薪水下限','薪水上限']])
```

打印结果如下：

```
原始“薪水”列与构造“薪水下限”和“薪水上限”列对照（前5行）：
    薪水   薪水下限  薪水上限
0  7k-9k      7        9
1  10k-15k   10       15
2  4k-6k      4        6
3  2k-3k      2        3
4  7k-14k     7       14
原始“薪水”列与构造“薪水下限”和“薪水上限”列对照（第413和666行）：
      薪水    薪水下限  薪水上限
413  15k以上    15       15
666  9k以上      9        9
```

5）根据公式 (薪水下限 + 薪水上限)/2 计算出平均薪水，存储到 data_clear[' 平均薪水 '] 中，并删除“薪水”“薪水下限”和“薪水上限”3 列，代码如例 9-75 所示。

【例 9-75】构造“平均薪水”列，删除“薪水”“薪水下限”和“薪水上限”列。

```
data_clear['平均薪水'] = data_clear.apply(
  lambda x:(int(x['薪水下限']) + int(x['薪水上限'])) / 2, axis = 1)  #求平均薪水
data_clear = data_clear.drop(['薪水','薪水下限','薪水上限'], axis = 1)  #删除三列
print('data_clear第412行：\n',data_clear.loc[413,:])      #打印第413行数据
data_clear.to_excel("./data/actual_combat.xlsx",index = False) #存储干净数据
```

打印结果如下：

```
data_clear第412行：
城市                 上海
公司编号             22321
公司特色             ['项目奖金', '带薪休假', '美女多', '硅谷工作机会']
公司规模             150-500人
商业区               ['汶水路', '大宁路', '共和新路']
第一岗位类型         技术
第二岗位类型         后端开发
学历学位             本科
行业                 数据服务,文化娱乐
岗位编号             472390
岗位名称             数据平台开发工程师
岗位标签             ['平台', '数据']
工作经验             3-5年
平均薪水             15
Name: 413, dtype: object
```

4. 分析数据与展现结论

（1）城市招聘排名。value_counts 函数可以实现计数功能，统计指定字段的唯一值，返回一个默认降序排列 Series，不统计空值。我们使用例 9-76 所示的代码对招聘城市进行排名并绘制占比饼图。

【例 9-76】统计每个城市的招聘信息数目。

```
import pandas as pd
import numpy as np
import matplotlib.pyplot as plt                  #导入matplotlib绘图包
plt.rcParams['font.sans-serif'] = 'SimHei'       #设置字体为SimHei显示中文
plt.rcParams['axes.unicode_minus'] = False       #设置正常显示符号
```

```
city_rank = data_clear['城市'].value_counts()          #招聘城市排名
print(city_rank)
sta_num = 5
sta_labels = city_rank.index[0:sta_num].tolist()
sta_labels.append('其他')
sta_data = city_rank.iloc[0:sta_num].tolist()
sta_data.append(np.sum(city_rank.iloc[sta_num:]))
plt.pie(sta_data, labels = sta_labels, autopct = '%1.1f%%')      #绘制饼图
plt.show()
```

输出结果如下：

```
北京    2121
上海     746
深圳     389
杭州     310
广州     255
成都     105
南京      64
武汉      50
西安      33
苏州      26
厦门      26
长沙      18
天津      12
Name: 城市, dtype: int64
```

从输出结果可以看出，在我们的数据集中，招聘最多的城市是北京，其次是上海和深圳，图 9-18 显示了城市招聘前五名的百分比分布，排名后八位的城市招聘岗位数目求和列为“其他”。从图 9-17 可以看出，北京招聘数目占总招聘数目的一半还多。

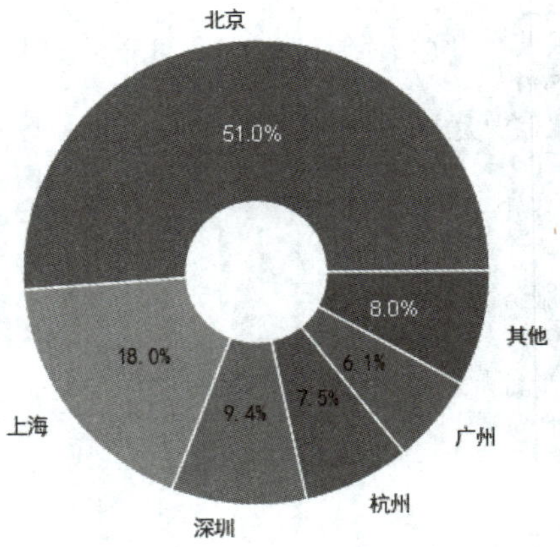

图 9-18　城市招聘占比

（2）招聘岗位的平均薪水。使用如下 print 语句来查看“平均薪水”的摘要统计信息：

```
print(data_clear['平均薪水'].describe())
```

直方图又称质量分布图，是一种统计报告图，由一系列高度不等的纵向条纹或线段表示数据分布的情况。一般用横轴表示数据类型，纵轴表示分布情况。在 Pandas 中绘制直方图可以使用 hist 函数。该函数在 DataFrame 中的每个 Series 上调用 matplotlib.pyplot.hist()，在函数调用过程中，数据点被拆分到离散的、间隔均匀的面元中，绘制的是各面元中数据点的数量，最终得到数字频率分布直方图，横轴是数值分布，纵轴是对应数值出现的次数，最终绘制得到数据框每列的直方图。

我们通过例 9-77 绘制“平均薪水”字段的直方图，其中，“bins = 11”表示直方图的柱数是 11 个，即把薪水取值分成 11 个区间段。

【例 9-77】绘制平均薪水直方图。

```
print(data_clear['平均薪水'].describe())      #查看“平均薪水”的摘要统计信息
plt.xlabel("平均薪水（k）",fontsize = 16)
plt.ylabel('出现次数',fontsize = 16)
plt.xticks(fontsize = 16)
plt.yticks(fontsize = 16)
plt.grid(linestyle = "--", alpha = 0.5)
plt.hist(data_clear['平均薪水'], bins = 11, edgecolor = 'white')      #直方图
plt.show()
```

“平均薪水”的摘要统计信息打印结果如下：

```
count        4155.000000
mean         17.298075
std          9.055486
min          1.500000
25%          11.500000
50%          15.000000
75%          22.500000
max          75.000000
Name:平均薪水, dtype: float64
```

前面已经介绍过 describe() 的使用，如 mean 所在行在这里表示平均薪水的平均值约为 17k，中位数为 15k，二者相差不大。大部分招聘岗位的平均薪水在 17k±9k 范围内，最高平均薪水为 75k。

直方图绘制结果如图 9-19 所示。图中，横坐标是薪水取值区间，纵坐标是薪水取值在该区间出现的次数，从图中很容易看出，平均薪水在 10k ～ 20k 的区间出现的次数是最多的，超过 40k 的平均薪水出现的次数很少，这与前面用 describe() 函数得到的统计信息是一致的。

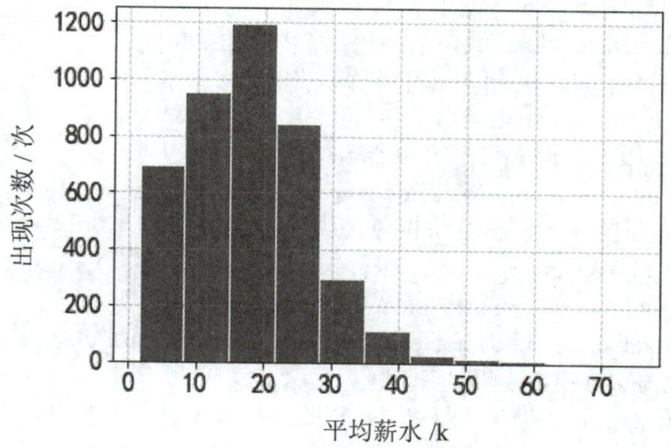

图 9-19　平均薪水直方图

（3）影响平均薪水的因素分析。箱形图（Box-plot）又称为盒须图、盒式图或箱线图，是一种用作显示一组数据分散情况资料的统计图，因形状如箱子而得名。它主要用于反映原始数据分布的特征，还可以进行多组数据分布特征的比较。

如图 9-20 所示，箱线图主要包含五个数据节点和一个异常值。绘制箱线图时，首先找出数据的上边缘、下边缘、中位数和两个四分位数，然后连接两个四分位数画出箱体，最后将上边缘和下边缘与箱体相连接，中位数在箱体中间。

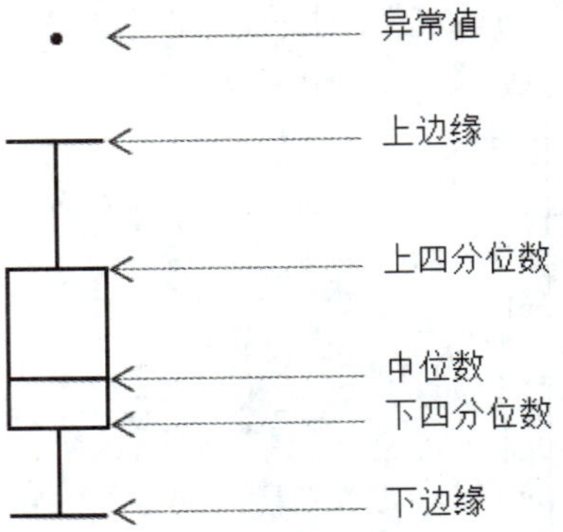

图 9-20 箱线图

先来分析不同城市平均薪水差异。Pandas 中不同城市的“平均薪水”箱线图可以通过 boxplot 函数来实现，完整代码如例 9-78 所示。第一行语句是导入 matplotlib 绘图包，第二行的作用是设置字体为 SimHei 显示中文，第三行设置正常显示符号，为了便于对比，代码把每个城市的平均薪水单独拿出来存放，并作为绘制箱线图的数据一并传递给 boxplot 函数。

【例 9-78】不同城市平均薪水差异。

```
import matplotlib.pyplot as plt
plt.rcParams['font.sans-serif'] = 'SimHei'
plt.rcParams['axes.unicode_minus'] = False    #设置正常显示符号
data_clear_bj = data_clear[data_clear['城市'] == '北京']['平均薪水']
data_clear_sz = data_clear[data_clear['城市'] == '深圳']['平均薪水']
data_clear_sh = data_clear[data_clear['城市'] == '上海']['平均薪水']
data_clear_hz = data_clear[data_clear['城市'] == '杭州']['平均薪水']
data_clear_szh = data_clear[data_clear['城市'] == '苏州']['平均薪水']
data_clear_gz = data_clear[data_clear['城市'] == '广州']['平均薪水']
data_clear_cd = data_clear[data_clear['城市'] == '成都']['平均薪水']
data_clear_wh = data_clear[data_clear['城市'] == '武汉']['平均薪水']
data_clear_xa = data_clear[data_clear['城市'] == '西安']['平均薪水']
data_clear_nj = data_clear[data_clear['城市'] == '南京']['平均薪水']
data_clear_xm = data_clear[data_clear['城市'] == '厦门']['平均薪水']
data_clear_cs = data_clear[data_clear['城市'] == '长沙']['平均薪水']
data_clear_tj = data_clear[data_clear['城市'] == '天津']['平均薪水']
colors = ['red', 'cyan', 'violet', 'violet', 'violet', 'dodgerblue', 'dodgerblue',
      'dodgerblue', 'dodgerblue', 'yellow', 'yellow', 'yellow', 'lime']
data_box = [data_clear_bj,data_clear_sz,data_clear_sh, data_clear_hz,
        data_clear_szh, data_clear_gz, data_clear_cd, data_clear_wh,
        data_clear_xa, data_clear_nj, data_clear_xm, data_clear_cs, data_clear_tj]
lbl = ['北京', '深圳', '上海', '杭州', '苏州', '广州',
    '成都', '武汉', '西安', '南京', '厦门', '长沙', '天津']
plt.xlabel("城市")
plt.ylabel('平均薪水（k）')
plt.grid(linestyle = "--", alpha = 0.5)
bp = plt.boxplot(data_box, labels = lbl, patch_artist = True, notch = True)
for box,c in zip(bp['boxes'], colors):
    box.set( color = 'black', linewidth = 1)    #箱体边框颜色
    box.set( facecolor = c )                    #箱体内部填充颜色
for median in bp['medians']:
    median.set(color = 'black', linewidth = 0.5)    #设置box的中位线颜色
plt.show()
```

上面代码的绘制结果如图 9-21 所示，横坐标为城市，纵坐标为“平均薪水”。从图中

可以看出，北京的平均薪水，特别是平均薪水中位数明显高于其他城市，深圳仅次于北京，随后是上海、杭州和苏州，这 3 个城市基本持平，再稍低一点的是广州、成都、武汉和西安，这 4 个城市也基本持平，南京、厦门和长沙中位数在 10k 附近，中位数最低的城市是天津。另外，不论哪个城市，平均薪水超过 40k 的都属于异常值。

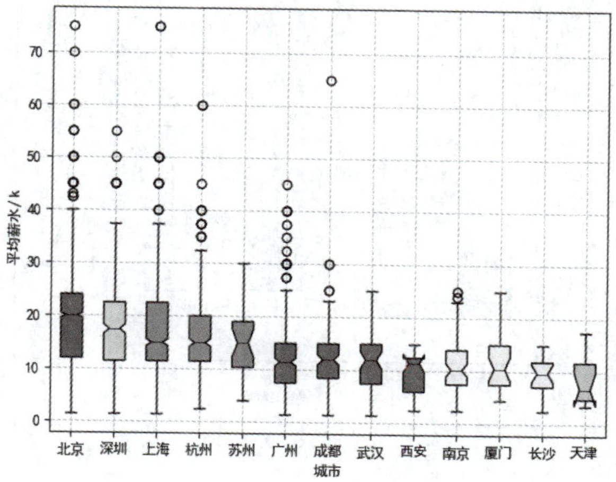

图 9-21　不同城市平均薪水箱线图

接下来研究受教育程度对平均薪水的影响。以“学历学位”字段来绘制“平均薪水”箱线图。为了显示更直观和便于比较，我们把“平均薪水”字段值按“学历学位”字段值的“不限”“大专”“本科”“硕士”和“博士”进行分组，并分别存放到 data_clear_bx、data_clear_dz、……、data_clear_bs 中，然后一起传递给 boxplot 函数进行箱线图的绘制，完整代码如例 9-79 所示。

【例 9-79】不同教育程度平均薪水差异。

```
import matplotlib.pyplot as plt
plt.rcParams['font.sans-serif'] = 'SimHei'
plt.rcParams['axes.unicode_minus'] = False
data_clear_bx = data_clear[data_clear['学历学位'] == '不限']['平均薪水']
data_clear_dz = data_clear[data_clear['学历学位'] == '大专']['平均薪水']
data_clear_bk = data_clear[data_clear['学历学位'] == '本科']['平均薪水']
data_clear_ss = data_clear[data_clear['学历学位'] == '硕士']['平均薪水']
data_clear_bs = data_clear[data_clear['学历学位'] == '博士']['平均薪水']
colors = ['red', 'cyan', 'violet', 'yellow', 'lime']
data_box = [data_clear_bx,data_clear_dz,data_clear_bk, data_clear_ss, data_clear_bs]
lbl = ['不限', '大专', '本科', '硕士', '博士']
plt.xlabel("受教育程度")
plt.ylabel('平均薪水（k）')
plt.grid(linestyle = "--", alpha = 0.5)
bp = plt.boxplot(data_box, labels = lbl, patch_artist = True)
for box,c in zip(bp['boxes'], colors):
    box.set( color = 'black', linewidth = 1)
    box.set( facecolor = c )
for median in bp['medians']:
    median.set(color = 'black', linewidth = 0.5)
plt.show()
```

上述代码的绘制结果如图 9-22 所示。从图中可以看出，博士的平均薪水还是非常有优势的，箱线图的 5 个数据点都高于其他学历情况。除了博士外，其他 4 种受教育程度的平均薪水下限基本持平。本科和硕士的平均薪水中位数相差不大，大专学历的中位数是最低的。大专、本科和硕士学历的平均薪水都有异常值，特别是大专学历，如果平均薪水超过 25k，就属于异常值，本科和硕士学位正常情况平均薪水不会超过 40k 和 50k。

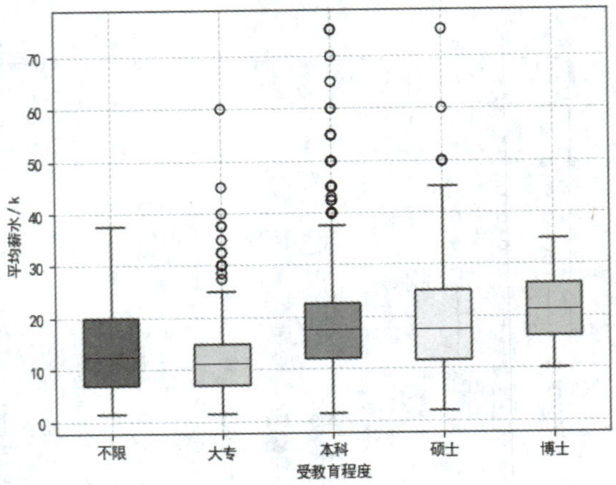

图 9-22 不同学历平均薪水箱线图

大多数招聘岗位也比较看重工作经验，因此接下来我们分析工作经验对平均薪水的影响。实现代码与上面的代码大同小异，完整代码如例 9-80 所示。

【例 9-80】工作经验对平均薪水的影响。

```
import matplotlib.pyplot as plt
plt.rcParams['font.sans-serif'] = 'SimHei'
plt.rcParams['axes.unicode_minus'] = False
data_clear_1 = data_clear[data_clear['工作经验'] == '不限']['平均薪水']
data_clear_2 = data_clear[data_clear['工作经验'] == '应届毕业生']['平均薪水']
data_clear_3 = data_clear[data_clear['工作经验'] == '1年以下']['平均薪水']
data_clear_4 = data_clear[data_clear['工作经验'] == '1-3年']['平均薪水']
data_clear_5 = data_clear[data_clear['工作经验'] == '3-5年']['平均薪水']
data_clear_6 = data_clear[data_clear['工作经验'] == '5-10年']['平均薪水']
data_clear_7 = data_clear[data_clear['工作经验'] == '10年以上']['平均薪水']
colors = [(0, 1, 0), (1, 0.9, 0.9), (1, 0.8, 0.8), (1, 0.6, 0.6), (1, 0.4, 0.4), (1, 0.2, 0.2), (1, 0, 0)]
data_box = [data_clear_1, data_clear_2, data_clear_3,
          data_clear_4,data_clear_5, data_clear_6, data_clear_7]
lbl = ['不限', '应届毕业生', '1年以下', '1-3年', '3-5年', '5-10年', '10年以上']
plt.xlabel("工作经验")
plt.ylabel('平均薪水（k）')
plt.grid(linestyle = "--", alpha = 0.5)
bp = plt.boxplot(data_box, labels = lbl, patch_artist = True)
for box,c in zip(bp['boxes'], colors):
    box.set( color = 'black', linewidth = 1)
    box.set( facecolor = c )
for median in bp['medians']:
    median.set(color = 'black', linewidth = 0.5)
plt.show()
```

上面代码的绘制结果如图 9-23 所示。从图中可以看出，应届毕业生的平均薪水是最低的，不限工作经验的和有 1 年以下工作经验的，略好于应届毕业生。除了对工作经验没有要求的部分，随着工作经验的积累，平均薪水的 5 个数据点的增长趋势是非常明显的，特别是有 10 年以上工作经验的，其平均薪水已经远远高于应届毕业生的平均薪水。

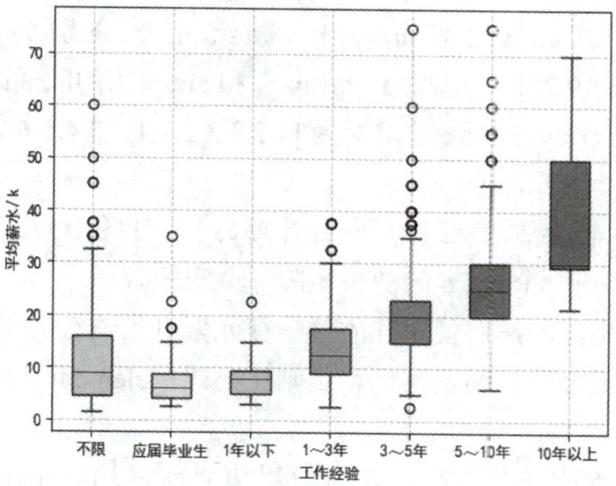

图 9-23 不同工作经验平均薪水箱线图

5. 撰写报告

数据分析报告可以按照 9.4.1 节的方法撰写，主要提纲如下：

（1）为什么要进行本次数据分析。

（2）从数据采集、数据处理等一直到数据分析整个过程的描述。

（3）通过数据分析得到什么样的结果和结论。

（4）根据数据分析结果和结论给出相应的意见、建议和方案。

本章小结

本章主要讲解了以下几个知识点：

（1）NumPy 库。首先介绍了 NumPy 数组的定义、数据类型、数组的属性查看、数组的索引、切片、算术运算、逻辑运算等基础知识，然后介绍了数组的聚合操作、矩阵操作、广播、线性代数求解问题等数值运算方法。

（2）Pandas 库。首先介绍了 Pandas 的两个数据结构——Series 和 DataFrame，然后重点介绍了 DataFrame 的基础操作，如数据集的缺失值检测、数据的索引和切片、数据集的增删改查、数据的排序和迭代，以及数据集的算术运算和逻辑运算，最后应用前述内容对一个虚构的数据集进行了简单的数据分析实战。

（3）数据分析实践。通过参考借鉴网络招聘信息，人工虚构了一个各地公司招聘人才数据集，并从数据读取、数据处理、数据统计分析和数据可视化分析等角度介绍了数据分析的总体流程和步骤。

习题 9

一、程序题

1. 导入 NumPy 包并命名为 np，然后查看当前环境的 NumPy 版本和配置信息。
2. 创建一个值全部等于 1 的 100×100 数组 array_1，并查看数组的内存大小。
3. 创建一个大小为 10 的数组 array_2，其最小值为 11，最大值为 20，打印该数组，然后将其元素顺序颠倒并打印出来。

4. 创建两个数组 array_3 和 array_4，数组元素分别为 [1,2,3,4,5,6,7,8,9,10] 和 [11,12,13,14,15,16,17,18,19,20]，计算数组 array_3 和 array_4 的欧式距离。

5. 创建一个数组 array_5，数组元素为 [1,2,3,3,2,1,1,2,3,4,5,6,7]，并找出第 3 个“1”出现的位置。

6. 将数组 array_3 转换成 5×2 的矩阵并计算每一行的和。

7. 创建一个 4×5 和一个 5×6 的随机矩阵，并求矩阵积。

8. 创建一个随机矩阵，然后使矩阵的每一行元素减去该行的平均值。

9. 创建一个随机矩阵并将其正则化。正则化公式：element = (element – min) / (max – min)。

10. 创建一个 5×5 的二维数组，使得数组边界元素均等于 1，内部元素均等于 -1，然后在该二维数组的最外层添加一个值为 0 的边界元素，使其变成一个 7×7 的数组。

11. 导入 NumPy 和 Pandas 包，并分别命名为 np 和 pd，查看当前环境的 Pandas 版本信息。

12. 创建一个长度为 6、名称为 ses 的 Series，指定索引名称分别为“a”“b”……“f”，然后将索引为“b”和“d”的数据打印出来，并判断索引“a”和“g”是否在 Series 中。

13. 已知字典 dict 定义如下，请将 dict 转换成 Series 数据类型并命名为 ses2，然后将 ses2 的每个元素乘以 3 并打印出来：

```
dict = {'a':1,'b':2,'c':3,'d':4, 'e':5, 'f':6}
```

14. 已知字典 dict1 定义如下，请建立字典 dict2，使得两个字典除了 ID 外别的特征互补，然后将两个字典转换为 DataFrame 数据类型，并用 combine_first 将两个 DataFrame 合并：

```
dict1 = {'ID':[1,2,3,4,5,6,7,8,9],
        'System':['win10','win10',np.nan,'win10',
            np.nan,np.nan,'win7','win7','win8'],
      'cpu':['i7','i5',np.nan,'i7',np.nan,np.nan,'i5','i5','i3']}
```

15. sklearn 是一个机器学习的库，其中有一个子模块 DataSets，提供一些公开的、常见的数据集，在使用之前用 import 导入即可，如导入 sklearn 中的红酒数据集，可输入：

```
from sklearn.datasets import load_wine
```

然后，用你所学的知识完成以下任务：

（1）从 sklearn 的 datasets 数据集导入红酒数据集，并将数据存储到数据框 wine 中。

（2）打印 wine，查看其中的数据概况。

（3）将 wine 中的 data 项和 target 项分别存储到 df_data 和 df_target 数据框中，df_data 的列名称分别为 feature_0、feature_1、feature_2、…、feature_12，并查看两个数据框的形状。

（4）将 df_target 中的数字 0、1、2 分别替换为 class_0、class_1、class_2。

（5）将 df_target 作为 df_data 的一列合并到数据框 df_data 中，相应的数据列名称为 class。

（6）统计每类红酒的样本数量。

16. 在 9.4.2 节中我们给出了一个招聘信息数据集，请从如下几个方面继续展开对此数据集的数据分析：

（1）数据集中的“岗位标签”当前给定的是字符串类型，如第一条数据的“岗位标签”字段值为“['分析师','数据分析','数据挖掘','数据']”，即此条数据的岗位标签一共有 4 个，分别是“分析师”“数据分析”“数据挖掘”和“数据”。请根据所学知识统计整个数据集的“岗位标签”一共有多少种，并统计每个岗位标签出现的次数，绘制出现次数最多的前十个岗位标签的占比饼状图。

（2）“分析数据与展现结论”部分，我们的案例只考虑了某一种因素对平均薪水的影响，大多数情况下，影响平均薪水的因素不止一种，请根据所学知识画箱线图，比较在北京和深圳，学历学位对平均薪水的影响。

（3）基于 9.4.2 节的案例，假设你是一个求职者，根据你的个人特点和求职意向，如工作经验、受教育程度、向往的工作城市、期待的工资水平等因素，给出你的求职决策。

第 10 章　Python 图形界面编程

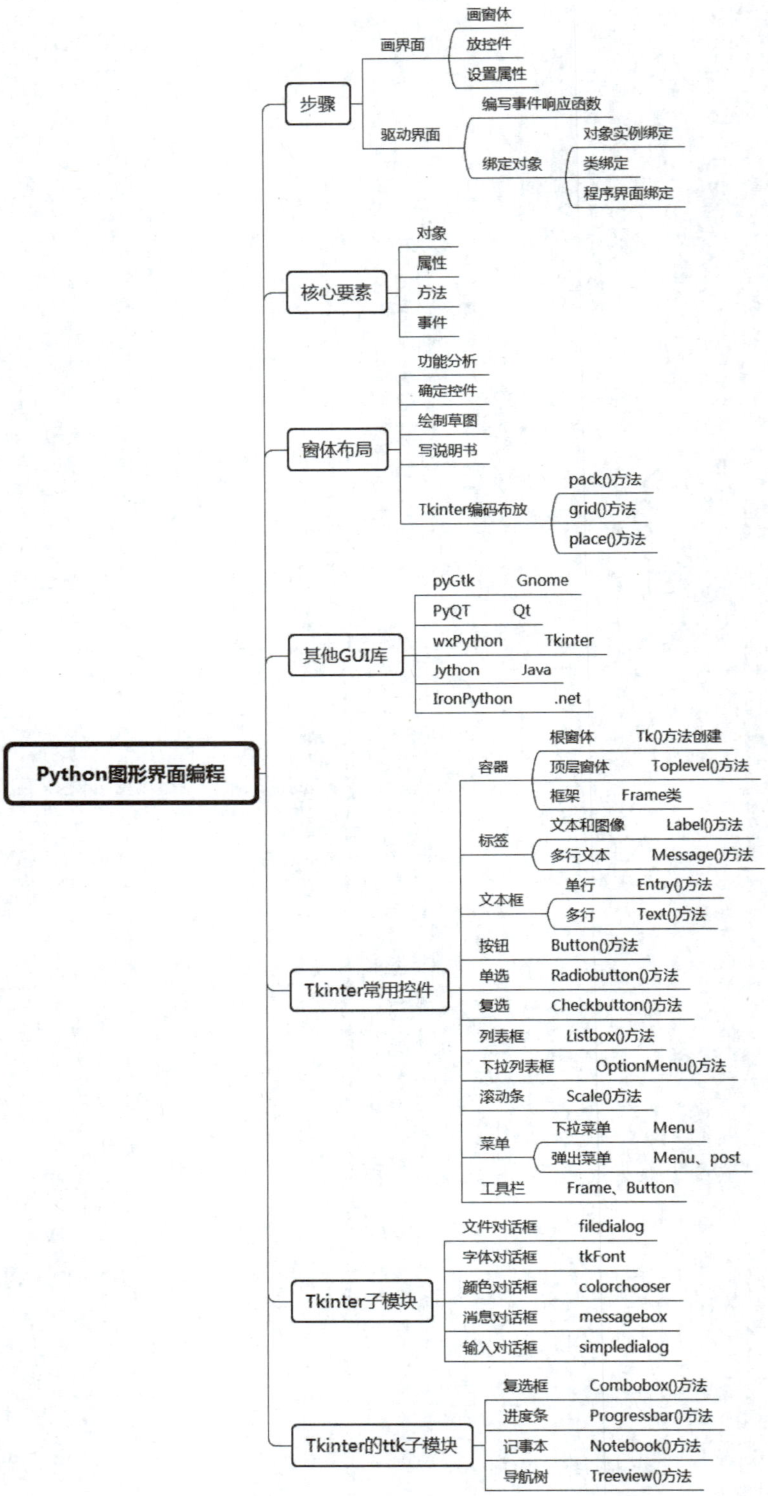

本章导读

本章主要介绍用 Tkinter 进行图形界面程序编写的流程和方法，包括界面的布局和控制、界面上图形控件的放置、属性的设置和事件响应的编写，以及 Tkinter 库及其子库中常用组件和对象的使用。

本章要点

- Python 图形界面编程的基本流程
- Tkinter 模块的组成、Tkinter 常用控件的共同属性和特有属性
- pack()、grid() 和 place() 三种布局方法，以及框架类控件在界面编程及窗体布局中的作用
- 图形界面编程的控件元素，如按钮、标签、输入框、文本框、单选按钮、复选框、列表框和组合框等可视化控件的功能，以及其属性设置、方法运用和事件编程
- 用户事件的响应和自定义函数的编程

10.1 Python GUI 编程概述

程序界面又称用户界面（User Interface，UI），是人与计算机交流与对话的接口。界面编程是程序设计非常重要的内容，一般有字符界面的控制台用户界面（Console User Interface，CUI）和图形化的用户界面（Graphical User Interface，GUI）。控制台界面通常用来快捷验证算法和与计算机进行简单的输入输出交互。图形界面为用户提供丰富的与计算机进行互动交流的窗口，大大降低了用户使用计算机及程序的门槛，通过简单的界面操作元素向程序发送命令，使用各种复杂功能的应用程序。

利用 Python 自带库或者第三方库编程，可有多种方法实现图形界面编程，下面介绍几种常见的库。

10.1.1 Tkinter GUI

Tkinter（Tk interface，Tk 接口）是 Tk 图形用户界面工具包标准的 Python 接口。Tkinter 作为 Python 的标准 GUI 库，支持跨平台的图形用户界面应用程序开发，包括 Windows、Linux、UNIX 和 Mac OS X 操作系统。

Tkinter 的突出优点是简单易用，与 Python 的结合度好，其作为 Python 自带的 GUI 库，无须进行额外的下载安装，只要导入 Tkinter 包即可使用，Python 自带的 IDEL 就是用它开发的。

Tkinter 适用于小型图形界面应用程序的快速开发，本章主要基于 Tkinter 介绍图形界面应用程序的开发流程。

10.1.2 其他 GUI 库简介

Python 还有许多第三方的 GUI 编程框架和编程库可以使用，如 pyGtk、PyQT、wxPython、Jython、IronPython 等。

（1）pyGtk。Gtk 是 Linux 下 Gnome 的核心 GUI 开发库，功能齐全。pyGtk 模块是

Gnome 项目的一部分，提供了用 Python 构建桌面应用程序的全面工具。

（2）PyQT。QT 是一种开源的 GUI 库，它的类库有 300 多个，函数有近 6000 个。QT 是一个多平台的工具包，可以运行在所有主要操作系统上，包括 UNIX、Windows 和 Mac，适合大型应用程序开发。

（3）wxPython。wxPython 是一套优秀的 GUI 图形库，并且具有非常优秀的跨平台能力，能够支持运行在 32/64 位 Windows 系统、绝大多数的 UNIX 或类 UNIX 系统、Macintosh OS X 系统下，适合大型应用程序开发。wxPython 模块是 wxWidgets 图形用户界面工具包标准的 Python 接口，其功能强于 Tkinter，设计的框架类似于 MFC（Microsoft Foundation Classes，微软基础类）。

（4）Jython。Jython 是 Python 语言在 Java 中的完全实现，故可以访问 Java 类库，使用 Java 的 Swing 技术构建图形用户界面程序。

（5）IronPython。IronPython 是一种基于 .NET 实现的 Python 语言，故可以访问 .NET 类库，使用 .NET 类库技术构建图形用户界面程序。

第三方库功能虽然强大，也适于开发大型应用程序，但是其也有不足之处。首先，需要自行下载集成开发包，有的还不止一个包，然后要配置环境变量，使其和 Python 源程序编辑器融合集成；其次，大多要在 GUI 完成后转化成 .py 文件，然后为界面元素编写驱动代码，有时候许多垃圾代码给程序阅读带来较大障碍。这两点导致其不适合初学者使用，而适合熟练的系统开发人员使用。因此，初学者使用 Python 内置 GUI 模块 Tkinter 最方便。

10.1.3 GUI 设计流程

图形界面编程需要建立基本的要素概念：对象、对象的属性、事件和方法。对象是类的实例化，即界面上对应的窗体及其上的控件。属性是指一个对象所具有的特征。事件是对象在受到外界刺激时做出的反应，因此需要事先编写事件响应函数，并且要绑定到某一事件上。一旦界面上发生了某个事件，操作系统会回调事件响应函数。方法是对象所具有的行为。

GUI 设计一般分两个步骤。第一步，画界面。创建主窗体对象，设置主窗体对象的属性，即其大小和外观。然后在窗体上放置需要的控件，并设置其属性，完成静态界面的设计，界面元素还无法响应外界刺激。第二步，驱动界面。为需要执行命令的控件编写事件响应函数，建立人机交互的机制。

下面我们以 Tkinter 库为例来具体介绍 GUI 设计的知识。

10.2 Tkinter 概述

10.2.1 Tkinter 模块的组成

Tkinter 模块由 _tkinter、tkinter 和 tkinter.constants 等部分组成。

_tkinter 是二进制扩展模块，包含 Tk 的底层接口，一般不直接由应用程序使用。它通常是共享库（或 DLL），但在某些情况下可能会与 Python 解释器静态链接。

除了 Tk 接口模块外，Tkinter 还包括许多 Python 模块。两个最重要的模块是 tkinter 模块和 tkinter.constants 模块。前者导入时，会自动导入后者。tkinter.constants 模块定义了很多常量。

10.2.2 使用 Tkinter 创建 GUI 程序的步骤

Tkinter 作为 Python 的标准 GUI 库，创建 GUI 程序十分方便，主要步骤如下：

（1）导入 Tkinter 模块。导入方法可以是以下 3 条语句之一：

```
import tkinter（导入tkinter模块）
import tkinter as tk（导入tkinter模块为tk）
from tkinter import *（导入tkinter的所有内容）
```

（2）建立主窗口。

```
root=tkinter.Tk()                #创建一个Tk主窗口组件root
```

（3）在主窗口中添加控件，如文本框、按钮等。使用对应控件的构造函数创建实例并设置其属性。

（4）调用控件的 pack()、grid()、place() 方法，通过几何布局管理器调整并显示其位置和大小。

（5）绑定事件处理程序响应用户操作（如单击按钮）引发的事件。

（6）进入事件循环，等待用户触发事件响应。代码如下：

```
root.mainiloop()          #调用mainiloop()方法，进入事件循环
```

使用 Tkinter 创建 GUI 程序的基本过程

10.2.3 Tkinter 的主窗口

Tkinter 的主窗口也称根窗体，是图形化应用程序的根容器，是 Tkinter 模块底层控件的实例。导入 Tkinter 模块后，调用 tkinter.Tk() 方法会创建一个根窗体对象。

1. 绘制最简单的界面

用 Tkinter 库绘制最简的界面，也就是画一个根窗体，分为以下 3 步：

（1）在 Python 程序中导入 Tkinter 模块。

（2）创建窗体对象。

（3）启动消息循环。

【例 10-1】最简单的 GUI 程序示例。

```
from tkinter import *
frm_main = Tk()
frm_main.mainloop()
```

运行结果如图 10-1 所示。

图 10-1 运行结果

2. 装饰界面

装饰界面就是设置窗体的大小、背景、图标、控制按钮、启动时所在位置等属性，使主窗体外观看起来更加美观。窗体常用属性见表 10-1。

表 10-1 窗体常用属性

属性	说明	举例
title(str)	窗口标题，str 表示参数类型为字符串	title(' 数据分析')
iconbitmap(str)	窗口左上角程序图标	iconbitmap(".\\pic\\SUN.ICO")
geometry(' 宽 x 高距左右边距上下边 ')	窗体的几何尺寸及在屏幕中的位置，其中 x 不能少，距左边用 + 右边用 -，距上边用 + 下边用 -	geometry('800x500+100+50')
resizable(b,b)	窗体尺寸的可变性，b 表示逻辑型	resizable(0,0)（高宽都不可变）

（1）geometry(widthxheight+x+y)。geometry() 用于设置窗体的大小，表示以像素为单位的宽度、高度以及窗体左上角的起始位置。width 为窗体的宽度，height 为窗体的高度。需要注意的是，参数 width 和 height 之间的 x 不是乘号，而是小写英文字母“x”；位置部分可以使用加号或者减号，加号表示距左边、距上边，减号表示距右边、距下边。例如“800x500-100-50”表示 800 像素 ×500 像素大小的窗体，其右下角位于离桌面的右下角向左 100 像素，向上 50 像素处。注意这个格式里不能有空格。当没有参数时，用此方法能返回当前窗体的尺寸及位置参数。

（2）resizable(b,b)。本属性用来设置窗体横向或纵向是否可变，两变量都为逻辑型，第一个变量为横向是否可变，第二个变量为纵向是否可变，b 有 3 个取值，分别为 True、False 和 None。如果两个参数都取 False，窗口无法缩放，右上角放大控制按钮失效。

（3）其他属性。可以通过窗体对象的 keys() 查看其他属性并设置，通过 print(frm_main.keys()) 列出字典的键。

```
['bd', 'borderwidth', 'class', 'menu', 'relief', 'screen', 'use', 'background', 'bg', 'colormap', 'container', 'cursor', 'height', 'highlightbackground', 'highlightcolor', 'highlightthickness', 'padx', 'pady', 'takefocus', 'visual', 'width']
```

【例 10-2】装饰主窗体示例。

对窗体进行标题、图标、背景图、尺寸、位置及大小可变性设置，代码如下：

```
import tkinter as tkfrom tkinter import *
import io
from PIL import Image, ImageTk      #图像库

#################创建窗体对象，设置标题和图标##########
frm_main=tk.Tk()
frm_main.title('数据分析')
frm_main.iconbitmap(".\\pic\\SUN.ICO")

######################预设窗口大小#####################
w_box = 800
h_box = 500

######################图像按指定尺寸拉伸################
def resize(image,x,y):
    w,h = image.size
    w1 = x
    h1 = y
    return image.resize((w1, h1))
###############装载背景图片，以一个PIL图像对象打开#####
pil_image = Image.open(".\\pic\\bj.gif") #
pil_image_resized=resize(pil_image,w_box,h_box)
tk_image = ImageTk.PhotoImage(pil_image_resized)
```

```
###################调整窗体位置和大小####################
screenwidth = frm_main.winfo_screenwidth()
screenheight =frm_main.winfo_screenheight()
center_str='%dx%d+%d+%d'% (w_box,h_box,(screenwidth-w_box)/2,(screenheight-h_box)/2)
frm_main.geometry(center_str)

#####################放置标签并显示背景图##################
label1 =Label(frm_main, image=tk_image, width=w_box, height=h_box)
label1.pack()

frm_main.resizable(0,0)    #大小不可变
```

运行该程序，设计的界面如图 10-2 所示。

图 10-2　装饰主窗体示例运行结果

10.3　窗体布局

窗体布局

窗体布局是指控制窗体容器中各控件之间的位置关系。Tkinter 提供了 pack()、grid() 和 place() 几种几何布局管理器和框架类控件来实现窗体布局。

10.3.1　pack() 方法

pack() 方法采用块的方式组织组件，根据组件创建生成的顺序将子组件添加到父组件中，第一个添加的组件在最上方，然后依次向下添加，通过设置选项可以控制子组件的位置等。采用 pack() 的代码量最少，故在快速生成界面设计中广泛采用。

调用子组件的方法 pack()，则该子组件在其父组件中采用 pack 布局。

```
pack(option=value, ...)
```

pack() 方法的参数见表 10-2。

表 10-2　pack() 方法的参数

参数	描述	取值
expand	设置控件是否展开。当值为“YES”时，side 选项无效。组件显示在父组件中心位置；若 fill 选项为“both”，则填充父组件的剩余空间	YES（自然数）、NO（0）（默认值为 NO 或 0）

续表

参数	描述	取值
fill	设置控件是否沿水平或者垂直方向填充。fill=X 表示沿水平方向填充，fill=Y 表示沿垂直方向填充，fill=BOTH 表示沿水平和垂直方向填充，fill=NONE 表示不填充	X、Y、BOTH 和 NONE
side	设置控件的对齐方式	LEFT、TOP、RIGHT、BOTTOM（默认为 TOP）
ipadx,ipady	设置 x、y 方向内部间隙（子控件之间的间隔），以像素为单位	非负浮点数（默认值为 0.0）
padx,pady	设置 x、y 方向外部间隙（与之并列的控件之间的间隔），以像素为单位	非负浮点数（默认值为 0.0）
anchor	锚选项，当可用空间大于所需的尺寸时，决定控件放于容器何处，有 8 个方向及中心共 9 种方式	N（北，代表上）、E（东，代表右）、S（南，代表下）、W（西，代表左）、NW（西北，代表左上）、NE（东北，代表右上）、SW（西南，代表左下）、SE（东南，代表右下）、CENTER（中，默认值）

【例 10-3】pack() 方法示例。

```
from tkinter import *
root = Tk()            #设置窗口标题
root.title('Pack布局')
for i in range(3):
    lab = Label(root, text="第%d个Label" % (i +1), bg='#eeeeee')
    lab.pack()         #调用pack进行布局
root.mainloop()        #启动主窗口的消息循环
```

该程序创建了一个窗口，然后使用循环创建了 3 个 Label，并对这 3 个 Label 使用了 pack() 方法进行默认的 pack 布局。运行该程序，可以看到如图 10-3 所示的界面。

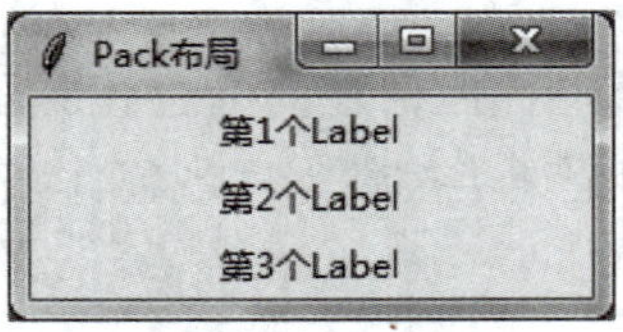

图 10-3 运行结果

10.3.2 grid() 方法

grid() 方法采用表格结构组织组件。子组件的位置由行 / 列确定的单元格决定。子组件可以跨越多行 / 列，每一列中，列宽由这一列中最宽的单元格确定。grid 布局适合表格形式的布局，可以实现复杂的界面，应用也很广泛。注意，grid() 方法和 pack() 方法不能混合使用。

调用子组件的方法 grid()，则该子组件在其父组件中采用 grid 布局。

```
grid(option=value, ...)
```

grid() 方法支持的 ipadx、ipady、padx、pady 与 pack() 方法的这些选项相同，除此之外，grid() 方法还额外增加了如表 10-3 所列的选项。

表 10-3　grid() 方法常用选项

选项	功能
column	指定将组件放入哪列，第一列的索引为 0
columnspan	指定组件横跨多少列
row	指定组件放入哪行，第一行的索引为 0
rowspan	指定组件横跨多少行
sticky	类似 pack() 方法的 anchor 选项，同样支持 N（北，代表上）、E（东，代表右）、S（南，代表下）、W（西，代表左）、NW（西北，代表左上）、NE（东北，代表右上）、SW（西南，代表左下）、SE（东南，代表右下）、CENTER（中，默认值）这些值

【例 10-4】使用 grid 布局来实现一个计算器界面。

程序代码如下：

```
from tkinter import *
class App:
    def __init__(self, master):
        self.master = master
        self.initWidgets()
    def initWidgets(self):
        #创建一个输入组件
        e = Entry(relief=SUNKEN, font=('Courier New', 24), width=25)
        #对该输入组件使用pack布局，放在容器顶部
        e.pack(side=TOP, pady=10,padx=5)
        p = Frame(self.master)
        p.pack(side=TOP)
        #定义字符串的元组
        names = ("0", "1", "2", "3", "4", "5", "6", "7", "8", "9", "+", "-", "*", "/", ".", "=")
        #遍历字符串元组
        for i in range(len(names)):
            #创建Button，将Button放入p组件中
            b = Button(p, text=names[i], font=('Verdana', 20), width=6)
            b.grid(row=i // 4, column=i % 4)
root = Tk()
root.title("Grid布局")
App(root)
root.mainloop()
```

该程序使用了两个布局管理器进行嵌套，先使用 pack 布局管理两个组件，分别是 Entry（输入组件）和 Frame（容器），这两个组件就会按照从上到下的方式排列。

接下来程序使用 grid 布局管理 Frame 容器中的 16 个按钮，分别将 16 个按钮放入不同的行、不同的列。运行上面的程序，可以看到如图 10-4 所示的界面。

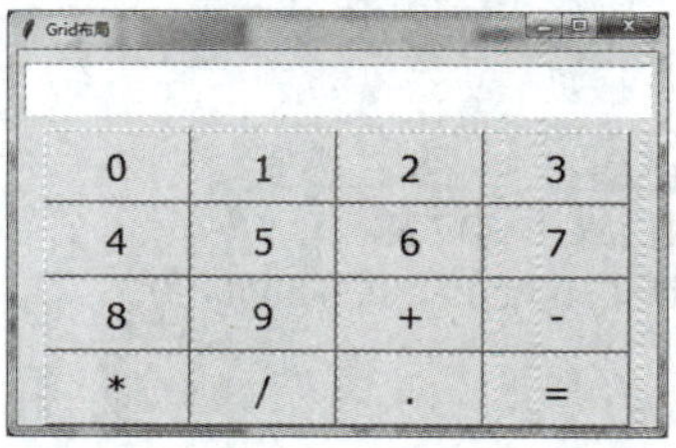

图 10-4　运行结果

10.3.3　place() 方法

place() 方法根据子控件在父容器中的绝对或者相对位置进行布局。place() 方法的优点

是可以精确控制组件的位置，不足之处是改变窗口大小时子组件不能随之灵活改变大小。

调用子组件的方法 place()，则该子组件在其父组件中采用 place 布局，形式如下：

```
place (option, ...)
```

place() 方法提供如表 10-4 所列的若干选项，可以直接给选项赋值或以字典变量加以修改。

表 10-4　place() 方法常用选项

选项	功能
x	指定组件的 x 坐标。x 为 0，代表位于最左边
y	指定组件的 y 坐标。y 为 0，代表位于最上边
relx	指定组件的 x 坐标，以父容器总宽度为单位，取值在 0.0 ～ 1.0 之间。其中，0.0 代表位于窗口最左边，1.0 代表位于窗口最右边，0.5 代表位于窗口中间
rely	指定组件的 y 坐标，以父容器总高度为单位，取值在 0.0 ～ 1.0 之间。其中，0.0 代表位于窗口最上边，1.0 代表位于窗口最下边，0.5 代表位于窗口中间
width	指定组件的宽度，以 pixel 为单位
height	指定组件的高度，以 pixel 为单位
relwidth	指定组件的宽度，以父容器总宽度为单位，取值在 0.0 ～ 1.0 之间。其中，1.0 代表整个窗口宽度，0.5 代表窗口的一半宽度
relheight	指定组件的高度，以父容器总高度为单位，取值在 0.0 ～ 1.0 之间。其中，1.0 代表整个窗口高度，0.5 代表窗口的一半高度
bordermode	该属性支持 inside 或 outside 属性值，用于指定当设置组件的宽度、高度时是否计算该组件的边框宽度

【例 10-5】place() 方法示例。

程序代码如下：

```
from tkinter import *
import random
class SelBook:
    def __init__(self, master):
        self.master = master
        self.initWidgets()
    def initWidgets(self):
        #定义字符串元组
        books = ('数学', '英语', '语文')
        bg_color=('red','green','blue')
        for i in range(len(books)):

            #创建Label，设置背景色和前景色
            lb = Label(root,
                text=books[i],
                bg = bg_color[i])
            #使用place()设置该Label的大小和位置
            lb.place(x = 20, y = 36 + i*36, width=180, height=30)
root = Tk()
root.title("Place布局")
#设置窗口的大小和位置
#width x height + x_offset + y_offset
root.geometry("250x250+50+50")
SelBook(root)
root.mainloop()
```

该示例在调用 place() 方法时设置了 x、y、width 和 height 这 4 个选项，控制各 Label 的位置和大小。

程序运行结果如图 10-5 所示。

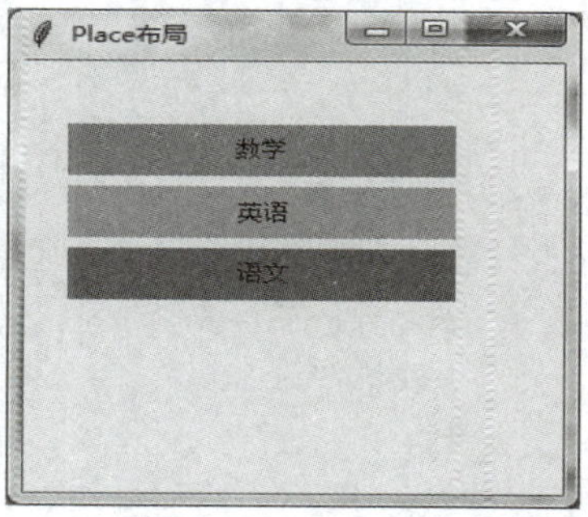

图 10-5 运行结果

10.3.4 框架类控件

框架类控件（Frame 和 LabelFrame）是在屏幕上创建一块矩形区域，可作为容器来布局其他控件，比如标签、按钮、输入框等都可以用框架来布局。框架类控件一般在布局很复杂的情况下使用，尤其是有很多控件需要使用的时候。

1. Frame

框架（Frame）是 Tkinter 组件之一，基本语法如下：

```
w =Frame ( master, option, ...)
```

master 为框架的父窗口，即主窗口；option 为可选项列表，即该框架的可设置属性。这些选项可以用键 - 值的形式设置，并以逗号分隔。具体的属性见表 10-5。

表 10-5 Frame 属性

属性	描述
bg	框架控件的背景颜色。默认是系统指定颜色
bd	框架控件的边框宽度。一般是 0 像素值，即无边框
class	给框架指定一个 class 名称
colormap	指定 colormap，一般使用在 256 色情况下
container	默认值是 False。如果为 True 则不能创建子控件
curser	当鼠标移动经过框架时显示的光标样式
height	设置框架的高度
highlightbackground	当框架失去焦点时边框的背景颜色
highlightthickness	当框架获得焦点时边框的高亮颜色
padx	在水平方向上的内边距
pady	在垂直方向上的内边距
relief	边框的美化效果。默认值是 flat，其他的可选项包括 sunken、raised、groove 和 ridge
visual	是否能够使用 Tab 键移动焦点到框架控件上
width	框架的宽度

【例 10-6】Frame() 示例。

```
import tkinter as tk
root=tk.Tk()
root.geometry('300x240')
b1 = tk.Frame(root,bg='blue',width=100,height=100,
        highlightbackground='red',
        highlightcolor='green',
        highlightthickness=5,takefocus=1)
b1.pack()
root.mainloop()
```

该程序运行结果如图 10-6 所示。

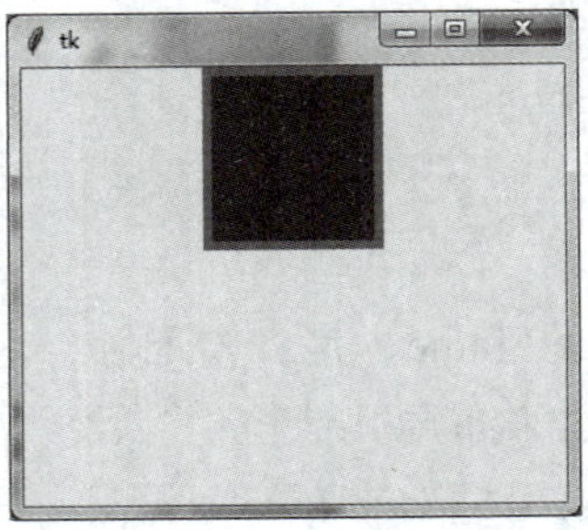

图 10-6 运行结果

2. LabelFrame

LabelFrame 是标签框架控件，比 Frame 框架控件多了一个标签，可以提示放置在框架内的子控件的用途。LabelFrame 可以方便地将一组相关的控件放在一起，起到分隔作用。LabelFrame 比 Frame 多了 5 个属性，都与标签有关，见表 10-6。

表 10-6 LabelFrame 新增的属性

属性	描述
text	设置标签中显示的文本
font	定义标签的字体
forground	定义标签的前景（文本）颜色
labelanchor	设置标签的位置
labelwidget	设置标签位置的控件。除了默认的标签外，还可以使用其他控件

【例 10-7】LabelFrame() 示例。

```
import tkinter as tk
master = tk.Tk()
group = tk.LabelFrame(master, text="职称", padx=5, pady=5)
group.pack(padx=10, pady=10)
v = tk.IntVar()
r1 = tk.Radiobutton(group, text="助教", variable=v, value=1).pack(anchor="w")
r2 = tk.Radiobutton(group, text="讲师", variable=v, value=2).pack(anchor="w")
r3 = tk.Radiobutton(group, text="副教授", variable=v, value=3).pack(anchor="w")
r4 = tk.Radiobutton(group, text="教授", variable=v, value=4).pack(anchor="w")
master.mainloop
```

该程序运行结果如图 10-7 所示。

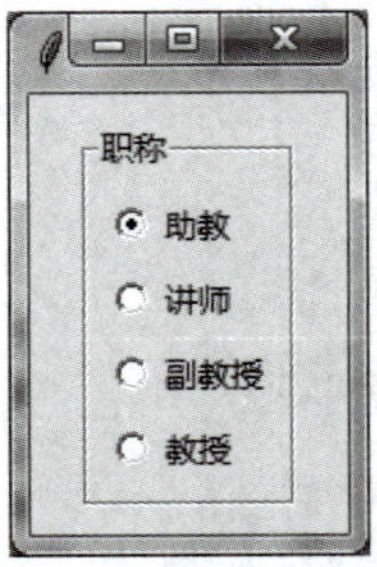

图 10-7 运行结果

10.4 常用控件

10.4.1 常用控件及其共同属性

1. 常用控件

Tkinter 中的常用控件见表 10-7。

表 10-7 Tkinter 中的常用控件

Tkinter 类	名称	简介
Toplevel	顶层	容器类，可用于为其他组件提供单独的容器，它有点类似于窗口
Button	按钮	代表按钮组件
Canvas	画布	提供绘图功能，包括绘制直线、矩形、椭圆、多边形、位图等
Checkbutton	复选框	可供用户勾选的复选框
Entry	单行输入框	用户可输入内容
Frame	框架	用于装载其他 GUI 组件
Label	标签	用于显示不可编辑的文本或图标
LabelFrame	标签框架	也是容器组件，类似于 Frame，但它支持添加标题
Listbox	列表框	列出多个选项，供用户选择
Menu	菜单	菜单组件
Menubutton	菜单按钮	用来包含菜单的按钮（包括下拉式、层叠式等）
OptionMenu	选项菜单	Menubutton 的子类，也代表菜单按钮，可通过按钮打开一个菜单
Message	消息框	类似于标签，但可以显示多行文本；后来当 Label 也能显示多行文本之后，该组件基本处于废弃状态
PanedWindow	分区窗口	该容器会被划分成多个区域，每添加一个组件占一个区域，用户可通过拖动分隔线来改变各区域的大小
Radiobutton	单选按钮	可供用户选择其一
Scale	滑动条	拖动滑块可设定起始值和结束值，可显示当前位置的精确值
Spinbox	微调选择器	用户可通过该组件的向上、向下箭头选择不同的值
Scrollbar	滚动条	用于为组件（文本域、画布、列表框、文本框）提供滚动功能
Text	多行文本框	显示多行文本

2. 控件的共同属性

窗体上呈现的可视化控件一般具有尺寸、颜色、字体、相对位置、浮雕样式、图标样式等共同属性。不同的控件由于其形状和功能不同，又具有其特有的属性。

常用控件的共同属性见表 10-8。

表 10-8 常用控件的共同属性

属性	说明
anchor	文本起始位置
bg	背景色
bd	加粗（默认 2 像素）
bitmap	黑白二值图标
cursor	鼠标悬停光标
font	字体
fg	前景色
height	高（文本控件的单位是行，不是像素）
image	显示图像
justify	多行文本的对齐方式
padx	水平扩展像素
pady	垂直扩展像素
relief	浮雕样式
state	控件实例状态是否可用
width	宽（文本控件的单位是行，不是像素）

10.4.2 文本输入 / 输出相关控件

文本输入 / 输出相关控件主要有标签（Label）、输入框（Entry）和文本框（Text）。它们除了具有前述的共同属性外，还具有一些特有的属性和功能。

1. 标签（Label）

标签（Label）主要用于显示文本信息，可以对一些没有标题的控件进行说明，也可以用于显示程序运行中的提示信息，用 Label() 方法创建。

【例 10-8】 标签（Label）示例。

```
import tkinter as tk
root = tk.Tk()
w = tk.Label(root,text="Hello!",height=8,width=6)  #创建Label对象
w.pack()
root.mainloop()
```

该程序运行结果如图 10-8 所示。

图 10-8 运行结果

2. 文本框（Text）

文本框（Text）主要用于显示和编辑多行文本，用 Tkinter 的 Text() 方法创建。文本框的常用方法见表 10-9。

表 10-9 文本框（Text）的常用方法

方法	功能
delete(first,[last=None])	删除指定区域的文本
get(first,[last=None])	获取指定区域的文本
icursor(index)	将光标移动到指定索引位置，只有当文本框获取焦点后成立
insert(index,s)	将字符串 s 插入指定位置
index(index)	返回指定的索引值
select_adjust(index)	选中指定索引和光标所在位置之前的值
select_clear()	清空文本框
select_from(index)	设置光标的位置，通过索引值 index 来设置
select_present()	如果有选中，返回 True，否则返回 False
select_range(startend)	选中指定索引位置的值，start（包含）为开始位置，end（不包含）为结束位置，start 必须比 end 小
select_to(index)	选中指定索引与光标之间的值

【例 10-9】文本框（Text）示例。

```
import tkinter as tk
root = tk.Tk()
root.title("文本框示例")                    #设置窗体标题
root.geometry("400x300")                  #设置窗体大小
t=tk.Text(root,width=30,height=20)        #创建文本框对象t
t.insert('1.0','This is an example.\n')    #插入文本框内容
t.pack()
root.mainloop()
```

运行该程序，结果如图 10-9 所示。

图 10-9 运行结果

3. 输入框（Entry）

输入框（Entry）用来让用户输入一行文本字符串，功能较单一，用 Entry() 方法创建。其比较常用的方法是取值方法 get() 和删除方法 delete()。如果需要输入多行文本，可以使用 Text 组件；如果需要显示一行或多行文本且不允许用户修改，可以使用 Label 组件。

10.4.3 按钮

按钮（Button）主要用于响应鼠标单击事件，用 Tkinter 的 Button() 方法创建。除了控

件共同的属性外，按钮最重要的属性是 command。

一般将按钮要触发执行的程序以函数形式预定义，再通过以下两种方式调用：

- 直接调用函数。参数表达式为“command= 函数名”，注意函数名后不能加括号，也不能传递参数。
- 使用匿名函数 lambda 调用函数和传递参数。参数表达式为“command = lambda: 函数名 (参数列表)”。

【例 10-10】按钮（Button）示例。

```
import tkinter as tk
root = tk.Tk()
root.title("按钮示例")                        #设置窗体标题
root.geometry("400x300")                     #设置窗体大小
s=tk.Text(root,width=30,height=20)           #创建文本框对象s
s.pack()
def hello():
    s.insert('1.0','hello\n')
t=tk.Button(root,text='单击',command=hello)          #创建按钮对象t，并调用
t.pack()
root.mainloop()
```

单击“单击”按钮，在文本框中显示“hello”，运行结果如图 10-10 所示。

图 10-10　运行结果

10.4.4　单选按钮和复选框

1. 单选按钮（Radiobutton）

单选按钮（Radiobutton）一般成组列在窗体上，供用户选择，选项之间是互斥的，用 Tkinter 的 Radiobutton() 方法创建。每个单选按钮由一个圆形框和标题文本组成。圆形框空白表明该选项未被选中，圆形框有黑点表明该选项被选中。同一组单选按钮中，最多只有一个被选中。

单选按钮控件除了具有控件的共同属性外，还具有显示文本（Text）、返回变量（variable）、返回值（value）和响应函数名（command）等重要属性。

【例 10-11】单选按钮（Radiobutton）示例。

例 10-11 单选按钮示例

```
import tkinter
def Mysel():
    dic={0:'物理',1:'化学',2:'生物'}
    s = "您选择的科目是：" + dic.get(var.get())
    lb.config(text = s)
root = tkinter.Tk()
root.title("单选按钮示例")                    #设置窗体标题
```

```
root.geometry("300x200")                    #设置窗体大小
######################下面依次建立单选按钮对象######################
var = tkinter.IntVar()
rd1 = tkinter.Radiobutton(root, text="物理", variable=var,value=0,command=Mysel)
rd1.pack()
rd2 = tkinter.Radiobutton(root, text="化学", variable=var,value=1,command=Mysel)
rd2.pack()
rd3 = tkinter.Radiobutton(root, text="生物", variable=var,value=2,command=Mysel)
rd3.pack()
lb = tkinter.Label(root)
lb.pack()
root.mainloop()
```

该程序依次建立几个单选按钮。单击按钮“生物”，运行结果如图 10-11 所示。

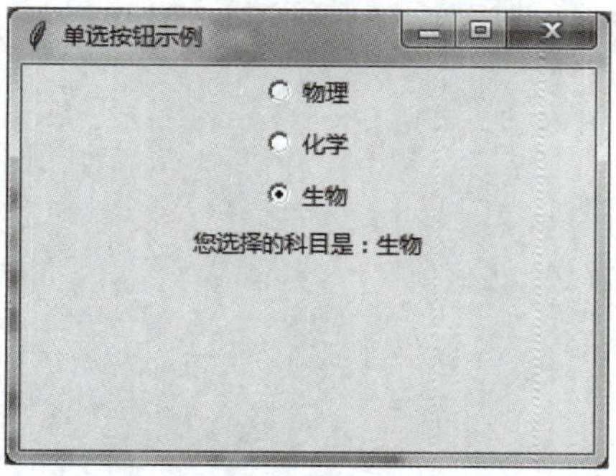

图 10-11　运行结果

如果将所有选项放在列表中，采用 for 循环结构遍历列表来创建单选按钮对象，则可以不用设置单选按钮对象的名称。如果想增减项目，只需通过增减列表中的元素即可实现。使用这种方法，程序将更加简洁，代码如下：

```
import tkinter
ls=['物理','化学','生物']
def Mysel():
    s = "您选择的科目是：" + ls[var.get()]
    lb.config(text = s)
root = tkinter.Tk()
root.title("单选按钮示例")                  #设置窗体标题
root.geometry("300x200")                    #设置窗体大小
var = tkinter.IntVar()
for i in range(len(ls)):
    tkinter.Radiobutton(root, text=ls[i], variable = var, value = i, command =Mysel).
    pack()
lb = tkinter.Label(root)
lb.pack()
root.mainloop()
```

2. 复选框（Checkbutton）

复选框（Checkbutton）也一般成组出现在窗体上，供用户选择，用户可以选择多个选项，用 Tkinter 的 Checkbutton() 方法创建。复选框由一个个小方框后接一串字符组成。如果方框中有“√”，表明这个选项被选中；如果方框为空白，表明该选项未被选中。

复选框一般不直接触发函数的执行。该控件除了具有控件的共同属性外，还具有显示文本（Text）、返回变量（variable）、选中返回值（onvalue）和未选中默认返回值（offvalue）等重要属性。

【例 10-12】复选框（Checkbutton）示例。

```
import tkinter as tk
root = tk.Tk()
root.title("复选框示例")                    #设置窗体标题
root.geometry("300x200")                   #设置窗体大小

ls=['唱歌','跳舞','绘画','旅游']
def fav():
    s=''
    for i in range(len(ls)):
        if var[i].get():    #var[i].get()返回该项是否被选的布尔值
            s+=ls[i]
    if s=='':
        s="您没有选择任何爱好项目"
    else:
        s="您选择了" +s
    lb2.config(text = s)

lb1=tk.Label(root,text='请选择您的爱好项目：')
lb1.pack()
var=[]
for i in range(len(ls)):
    var.append(tkinter.IntVar())
    ch=tk.Checkbutton(root, text =ls[i], variable = var[-1])
    ch.pack()

ckbn=tk.Button(root,text="确定",command=fav)
ckbn.pack()
lb2=tk.Label(root,text='')
lb2.pack()
root.mainloop()
```

该例用循环结构动态建立复选框对象，通过获取或者改变复选框对象的状态列表来显示或者修改复选框的状态。选择或者不选择选项值，单击“确定”按钮，程序的运行结果如图 10-12 所示。

（a）选择选项值　　（b）不选择选项值

图 10-12　运行结果

单选按钮和复选框经常与标签框架（LabelFrame）结合使用，根据实际情况进行分组，使窗体界面看上去条理更清晰。具体使用可参照前面标签框架（LabelFrame）的内容。

10.4.5 列表框和组合框

1. 列表框（Listbox）

列表框（Listbox）包含一个或多个文本项，供用户选择，用 Tkinter 的 Listbox () 方法创建。列表框除了具有控件的共同属性外，常用的属性见表 10-10。

表 10-10 列表框常用的属性

属性	说明
listvariable	设置 listvariable 属性
selectbackground	选中条目的背景颜色
selectborderwidth	选中的条目，会用一个虚线的矩形框住。此参数定义矩形边框的宽度，默认值是 1
selectforeground	选中条目的文本颜色
selectmode	设置列表框条目的选择模式。MULTIPLE 为多选；BROWSE 指通过鼠标的移动选择，一次只能选一行；SINGLE 指只能选一行，鼠标不能拖动选择；EXTENDED 为 Shift 和 Ctrl 配合使用
xscrollcommand	与滚动条组件相关联（水平方向）
yscrollcommand	与滚动条组件相关联（垂直方向）

列表框常用的方法见表 10-11。

表 10-11 列表框常用的方法

方法	说明
activate(index)	选中 index 代表的行
curselection()	返回当前被选中的元组，可以返回多个被选中的条目
delete(first,last=None)	删除条目，可以是 1 个或多个，如 listbox.delete(3,4)、(0,END)（删除全部） first 为要删除条目的起始索引，last 为要删除条目的结束索引。如果没有设定，只删除 first 指定的索引条目
get(first,last=None)	获得 1 个或多个条目。具体的参数参考 delete(first,last=none)。该函数返回一个字符串列表
index(index)	返回 index 指定的索引值。index 可以是 ACTIVE，也可以是 ANCHOR，还可以是坐标值
insert(index, *elements)	追加项值，index 为添加项值的位置，可以添加 1 个或多个项值
selection_clear(first,last= None) select_clear(first,last=None)	取消选中，比如 listbox.select_clear(0,1)。参数 first、last 的解释参照函数 delete(first,last)
selection_includes(index) select_includes(index)	检查 index 指定的项目是否被选中
selection_set(first,last= None) select_set(first,last=None)	添加 1 个或多个项目到被选中集合

【例 10-13】列表框（Listbox）示例。

```
import tkinter as tk
root = tk.Tk()
root.title("列表框示例")
root.geometry("300x300")
```

```
lb1 = tk.Listbox(root)                              #创建一个空列表
lb1.pack()
for item in ["语文", "数学", "英语", "政治"]:          #往列表里添加数据
    lb1.insert("end", item)
root.mainloop()
```

本例创建了一个列表框，用列表的方法添加了数据，运行结果如图 10-13 所示。

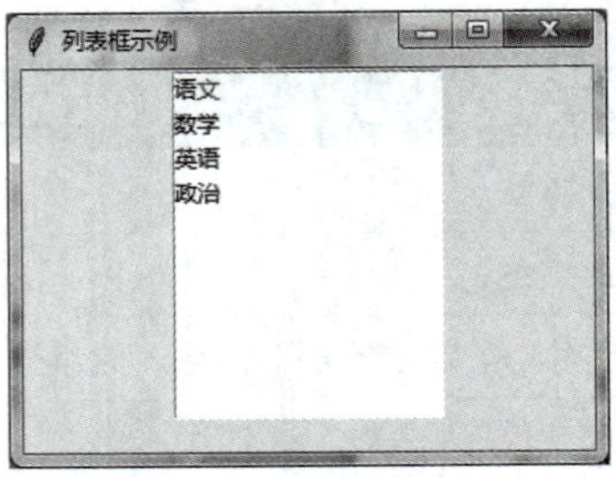

图 10-13　运行结果

本例无法实现列表数据的添加、删除等功能。如果想增加这些功能，可以增加两个按钮，单击时分别实现“添加”和“删除”；增加一个输入框对象，将输入的内容添加进列表框。为了方便控件布局，使界面更加整齐美观，程序可采用 palce() 方法实现精确布局。

【例 10-14】例 10-13 列表框示例的修改。

例 10-14 列表框示例的修改

程序代码如下：

```
import tkinter as tk
root = tk.Tk()
root.title("列表框示例修改")
root.geometry("300x300")

entry=tk.Entry(root)
entry.place(x=100,y=30,width=100,height=30)
def add():    #添加
    if entry.get()!='':
        if lb1.curselection()==():
            lb1.insert(lb1.size(),entry.get())
        else:
            lb1.insert(lb1.curselection(),entry.get())

#创建一个空列表
lb1 = tk.Listbox(root)
lb1.place(x=100,y=80,width=100,height=150)
#往列表里添加数据
for item in ["语文", "数学", "英语", "政治"]:
    lb1.insert("end", item)
# “删除” 按钮
dlButton = tk.Button(root, text="删除", command=lambda x=lb1: x.delete("active"))
dlButton.place(x=100,y=250,width=40,height=30)
# “添加” 按钮
isButton=tk.Button(root,text="添加",command=add)
isButton.place(x=160,y=250,width=40,height=30)

root.mainloop()
```

运行该程序，初始结果如图 10-14 所示。

因为程序是交互式的，如果想删除“数学”，可选择“数学”项，单击“删除”按钮，

运行结果如图 10-15 所示。

如果想再添加“物理”，在输入框中输入“物理”后单击“添加”按钮，运行结果如图 10-16 所示。

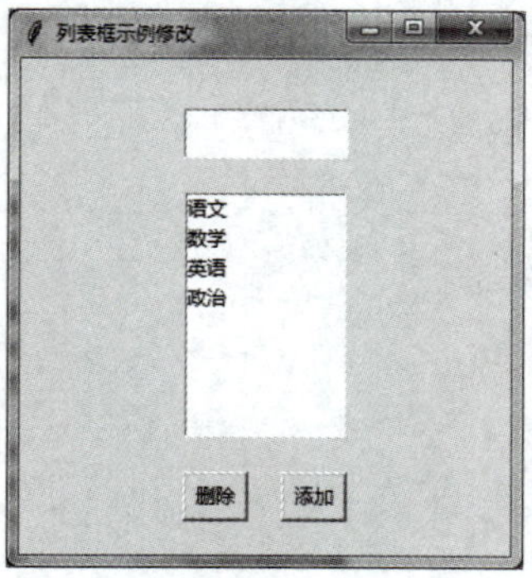

图 10-14 运行的初始结果

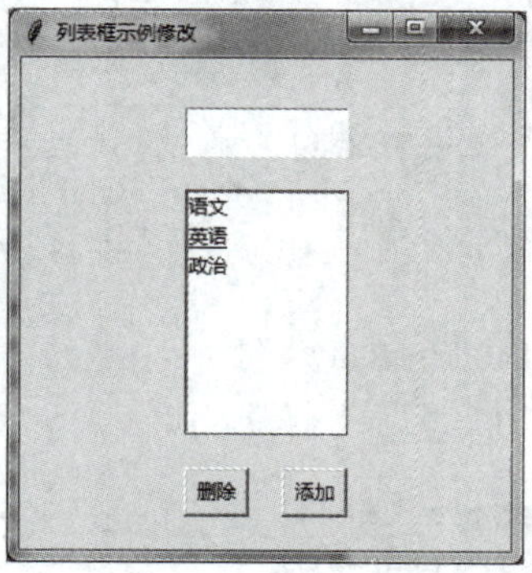

图 10-15 删除“数学”项的运行结果

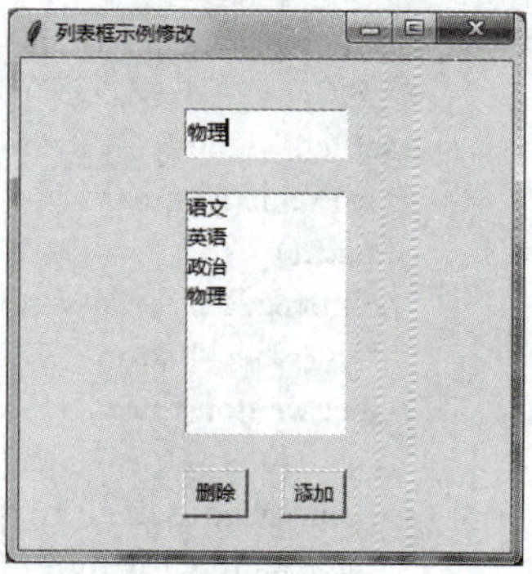

图 10-16 添加“物理”项的运行结果

2. 组合框

组合框（Combobox）可以看成是文本框与列表框的结合体，可供用户单选或者多选，形成人机交互，应用也很广泛。但是，组合框控件并不在 Tkinter 模块中，而是在 Tkinter 的子模块 ttk 中。使用时，应先用 import tkinter.ttk 语句导入 ttk 模块，再创建组合框实例。其语法如下：

```
实例名=tkinter.ttk.Combobox (根对象,[属性列表])
```

组合框控件除了具有常用控件的共同属性外，还有以下两个比较常用的属性：

- state 属性。该属性支持 readonly 状态，该状态代表 Combobox 的文本框不允许编辑，只能通过下拉列表框的列表项来改变。
- textvariable 属性。通过此选项将组合框与指定变量绑定，这样程序可通过该变量来获取或修改 Combobox 组件的值。

组合框常用的方法见表 10-12。

表 10-12 组合框常用的方法

方法	说明
get	返回指定索引的项值，如 listbox.get(1)；返回多个项值，返回元组，如 listbox.get(0,2)；返回当前选中项的索引 listbox.curselection()
values	设定下拉列表的内容。如 data=["a", "b", "c"], cbx["values"]=data
current(i)	指定下拉列表生成时显示列表值，i=index。如 current(2)，显示列表中的第三个值

【例 10-15】组合框使用（Combobox）示例。

```
from tkinter import *
# 导入ttk
from tkinter import ttk
class App:
  def __init__(self, master):
    self.master = master
    self.initWidgets()
  def initWidgets(self):
```

```
        self.strVar = StringVar()
        #创建Combobox组件
        self.cb = ttk.Combobox(self.master,
            textvariable=self.strVar,  #绑定到self.strVar变量
            postcommand=self.choose) #用户单击下拉箭头时触发self.choose方法
        self.cb.pack(side=TOP)
        #为Combobox配置多个选项
        self.cb['values'] = ['Python', 'C', 'C++', 'Java']
        f = Frame(self.master)
        f.pack()
        self.isreadonly = IntVar()
        #创建Checkbutton，绑定到self.isreadonly变量
        Checkbutton(f, text = '是否只读:',
            variable=self.isreadonly,
            command=self.change).pack(side=LEFT)
        #创建Button，单击该按钮激发setvalue方法
        Button(f, text = '绑定变量设置',
            command=self.setvalue).pack(side=LEFT)
    def choose(self):
        from tkinter import messagebox
        #获取Combbox的当前值
        messagebox.showinfo(title=None, message=str(self.cb.get()))
    def change(self):
        self.cb['state'] = 'readonly' if self.isreadonly.get() else 'enable'
    def setvalue(self):
        self.strVar.set('我选择Python')
root = Tk()
root.title("Combobox示例")

App(root)
root.mainloop()
```

运行该程序，结果如图 10-17 所示。

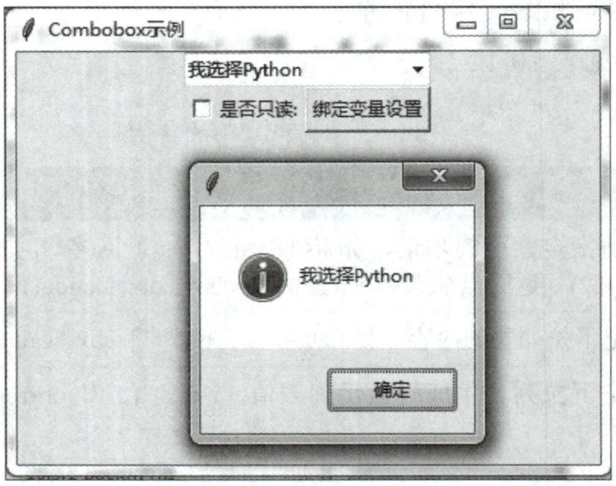

图 10-17 运行结果

10.4.6 滑块

滑块（Scale）是一种用户通过拖动滑块改变变量值的控件。滑块控件可以设置最大最小值以确定取值范围，也可以改变放置方式，使其水平或竖直放置。其主要属性见表 10-13。

表 10-13 滑块的主要属性

属性	说明
from_	设置起始值
to	设置终止值
resolution	设置该 Scale 滑动时的步长
label	为 Scale 组件设置标签内容
length	设置轨道的长度，默认值 100 像素
width	设置轨道的宽度，默认值 15 像素
troughcolor	设置轨道的背景色
tickinterval	显示刻度并定义刻度的粒度
sliderlength	滑块宽度，默认值 30 像素
sliderrelief	设置滑块的立体样式
showvalue	设置是否显示当前值
orient	设置方向，支持 VERTICAL 和 HORIZONTAL 两个值
digits	设置有效数字至少要有几位
variable	用于与变量进行绑定
command	用于为该 Scale 组件绑定事件处理函数或方法

注意，设置滑块的起始值对应的属性是“from_”，from 后有一个下划线，主要是为了和 Python 的关键字“from”进行区分。

滑块控件的主要方法是 get() 和 set()，分别是取值和将滑块设在某个特定值上。

【例 10-16】滑块（Scale）示例。

```
from tkinter import *
# 导入ttk
from tkinter import ttk
class App:
  def __init__(self, master):
    self.master = master
    self.initWidgets()
  def initWidgets(self):
    self.scale = Scale(self.master,
      from_ = -100,                  #设置起始值
      to = 100,                      #设置终止值
      resolution = 5,                #设置步长
      label = '示范Sacle',            #设置标签内容
      length = 400,                  #设置轨道的长度
      width = 30,                    #设置轨道的宽度
      troughcolor='lightblue',       #设置轨道的背景色
      sliderlength=20,               #设置滑块的长度
      sliderrelief=SUNKEN,           #设置滑块的立体样式
      showvalue=YES,                 #设置显示当前值
      orient = HORIZONTAL            #设置水平方向
      )
    self.scale.pack()
    #创建一个Frame作为容器
    f = Frame(self.master)
    f.pack(fill=X, expand=YES, padx=10)
```

```
        Label(f, text='是否显示值：').pack(side=LEFT)
        i = 0
        self.showVar = IntVar()
        self.showVar.set(1)
        #创建两个Radiobutton控制Scale是否显示值
        for s in ('不显示', '显示'):
            Radiobutton(f, text=s, value=i,variable=self.showVar,
            command=self.switch_show).pack(side=LEFT)
            i += 1
        #创建一个Frame作为容器
        f = Frame(self.master)
        f.pack(fill=X, expand=YES, padx=10)
        Label(f, text='方向:').pack(side=LEFT)
        i = 0
        self.orientVar = IntVar()
        self.orientVar.set(0)
        #创建两个Radiobutton控制Scale的方向
        for s in ('水平', '垂直'):
            Radiobutton(f, text=s, value=i,variable=self.orientVar,
            command=self.switch_orient).pack(side=LEFT)
            i += 1
    def switch_show(self):
        self.scale['showvalue'] = self.showVar.get()
    def switch_orient(self):
        #根据单选按钮的选择设置orient选项的值
        self.scale['orient'] = VERTICAL if self.orientVar.get() else HORIZONTAL
root = Tk()
root.title("Scale示例")
App(root)
root.mainloop()
```

该程序创建了 Scale 组件并为其指定了前面所介绍的属性。此外，程序还根据单选按钮的选中状态来设置 Scale 组件的 showvalue 选项，用于控制该 Scale 组件是否显示当前值。此程序会根据单选按钮的选中状态设置 Scale 是水平的还是垂直的（根据 orient 选项进行设置）。

运行上面的程序，如果将 Scale 组件默认显示为水平滑动条，则结果如图 10-18 所示。

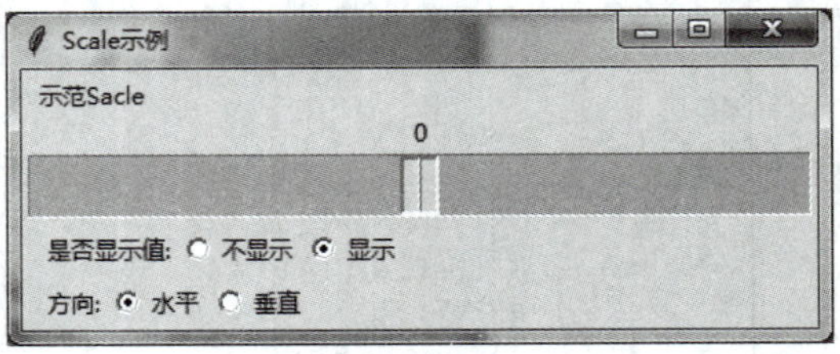

图 10-18　运行结果

10.4.7　对话框

对话框用于和用户交互和检索信息。Tkinter 模块中的子模块 messagebox、simpledialog、filedialog 和 colordialog 包括一些通用的预定义对话框；用户也可以通过继承 TopLevel 创建自定义的对话框。

1. 消息对话框（messagebox）

消息对话框（messagebox）用于在 Python 应用程序中显示消息框，用语句 import tkinter.messagebox 导入。使用消息框的语法如下：

```
messagebox.function_name(title, message [, options])
```

function_name 表示代表适当的消息框功能，title 为消息框的标题，message 为要在消息框中显示的信息，options 表示有多种选项可用于配置消息对话框。可以使用的两个选项是 default 和 parent。default 选项用于提及默认按钮的类型，即消息框中的 ABORT、RETRY 或 IGNORE；parent 选项指定在其上方将显示消息框的父窗口。

消息对话框常用的方法见表 10-14。

表 10-14　消息对话框常用的方法

方法	功能	效果
showinfo()	显示一些相关信息	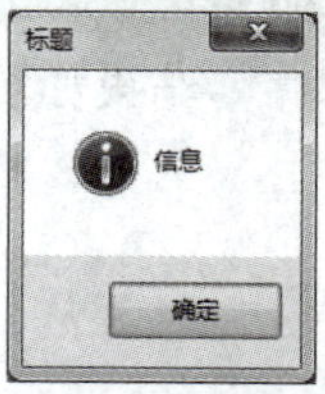
showwarning()	显示警告	
showerror()	显示错误消息	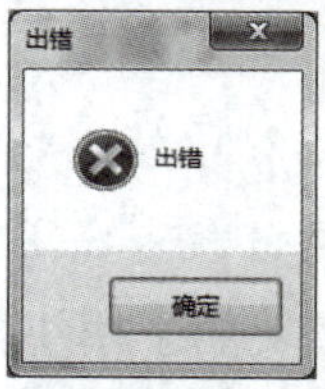
askquestion()	向用户提出一些问题，可以单击“是”或“否”按钮回答	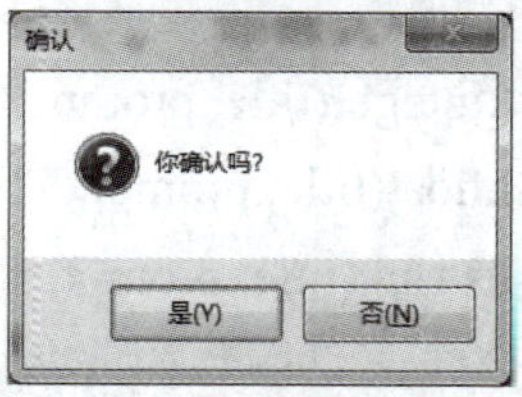
askokcancel()	用于确认用户对某些应用程序活动的操作	
askyesno()	用于询问用户可以回答“是”或“否”的某些操作	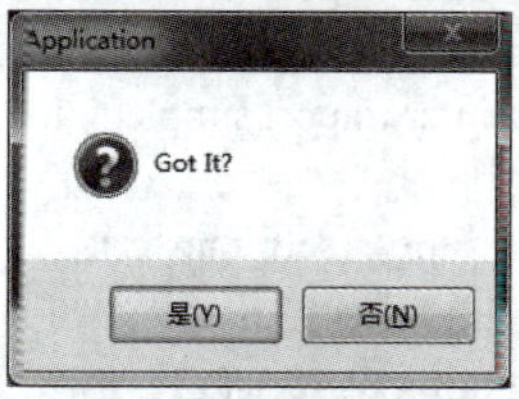
askretrycancel()	询问用户是否再次执行特定任务	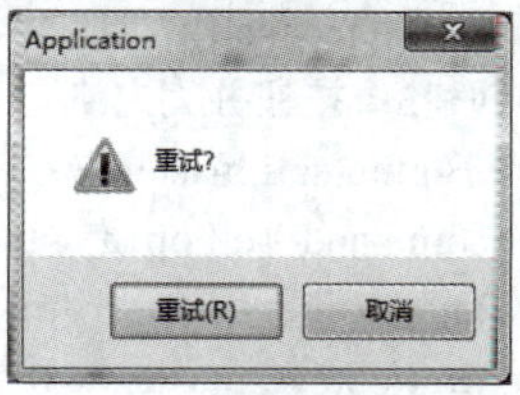

【例 10-17】消息框（messagebox）示例。

```
import tkinter
import tkinter.messagebox
def but():
  a=tkinter.messagebox.askokcancel('提示', '要执行此操作吗')
  print (a)
root=tkinter.Tk()
root.title('消息框示例')            #标题
root.geometry('300x300')            #窗体大小
root.resizable(False, False)        #固定窗体
tkinter.Button(root, text='删除该文件',command=but).pack()
root.mainloop()
```

运行该程序，结果如图 10-19 所示。

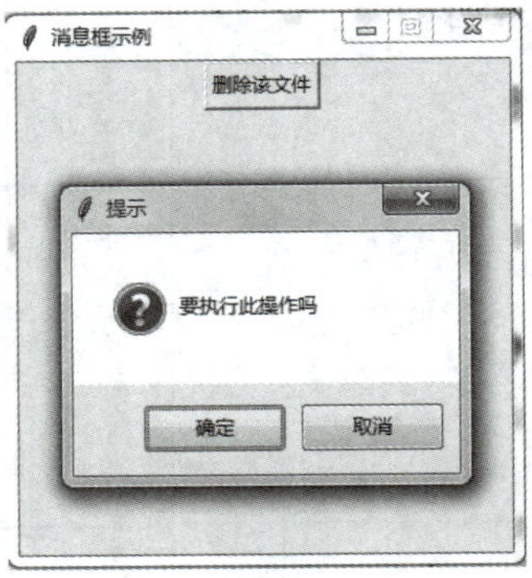

图 10-19 运行结果

2. 简单对话框（simpledialog）

Tkinter 模块的子模块 simpledialog 还提供以下便捷的工具函数，可以更方便地生成各种输入对话框：

- askinteger(title, prompt, **kw)：生成一个让用户输入整数的对话框。
- askfloat(title, prompt, **kw)：生成一个让用户输入浮点数的对话框。
- askstring(title, prompt, **kw)：生成一个让用户输入字符串的对话框。

上面 3 个工具函数的前两个参数分别指定对话框的标题和提示信息，后面还可以通过选项来设置对话框的初始值、最大值和最小值。

【例 10-18】简单对话框（simpledialog）示例。

```
from tkinter import *
#导入ttk
from tkinter import ttk
#导入simpledialog
from tkinter import simpledialog
class App:
    def __init__(self, master):
        self.master = master
        self.initWidgets()
    def initWidgets(self):
        #创建3个按钮并为之绑定事件处理函数
        ttk.Button(self.master, text='输入整数对话框',
            command=self.open_integer    #绑定open_integer方法
            ).pack(side=LEFT, ipadx=5, ipady=5, padx= 10)
        ttk.Button(self.master, text='输入浮点数对话框',
```

```
            command=self.open_float              #绑定open_integer方法
            ).pack(side=LEFT, ipadx=5, ipady=5, padx= 10)
        ttk.Button(self.master, text='输入字符串对话框',
            command=self.open_string             #绑定open_integer方法
            ).pack(side=LEFT, ipadx=5, ipady=5, padx= 10)
    def open_integer(self):
        #调用askinteger函数生成一个让用户输入整数的对话框
        print(simpledialog.askinteger("输入年龄", "请输入你的年龄：",
            initialvalue=30, minvalue=1, maxvalue=100))
    def open_float(self):
        #调用askfloat函数生成一个让用户输入浮点数的对话框
        print(simpledialog.askfloat("输入体重", "请输入你的体重：",
            initialvalue=52.3, minvalue=10, maxvalue=100))
    def open_string(self):
        #调用askstring函数生成一个让用户输入字符串的对话框
        print(simpledialog.askstring("输入", "请输入你的姓名",
            initialvalue='张三'))
root = Tk()
root.title("输入对话框测试")
App(root)
root.mainloop()
```

运行该程序，主窗口中出现 3 个按钮，单击不同的按钮分别弹出不同的对话框。如单击“输入字符串对话框”按钮，运行结果如图 10-20 所示。

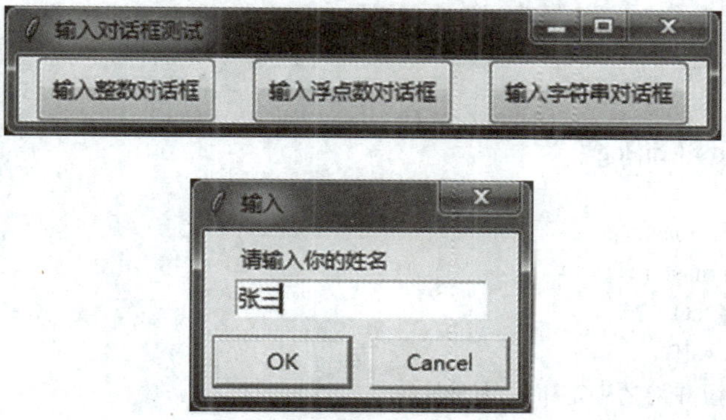

图 10-20 运行结果

3. 文件对话框（filedialog）

Tkinter 模块的子模块 filedialog 提供了各种用于生成文件对话框的工具函数，见表 10-15。这些工具函数有些返回用户所选择文件的路径，有些直接返回用户所选择文件的输入 / 输出流。

表 10-15 filedialog 的常用函数

函数	说明
askopenfile()	生成打开单个文件的对话框，返回所选择文件的文件流
askopenfiles()	生成打开多个文件的对话框，返回多个所选择文件的文件流组成的列表
askopenfilename()	生成打开单个文件的对话框，返回所选择文件的文件路径
askopenfilenames()	生成打开多个文件的对话框，返回多个所选择文件的文件路径组成的元组

续表

函数	说明
asksaveasfile()	生成保存文件的对话框，返回所选择文件的文件输出流
asksaveasfilename()	生成保存文件的对话框，返回所选择文件的文件路径
askdirectory()	生成打开目录的对话框

以上文件对话框的工具函数支持的选项见表 10-16。

表 10-16　文件对话框的工具函数支持的选项

选项	说明
defaultextension	指定默认扩展名。当用户没有输入扩展名时系统会默认添加该选项指定的扩展名
filetypes	在该文件对话框中能查看的文件类型
initialdir	指定初始打开的目录
initialfile	指定所选择的文件
parent	该对话框的属主窗口
title	对话框的标题
multiple	是否允许多选

【例 10-19】文件对话框（filedialog）示例。

```
from tkinter import *
#导入ttk
from tkinter import ttk
#导入filedialog
from tkinter import filedialog
class App:
    def __init__(self, master):
        self.master = master
        self.initWidgets()
    def initWidgets(self):
        #创建7个按钮并为之绑定事件处理函数
        ttk.Button(self.master, text='打开单个文件',
            command=self.open_file).pack(side=LEFT, ipadx=5, ipady=5, padx= 10)
        ttk.Button(self.master, text='打开多个文件',
            command=self.open_files).pack(side=LEFT, ipadx=5, ipady=5, padx= 10)
        ttk.Button(self.master, text='获取单个打开文件的文件名',
            command=self.open_filename ).pack(side=LEFT, ipadx=5, ipady=5, padx= 10)
        ttk.Button(self.master, text='获取多个打开文件的文件名',
            command=self.open_filenames).pack(side=LEFT, ipadx=5, ipady=5, padx= 10)
        ttk.Button(self.master, text='获取保存文件',
            command=self.save_file).pack(side=LEFT, ipadx=5, ipady=5, padx= 10)
        ttk.Button(self.master, text='获取保存文件的文件名',
            command=self.save_filename).pack(side=LEFT, ipadx=5, ipady=5, padx= 10)
        ttk.Button(self.master, text='打开路径',
            command=self.open_dir).pack(side=LEFT, ipadx=5, ipady=5, padx= 10)
    def open_file(self):
        #调用askopenfile方法获取单个打开的文件
        print(filedialog.askopenfile(title='打开单个文件',
```

```
                filetypes=[("文本文件", "*.txt"), ('Python源文件', '*.py')],
                initialdir='e:/'))    #初始目录
    def open_files(self):
        #调用askopenfile方法获取多个打开的文件
        print(filedialog.askopenfiles(title='打开多个文件',
                filetypes=[("文本文件", "*.txt"), ('Python源文件', '*.py')],
                initialdir='e:/'))    #初始目录
    def open_filename(self):
        #调用askopenfilename方法获取单个文件的文件名
        print(filedialog.askopenfilename(title='打开单个文件',
                filetypes=[("文本文件", "*.txt"), ('Python源文件', '*.py')],
                initialdir='g:/'))
    def open_filenames(self):
        #调用askopenfilenames方法获取多个文件的文件名
        print(filedialog.askopenfilenames(title='打开多个文件',
                filetypes=[("文本文件", "*.txt"), ('Python源文件', '*.py')],
                initialdir='e:/'))
    def save_file(self):
        #调用asksaveasfile方法保存文件
        print(filedialog.asksaveasfile(title='保存文件',
                filetypes=[("文本文件", "*.txt"), ('Python源文件', '*.py')],
                initialdir='e:/'))
    def save_filename(self):
        #调用asksaveasfilename方法获取保存文件的文件名
        print(filedialog.asksaveasfilename(title='保存文件',
                filetypes=[("文本文件", "*.txt"), ('Python源文件', '*.py')],
                initialdir='e:/'))
    def open_dir(self):
        #调用askdirectory方法打开目录
        print(filedialog.askdirectory(title='打开目录', initialdir='e:/'))
root = Tk()
root.title("文件对话框测试")
App(root)
root.mainloop()
```

该程序创建了 7 个按钮并为之绑定事件处理函数，分别对应文件对话框的 7 个常用函数。单击“打开单个文件”按钮，运行结果如图 10-21 所示。

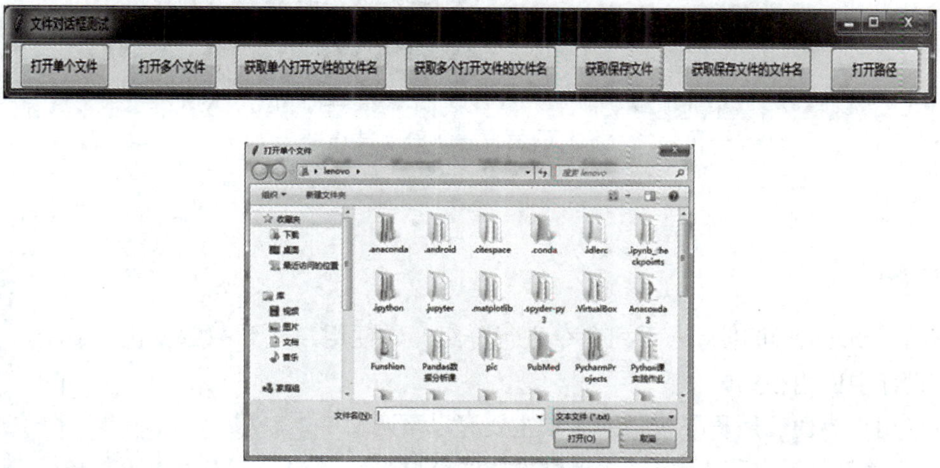

图 10-21　运行结果

需要注意的是，通过 filedialog 模块下的工具函数打开的文件对话框依赖所在的平台，因此在不同的平台上看到的文件对话框是不同的。

4. *颜色对话框（colordialog）*

Tkinter 模块的 colorchooser 子模块提供了用于生成颜色选择对话框的 askcolor() 函数。

【例 10-20】颜色对话框（colordialog）示例。

```
from tkinter import *
from tkinter import ttk                          #导入ttk
from tkinter import colorchooser                 #导入colorchooser
class App:
    def __init__(self, master):
        self.master = master
        self.initWidgets()
    def initWidgets(self):
        #创建1个按钮并为之绑定事件处理函数
        ttk.Button(self.master, text='选择颜色',
            command=self.choose_color          #绑定choose_color方法
            ).pack(side=LEFT, ipadx=5, ipady=5, padx= 10)
    def choose_color(self):
        #调用askcolor()函数获取选中的颜色
        print(colorchooser.askcolor(parent=self.master, title='选择画笔颜色',
            color = 'blue'))                   #初始颜色
root = Tk()
root.title("颜色对话框示例")
App(root)
root.mainloop()
```

运行该程序，主界面出现“选择颜色”按钮，单击此按钮，弹出如图 10-22 所示的对话框。

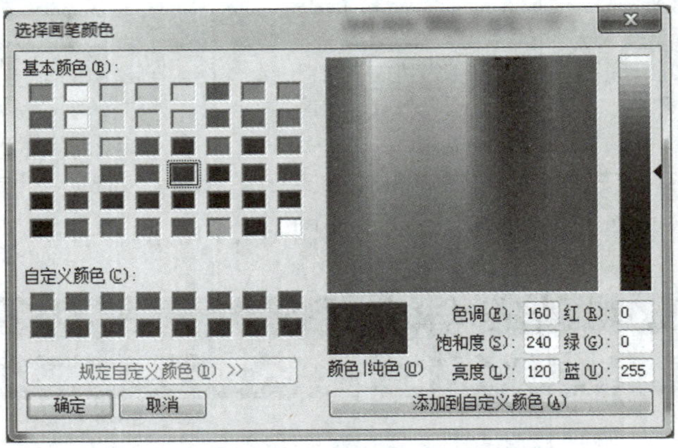

图 10-22 运行界面

10.4.8 菜单

菜单设计

菜单（Menu）可以将一系列命令进行分组，方便用户找到和触发执行命令，在可视化程序设计中应用很广。

图形用户界面应用程序包括的菜单主要有以下两个：

- 下拉菜单（也称主菜单）：提供窗体的菜单系统，通过单击可以下拉出子菜单，选择命令可以执行相关的操作。

- 弹出菜单（也称为快捷菜单）：是通过鼠标右击某对象而弹出的菜单，一般为与该对象相关的常用菜单命令。

Tkinter 为菜单提供了 Menu 类，程序通过调用 Menu 的构造方法来创建实例，然后再添加菜单项。菜单界面设计常用的语句如下：

```
主菜单实例名= tkinter.Menu(主窗口)
子菜单实例名= tkinter.Menu(主菜单实例名)
主菜单实例名.add_cascade(label=显示文本, menu=子菜单实例名)
子菜单实例名.add_command(label=显示文本, command=命令函数名)
子菜单实例名.add_separator()
```

方法 add_cascade()、add_command() 和 add_separator() 分别用于添加菜单分组、菜单命令和分隔线。

1. 下拉菜单

下拉菜单一般是指提供窗体的菜单系统，单击可以下拉出子菜单，然后选择命令来执行相关的操作。创建主菜单界面的步骤如下：

（1）创建主菜单栏。

（2）创建子菜单实例，并添加至主菜单栏。

（3）为每个子菜单实例添加菜单项。

（4）将菜单项添加至主窗体。

【例 10-21】窗体主菜单示例。

```
from tkinter import *
root = Tk()
root.title("主菜单示例")
#定义一个顶级菜单实例
menubar = Menu(root)

#在顶级菜单实例下创建子菜单实例
fmenu = Menu(menubar)
for each in ['新建','打开','保存']:
    fmenu.add_command(label=each)
fmenu.add_separator()   #添加分隔线子菜单项
fmenu.add_command(label='退出')

emenu = Menu(menubar)
#为每个子菜单实例添加菜单项
for each in ['复制','粘贴','剪切']:
    emenu.add_command(label=each)

vmenu = Menu(menubar)
for each in ['默认视图','新式视图']:
    vmenu.add_command(label=each)

#为顶级菜单实例添加菜单并级联相应的子菜单实例
menubar.add_cascade(label='文件',menu=fmenu)
menubar.add_cascade(label='编辑',menu=emenu)
menubar.add_cascade(label='视图',menu=vmenu)

#将顶级菜单实例应用到主窗口中
```

```
root['menu']=menubar
root.mainloop()
```

该程序创建了顶级菜单实例 menubar，在其下创建了 3 个子菜单实例 fmenu、emenu 和 vmenu，并为这 3 个子菜单均添加了子菜单项。运行该程序，单击“文件”，界面如图 10-23 所示。

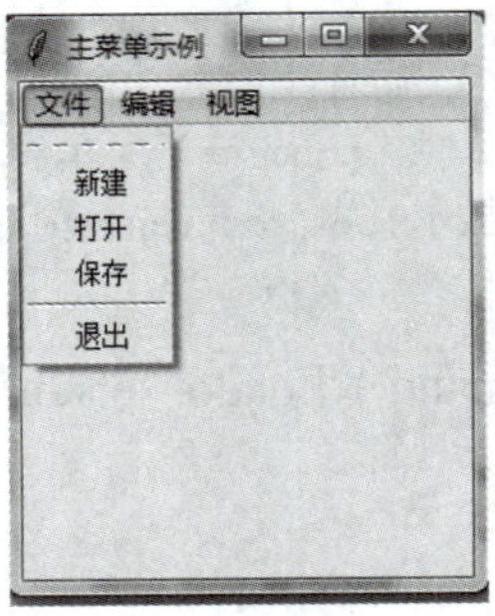

图 10-23　运行结果

需要注意的是，本例只实现了主菜单界面设计，如果想实现相关功能，则需要绑定事件编程。

2. 弹出菜单

弹出菜单一般指在窗体或其他控件上右击时会在鼠标指针处弹出一个菜单。弹出菜单作为快捷操作，一般包含与该对象相关的常用菜单命令，操作步骤如下：

（1）创建菜单（与创建主菜单相同）。

（2）编写事件处理函数。

（3）为组件右击事件绑定处理函数。当用户在目标组件上右击时，调用菜单的 post() 方法即可在指定位置弹出右键菜单。

【例 10-22】弹出菜单示例。

```
from tkinter import *
#生成主窗口实例
root = Tk()
root.title('弹出菜单示例')

#生成主菜单实例
menubar = Menu(root)

#生成主菜单实例的菜单项
for x in ['vb','vc','java','php']:
    menubar.add_command(label=x)

#增加菜单项的同时绑定一个事件（在root上创建一个标签并布局上去）
def choose():
    Label(root,text='I choose Python').pack()
menubar.add_command(label='Python',command=choose)

#定义一个事件，在鼠标右键位置显示菜单
def pop(event):
    menubar.post(event.x_root,event.y_root)
```

```
#在root主窗口绑定一个右键事件（在当前坐标上post弹出一个菜单）
root.bind("<Button-3>",pop)
root.mainloop()
```

该例创建了弹出菜单 menubar 并建立了菜单项，右击可显示菜单项；对其中的“Python”菜单项实现了事件绑定，显示标签内容。该程序运行结果如图 10-24 所示。

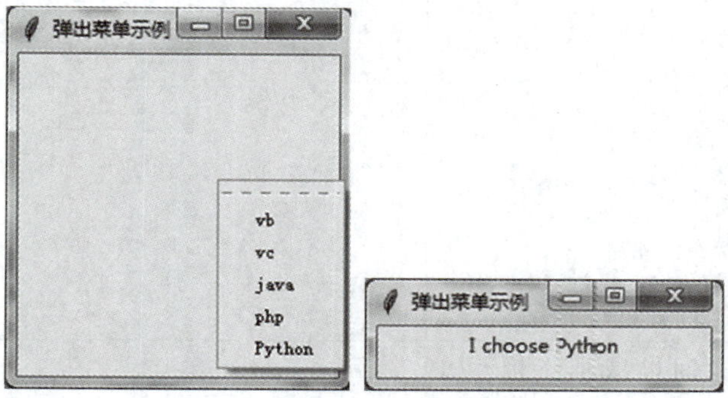

图 10-24　运行结果

10.5　事件处理

界面设计完成之后，需要编写事件过程，才能使窗体及其上面的控件做出响应，这称为事件处理或者驱动界面。

10.5.1　事件

事件（event）是指对象能够识别并做出反应的外部刺激，程序中最常见的事件如按下键盘上的按键、移动或单击鼠标等。在 Tkinter 中，event 是一个类，当某个事件发生时生成一个 event 对象，不同类型的事件生成具有不同属性的 event 对象。

在 Tkinter 中，事件的描述格式如下：

```
<[modifier-]-type[-detail]>
```

modifier 为事件修饰符，如 Alt、Shift 组合键和 Double 事件；type 为事件类型，如按键（Key）、鼠标（Button/Motion/Enter/Leave/Release）、Configure 等；detail 为事件细节，如鼠标左键（1）、鼠标中键（2）、鼠标右键（3）。

常见的控件事件见表 10-17。

表 10-17　常见的控件事件

事件类型	事件格式	说明
鼠标事件	<Button-1>	鼠标单击（1- 左键，2- 中键，3- 右键）
	<Double-Button-1>	鼠标双击（1- 左键，2- 中键，3- 右键）
	<B1-Motion>	鼠标拖动（1- 左键，2- 中键，3- 右键）
	<ButtonRelease-1>	鼠标按下之后释放（1- 左键，2- 中键，3- 右键）
	<Enter>	鼠标进入控件范围（widget）
	<Leave>	鼠标离开控件范围（widget）

续表

事件类型	事件格式	说明
键盘事件	<Key>/<KeyPress>	任意键盘按键（键值会以 char 的格式放入 event 对象）
	<Return> <Cancel> <BackSpace> <Tab> <Home> <Left> <Up> <Down> <Right> <Delete> <F1> <F2>	对应键盘按键
	键名之间以减号连接，如 <Control-k>、<Shift-m> 等	按下组合键
组件事件	<Configure>	如果 widget 的大小发生改变，新的大小（width 和 height）会打包到 event 发往 handler
	<Activate>	当组件从不可用变为可用时
	<Deactivate>	当组件从可用变为不可用时
	<Destroy>	当组件被销毁时
	<Expose>	当组件从被遮挡状态变为暴露状态时
	<Map>	当组件由隐藏状态变为显示状态时
	<Unmap>	当组件由显示状态变为隐藏状态时
	<FocusIn>	当组件获得焦点时
	<FocusOut>	当组件失去焦点时
	<Property>	当组件属性发生改变时

10.5.2 事件绑定

事件绑定（event binding）是指当一个事件发生时程序能够做出响应。Tkinter 提供了 3 种绑定方式。

（1）实例绑定 bind：将某个事件处理绑定到某个组件上，调用组件对象实例方法 bind() 实现。形式是如下：

```
w.bind( "<event>",eventhandler[,[add=' ])
```

其中，w 是需要绑定的控件实例名，<event> 为事件，eventhandler 为事件处理函数，可选参数 add 默认为 ''，表示事件处理函数替代其他绑定，如果是 '+'，则加入事件处理队列。

例如，自定义了处理函数 myfunc() 描述相关的操作，想将按钮实例 abutton 绑定鼠标左键单击事件，可以用语句“abutton. Bind('<Button-1>', myfunc)”实现。

（2）类绑定 bind_class：将某个事件处理绑定到某类组件上，调用组件对象实例方法 bind_class() 实现。形式如下：

```
w.bind_class("Widget", "<event>", eventhandler[,[add=' ' ])
```

其中，Widget 是组件类，<event> 为事件，eventhandler 为事件处理函数，可选参数 add 默认为 ''。

（3）应用绑定 bind_all：将某个事件处理绑定到所有组件上，通过组件对象实例方法 bind_all() 实现。形式如下：

```
w.bind_all( "<event>", eventhandler[,[add=' '])
```

参数含义与 bind() 方法类似。

所调用的自定义函数如果需要键盘或者鼠标的响应值，可将 event 作为参数，通过 event 的属性获取。event 属性见表 10-18。

表 10-18 常用的 event 属性

属性	说明	适用事件类型
char	如果按键事件产生通用 ASCII 字符，这个字符将赋值给 event.char（特殊 ASCII 字符，如 delete 等不属于该属性）	<KeyPress>、<KeyRelease> 等按键事件
keysym	如果按键事件产生特殊 ASCII 字符，这个字符将赋值给 event.keysym	<KeyPress>、<KeyRelease> 等按键事件
x	鼠标当前位置横坐标，相对于组件左上角	
y	鼠标当前位置纵坐标，相对于组件左上角	
x_root	鼠标当前位置横坐标，相对于屏幕左上角	
y_root	鼠标当前位置纵坐标，相对于屏幕左上角	
width	组件大小发生改变后的宽度	<Configure>
height	组件大小发生改变后的高度	<Configure>
type	事件类型	All

【例 10-23】窗体绑定鼠标单击事件示例。

```
import tkinter
#创建主窗体实例
root = tkinter.Tk()
root.title('窗体绑定鼠标单击事件示例')
root.geometry('300x200')
#创建并布局标签实例
lb=tkinter.Label(root,text='请单击窗体',font=('宋体',20))
lb.pack()
#绑定标签的鼠标单击事件
def show(event):
    s='光标位于x=%s, y=%s' %(str(event.x),str(event.y))
    lb.config(text = s)
root.bind('<Button-1>',show)
root.mainloop()
```

该例实现了在单击窗体时显示光标位置，运行结果如图 10-25 所示。

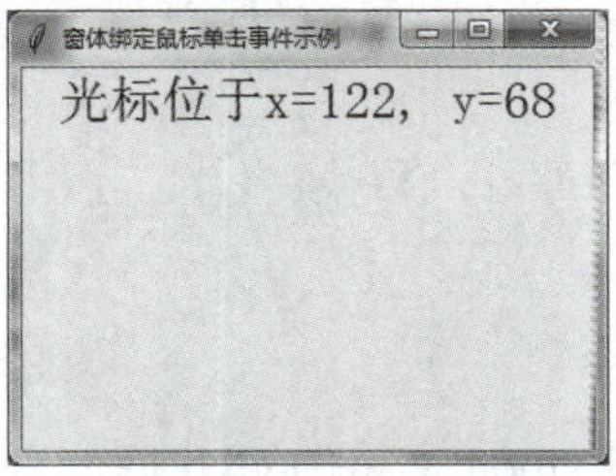

图 10-25 运行结果

本章小结

本章主要讲解了以下几个知识点：

（1）Python 常见的 GUI 库有 Tkinter、pyGtk、PyQT、wxPython、Jython 和 IronPython 等，GUI 设计一般分画界面和驱动界面两个步骤。

（2）Tkinter 模块由 _tkinter、tkinter 和 tkinter.constants 等部分组成。Tkinter 创建 GUI 程序十分方便，主要步骤是：导入 Tkinter 模块，建立主窗口，在主窗口中添加控件、创建实例并设置其属性，对窗体布局，绑定事件处理程序响应用户操作引发的事件以及进入事件循环，等待用户触发事件并响应。Tkinter 主窗口的建立分为导入 Tkinter 模块、创建窗体对象和启动消息循环三步。建立最简单的窗体后，通过 title()、iconbitmap()、geometry()、resizable(b,b) 等属性对窗体进行装饰。

（3）窗体布局是指控制窗体容器中各控件之间的位置关系。Tkinter 提供了 pack()、grid() 和 place() 几种几何布局管理器和框架类控件来实现窗体布局。理解 pack()、grid() 和 place() 三种布局方法的区别，以及框架类控件在界面编程及窗体布局中的作用。

（4）Python 常用控件有 Button、Checkbutton、Entry、Frame、LabelFrame 等，它们都有 anchor、bd、bg、curser 属性。

（5）文本输入 / 输出相关控件主要有标签（Label）、输入框（Entry）和文本框（Text）。标签主要用于显示文本信息，文本框主要用于显示和编辑多行文本，输入框（Entry）用来让用户输入一行文本字符串。按钮（Button）主要用于响应鼠标单击事件，最重要的属性是 command。单选按钮（Radiobutton）和复选框（Checkbutton）一般都成组列在窗体上，供用户选择，区别在于单选按钮的选项之间是互斥的，而复选框的选项用户可以选择多个。列表框（Listbox）包含一个或多个文本项，供用户选择；组合框（Combobox）可以看成是文本框与列表框的结合体，可供用户单选或者多选。但是，组合框控件并不在 Tkinter 模块中，而是在 Tkinter 的子模块 ttk 中。滑块（Scale）控件是一种用户通过拖动滑块改变变量值的控件。对话框用于与用户交互和检索信息。Tkinter 模块中的子模块 messagebox、simpledialog、filedialog 和 colordialog 包括一些通用的预定义对话框；用户也可以通过继承 TopLevel 创建自定义的对话框。菜单（Menu）可以将一系列命令进行分组，方便用户找到和触发执行命令。GUI 程序的菜单主要有下拉菜单（也称主菜单）和弹出菜单（也称快捷菜单）两种。

（6）界面设计完成之后，需要编写事件过程，才能使窗体及其上面的控件做出响应，这称为事件处理或者驱动界面。在 Tkinter 中，event 是一个类，当某个事件发生时生成一个 event 对象，不同类型的事件生成具有不同属性的 event 对象。事件绑定（event binding）是指当一个事件发生时程序能够做出响应。Tkinter 提供实例绑定 bind、类绑定 bind_class 和应用绑定 bind_all 三种绑定方式。

习题 10

一、选择题

1．以下选项中，（ ）不是 Python 支持的 GUI 库。

A．pyGtk　　B．wxPython　　C．Jython　　D．VisualPython

2．以下选项中（ ）不属于 Tkinter 模块。

A．tk_tkinter　　B．tkinter　　C．_tkinter　　D．tkinter.constants

3．使用 Tkinter 设计窗体时，Text 控件的属性不包含（ ）。

A．bg　　B．command　　C．bd　　D．font

4．用 place() 方法布局控件时，下列（ ）属性在 0.0 ～ 1.0 之间，以窗体宽和高的比例取值。

A．x　　B．relwidth　　C．width　　D．height

5．以下选项中，（ ）不是 Tkinter 提供的窗体布局方法。

A．arrange()　　B．pack()　　C．place()　　D．grid()

6．通过控件的（ ）属性设置控件实例状态是否可用。

A．enabled　　B．used　　C．state　　D．cursor

7．通过控件的（ ）属性设置鼠标悬停光标。

A．enabled　　B．used　　C．state　　D．cursor

8．通过控件的（ ）属性设置其 3D 显示样式。

A．enabled　　B．state　　C．relief　　D．cursor

9．通常，用于创建单行输入文本的容器控件是（ ）。

A．Entry　　B．Label　　C．Text　　D．Textbox

10．（ ）控件是一种用户通过拖动滑块改变变量值的控件。

A．Slide　　B．Scale　　C．Button　　D．Entry

11．下列（ ）事件不能表示单击鼠标左键事件。

A．<Enter>　　B．<ButtonPress-1>　　C．<Button-1>　　D．<1>

12．创建 Button 按钮实例并触发执行的回调函数名，应设置实例的（ ）属性。

A．bind　　B．relief　　C．relwidth　　D．command

二、填空题

1．________ 控件比框架控件多了一个标签，可以提示放置在框架内的子控件的用途。

2．________ 控件一般成组列在窗体上，供用户选择，选项之间是互斥的。

3．通过组件的 ________ 选项可以设置内容停靠位置。

4．________ 控件用于选择一个或多个选项（可以同时选定多个），可显示文本，也可显示图像。

5．Tkinter 模块中的子模块 ________ 用于实现通用消息对话框的功能。

6．Tkinter 模块中的子模块 ________ 用于实现输入对话框的功能。

7．Tkinter 用 ________ 添加菜单命令。

8．Tkinter 用 ________ 添加菜单项分隔线。

三、编程题

1．参照例 10-3 练习 pack() 方法的使用。

2．参照例 10-4 练习 grid() 方法的使用。

3．参照例 10-5 练习 place() 方法的使用。

4．参照例 10-6 练习 Frame 控件的使用。

5．参照例 10-7 练习 LabelFrame 控件的使用。

6．参照例 10-11 练习单选按钮的使用。

7．参照例 10-12 练习复选框的使用。

8．参照例 10-14 练习列表框的使用。

9．参照例 10-15 练习组合框的使用。

10．参照例 10-16 练习滑块的使用。

11．参照例 10-17 练习消息框的使用。

12．参照例 10-18 练习简单对话框的使用。

13．参照例 10-19 练习文件对话框的使用。

14．参照例 10-20 练习颜色对话框的使用。

15．参照例 10-21 练习主菜单的使用。

16．参照例 10-22 练习弹出菜单的使用。

17．参照例 10-23 练习事件绑定的使用。

18．用户登录界面设计程序：界面如图 10-26（a）所示。如果用户输入用户名“userok”和密码“123456”，弹出密码正确对话框［图 10-26（b）］，否则弹出密码错误对话框［图 10-26（c）］，单击“取消”按钮可以清空已输入的用户名和密码。

（a）程序界面　（b）密码正确　（c）密码错误

图 10-26　用户登录界面设计程序的运行界面

19．编写程序，实现图 10-27 所示的简易计算器，实现加、减、乘、除、整除、幂运算和平方根运算。单击 Clear 按钮时清除文本框中的表达式，单击“=”按钮时计算文本框中表达式的值。要求进行必要的错误检查，例如一个数字中不能包含多于一个的小数点、表达式中不能包含连续的运算符。

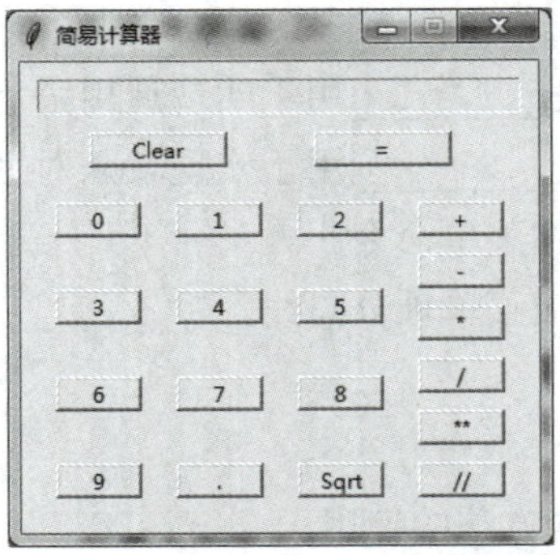

图 10-27　简易计算器程序界面

第 11 章　Python 数据可视化

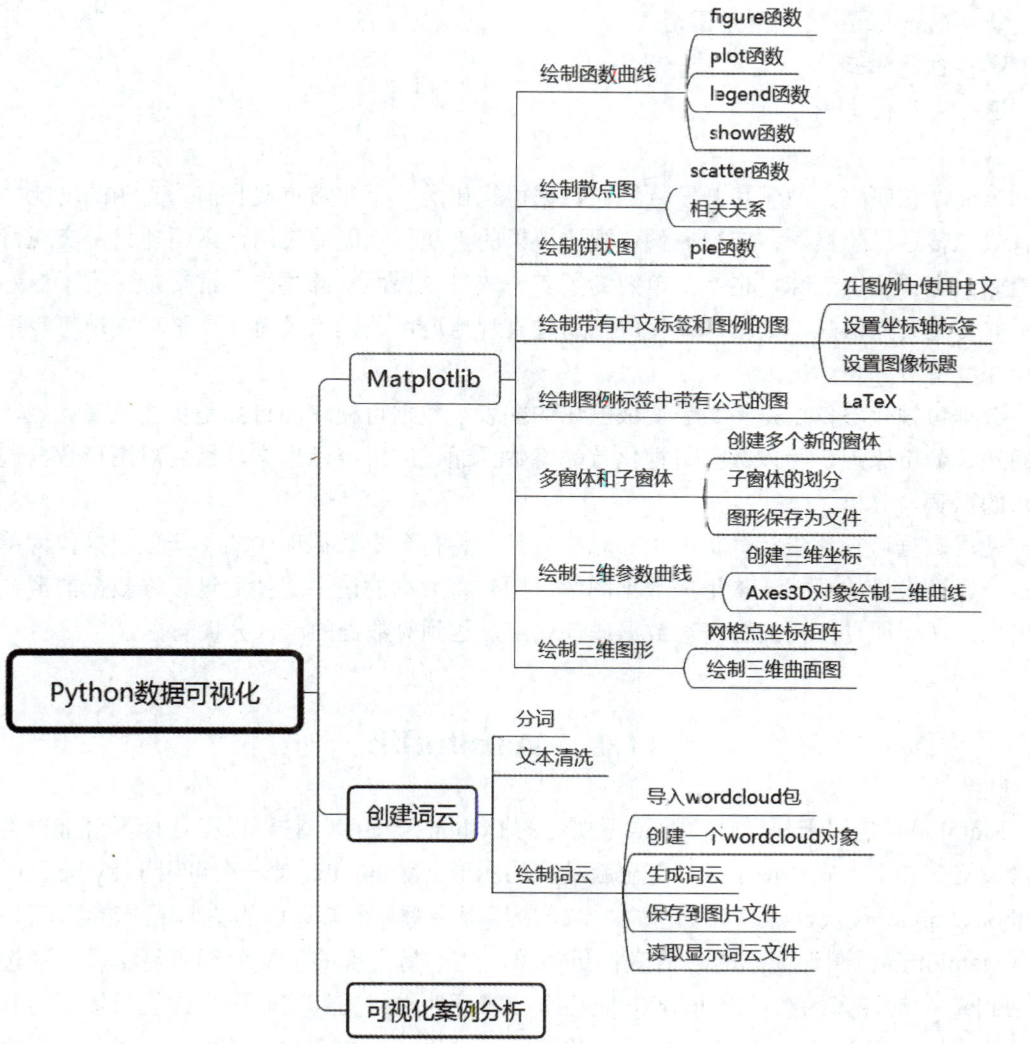

本章导读

数据可视化是数据探索性分析和分析结果直观解释的重要手段，是大数据专业的重要课程，本章只做简要介绍。可视化主要就是通过图形化手段清楚明了地提供信息，帮助我们定性理解这些信息。数据可视化方法很多，Python 的可视化库和模块也很多，本章主要介绍使用 Matplotlib 进行 Python 数据可视化的基本方法、创建词云的方法及可视化案例分析等内容。读者应在了解相关方法的基础上重点掌握数据可视化的实现流程、分析过程以及创建词云和展示词频等方面的内容。

本章要点

- Matplotlib 绘制常用图形
- 创建词云
- 可视化案例分析

当前，在研究、教学和开发领域，数据可视化是一个非常重要且前途光明的功能。为了有效地传达思想概念，应当兼顾可视化效果的美观与功能的实用，既不能只是实现特定功能令人觉得枯燥乏味，也不能单纯为了实现炫目效果而特意搞得非常复杂。为了更好地表示并传达有效信息，数据可视化应当通过直观地展示关键点及特征要素来实现将复杂数据集深度解析并表达出来。

数据可视化不仅仅是将数字变成酷炫的图表，数据可视化的目标是快速发现问题、识别问题、分析原因，所以数据可视化首先将数据通过图形展示出来，然后对图形数据进行深入的探索与分析。

使用数据可视化进行分析的中心思想就是，将待分析数据库中的每一项数据作为单个元素，通过大量的数据元素组成数据图像，同时将数据的诸多属性通过多维数据的形式表达出来，从而通过不同的维度对数据进行观察，达到对数据的深入分析与探索。

绘制函数曲线

11.1 Matplotlib

Matplotlib 是用于科学计算数据可视化的 Python 绘图库，它可以在各种平台上以各种硬拷贝格式和交互式环境生成具有出版品质的图形。Matplotlib 是一个可用于 Python shell、IPython、Jupyter Notebook、Python 脚本、Web 应用程序服务器等环境的图形用户界面工具包。

Matplotlib 试图让简单的事情变得更简单，让不易实现的事情变得容易实现。通过借鉴 Matlab 中的许多函数，Matplotlib 能够十分方便地进行交互式制图，往往只需要写几行代码就可以使用 Matplotlib 生成曲线、散点图、饼状图、直方图、条形图、误差线图等二维图形，也可以绘制三维图像。如对图形线条的类型、颜色、粗细、字体大小等属性进行设定，或者作为绘图控件嵌入 GUI 应用程序中，也都十分简单方便，易于实现。

要安装 Matplotlib，必须先在 Python 环境中安装有 NumPy 科学计算模块库和 Matplotlib 库，在 Anaconda3 中，以上这些扩展包都已经被默认安装，我们只要直接导入它们即可使用。

Matplotlib 库由一系列有组织、有隶属关系的对象构成，这对于基础绘图操作来说显得过于复杂。因此，Matplotlib 提供了一套快捷命令式的绘图接口函数，即 pyplot 子模块。pyplot 模块将绘图所需要的对象构建过程封装在函数中，为用户提供了更加友好的接口。使用 pyplot 模块提供的一批预定义的绘图函数可以很快捷地绘制出所需的图像，尤其是大多数绘图函数可以从函数名直接辨别出它的功能。

导入 Matplotlib 扩展包的语句通常如下：

```
import matplotlib.pyplot as plt
```

本章中写的所有实例代码都默认使用上述语句引用 Matplotlib 库中的 pyplot 子库。

学习小窍门：Matplotlib 的官方文档相当完备，其官网示例快速上手教程 gallery 页面中有上百张缩略图，单击任一缩略图即可查看完整的图像和源代码，我们可以通过浏览快速了解使用 Matplotlib 绘制相关图像的方法及过程。网址：https://matplotlib.org/gallery/index.html。

11.1.1 绘制函数曲线

通常情况下，我们可以将一幅 Matplotlib 图像分成三层结构：容器层、辅助显示层和图像层。

第一层是底层的容器层，主要包括 Canvas（画板）、Figure（窗体）、Axes（子图）。Canvas 是位于最底层的系统层，在绘图的过程中充当画板的角色，即放置窗体（画布）的工具。Figure 代表一个窗体，也可以认为是一张画布，可以在上面绘制一张图片，可以设置其大小、清晰度等。一个 Axes 我们称为一个子图。那么在一张画布上或者说在一个窗体中是可以有多个子图的。它们之间的相互关系是：

- Canvas 位于最底层，用户一般接触不到。
- Figure 建立在 Canvas 之上。
- Axes 建立在 Figure 之上。
- 坐标轴、图例等辅助信息层以及图像层都是建立在 Axes 之上的。

通常情况下，我们并不需要对 Canvas 进行特别声明，但是当我们需要在其他模块如 PyQT 中调用 Matplotlib 模块绘图时，就需要首先声明 Canvas。

Figure 建立在 Canvas 之上，也是需要用户来操作的应用层的第一层，在绘图的过程中充当画布窗体的角色。当我们对 Figure 大小、背景色彩等进行设置的时候，就相当于是选择窗体大小、颜色的过程。因此，每当我们绘图的时候，写的第一行都是创建 Figure 的代码。但是有时候又将创建 Figure 对象这一步骤省略了，直接执行后续命令，此时后台会自动创建一个默认的绘图区域。

Axes 建立在 Figure 之上，在绘图的过程中相当于窗体上绘图区的角色，我们称之为子图。绘图过程中的所有图像都是基于坐标系绘制的，每个 Axes 都是一个独立的坐标系，一个 Figure 对象中可以包含多个 Axes 对象。

第二层是辅助显示层，为 Axes 内的除了根据数据绘制出的图像以外的内容，主要包括外观（facecolor）、边框线（spines）、坐标轴（axis）、坐标轴名称（axis label）、坐标轴刻度（tick）、坐标轴刻度标签（tick label）、网格线（grid）、图例（legend）、标题（title）等。辅助显示层的设置可使图像显示更加直观、更加容易被用户理解，但又并不会对图像产生实质的影响。该层也可以通过 set_axis_off() 或 set_frame_on(False) 等方法设置为不显示。

第三层为图像层，即通过 plot、scatter、pie 等方法绘制的图像。图 11-1 所示为图像的基本组成部分示意图，图形的创建代码如下：

```
import numpy as np      #导入扩展包
import matplotlib.pyplot as plt
plt.figure()            #创建窗体
plt.grid()  #显示网格
plt.rcParams['font.sans-serif']=['SimHei']  #用来正常显示中文标签
plt.rcParams['axes.unicode_minus']=False #用来正常显示负号
a = 10
#t值输入，在0度到360度之间每隔10度选取一个值
t = np.arange(0, 360, 10)
#计算对应t的正弦值（需要将角度转换为弧度）
s = np.sin(t*np.pi/180)
#计算对应2t的正弦值（需要将角度转换为弧度）
s2 = np.sin(t*np.pi/90)
#计算对应t的余弦值（需要将角度转换为弧度）
c = np.cos(t*np.pi/180)
#计算对应2t的余弦值（需要将角度转换为弧度）
c2 = np.cos(t*np.pi/90)
#建立方程：x=a*(2*cos(t)-cos(2*t))，y=a*(2*sin(t)-sin(2*t))
x = a*(2*c-c2)
y = a*(2*s-s2)
#控制图形格式为圆点蓝色虚线，定义图例文字
plt.plot(y,x,'ob--',label='love  ----')
#显示坐标轴名称
plt.xlabel('x')
plt.ylabel('y')
#指定格式显示标题
plt.title('笛卡儿心形曲线',color='k',bbox=dict(facecolor='y',alpha=0.5 ))
#指定格式显示图例
plt.legend(prop={'family':'Times New Roman','size':14},ncol=2)
#显示图像
plt.show()
```

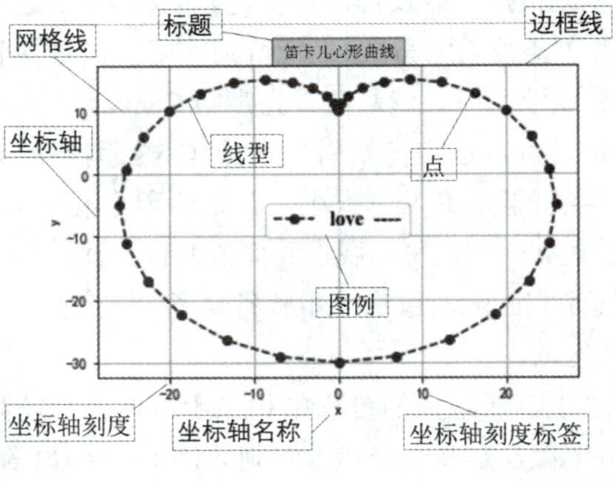

图 11-1 图像的基本组成部分示意图

下面开始学习如何使用 Matplotlib 绘制相关图像。

Matplotlib 图像的绘图过程一般为：首先读入数据，然后根据需要绘制图形，设置好轴和图形属性，最后显示或保存绘图结果。其过程示意如图 11-2 所示。

绘制图形时，图形函数具有很多可选参数来进行个性化设置，如颜色、标记、线条样式和线条宽度等，轴和图形属性也有很多可选参数来进行个性化设置，我们没有必要给出每个函数的所有可能取值，这些可以通过 Python 的内置函数 help() 查看，或者通过查阅官方文档（网址：https://matplotlib.org/index.html）进行了解。

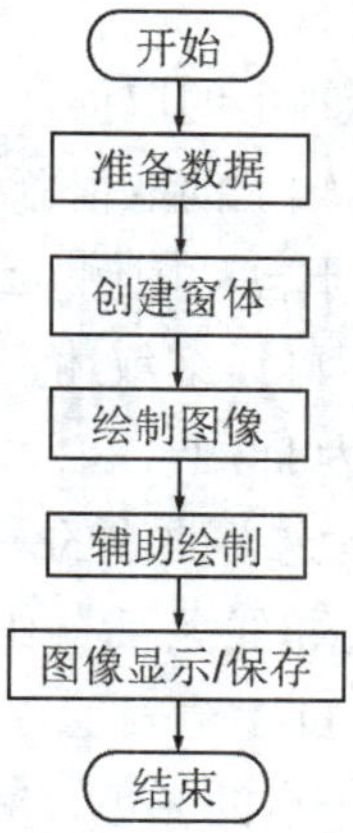

图 11-2 Matplotlib 图像的绘图过程示意图

1. 创建窗体

想要绘图就需要定义一个窗体，所有的内容都是放在窗体上面的。通过 matplotlib.pyplot.figure 函数可以创建一个窗体。代码如下：

```
matplotlib.pyplot.figure(num=None,figsize=None,dpi=None, facecolor=None,edgecolor=None,frameon=True,FigureClass=<class 'matplotlib.figure.Figure'>,clear=False,**kwargs)
```

参数解释：

- num：可以将该 num 理解为窗体的属性 id，即该窗体的身份标识。如果不提供该参数，则创建一个新的 figure 对象，同时增加 figure 的计数数值，此数值被保存在 figure 对象的一个数字属性当中。如果提供此参数，则该窗体会以该 num 为 id 存在。如果 num 的值是字符串，则将窗体标题设置为此字符串。
- figsize：该参数接收一个整数元组，指定每英寸的宽度和高度；如果不提供，默认值是 figure.figsize。例如 (4,4) 即以长 4 英寸、宽 4 英寸的大小创建一个窗体。
- dpi：该参数接收一个整数，表示该窗体的分辨率，默认是 None。如果没有提供，则默认为 figure.dpi。
- facecolor：表示窗体的背景颜色，如果没有提供则默认为 figure.facecolor。其中颜色的设置是通过设置 RGB 完成的，RGB 的范围是 #000000 ～ #FFFFFF。其中每 2 个字节 16 位表示 RGB 的 0 ～ 255。例如 #FF0000 表示 R:255、G:0、B:0，即红色。
- edgecolor：表示窗体的边框颜色，如果没有提供，则默认为 figure.edgecolor。
- frameon：该参数接收布尔类型，表示是否绘制窗体的图框，默认是 True。如果是 False，禁止绘制图框。
- figureclass：使用用户自定义的 figure 子类来创建 figure。
- clear：该参数接收布尔类型，默认是 False。如果提供参数为 True，并且该窗体存在，则该窗体内容会被清除。

以上参数皆为可选参数，通常情况下不使用任何参数调用 figure 函数即可创建 figure 对象，不提供任何参数的时候是以 id 为 1 创建一个窗体。创建了窗体之后所有的 plt 绘图都将在刚刚创建的窗体上完成。

2. matplotlib.pyplot.plot 函数

plot 函数是 Matplotlib 中一个非常常用的函数，功能主要是根据给定的若干个点的坐标绘制一条曲线（折线），函数调用语法如下：

```
matplotlib.pyplot.plot([x], y, [format_string], data=None, **kwargs)
```

参数解释：

- x：表示给定的所有点的 x 坐标轴上的取值，为可选参数。
- y：表示给定的所有点的 y 坐标轴上的取值。
- kwargs：用于指定线条标签（用于自动图例）、线条宽度、抗锯齿、标记面颜色等属性。这里只介绍 label 参数，其他不再详细叙述，可自行参考 Matplotlib 文档。label 表示曲线的图例文字，书写格式为 label=''。
- format_string：为可选参数，是定义曲线的基本格式（如颜色、标记和线条样式）的一个字符串，由颜色、标记和线条部分组成，一般书写形式为 [color][marker][line]，各个部分可用取值见表 11-1 至表 11-3。

（1）color 部分：用于描述图上每个点的颜色，其对应参数值见表 11-1。

表 11-1 plot 函数 format_string 参数中 color 对应点的颜色

字符	'b'	'g'	'r'	'c'	'm'	'y'	'k'	'w'
颜色	blue	green	red	cyan	magenta	yellow	black	white

（2）marker 部分：用于描述图上每个点的形状，其对应参数值见表 11-2。

表 11-2 plot 函数 format_string 参数中 markers 对应点的形状

字符	形状	字符	形状
'.'	圆点	's'	方块
','	像素点	'p'	五边形
'o'	圆形	'*'	五角星
'v'	向下的三角形	'h'	六边形
'^'	向上的三角形	'H'	六边形
'<'	向左的三角形	'+'	加号
'>'	向右的三角形	'x'	叉符号
'1'	tri_down	'D'	菱形
'2'	tri_up	'd'	瘦菱形
'3'	tri_left	'|'	竖线
'4'	tri_right	'_'（下划线）	横线

（3）line：表示线型，其对应参数值见表 11-3。

表 11-3 plot 函数 format_string 参数中 line 对应线型

字符	线型
'-'（减号）	实线
'--'（两个减号）	虚线
'-.'	虚点划线
':'	点划线

将参数 format_string 书写成如表 11-4 所示的形式，其表示曲线的颜色、标记和线条样式。

表 11-4 plot 函数 format_string 参数示例

参数书写形式	曲线格式
'c'	带默认形状的青绿色标记
'ms'	洋红色方块
'y-'	黄色实线
':'	带默认颜色的点划线
'k+--'	由虚线连接的黑色加号

3. matplotlib.pyplot.legend 函数

legend 函数用于绘制图形中的图例，可以不使用任何参数进行调用，这个函数通常在 show 函数之前调用。

其参数可设置图例位置、字体、边框等，legend 函数调用语法如下：

```
matplotlib.pyplot.legend(*args, **kwargs)
```

经常使用的是图例的设置参数 loc，其对应参数值见表 11-5。

表 11-5 legend 函数 loc 参数对应图例位置

代表序号	字符	图例位置
0	'best'	自适应方式
1	'upper right'	顶部右侧
2	'upper left'	顶部左侧
3	'lower left'	底部左侧
4	'lower right'	底部右侧
5	'right'	中心右侧
6	'center left'	中心左侧
7	'center right'	中心右侧
8	'lower center'	底部中间
9	'upper center'	顶部中间
10	'center'	图片中心

例如，legend(loc=10) 等同于 legend(loc='center')，设置结果为将图形中的图例显示在图片中心位置。

其他主要参数解释：

- prop：设置图例字体，赋值可以是一个字典，包含各个属性及其对应值，属性包括 family（字体）、size（字体大小）等。例如 legend(prop={'family' : 'Times New Roman', 'size' : 14}) 设置结果为将图形中的图例文字以 14 号 Times New Roman 字体显示。
- fontsize：设置图例字体大小，仅在未指定 prop 时使用。参数可设为一个整数 int 或者一个浮点型的数 float，也可以设为下列参数 {'xx-small', 'x-small', 'small', 'medium', 'large', 'x-large', 'xx-large'}。例如 legend(fontsize='xx-small') 设置结果为将图形中的图例文字以 xx-small 的大小显示出来。
- frameon：逻辑型，如果为 True，则在图例周围绘制框架；如果为 False，则取消图例周围绘制的框架。

- shadow：逻辑型，如果为 True，则在图例后面画一个阴影，此参数默认为 False。
- framealpha：控制图例框架的透明度，例如可用 framealpha=0.5 将图例框架设为半透明。
- edgecolor：控制图例框架的颜色，例如可用 edgecolor ='r' 将图例框架设为红色。
- facecolor：控制图例框架内填充的颜色。
- ncol：设置图例分为 n 列展示，例如 ncol=2，即设置图例的标签分两列显示。
- borderpad：图例边框的内边距。
- labelspacing：图例条目之间的垂直间距。
- columnspacing：图例条目分列显示之间的列间距。
- title：设置图例标题。

4. matplotlib.pyplot.show 函数

该函数不使用任何参数进行调用，功能是打开 matplotlib 查看器，将绘制的图形显示在输入设备上。以绘制正弦和余弦函数曲线为例来了解一下绘图过程。基本思路：导入模块、创建窗体、设置 x 轴坐标数据值、计算 y 轴函数值、使用该模块的 plot 函数绘制曲线图、用 legend 函数设置图例、调用 show 函数显示图像。

【例 11-1】绘制正弦 / 余弦曲线。

```
#导入扩展包
import numpy as np
import matplotlib.pyplot as plt
plt.figure()    #创建窗体
#x坐标输入，在0度到720度之间每隔10度选取一个点
x = np.arange(0, 720, 10)
y = np.sin(x/180*np.pi)  #计算对应x的正弦值（需要将角度转换为弧度）
z = np.cos(x/180*np.pi)  #计算对应x的余弦值（需要将角度转换为弧度）
#控制图形格式为黄色实线，显示正弦曲线，y表示黄色，-表示实线
plt.plot(x, y, 'y-',label='sine')
#控制图形格式为黑色虚线，显示余弦曲线，k表示黑色，--表示虚线
plt.plot(x, z, 'k--',label='cosine')
plt.legend()   #显示图例
plt.show()    #显示图像
```

代码运行后得到的图像如图 11-3 所示。

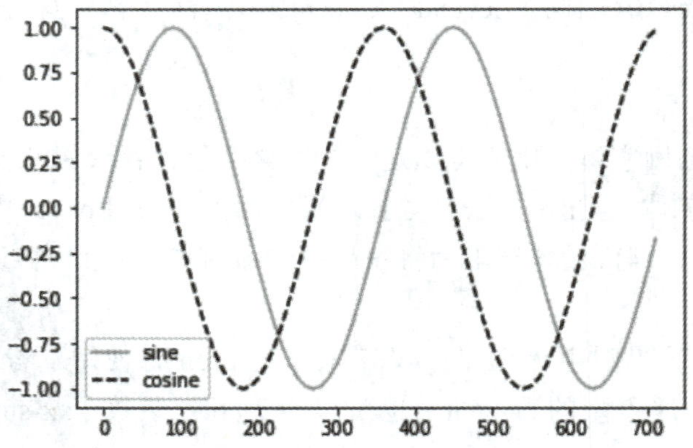

图 11-3　绘制正弦 / 余弦曲线

如果需要使用文件中的数据来进行绘图，就要先读取文件数据，再进行绘图，基本思路：

导入所需扩展包、读入数据、选择指定列数据为 y 轴坐标数据值（x 轴坐标数据使用默认值）、使用 plot 函数绘制曲线图、用 legend 函数设置图例、调用 show 函数显示图像。

【例 11-2】由给定数据绘制函数关系曲线。

使用数据集 iris.csv，来展示一下数据花瓣长度 petal_length 的变化规律。其中数据集 iris.csv 中的部分数据如图 11-4 所示。

sepal_length	sepal_width	petal_length	petal_width	species
5.1	3.5	1.4	0.2	setosa
4.9	3	1.4	0.2	setosa
4.7	3.2	1.3	0.2	setosa
4.6	3.1	1.5	0.2	setosa
5	3.6	1.4	0.2	setosa
5.4	3.9	1.7	0.4	setosa
4.6	3.4	1.4	0.3	setosa
5	3.4	1.5	0.2	setosa
4.4	2.9	1.4	0.2	setosa
4.9	3.1	1.5	0.1	setosa
5.4	3.7	1.5	0.2	setosa
4.8	3.4	1.6	0.2	setosa
4.8	3	1.4	0.1	setosa
4.3	3	1.1	0.1	setosa

图 11-4　数据集 iris.csv 中的部分数据

```
#导入扩展包
import matplotlib.pyplot as plt
import pandas as pd
plt.figure()              #创建窗体
iris=pd.read_csv('iris.csv')    #读取文件中的数据
#控制图形格式为蓝色虚线，显示petal_length曲线，指定图例文字
plt.plot(iris['petal_length'], 'b--', label='petal_length')
plt.legend(loc=4)     #设置图例的位置显示在底部右侧
plt.show()     #显示图像
```

注释：

- 使用 pandas 模块的 read_csv() 函数读出数据文件中的数据，该函数返回一个 dataframe 对象 iris。
- 通过 iris. petal_length 或 iris['petal_length'] 获取 iris 对象 petal_length 列的数据。

代码运行后得到的图像如图 11-5 所示。

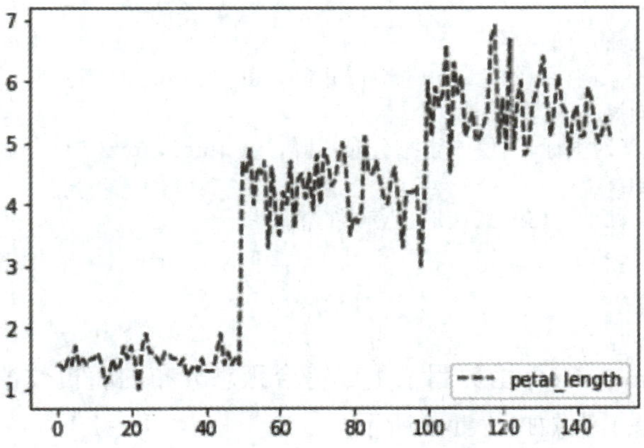

图 11-5　绘制 petal_length 的变化曲线

11.1.2 绘制散点图

绘制散点图

散点图是用来展示两个变量之间二维关系的可视化方法，其图形由一组不由线条连接的点组成，能够以交叉数对的模式从图像上展示不同变量之间的关系。散点图也可以称为 X-Y 图，它在直角坐标系内将所有的数据通过点的形式展示出来，变量的数值决定了每个数据点的坐标位置，从而表示出各变量之间的相互关联程度。一个变量是自变量（或称无关变量），另一个变量是因变量（或称相关变量），因变量通常绘制在 y 轴上。用 matplotlib.pyplot.scatter 函数绘制散点图，形式如下：

```
matplotlib.pyplot.scatter(x,y,s=None,c=None,marker=None,cmap=None,norm=None,vmin=None,vmax=None,alpha=None,linewidths=None,verts=None,edgecolors=None,*,data=None,**kwargs)
```

参数解释：

- x，y：表示所要绘制的所有点的 x 坐标值序列和 y 坐标值序列。
- s：表示绘制的点的大小，默认为 20。
- c：表示绘制的点的颜色序列，默认为蓝色。
- marker：表示点的形状（参考 11.1.1 节 plot 函数的 marker 参数），默认为圆形。
- cmap：调整渐变色或者颜色列表的种类，只有当 c 参数是一个浮点型的数组时才起作用，默认为 None。
- norm：设置数据亮度，标准化到 0 ～ 1 之间，使用该参数仍需要 c 为浮点型的数组，默认为 None。
- vmin、vmax：与 norm 类似，也是设置数据点亮度，如果使用了 norm 则该参数无效，默认为 None。
- alpha：控制点的透明度，默认为 None。
- linewidths：设置散点边界线的宽度，默认为 None。
- verts：如果 marker 为 None，则使用 verts 的值构建散点标记，默认为 None。
- edgecolors：设置散点边界线的颜色，默认为 None。

函数调用时以上大部分参数都是可选的，经常使用的形式如下：

```
matplotlib.pyplot.scatter( x, y, s=20, c=' ', marker=' ')
```

【例 11-3】绘制一个随机散点图。

```
import numpy as np
import matplotlib.pyplot as plt
#创建窗体
plt.figure()
N = 500 #设置要绘制的点的数量
#生成500个随机数作为坐标x的值（正态分布矩阵，其中u=3，σ=2.5）
x = np.random.randn(N)
#生成500个随机数作为坐标y的值（正态分布矩阵，其中u=3，σ=2.5）
y = np.random.randn(N)
#使用颜色为红色、大小为15的默认形状点绘制散点图
plt.scatter(x, y, s=15, c='r')
#显示散点图
plt.show()
```

其中的 np.random.randn() 函数用于生成符合正态分布的随机数据。

代码运行后得到的图像如图 11-6 所示。

【例 11-4】绘制平面上滑块初速度与滑动距离的散点图。

在某一粗糙水平面上，滑块以某个初速度开始滑行，由于平面与滑块之间的摩擦力，

滑块在运动了某一距离后静止，通过实验测量，得到 100 组滑块以不同初速度运动对应的滑行距离，将数据以 CSV 格式保存在磁盘当前目录中名为 speed_distance.csv 的文件内，文件部分内容如图 11-7 所示。

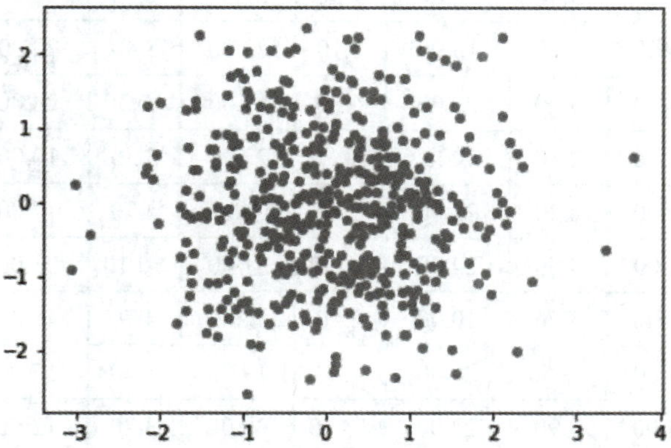

图 11-6 绘制随机散点图

speed	distance
8.60	20.00
7.00	12.00
4.10	9.00
8.40	21.00
9.80	23.00
5.10	7.00
10.40	51.00
5.40	14.00
11.30	44.00
3.60	9.00
9.40	24.00

图 11-7 speed_distance.csv 文件中的部分数据

其中每一行中 speed 列表示滑块初速度（cm/s），distance 列表示滑行距离（cm)。根据这些数据绘制出该滑块初速度和滑行距离的散点图。

代码如下：

```
import pandas as pd
import matplotlib.pyplot as plt
plt.figure()      #创建窗体
s_d = pd.read_csv('speed_distance.csv')   #读取文件中的数据
#使用蓝色、形状为x的默认大小点绘制散点图
plt.scatter(s_d.speed, s_d.distance, c='b', marker='x')
plt.show()
```

注释：

- 使用 pandas 模块的 read_csv() 函数读出数据文件中的数据，该函数返回一个 dataframe 对象 s_d。
- 通过 s_d.speed 或 s_d['speed'] 获取 s_d 对象的 speed 列的数据。
- 通过 s_d.distance 或 s_d['distance'] 获取 s_d 对象的 distance 列的数据。

代码运行结果如图 11-8 所示。

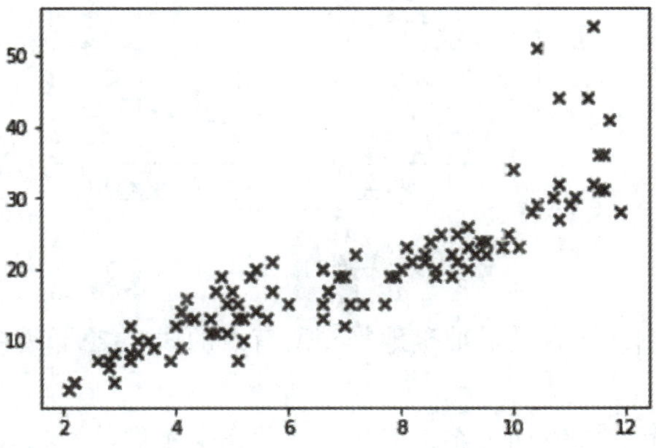

图 11-8 绘制滑块初速度与滑动距离的散点图

speed_distance.csv 的文件内容见表 11-6。

表 11-6　speed_distance.csv 文件内容

speed	distance	speed	distance	speed	distance	speed	distance	speed	distance	speed	distance
8.60	20.00	11.40	54.00	5.20	13.00	6.70	17.00	4.90	15.00	9.00	21.00
7.00	12.00	11.90	28.00	7.10	15.00	5.40	20.00	9.50	22.00	6.60	20.00
4.10	9.00	6.00	15.00	10.00	34.00	4.20	13.00	8.10	23.00	8.40	22.00
8.40	21.00	7.00	19.00	4.60	11.00	9.00	25.00	4.30	13.00	10.30	28.00
9.80	23.00	7.70	15.00	4.20	16.00	2.10	3.00	10.80	27.00	3.30	10.00
5.10	7.00	9.90	25.00	8.90	19.00	8.20	21.00	2.20	4.00	4.70	17.00
10.40	51.00	2.80	7.00	4.90	11.00	9.50	24.00	11.50	31.00	10.10	23.00
5.40	14.00	5.70	17.00	9.20	23.00	5.20	10.00	2.90	8.00	4.70	11.00
11.30	44.00	8.70	25.00	5.00	17.00	11.50	36.00	7.80	19.00	6.70	17.00
3.60	9.00	4.80	19.00	7.20	22.00	8.90	22.00	10.70	30.00	3.20	12.00
9.40	24.00	11.00	29.00	11.40	32.00	11.10	30.00	3.50	10.00	11.60	31.00

这样一张简单的散点图就呈现出来了，很明显地发现，滑块的初速度与滑动距离存在正相关关系，即随着初速度的增加，滑动距离也在增加。

我们要想研究变量间的相关性，一般可以通过观察数据点在散点图中的分布情况进行推断。如果数据点在散点图上表现为随机分布的离散点，一般可推断变量之间不存在相互关系；反之，如果观察发现大部分的数据点相对密集并且存在某种趋势，则可判断变量之间存在某种相关性。变量的相关关系主要分为：正相关（两个变量值同时增长）、负相关（一个变量值增加另一个变量值下降）、不相关、线性相关、指数相关等，各种分布如图 11-9 所示。那些离点集群较远的点我们称为离群点或者异常点。

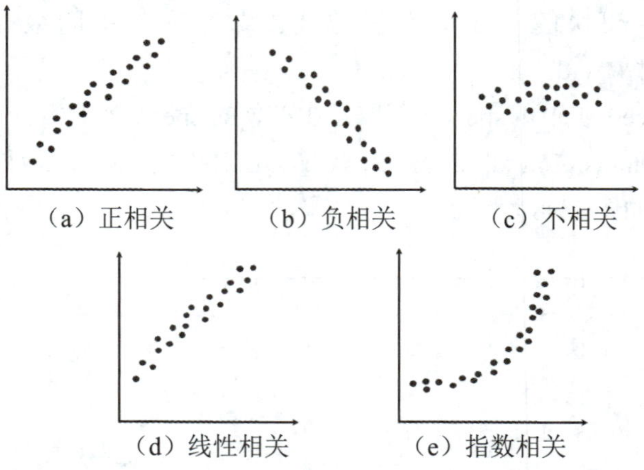

图 11-9　数据的相关关系图

散点图经常与回归线（就是最准确地贯穿所有点的线）结合使用，归纳分析现有数据以进行预测分析。

对于那些变量之间存在密切关系，但是这些关系又不像数学公式和物理公式那样能够精确表达的，散点图是一种很好的图形表达工具。但是在分析过程中需要注意，这两个变量之间的相关性并不等同于确定的因果关系，也可能需要考虑其他的影响因素。

11.1.3 绘制饼状图

前面学习了函数曲线图和散点图，其中曲线图用于数据之间有函数关系的情况，侧重于描述某个事物总体的变化规律；散点图用于数据与数据之间不是连续变化，是离散的点的情况，侧重于展示不同变量之间的关系。还有一种图形为饼状图，它能够展示数据系列的项目相对于项目总和的比例大小，侧重于描述在整个系统中每个个体所占的权重。饼状图是通过一系列扇区的弧长大小为其所表示的数量的比例描述数值的比例关系的，它最重要的一点是所显示的数据集合加起来必须等于 100%，否则它就是无效的。

绘制饼状图

绘制饼状图使用 matplotlib.pyplot.pie 函数，形式如下：

```
matplotlib.pyplot.pie(x, explode=None, labels=None, colors=None, autopct=None, pctdistance=0.6,
shadow=False, labeldistance=1.1, startangle=None, radius=None, counterclock=True, wedgeprops=None,
textprops=None, center=(0, 0), frame=False, rotatelabels=False, *, data=None)
```

参数解释：

- x：每一块的比例，即指定绘图的数据，如果 sum(x) > 1 会使用 sum(x) 归一化。
- explode：指定每一块离开中心的距离，即饼状图某些部分的突出显示，呈现爆炸式。
- labels：每一块饼状图外侧显示的说明文字，即为饼状图添加标签说明。
- colors：指定饼状图的填充色，例如：colors='r' 为设置饼状图的自定义填充色为红色。
- startangle：设置饼状图的起始绘制角度，默认图是从 x 轴正方向逆时针画起，如设定为 90 则从 y 轴正方向画起。
- shadow：是否添加饼状图的阴影效果。默认值为 False，即不画阴影。
- labeldistance：设置各扇形标签（图例）与圆心的距离，即 label 标记的绘制位置相对于半径的比例，默认值为 1.1，如 <1 则绘制在饼状图内侧。
- autopc：自动添加百分比显示，可以使用 format 字符串采用格式化的方法显示。例如 %1.1f%% 为使用带一位小数位的百分比数字。
- pctdistance：设置百分比标签与圆心的距离，类似于 labeldistance，指定 autopct 的位置刻度，默认值为 0.6。
- radius：设置饼状图的半径大小，默认值为 1。
- counterclock：指定指针方向，即是否让饼状图按逆时针顺序呈现，为可选参数，参数值为布尔值，默认为 True，即逆时针。将值改为 False 即可改为顺时针。
- wedgeprops：设置饼状图内外边界的属性，如边界线的粗细、颜色等，为可选参数，参数值为字典类型，默认值为 None。例如 wedgeprops = {'linewidth': 1.5, 'edgecolor':'green'} 指设置边界线宽为 1.5，线条颜色为绿色。
- textprops：设置饼状图中文本的属性，如字体大小、颜色等，即设置标签（labels）和比例文字的格式。其为可选参数，参数值为字典类型，即传递给文本对象的字典参数，默认值为为 None。例如 textprops = {'fontsize':14,'color':'k'} 指设置文本标签的字号为 14，颜色为黑色。
- center：指定饼状图的中心点位置，为可选参数，默认值在原点 (0,0)，即图标中心位置。
- frame：是否要显示饼状图背后的图框，为可选参数，参数值为布尔类型，默认值为 False。如果是 True，需要同时控制图框 x 轴、y 轴的范围和饼状图的中心位置。
- rotatelabels：布尔类型，为可选参数，默认为为 False。如果为 True，旋转每个 label 到指定的角度。

【例 11-5】将 9 月份个人消费支出比例使用饼状图方式绘制。

```
import matplotlib.pyplot as plt
plt.figure()            #创建窗体
#消费支出的各种用途标签
labels = ['entertainment','dress','diet','rent','traffic','other']
sizes = [4,15,20,40,6,15]      #消费支出的各种用途金额（单位：百元）
#设置各种用途的支出板块距离饼状图圆心的距离，其中rent板块突出显示
explode = (0,0,0,0.1,0,0)
plt.pie(sizes,explode=explode,labels=labels,autopct='%1.1f%%',shadow=False,startangle=150)
            #绘制饼状图
plt.show()
```

代码运行后得到的图像如图 11-10 所示。

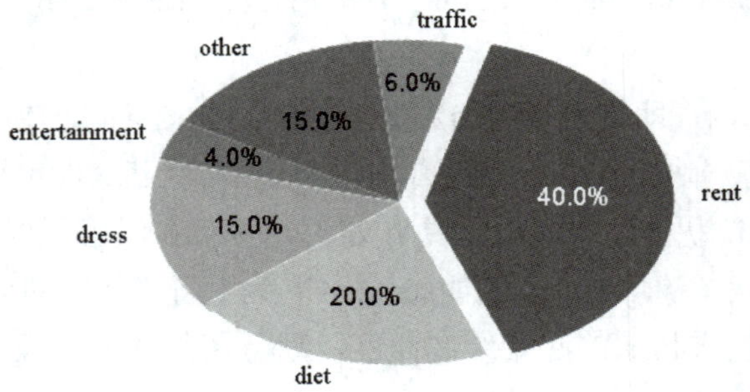

图 11-10 绘制 9 月份个人消费支出比例饼状图

11.1.4 绘制带有中文标签和图例的图

很多图形在绘制时需要使用图例，包括坐标轴标签、曲线图例、饼状图区块图例等。曲线图例和饼状图区块图例的使用方式是在绘制图形的函数中传入 label 参数，使用方式已经在之前的章节中讲述了。接下来我们学习设置轴和图形属性，主要介绍一下坐标轴标签、图像标题等的使用。

1. 在图例中使用中文

不同的 Python 环境对中文的支持并不相同，有时在显示中文图例时会出现乱码，一般可以通过添加以下两条语句的方法来解决：

```
plt.rcParams['font.sans-serif']=['SimHei']          #用来正常显示中文标签
plt.rcParams['axes.unicode_minus']=False            #用来正常显示负号
```

其中 'SimHei' 表示将字体设置为黑体。字体是计算机显示字符的方式，是通过人工设计出并采用字体库方式在计算机中部署完成的。现有的西文字体和中文字体都有很多种类，表 11-7 列出了几种常见中文字体的英文表示。

表 11-7 常用字体名称的中英文对照

字体名称	字体英文表示
宋体	SimSun
黑体	SimHei
楷体	KaiTi
微软雅黑	Microsoft YaHei
隶书	LiSu

续表

字体名称	字体英文表示
仿宋	FangSong
幼圆	YouYuan
华文中宋	STSong
华文黑体	STHeiti

2. 设置坐标轴标签

matplotlib.pyplot.xlabel 方法用于设置 x 轴上的文字。

matplotlib.pyplot.ylabel 方法用于设置 y 轴上的文字。

3. 设置图像标题

matplotlib.pyplot.title 函数用于设置图像标题，该函数接收一个字符串作为图像的标题。常用参数：

- fontsize：设置字体大小，默认为 12，参数可设为一个整数 int 或者一个浮点型的数 float，也可以设为参数 xx-small、x-small、small、medium、large、x-large、xx-large。
- fontweight：设置字体粗细，可选参数有 light、normal、medium、semibold、bold、heavy、black。
- fontstyle：设置字体类型，可选参数有 normal、italic、oblique，其中 italic 为斜体，oblique 为倾斜。
- verticalalignment：设置水平对齐方式，可选参数有 center、top、bottom、baseline。
- horizontalalignment：设置垂直对齐方式，可选参数有 left、right、center。
- rotation：设置旋转角度，可选参数为 vertical、horizontal，也可以为数字。
- alpha：设置透明度，参数值在 0 ～ 1 之间。
- backgroundcolor：标题背景颜色。
- bbox：给标题增加外框，常用参数有 boxstyle（方框外形）、facecolor（简写 fc，背景颜色）、edgecolor（简写 ec，边框线条颜色）、edgewidth（边框线条大小）。

例如 matplotlib.pyplot.title('picture', color='r', bbox=dict(facecolor='b', alpha=0.5))，显示结果为图形中标题为半透明蓝色框架中红色字体的“picture”。

整个绘图过程一般为：导入模块，设置坐标数据值，根据需要绘制曲线图，调用相关函数调整设置图表的横纵标签、标题、刻度标记内容或大小等。

【例 11-6】带图例的正余弦曲线图。

```
import numpy as np
import matplotlib.pyplot as plt
plt.figure()    #创建窗体
#x坐标输入，在0度到720度之间每隔10度选取一个点
x = np.arange(0, 720, 10)
y = np.sin(x/180*np.pi)          #计算对应x的正弦值（需要将角度转换为弧度）
z = np.cos(x/180*np.pi)          #计算对应x的余弦值（需要将角度转换为弧度）
#控制图形格式为蓝色实线，显示正弦曲线，b表示蓝色，-表示实线
plt.plot(x, y, 'b-',label='正弦')
#控制图形格式为红色实线，显示余弦曲线，r表示蓝色，--表示虚线
plt.plot(x, z, 'r--',label='余弦')
plt.rcParams['font.sans-serif']=['SimHei']          #用来正常显示中文标签
plt.rcParams['axes.unicode_minus']=False            #用来正常显示负号
```

```
plt.xlabel('x')                    #设置x轴文字
plt.ylabel('sin(x)/cos(x)')        #设置y轴文字
plt.title('正弦/余弦曲线')          #设置图像标题
plt.legend()
plt.show()
```

代码运行后得到的图像如图 11-11 所示。

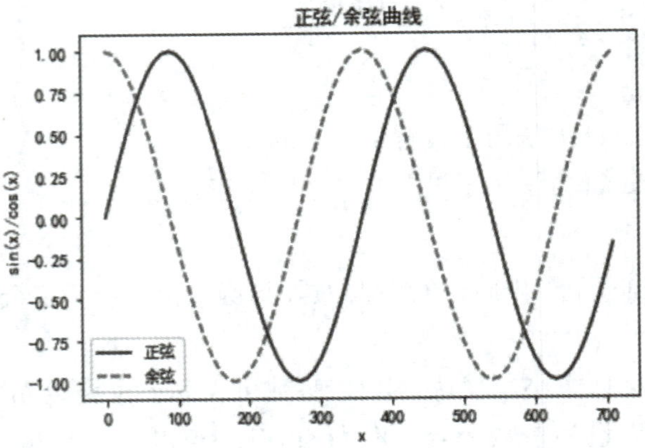

图 11-11　绘制带图例的正余弦曲线图

11.1.5　绘制图例标签中带有公式的图

在前面的例子中我们演示了绘制正余弦曲线图，假如要绘制类似 sin2x 这样的曲线，那么在曲线图的标签（label）上就要显示出这些公式。本节将介绍如何在标签上显示公式。

通常在绘制图形的时候传入的参数 label 是一个字符串，这个字符串会原样显示在图形标签位置。如果希望标签文字具有公式格式效果，则需要更多文本功能的支持，我们可以使用 LaTeX 引擎来渲染标签文字。

LaTeX 是在 20 世纪 80 年代初期，由美国计算机学家莱斯利・兰伯特（Leslie Lamport）开发出来的一个用于生成科技和数学类文档的高质量的排版系统。使用这种格式，用户不用掌握太多的排版和程序设计知识，就可以通过 LaTeX 实现其所提供的强大功能。尤其表现突出的是其对于复杂表格和数学公式的生成。

在 LaTeX 中使用特定文字来表示数学符号，或者说我们在 label 中书写的文字会以对应的数学符号的形式显示在图形上。正是通过这个特性我们才能实现在标签上显示公式。

LaTeX 有一个非常复杂的函数和符号系统，由于篇幅限制这里不进行详细描述，这里只给出一些最常用的公式写法，见表 11-8。读者可以参考 LaTeX 文档获得更全面的信息（网址：https://www.latex-project.org/）。

表 11-8　LaTeX 常用公式

功能	语法	效果
上标	a^n	a^n
下标	a_n	a_n
组合上标	a^{n+m}	a^{n+m}
组合下标	a_{i,j}	$a_{i,j}$
结合上下标	x_n^m	x_n^m

续表

功能	语法	效果
平方根	\sqrt{m}	$\sqrt{m}$
n 次方根	\sqrt[n]{m}	$\sqrt[n]{m}$
求和	\sum_{k=1}^N k^2	$\sum_{k=1}^{n} k^2$
求积分	\int_{-N}^{N} e^x\, dx	$\int_{-N}^{N} e^x dx$

要在 Matplotlib 中使用 LaTeX，需要注意：①在 Matplotlib 中公式标签字符串之前需要加字母“r”；②在 Matplotlib 中公式标签字符串需要以“$”开始和结尾。

例如 label 参数书写为 r'$\sum_{k=1}^N k^2$'，可以输出 $\sum_{k=1}^{n} k^2$ 。

【例 11-7】绘制 sin2x 曲线。

```
import numpy as np
import matplotlib.pyplot as plt
#创建窗体
plt.figure()
#x坐标输入，在0度到720度之间每隔10度选取一个点
x = np.arange(0, 720, 10)
#计算对应x的正弦值的平方（需要将角度转换为弧度）
y = (np.sin(x/180*np.pi))**2
#控制图形格式为蓝色实线，显示正弦曲线，b表示蓝色，-表示实线
plt.plot(x, y, 'b-',label='正弦')
plt.rcParams['font.sans-serif']=['SimHei']    #用来正常显示中文标签
plt.rcParams['axes.unicode_minus']=False  #用来正常显示负号
plt.xlabel('x')                    #设置x轴文字
plt.ylabel(r'$sin^2 x $')          #设置y轴文字
plt.title('正弦/余弦曲线')
plt.legend()
plt.show()
```

代码运行后得到的图像如图 11-12 所示。

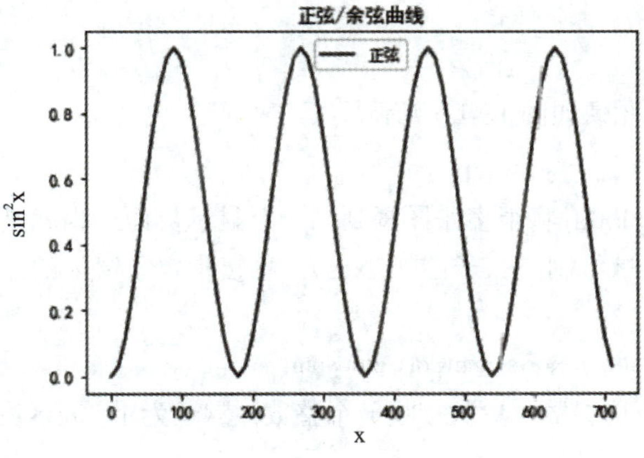

图 11-12　绘制 sin2x 曲线

11.1.6 多窗体和子窗体

多窗体和子窗体绘图

1. 多窗体绘图

多窗体绘图是指在程序中创建多个 Figure 对象（每个 Figure 对象就是一个独立的图形窗体），在每个 Figure 对象中绘制不同的图像（创建 Figure 对象的语法见 11.1.1 节）。

创建 Figure 对象的参数均为可选参数，通常情况下不使用任何参数调用 figure 函数即可创建 Figure 对象，不提供任何参数的时候是以 id 为 1 创建一个窗体。创建了窗体之后所有的 plt 绘图都将在刚刚创建的窗体上完成，如果需要创建一个新的图形，只需要再重新创建一个窗体，然后继续编写绘图指令即可。

【例 11-8】在两个单独的窗体中绘制正弦和余弦曲线。

```
import numpy as np
import matplotlib.pyplot as plt

#x坐标输入，在0度到720度之间每隔10度选取一个点
x = np.arange(0, 720, 10)
#计算对应x的正弦值（需要将角度转换为弧度）
y = (np.sin(x/180*np.pi))
#计算对应x的余弦值（需要将角度转换为弧度）
z = (np.cos(x/180*np.pi))
plt.rcParams['font.sans-serif']=['SimHei']    #用来正常显示中文标签
plt.rcParams['axes.unicode_minus']=False   #用来正常显示负号

f1 = plt.figure()          #创建窗体f1，之后的绘图都绘制在f1上
plt.xlabel('x')            #设置x轴文字
plt.ylabel('sin(x)')       #设置y轴文字
plt.title('正弦')
#控制图形格式为蓝色实线，显示正弦曲线，b表示蓝色，-表示实线
plt.plot(x, y, 'b-')

f2 = plt.figure()          #创建窗体f2，之后的绘图都绘制在f2上
plt.xlabel('x')            #设置x轴文字
plt.ylabel('cos(x)')       #设置y轴文字
plt.title('余弦')
#控制图形格式为红色虚线，显示余弦曲线，r表示红色，--表示虚线
plt.plot(x, z, 'r--')

plt.show()
```

代码运行后得到的图像如图 11-13 所示。

2. 子窗体绘图

子窗体绘图指 Matplotlib 将很多张图画到同一个显示界面，也就是将一个 Figure 切分为多个子区域，每个区域绘制一张子图（Axes）。直接指定子窗体的划分方式和位置进行绘图的语句如下：

```
matplotlib.pyplot.subplot(numRows, numCols, plotNum)
```

- numRows：为可选参数，参数接收一个整数，默认为 1，表示图表的整个绘图区域被分成 numRows 行。
- numCols：为可选参数，参数接收一个整数，默认为 1，表示图表的整个绘图区域被分成 numCols 列。

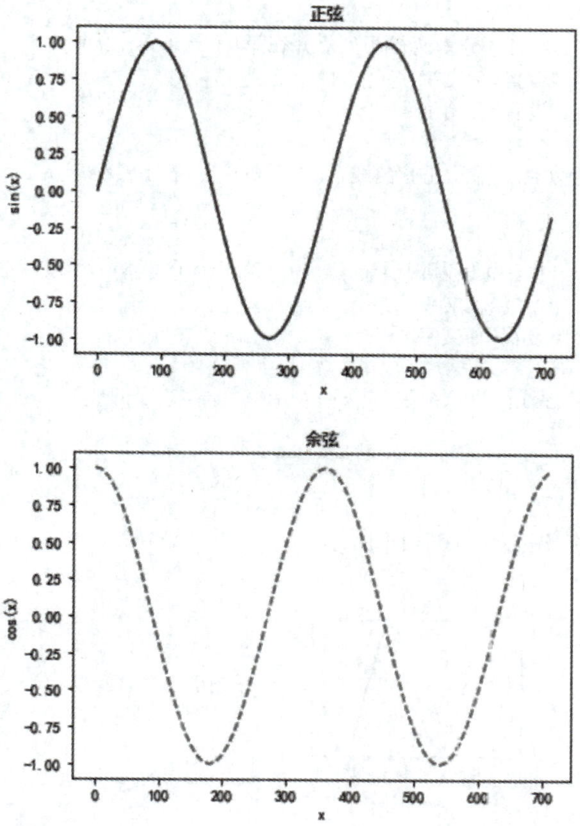

图 11-13 在两个单独的窗体中绘制正弦和余弦曲线

- plotNum：参数指定创建的 Axes 对象所在的区域编号。plotNum 起始为 1，从第一行第一列还是从左到右从上向下开始编号递增。例如 numRows = 3，numCols = 2，那么绘制的整个图表的样式为 3×2 的图片区域，用坐标表示为 (1,1),(1,2),(1.3),(2,1),(2,2),(2,3)。对应的编号分别是 1、2、3、4、5、6，这时，当 plotNum = 1 时，表示的坐标为 (1,1)，即第一行第一列的子图，plotNum=4 时，就表示坐标为 (2,1)，即第二行第一列的子图，见表 11-9。

表 11-9 plotNum 编号规则

1	2	3
4	5	6

【例 11-9】在两个子窗体中绘制正弦和余弦曲线。

```
import numpy as np
import matplotlib.pyplot as plt

#x坐标输入，在0度到720度之间每隔10度选取一个点
x = np.arange(0, 720, 10)
#计算对应x的正弦值（需要将角度转换为弧度）
y = (np.sin(x/180*np.pi))
#计算对应x的余弦值（需要将角度转换为弧度）
z = (np.cos(x/180*np.pi))
plt.rcParams['font.sans-serif']=['SimHei']    #用来正常显示中文标签
plt.rcParams['axes.unicode_minus']=False  #用来正常显示负号
f1 = plt.figure()           #创建窗体f1，之后的绘图都绘制在f1上
```

```
plt.subplot(2,2,1)        #将f1划分为两行两列，并在第1个子窗体中绘制
plt.xlabel('x')           #设置x轴文字
plt.ylabel('sin(x)')      #设置y轴文字
plt.title('正弦')
#控制图形格式为蓝色实线，显示正弦曲线，b表示蓝色，-表示实线
plt.plot(x, y, 'b-')

plt.subplot(2,2,4)        #将f1划分为4个子窗体，并在第4个子窗体中绘制
plt.xlabel('x')           #设置x轴文字
plt.ylabel('cos(x)')      #设置y轴文字
plt.title('余弦')
#控制图形格式为红色虚线，显示余弦曲线，r表示红色，--表示虚线
plt.plot(x, z, 'r--')

plt.show()
```

代码运行后得到的图像如图 11-14 所示。

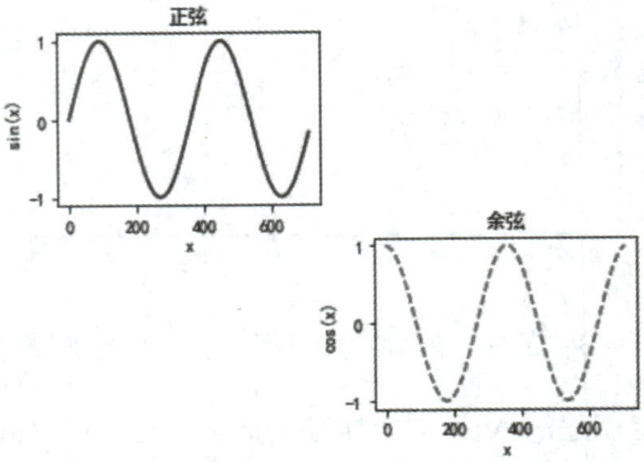

图 11-14 在两个子窗体中绘制正弦和余弦曲线

3. 图形保存为文件

要将当前的 Figure 对象保存成图像文件，可以调用 matplotlib.pyplot.savefig 函数，该函数的调用方式如下：

```
matplotlib.pyplot.savefig(*args, **kwargs)
```

常用参数：

- fname: 含有文件路径的字符串（文件名）或 Python 的文件型对象。如果是文件名，图像格式由图像文件的扩展名决定，例如文件的扩展名为 pdf 推断出存为 PDF 格式文件，文件的扩展名为 png 推断出存为 PNG 格式文件，文件扩展名可以为 png、pdf、svg、ps、jpg 等。如果是 Python 的文件对象，则需要使用 fmt 参数指定保存的图像格式。
- dpi：图像分辨率（每英寸点数），默认为 100。
- facecolor：图像的背景色，默认为“w”（白色）。
- bbox_inches：图表需要保存的部分。如果设置为 tight，则将尝试剪除图表周围的空白部分。

例如 matplotlib.pyplot.savefig('./picture1.jpg',facecolor='r') 表示要将绘制的图形以红色背景保存到当前目录的 jpg 文件中，文件名为 picture1。

之前我们一般调用 matplotlib.pyplot.show 函数显示出绘图窗口。在通常的运行情况下，

show() 将会阻塞程序的运行，直到用户关闭绘图窗口。如果关闭了图表窗口，则无法使用 savefig() 保存图像。

11.1.7 绘制三维参数曲线

虽然 Matplotlib 主要专注于绘图，并且主要是二维图形，但是它也有一些不同的扩展，mpl_toolkits.mplot3d 是 Matplotlib 里面专门用来画三维图形的工具包，其支持的图表类型包括散点图（scatter）、曲面图（surf）、线图（line）和网格图（mesh）（官方指南请访问网址 https://matplotlib.org/tutorials/toolkits/mplot3d.html）。Anaconda 中已经集成了这个扩展包，可以直接导入到程序中。

1. 创建三维坐标

绘制三维图形首先要创建三维坐标。通常有两种方法，一种是利用关键字 projection='3d' 来实现，另一种是通过从 mpl_toolkits.mplot3d 导入对象 Axes3D 来实现，目的都是生成具有三维格式的对象 Axes3D。

（1）利用关键字创建三维坐标，代码如下：

```
from matplotlib import pyplot as plt
from mpl_toolkits.mplot3d import Axes3D
#定义坐标轴
fig = plt.figure()
ax1 = plt.axes(projection='3d')
```

（2）利用三维轴方法创建三维坐标，代码如下：

```
from matplotlib import pyplot as plt
from mpl_toolkits.mplot3d import Axes3D    #定义图像和三维格式坐标轴
fig = plt.figure()
ax2 = Axes3D(fig)   #将figure变为3d
```

2. 绘制三维曲线

创建了坐标轴之后就可以使用 Axes3D 对象的 plot() 函数绘制三维曲线了。Axes3D 对象的 plot() 函数最常用的调用方式如下：

```
Axes3D.plot(xs, ys, *args, **kwargs)
```

- xs：曲线上所有点在 x 轴上的坐标组成的列表。
- ys：曲线上所有点在 y 轴上的坐标组成的列表。
- zs：曲线上所有点在 z 轴上的坐标组成的列表。

【例 11-10】绘制三维曲线。

```
import numpy as np
import matplotlib.pyplot as plt
from mpl_toolkits.mplot3d import Axes3D

fig = plt.figure()          #创建窗体fig，之后的绘图都绘制在fig上
ax = Axes3D(fig)            #创建三维坐标轴对象ax

zs = np.linspace(0,15,1000)        #生成曲线上每个点的z坐标值数组（共1000个点）
xs = 100*np.sin(zs)                #用曲线上的点的z值的正弦值乘100作为x坐标值
ys = 100*np.cos(zs)                #用曲线上的点的z值的余弦值乘100作为y坐标值
ax.plot(xs, ys, zs, c='b')         #绘制曲线，指定曲线颜色为蓝色
plt.show()
```

代码运行后得到的图像如图 11-15 所示。

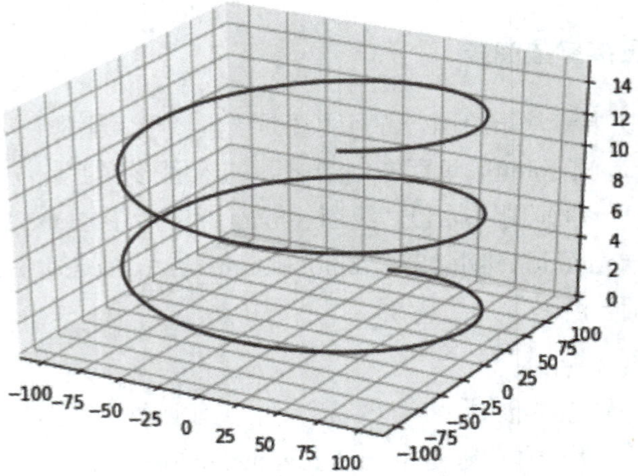

图 11-15　绘制三维曲线

3. 绘制三维散点图

创建了坐标轴之后就可以使用 Axes3D 对象的 scatter() 函数绘制三维散点图了。Axes3D 对象的 scatter() 函数的调用方式如下：

```
Axes3D.scatter(xs, ys, zs=0, zdir='z', s=20, c=None,depthshade=True, *args, **kwargs)
```

- xs：曲线上所有点在 x 轴上的坐标组成的列表。
- ys：曲线上所有点在 y 轴上的坐标组成的列表。
- zs: 与 xs 和 ys 具有相同长度的数组或将所有点放在同一平面中的单个值，默认为 0。
- zdir：绘制二维集时将哪个方向用作 z（x、y 或 z）。
- c：在为单一颜色格式字符串的情况下为所有点指定相同的颜色，默认为 None。
- depthshade：是否为分散的标记添加阴影以显示深度，默认为 True。

【例 11-11】绘制三维散点图。

```
import numpy as np
import matplotlib.pyplot as plt
from mpl_toolkits.mplot3d import Axes3D

fig = plt.figure()                  #创建窗体fig，之后的绘图都绘制在fig上
ax = plt.axes(projection='3d')      #创建三维坐标轴对象ax

xs = np.random.rand(100)            #返回一组随机数，随机样本取值范围是(0,1)
ys = np.random.rand(100)
zs = np.random.rand(100)
ax.scatter(xs, ys, zs,c='k')        #绘制散点图，指定点的颜色为黑色

plt.show()
```

代码运行后得到的图像如图 11-16 所示。

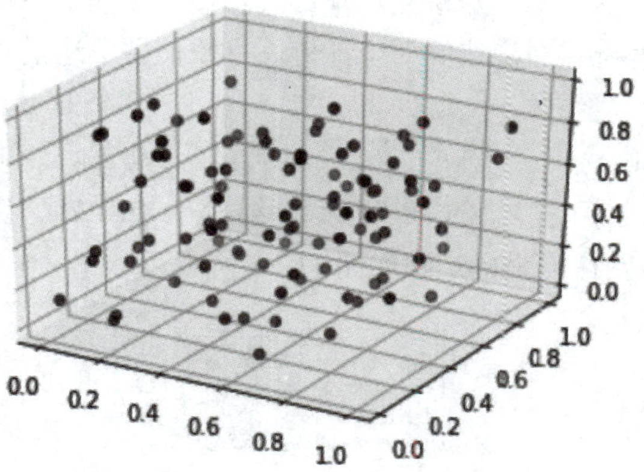

图 11-16　绘制三维散点图

11.1.8　绘制三维图形

绘制三维曲面图时常用到网格点坐标矩阵。

1. 网格点

用于绘制曲面的每一个点在水平面上都有一个投影（用坐标 x，y 表示），过每一个点的投影分别画平行于 x 轴和 y 轴的直线，即在水平平面上绘制出一个网格系统，网格中的每一个交叉点就叫作一个网格点。

2. 网格点坐标矩阵

描述这些网格点的坐标的矩阵就是坐标矩阵，由 x 矩阵和 y 矩阵构成。x 矩阵描述每个点的 x 坐标，y 矩阵描述每个点的 y 坐标，确定了一个点在 x 矩阵和 y 矩阵中的位置就确定了这个点的坐标值。

如图 11-17 所示，直角坐标系中有 6 个点 A、B、C、D、E、F，将所有 x 坐标值取出按照它们的顺序生成 x 矩阵，将所有 y 坐标值取出，按照它们的顺序生成 y 矩阵。用于描述横坐标的矩阵是 $x=\begin{bmatrix}0 & 1 & 2\\0 & 1 & 2\end{bmatrix}$，描述纵坐标的矩阵是 $y=\begin{bmatrix}1 & 1 & 1\\0 & 0 & 0\end{bmatrix}$。

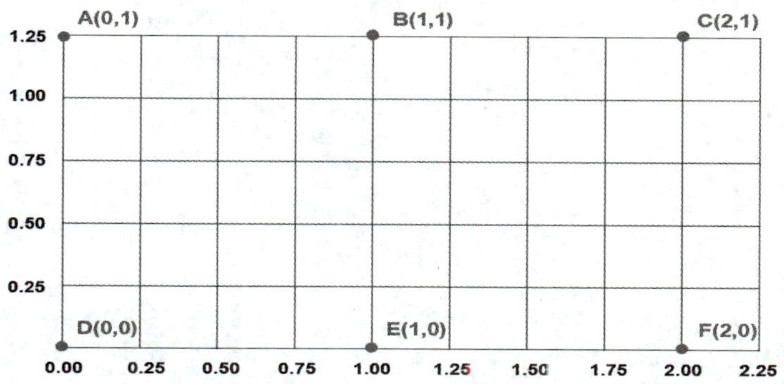

图 11-17　网格点坐标矩阵示意图

3. 生成网格点坐标矩阵

通常使用 numpy.meshgrid() 函数生成网格点坐标矩阵。在一般的三维曲面绘图中，通常可以获得网格点的 x，y 坐标的数组（不是矩阵）。可以使用 numpy 包中的 meshgrid() 函数将网格点坐标的数组形式变为网格点矩阵形式。假设 x 数组中保存着所有网格点的 x 坐标值，数组 y 中保存着所有网格点的 y 坐标值，只需使用下述函数调用即可生成网格点坐标矩阵：

```
x,y = numpy.meshgrid(x,y)
```

如图 11-17 所示，网格点的横坐标数组是 x=[0,1,2]，纵坐标数组是 y=[1,0]，meshgrid() 函数生成的网格点坐标矩阵如图 11-18 所示。

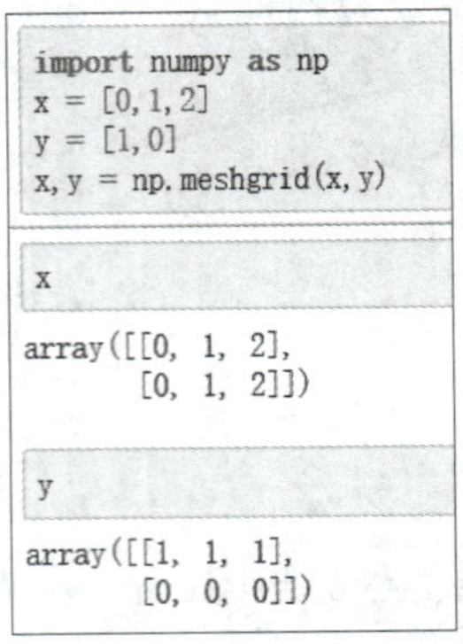

图 11-18 用 meshgrid() 函数生成网格点坐标矩阵

4. 绘制三维曲面图

绘制三维曲面图使用 axes.plot_surface(x,y,z) 函数，其中参数 x，y 是曲面上各点的网格点坐标矩阵，z 是曲面上各点的 z 轴坐标值。

【例 11-12】绘制 $z=x^2+y^2$ 曲面图，效果如图 11-19 所示。

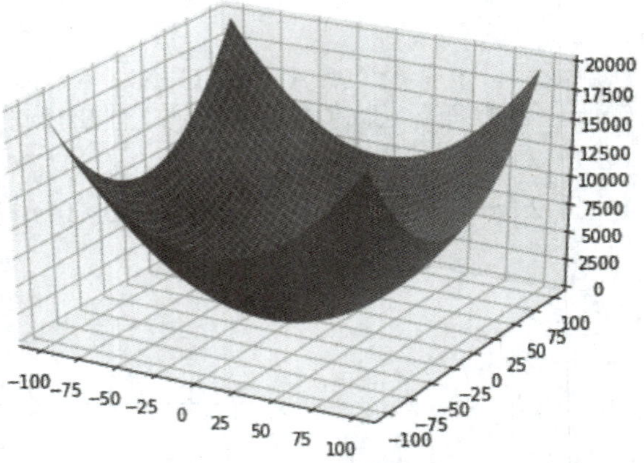

图 11-19 绘制 $z=x^2+y^2$ 曲面图

代码如下：

```
import numpy as np
import matplotlib.pyplot as plt
from mpl_toolkits.mplot3d import Axes3D
fig = plt.figure()
ax = Axes3D(fig)
x=np.arange(-100,100)              #x取值从-100到100每隔1取一个点
y=np.arange(-100,100)              #y取值从-100到100每隔1取一个点
x,y=np.meshgrid(x,y)               #生成网格点坐标矩阵
z=x**2+y**2                        #计算每个点的z轴坐标
ax.plot_surface(x,y,z)             #绘制曲面
plt.show()
```

11.2　创建词云

“词云”这个概念是由美国西北大学新闻学副教授、新媒体专业主任里奇•戈登（Rich Gordon）提出的。“词云”就是在视觉上突出了对文本中出现频率较高的“关键词”的展示，形成了“关键词云层”或“关键词渲染”，从而对大量低频低质的文本信息进行过滤。浏览者不需要特别集中注意，只要大略扫过文本，就可以轻易领略文本的主旨。单词在文本中的出现频率决定了它在词云中显示的大小，词云中最大的单词就是文本中出现次数最多的单词。我们还可以利用不同的字体、布局方式、配色方案来调整词云。下面简单介绍一下词云的绘制过程。

1. 分词

做中文词云必须首先将中文文本拆分成一个一个的词语。jieba 扩展包可以帮我们完成这个功能。jieba 不是 anaconda 内置的扩展包，必须在 anaconda prompt 窗体中使用 conda install -c conda-forge jieba 命令来安装它。也可以直接从 jieba 官网（https://pypi.org/project/jieba/）下载 jieba 扩展包的 zip 压缩包，然后将里面的 jieba 目录拷贝到 anaconda 的 site-packages 目录中。

jieba.cut() 函数可以实现对字符串的分词功能，使用方法参见如下示例代码：

```
import jieba
text = 'jieba扩展包可以帮我们完成这个功能'
result = jieba.cut(text)
print('切分结果：'+'、'.join(result))
```

代码运行结果如图 11-20 所示。

```
切分结果：jieba、扩展、包、可以、帮、我们、完成、这个、功能
```

图 11-20　jieba.cut() 函数的分词结果

2. 文本清洗

分词之后，对于“的”“得”“了”等对文本分析没有用处的词汇需要清洗掉，标点符号等也需要清洗掉。清洗的方法之一就是去掉切分结果中所有只有一个字符的内容。

可以使用以下方法去掉切分结果中的单个字符：

```
import jieba
text = 'jieba扩展包可以帮我们完成这个功能'
result = jieba.cut(text)
mytext_list = []
for seg in result:
    if len(seg)!=1:
        mytext_list.append(seg)

print('、'.join(mytext_list))
```

代码运行结果如图 11-21 所示。

```
jieba、扩展、可以、我们、完成、这个、功能
```

图 11-21　文本清洗的结果

3. 使用 wordcloud 库绘制词云

绘制词云需要使用扩展包 wordcloud，可以使用以下命令在 anaconda 中安装 wordcloud 库：

```
conda install -c conda-forge wordcloud
```

如果使用 conda install 安装过慢也可以使用 pip install wordcloud 命令进行安装。

导入 wordcloud 库后，绘制词云的过程如下：首先创建 wordcloud 对象来调整词云的不同字体、布局、配色方案等，然后使用 generate 方法将分词后的文本生成词云，再使用 to_file 方法生成词云文件，最后查看生成的词云文件。

其中创建 wordcloud 对象时常用的参数有以下几个：

- background_color：改变背景颜色，默认为黑色。如 background_color='white'，能够改变背景颜色为白色。
- font_path：定义字体路径，需要展现什么字体就把该字体路径 + 后缀名写上，如 font_path = ' 黑体 .ttf '。
- width：输出的画布宽度，默认为 400 像素。
- height：输出的画布高度，默认为 200 像素。
- prefer_horizontal：词语水平方向排版出现的频率，默认为 0.9（即词语垂直方向排版出现的频率为 0.1）。
- scale：按照比例放大画布，默认为 1，如果设置为 1.5，则长和宽都是原来画布的 1.5 倍。当云词图很大时，加大该值会比使用更大的图更快，但值越高也会越慢（计算复杂）。
- min_font_size：显示的最小字体大小，默认为 4。如果设置比 4 大的字号，则原本小于设定值且大于 4 号的词都不再显示。
- max_words：要显示的词的最大个数，默认为 200。
- stopwords：设置需要屏蔽的词（set of strings），如果为空，则使用内置的 STOPWORDS。
- max_font_size：显示的最大字体大小，图的生成会依据最大字号等因素去自动判断词的布局。

对于已有文件 ciyun.txt，词云的绘制过程如下：首先导入 jieba 分词扩展包，读取文件内容并进行分词；然后导入 wordcloud 包，创建对象后将分词后文本生成词云，存入词云文件；最后读取并查看生成的词云文件。

【例 11-13】 使用 wordcloud 生成词云。

```
import jieba                          #导入分词扩展包
f=open('ciyun.txt','r')               #打开并读取文本文件
text=f.read()
f.close()
mytext_list=jieba.cut(text)           #进行分词
from wordcloud import WordCloud            #导入词云扩展包
wc = WordCloud (                      #创建一个wordcloud对象
    background_color="white",         #背景颜色
 max_words=100,                       #显示最大词数
font_path="simhei.ttf",               #使用字体解决中文乱码
   min_font_size=15,                  #最小字体
   max_font_size=50,                  #最大字体
   width=400)                         #图幅宽度
wc.generate(','.join(mytext_list)) #生成词云
```

```
wc.to_file('./pic.png')              #将词云保存到图片文件中

from PIL import Image                #导入图像处理包
im = Image.open('pic.png')           #读取词云文件
im.show()                            #显示词云图片
```

其中，为了防止显示中出现中文乱码，需要将系统中的 simhei.ttf 字库文件拷贝到当前目录，对于 Windows 系统来说是指当前用户的主目录。

生成的词云图片保存至当前目录下，查看图片可看到词云图像如图 11-22 所示。

图 11-22　词云图像

11.3　可视化案例分析

Iris Data Set（鸢尾花卉数据集）是我们经常使用的一个分类实验数据集，它首次出现在著名的英国统计学家和生物学家 Ronald Fisher 1936 年的论文“The use of multiple measurements in taxonomic problems”中，被用来介绍线性判别式分析，数据集部分数据如图 11-4 所示。在这个数据集中，包括了三类不同的鸢尾属植物：山鸢尾（Iris Setosa）、杂色鸢尾（Iris Versicolour）、维吉尼亚鸢尾（Iris Virginica）。每类收集了 50 个样本，因此这个数据集一共包含了 150 个样本。每个样本包含 4 个属性，分别是花萼长度（sepal_length）、花萼宽度（sepal_width）、花瓣长度（petal_length）、花瓣宽度（petal_width），单位都是厘米（cm）。可以通过 4 个属性预测鸢尾花卉属于三个种类中的哪一类。

下面通过数据可视化来分析其数据中花的花瓣长度与宽度之间的关系。

直接将花瓣长度与宽度之间的关系用散点图显示出来。

```
#导入扩展包
import matplotlib.pyplot as plt
import pandas as pd

#读取文件中的数据
iris=pd.read_csv('iris.csv')
#以花瓣长度为横坐标，花瓣宽度为纵坐标绘制散点图
plt.scatter(iris['petal_length'],iris['petal_width'], s=15, c='r')
#添加轴标签和标题
plt.title('relationship between petal length and width')
plt.xlabel('petal_length')
```

```
plt.ylabel('petal_width')

#显示图形
plt.show()
```

花瓣长度与宽度之间的关系图如图 11-23 所示。

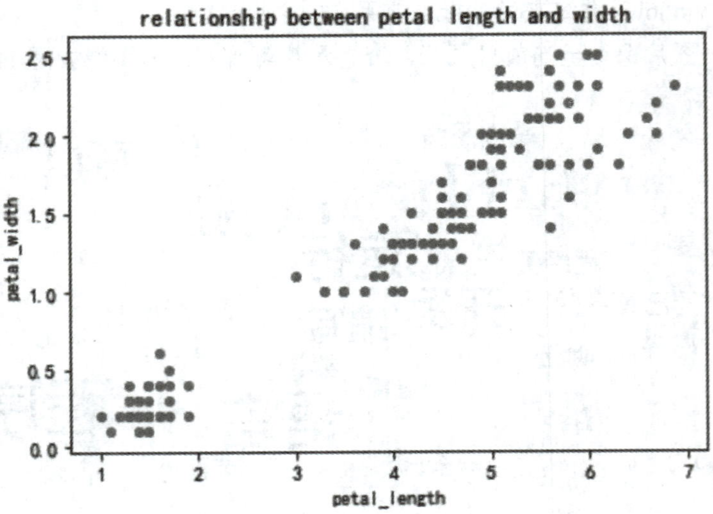

图 11-23　花瓣长度与宽度之间的关系图

由图 11-23 可知，花瓣长度与宽度之间的关系基本呈正向的线性关系，但是数据点分为不同的簇，这是由于数据集中的花具有不同种类。那么不同种类的花的花瓣长度与宽度之间的关系是什么样子的，我们需要分类进行分析。

具体实现代码如下：

```
import matplotlib.pyplot as plt
import pandas as pd
iris=pd.read_csv('iris.csv')
colors = [ 'b', 'c', 'm']              #自定义颜色，使不同种类的点区别显示
markers = [ 'x', 'o', '+']             #自定义形状，使不同种类的点区别显示
species = iris.species.unique()        #区别不同的花的品种
#通过循环的方式完成分组散点图的绘制
for i in range(len(species)):
   plt.scatter(iris.loc[iris.species == species[i], 'petal_length'], iris.loc[iris.species == species[i], 'petal_
   width'], s = 35, c = colors[i], marker = markers[i], label = species[i])
#添加轴标签和标题
plt.title('relationship between petal length and width')
plt.xlabel('petal_length')
plt.ylabel('petal_width')
#添加图例
plt.legend(loc = 'upper left')
#显示图形
plt.show()
```

其中的 iris.loc 通过行索引（不同种类的具体值）来取行数据。

运行结果如图 11-24 所示。

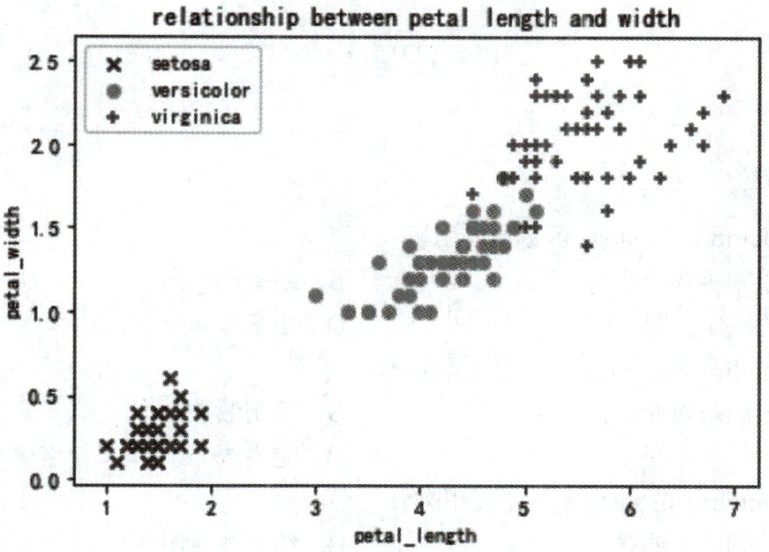

图 11-24 不同种类花瓣长度与宽度之间的关系图

从图 11-24 可以发现，三种花的花瓣长度与宽度之间都存在正向的关系，其中的一个种类与另外两个种类是线性可分离的，后两个种类是非线性可分离的。由数据值可以分析出这是由于品种山鸢尾（Iris Setosa）的体型比较小，导致数据点比较聚集，所以与杂色鸢尾（Iris Versicolour）和维吉尼亚鸢尾（Iris Virginica）分离开来。

本章小结

本章主要讲解了以下几个知识点：

（1）使用 matplotlib.pyplot.plot 函数绘制曲线的方法，以及函数中常用参数的设置与效果。

（2）使用 matplotlib.pyplot.scatter 函数绘制散点图的方法，以及函数中常用参数的设置与效果。

（3）使用 matplotlib.pyplot.pie 函数绘制饼状图的方法，以及函数中常用参数的设置与效果。

（4）使用 matplotlib.pyplot.legend 函数增加图例的方法，以及函数中常用参数的设置与效果。

（5）使用 matplotlib.pyplot. xlabel/ylabel 设置坐标轴标签，绘制图例标签中带有公式及使用中文的方法。

（6）使用 matplotlib.pyplot. title 函数设置图像标题。

（7）在程序中创建多个 Figure 对象进行多窗体绘图，以及使用 matplotlib.pyplot.subplot 直接指定子窗体的划分方式和位置进行绘图。

（8）创建三维坐标轴对象，使用 Axes3D 对象的 plot 函数绘制三维曲线。

（9）使用 axes.plot_surface(x,y,z) 函数绘制三维曲面图。

（10）使用 jieba 扩展包进行分词、文本清洗，使用 wordcloud 扩展包绘制词云。

（11）可视化分析鸢尾花卉数据集中的两个属性之间的关系。

习题 11

一、选择题

1. Matplotlib 中的 plot() 函数主要用来（ ）。

A. 绘制函数曲线　B. 绘制散点图
C. 绘制饼状图　D. 定义画布

2. Matplotlib 中的 scatter() 函数主要用来（ ）。

A. 绘制函数曲线　B. 绘制散点图
C. 绘制饼状图　D. 定义画布

3. Matplotlib 中的 pie() 函数主要用来（ ）。

A. 绘制函数曲线　B. 绘制散点图
C. 绘制饼状图　D. 定义画布

4. 调用 plot() 函数绘制图形时必选参数有（ ）。

A. x　B. y　C. marker　D. line

5. 调用 scatter() 函数绘制图形时一般必选参数有（ ）。

A. x、y　B. s　C. c　D. marker

6. 调用 plot() 函数绘制图形时，要控制图形格式为黑色叉号虚线，应该将参数 format_string 书写成（ ）。

A. 'k+--'　B. 'kx--'　C. 'bx--'　D. 'b+--'

7. Matplotlib 中使用 loc 参数设置所绘图形的图例位置，要将图形中的图例显示在图片中心右侧位置，以下表示方法错误的是（ ）。

A. legend(loc='center right')　B. legend(loc='right')
C. legend(loc=6)　D. legend(loc=7)

8. 如果希望标签文字具有公式格式效果，要在 Matplotlib 中使用 LaTeX，以下说法中错误的是（ ）。

A. 需要在公式标签字符串之前加字母“r”
B. 需要在公式标签字符串之后加字母“r”
C. 公式标签字符串需要以“$”结尾
D. 公式标签字符串需要以“r”开始

9. Matplotlib 中在多个子窗体绘图时，命令 plt.subplot(2,3,4) 表示（ ）。

A. 将画布划分为三行四列，并在第 2 个子窗体中绘制图形
B. 将画布划分为三行两列，并在第 4 个子窗体中绘制图形
C. 将画布划分为两行三列，并在第 4 个子窗体中绘制图形
D. 将画布划分为四行三列，并在第 2 个子窗体中绘制图形

10. 绘制词云的基本过程是（ ）。

A. 文本分词、文本清洗、绘制词云、生成文件、读取文件
B. 文本清洗、文本分词、绘制词云、生成文件、读取文件
C. 文本清洗、文本分词、绘制词云、读取文件、生成文件
D. 文本分词、文本清洗、绘制词云、读取文件、生成文件

二、编程题

1．修改例 11-1 中的代码，使用实线连接红色圆点绘制 0 度到 360 度之间的余弦曲线。

2．修改例 11-4 中的代码，为图形添加中文标签、图例和标题。

3．自行设计代码，绘制 $y=x^2$ 曲线，图形需要添加标签、图例和中文标题。

4．修改例 11-1 中的代码，以下两句代码对应的图例和标题会以什么样式显示？

```
plt.title('sine/cosine', color='r', bbox=dict(facecolor='b', alpha=0.5 ))
plt.legend(prop={'family':'Times New Roman', 'size':14}, title='legend', ncol=2)
```

5．在例 11-9 中，如果在多个子窗体中绘制正弦和余弦曲线（图 11-25），代码应如何修改？

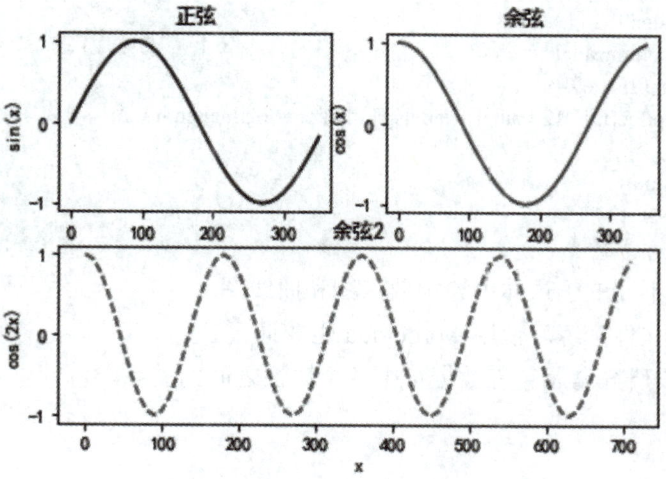

图 11-25　正弦和余弦曲线图

6．要得到如图 11-26 所示的两条正弦和余弦曲线，代码应如何修改？

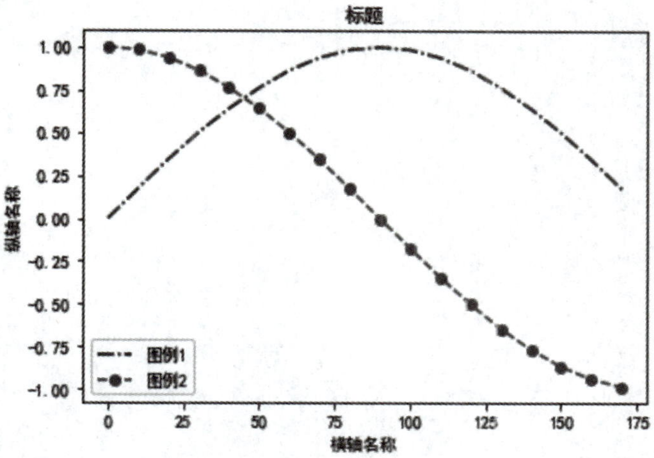

图 11-26　正弦和余弦曲线图

7．在当前目录下给定了数据文件 shop2.csv（图 11-27），那么以下代码的运行结果是什么？请尝试。

index	1	2	3	4	5	6	7	8	9	10	11	12
beer_sales	711	801	966	1107	1994	2260	2819	3045	3119	3071	1005	812
noodles_sa	1736	1486	1295	1278	1059	1022	893	951	940	1037	1279	1492
sausage_sa	1367	1288	1117	1193	1002	1139	904	1099	995	1137	1354	1488
watermelo	316	297	370	620	973	1628	1847	1374	1025	1032	588	335
apple_sale	1489	1311	1372	1042	829	520	605	528	696	910	1830	1692

图 11-27 文件 shop2.csv 数据表格

```
import matplotlib.pyplot as plt
fig = plt.figure(figsize = (10,6))
plt.rcParams['font.sans-serif']=['SimHei']
plt.rcParams['axes.unicode_minus']=False
shop = pd.read_csv('shop2.csv')

N = np.arange(shop.shape[1]-1)
labels = shop['index']
channel = shop.columns[1:]
for i in range(shop.shape[0]):
    plt.plot(N,shop.loc[i,'1':'12'],label = labels[i],marker = 'o',linewidth = 2)
plt.ylabel('元')
plt.xticks(N,channel)
plt.legend(loc = 'best')
plt.show()
```

8．请尝试在不同的子窗体中绘制散点图和曲线图。

9．自制文本文件，练习使用 wordcloud 生成词云。

10．设计代码研究鸢尾花卉数据集中各个属性之间的关系。

参考文献

[1] 李东方，文欣秀，张向东．Python 程序设计基础 [M]．2 版．北京：电子工业出版社，2020.

[2] 江红，余青松．Python 程序设计与算法基础教程 [M]．2 版．北京：清华大学出版社，2019.

[3] 蔡永铭．Python 程序设计基础 [M]．北京：人民邮电出版社，2019.

[4] 袁方，肖胜刚，齐鸿志．Python 程序设计基础 [M]．北京：清华大学出版社，2019.

[5] 齐伟．Python 大学实用教程 [M]．北京：电子工业出版社，2019.

[6] 周元哲．Python 3.x 程序设计基础 [M]．北京：清华大学出版社，2019.

[7] 董付国．Python 程序设计实例教程 [M]．北京：机械工业出版社，2019.

[8] 董付国．Python 程序设计实验指导书 [M]．北京：清华大学出版社，2019.

[9] 王小银．Python 程序设计案例教程 [M]．西安：西安电子科技大学出版社，2019.

[10] 王国辉，李磊，冯春龙．Python 从入门到项目实践（全彩版）[M]．长春：吉林大学出版社，2018.

[11] HETLAND M L.Python 基础教程 [M]．3 版．司维，曾军崴，谭颖华，译．北京：人民邮电出版社，2018.

[12] 郑凯梅．Python 程序设计任务驱动式教程 [M]．北京：清华大学出版社，2018.

[13] 夏敏捷．Python 程序设计应用教程 [M]．北京：中国铁道出版社，2018.

[14] 刘瑜．Python 从零基础编程到项目实战 [M]．北京：中国水利水电出版社，2018.

[15] 明日科技．零基础学 Python（全彩版）[M]．长春：吉林大学出版社，2018.

[16] 祁瑞华．Python 程序设计 [M]．北京：清华大学出版社，2018.

[17] 董付国．Python 可以这样学 [M]．北京：清华大学出版社，2017.

[18] 王学颖．Python 学习从入门到实践 [M]．北京：清华大学出版社，2017.

[19] 嵩天，礼欣，黄天羽．Python 语言程序设计基础 [M]．2 版．北京：高等教育出版社，2017.

[20] MATTHES E．Python 编程从入门到实践 [M]．北京：人民邮电出版社，2016.

[21] 董付国．Python 程序设计基础 [M]．2 版．北京：清华大学出版社，2015.

参考资料

[1] chinaunix: http://bbs.chinaunix.net

[2] srcmini:http://www.srcmini.com

[3] 菜鸟编程：https://www.runoob.com/python3

[4] 博客园：https://www.cnblogs.com

[5] CSDN：https://blog.csdn.net

[6] https://blog.csdn.net/qq_36116842/article/details/79726094

[7] https://blog.csdn.net/weixin_42272768/article/details/100607155

[8] C 语言中文网：http://c.biancheng.net

[9] W3school：https://www.w3school.com.cn

[10] https://www.python.org/

[11] https://www.sqlite.org

[12] https://www.mysql.com/

[13] https://www.mongodb.com/

[14] NumPy 官网 .NumPy 中文 [EB/OL].https://www.numpy.org.cn

[15] Pandas 官网 .Pandas 中文 [EB/OL].https://www.pypandas.cn

[16] Matplotlib 官网 .Matplotlib Version 3.1.2[EB/OL].https://matplotlib.org/，2020/2020-01-05.